U0910636

高等职业教育“十三五”规划教材

计算机应用技术与实践
——能力训练教程

王威杰　主编

高玉双　杨柏楠　副主编

科学出版社

北京

内 容 简 介

本书是“计算机应用基础”课程的配套能力训练教程。本书编写的指导思想是让学生通过练习巩固所学知识，经过由“行”到“知”的途径，提升计算机操作能力，逐步掌握计算机的基础知识。本书内容包括文字输入、操作系统及其管理、Word 2010 的应用、Excel 2010 的应用、PowerPoint 2010 的应用、网络的使用 6 个项目，每个项目由任务、综合练习和考核组成，各任务又分别由任务目的、任务内容和任务练习组成。

本书可以作为高职高专院校各专业学生练习计算机基本操作、提升技能的通用教材，也可作为企事业单位员工的计算机技能培训的入门教材，还可以作为中高职学生的计算机操作训练教材和广大计算机爱好者的自学用书。

图书在版编目（CIP）数据

计算机应用技术与实践：能力训练教程/王威杰主编. —北京：科学出版社，2016

（高等职业教育“十三五”规划教材）

ISBN 978-7-03-049722-2

Ⅰ. ①计… Ⅱ. ①王… Ⅲ. ①电子计算机-高等职业教育-教材 Ⅳ. ①TP3

中国版本图书馆 CIP 数据核字（2016）第 206574 号

责任编辑：朱 敏 戴 薇 陈将浪 / 责任校对：王万红
责任印制：吕春珉 / 封面设计：东方人华平面设计部

科学出版社 出版
北京东黄城根北街 16 号
邮政编码：100717
http://www.sciencep.com

天津翔远印刷有限公司 印刷

科学出版社发行 各地新华书店经销

*

2016 年 8 月第 一 版 开本：787×1092 1/16
2020 年 2 月第五次印刷 印张：17 1/2
字数：420 000

定价：44.00 元

（如有印装质量问题，我社负责调换〈翔远〉）
销售部电话 010-62136230 编辑部电话 010-62135927-2014

前　言

本书针对高职院校学生计算机操作能力和基础知识较弱、“计算机应用基础”课程课堂教学时间有限、学生课后练习遇到问题需要及时指导的实际情况，以任务、综合练习、考核的形式编写，便于学生自主学习。编写本书是长春汽车工业高等专科学校在“信息技术”系列课程中开展的教学改革尝试，也是该校开展学生“素质教育”工程的尝试。

本书的使用建议：教师明确任务，学生自主练习，综合练习自检，最终考核验收。

本书的主要内容及学习目标如下。

项目 1：文字输入。简单介绍计算机键盘的使用方法，通过若干练习熟悉英文、中文输入技巧；通过综合练习 1、考核 1 检验键盘使用及输入法的熟练程度。

项目 2：操作系统及其管理。通过若干练习，初步掌握 Windows 7 基本操作、资源管理器的基本操作，掌握文件管理的操作方法，了解 Windows 7 小工具的使用、操作系统的管理；通过综合练习 2、考核 2 检验使用操作系统的熟练程度和文件管理的熟练程度。

项目 3：Word 2010 的应用。通过练习，熟练掌握字体和段落格式的操作、表格的制作及其使用方法、对象的基本操作，掌握页面格式、页眉页脚的操作方法；通过综合练习 3、考核 3 检验 Word 2010 功能的掌握情况。

项目 4：Excel 2010 的应用。通过练习掌握工作表格式化、公式和函数的使用方法，了解页面设置、信息处理的基本方法；通过综合练习 4、考核 4 检验 Excel 2010 功能的掌握情况。

项目 5：PowerPoint 2010 的应用。通过练习，掌握演示文稿和幻灯片的制作、幻灯片个性化设置、演示文稿的整体设置，了解动画设计、交互式演示文稿的制作、在演示文稿中插入多媒体信息的方法；通过综合练习 5、考核 5 检验 PowerPoint 2010 功能的掌握情况。

项目 6：网络的使用。通过练习，掌握浏览网页、信息查询、即时通信工具、移动即时通信工具的操作方法；通过综合练习 6、考核 6 检验使用网络的熟练程度。

本书由王威杰担任主编，负责组织策划、统稿、修订和编写工作，高玉双、杨柏楠担任副主编。具体编写分工如下：项目 1～项目 3 由王威杰负责编写，项目 4 和项目 6 由高玉双负责编写，项目 5 由杨柏楠负责编写；胡静波、白钟刚、曲冬梅、冯晶哲、刘敏、沈杰参与了部分内容的编写工作。

本书中的练习、综合练习、考核使用的素材，请读者到科学出版社网站下载（http://www.abook.cn）。

由于时间仓促及编者水平有限，书中难免存在不足之处，恳请广大读者批评指正。

编　者

2016 年 5 月

目　录

项目1　文字输入

我们知道，使用一些智能软（硬）件可以通过语音、手写、扫描等方式向计算机输入信息，但是，通过键盘向计算机输入文字、符号、数字等信息，仍然是需要掌握的基本技能。

本项目要求学生掌握计算机键盘的基本使用方法和一定的文字输入技能。通过练习，使学生熟练掌握英文和中文字符及标点符号的输入技巧。

通过本项目的学习，使学生能熟练使用键盘指法，达到要求的输入速度：英文为50～90个字符/分钟，中文为40～60个字符/分钟。

任务1　计算机键盘的使用

任务目的

掌握计算机键盘上各个按键的名称与功能；掌握正确的键盘指法。

任务内容

1．掌握计算机键盘上各按键的名称与功能

（1）主键盘区

主键盘区如图1-1（a）所示，包括数字键、字符键、固定功能控制键。

1）回车键（Enter）。回车键有两个，分别位于主键盘区和小键盘区的右侧。当我们用键盘输入命令或输入文本另一段或在某个软件需要确认一件事情时，一般都要按一下回车键。

2）大写字母锁定键（Caps Lock）。大写字母锁定键位于主键盘区第三排的最左侧。其主要功能是改变大小写字母的输入状态，每按一下，输入屏幕上的英文字母的大小写状态就改变一次。大写字母锁定键还有一个信号指示灯，在键盘右上角的信号灯显示区的中间位置。该信号灯亮，表示键盘处于大写输入状态；灯不亮，表示键盘处于小写输入状态。

3）空格键（Space）。空格键为键盘最下面一行中间的长条键。它的作用是输入空格字符，同时光标向右移动一格。注意，空格也是一个字符。

4）上档键（Shift）。Shift键在主键盘区，许多键上标有两个字符，这些键叫做双字符键。位于双字符键上面的字符叫做上档字符，位于下面的字符叫做下档字符。直接按键，输入的是下档字符，如果要输入上档字符，就要用到Shift键。其使用方法是，先

按住 Shift 键，然后敲击一下相应的双字符键。

Shift 键还有一个用处，就是临时改变字母的大小写状态。当键盘处于小写状态时，按住 Shift 键，再按字母键，会显示该字母的大写形式。反之，当键盘处于大写状态时，Shift 键与字母键组合能输入小写字母。

Shift 键一共有两个，分别位于主键盘区的两侧，功能相同。

5）退格键（Backspace）。退格键位于主键盘区右上角。它的作用相当于一块橡皮，每按一下退格键，就可以删掉光标左边的一个字符。

6）控制键（Ctrl）。键盘上一共有两个 Ctrl 键，分别位于主键盘区的左下角和右下角。它需要与其他的键配合使用，才能产生特定的控制效果。当操作时，先按住 Ctrl 键，再按相关键（如 Ctrl+ C，复制选定的内容）。

7）转换键（Alt）。与 Ctrl 键一样，它也需要与其他键配合使用（如 Alt + Tab，在多个窗口之间切换）。转换键也有两个，分列空格键左右两侧。

8）制表键（Tab）。在某些软件里，每按一下制表键，光标就向右移动若干个字符。

9）数字键（0～9）。

10）字符键。字符键包括 26 个小写英文字母，26 个大写英文字母（结合 Shift 键使用，参见 Shift 键）；其他字符键，如“～、@、^、&”等（结合 Shift 键使用，参见 Shift 键）。

（2）小键盘区（数字键区）

小键盘区如图 1-1（b）所示。

数字锁定键（Num Lock）在小键盘区的左上角。在小键盘区，不用 Shift 键来确定上档字符，而是由 Num Lock 键来决定。它是小键盘区的开关，对应一个信号指示灯，当指示灯亮时，小键盘可以输入数字和运算符；当指示灯不亮时，小键盘区执行下档字符功能。

（3）光标控制键区

光标控制键区如图 1-1（c）所示。

1）Page Up（上翻页键）和 Page Down（下翻页键）。按一下上翻页键和下翻页键，能使屏幕向上或向下翻一页，同时移动屏幕上的光标。

2）首键（Home）和尾键（End）。按一下 Home 或 End 键，可以使光标快速移动到一行字的行首或行尾。若与 Ctrl 键组合，则可以快速移到整个文档的开始或结尾。

3）插入/改写键（Insert）。在文字处理软件中，该键用于完成文字的插入和改写状态的切换。

4）删除键（Delete）。删除键的作用是删除光标右边的字符。

5）光标键（四个带有箭头的键）。光标键用于上、下、左、右移动光标。

（4）功能键盘区

功能键盘区如图 1-1（d）所示。

1）自定义功能键（F1、F2、…、F12）。其位于计算机键盘最上面一行，共有 12 个。它们的具体作用是由程序员赋予的，在不同的软件里，可能会有不同的作用。F1 键，一般定义为帮助键。

2）取消键（Esc）。Esc 键位于键盘左上角，在许多软件中，用于退出（关闭）打开的对话框窗口。

3）屏幕打印键（Print Screen）。按一下 Print Screen 键，屏幕上的内容会被复制到剪贴板上，就像影物印到了照相机胶片上一样。如果需要，则可以用绘图类软件制作成图片文件。按 Ctrl+ Print Screen 键，会复制当前窗口的内容。

4）屏幕锁定键（Scroll Lock）。按一下 Scroll Lock 键，屏幕将会停止滚动，直到再次按下 Scroll Lock 键为止。Scroll Lock 键也有一个指示灯。

5）暂停/中止键（Pause/Break）。按下 Pause/Break 键，暂停执行程序。按下 Ctrl+ Pause/Break 键，强行中止程序的执行。

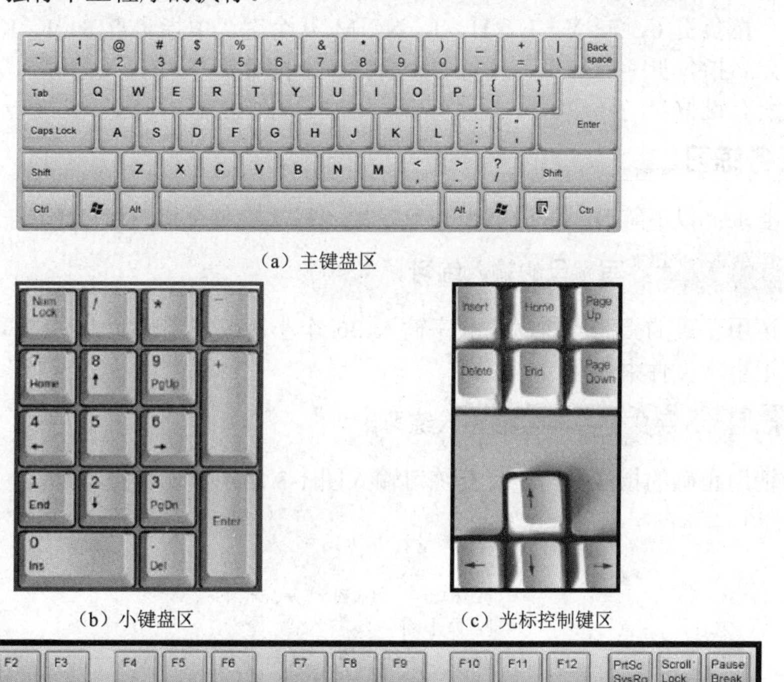

（a）主键盘区

（b）小键盘区　　（c）光标控制键区

（d）功能键盘区

图 1-1　计算机键盘的分区

2. 练习并熟练掌握键盘指法

键盘指法图如图 1-2 所示。请使用正确的指法进行练习，打好基础，提高输入速度。

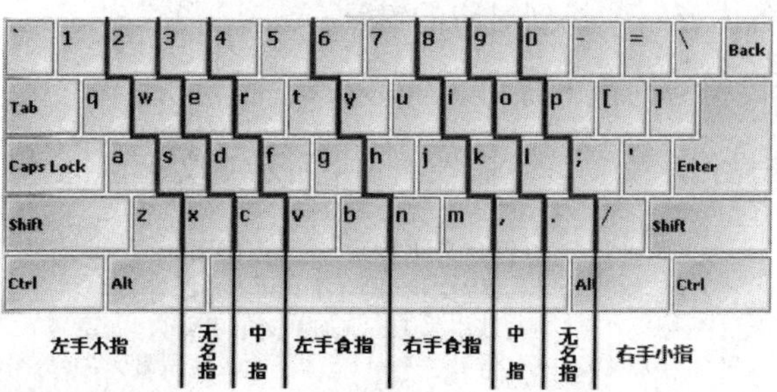

图 1-2　键盘指法图

正确的指法操作要求：在开始打字前，左手的小指、无名指、中指和食指应分别虚放在“A、S、D、F”键（基本键）上，右手的食指、中指、无名指和小指应分别虚放在“J、K、L、;”键（基本键）上，两个大拇指则虚放在空格键上。基本键是打字时手指所处的基准位置，击打其他任何键，手指都是从这里出发，而且打完后又须立即退回到基本键位。F、J 两个键上都有一个凸起的“小杠”，以便于盲打时手指能通过触觉定位。

左手食指负责的键位有 4、5、R、T、F、G、V、B 八个键；中指负责 3、E、D、C 四个键，无名指负责 2、W、S、X 四个键，小指负责 1、Q、A、Z 及其左边的所有键位；右手食指负责 6、7、Y、U、H、J、N、M 八个键，中指负责 8、I、K、,（逗号）四个键，无名指负责 9、O、L、.（句号）四键，小指负责 0、P、;（分号）、/（斜杠）及其右边的所有键位。

任务练习

要求：以下练习，每周至少练习三次，每次将每个练习做三遍，直到熟练为止。

【练习 1】大小写字母的输入练习。

请用正确的指法操作，按顺序输入 26 个小写英文字母、大写字母（请将练习内容输入记事本文件中）。

【练习 2】英文标点符号的输入练习。

请用正确的指法操作，反复练习输入图 1-3 所示英文标点符号。

~、`（撇号）、!、@、#
$、%、^、&、*
-（减号）、_（下画线）、+、=、(
)、{、}、[、]
|（竖线）、\（反斜杠）、:、;、"（双引号）
'（单引号）、?、<、>、,（逗号）
.（句号）、/（斜杠、除号）

图 1-3 英文标点符号

【练习提示】

1）关闭中文输入法。

2）正确使用 Shift 键。

3）在上述“任务内容”中找到对应的键。

【练习 3】中文标点符号的输入练习。

请用正确的指法操作，反复练习输入图 1-4 所示中文标点符号。

～（全角字符）、•（圆点分隔符）、￥（人民币）、
……（省略号）、（）（中文括号）【】（中文方括号）、
、（顿号）、“”（中文双引号）、‘’（中文单引号）、，（逗号）
。（句号）、《》（书名号）、——（破折号）、：（冒号）、；（分号）

图 1-4 中文标点符号

【练习提示】

1）打开中文输入法。

2）正确使用 Shift 键。

3）在上述“任务内容”中找到对应的键。

【练习 4】英文单词的输入练习。

请用正确的指法操作，反复输入如下单词：about、afraid、after、afternoon、again、age、all、also、am、American、an、and、animal、another、any、anyway、apple、are、arm、ask、at。

【练习提示】

请根据自己的实际输入速度和水平（在老师的指导下），选择其他的英文单词进行输入练习。

【练习 5】英文对话的输入练习。

请用正确的指法操作，输入如下对话并理解其意思。

1）A：Hi!

B：Hi!

A：I'm Kangkang. Are you Michael?

B：Yes,I am.

2）A：Hello! Are you Jane?

B：Yes, I am.

A：Nice to meet you.

B：Nice to meet you, too.

3）Students: Good morning, Miss Wang!

Miss Wang: Good morning, Nice to meet you.

Students: Nice to meet you, too.

4）Miss Wang: Let's begin!

KangKang: Stand up, please!

Miss Wang: Good morning, class.

Students: Good morning, Miss Wang!

Miss Wang: Sit down, please!

Students: Thank you.

【练习提示】

请根据自己的实际输入速度和水平（在老师的指导下），选择其他的英文语句进行输入练习。

任务2 英文输入

任务目的

在掌握键盘上各个按键的名称与功能以及正确的键盘指法的基础上，进一步练习英文字符的输入，提高输入速度。

任务内容

按照任务练习的要求，进行英文输入法的练习，达到要求的输入速度。

任务练习

【练习 1】英文单词、词组、语句的输入练习。

使用“金山打字”软件（或其他打字练习软件），练习英文单词、词组、语句的输入。

【练习提示】

请根据自己的实际输入速度和水平（在老师的指导下），选择合适的练习级别和内容。

【练习 2】英文输入练习一。

输入下列文字：

The palace

Beijing’s Forbidden City, formerly known as the Forbidden City, is the imperial palace during the Ming and Qing dynasties, is located in the center of Beijing, before The Tiananmen square, after the Jingshan, east near Wangfujing street, west near zhongnanhai. The Forbidden City is our country is currently the most intact, the largest in the world of ancient palace buildings. Ming yongle palace was built four years (1406 AD), built in the Ming yongle eighteen years (1420 AD). Since the third emperor of Ming dynasty zhu di moved the capital Beijing, a total of 24 Ming and Qing dynasties emperor ruled in this life to live and to this.

In 1987 by UNESCO's world heritage committee evaluated cultural heritage, included in the “world heritage list”.

The Forbidden City is a huge art treasures.

Construction of artistic language and expression means are very abundant, including space, shape, proportion, balance, rhythm, color, decoration and so on many factors, which constitute the modelling of the architectural art beauty...

【练习 3】英文输入练习二。

输入下列文字：

Some code and The national standard code

Chinese characters in computer is stored in the form of “code”. Different characters of the operating system code is different, but both have a connection with The national standard code. “The national standard code” is the national standard for information exchange with Chinese character coding computer internal encoding, as described in the GB 2312—1980 every character by four hexadecimal digits, type in hexadecimal number four on the keyboard, you can a Chinese characters. Its characteristic is without weight code, but it’s difficult to memory, operating system in Chinese code USES two bytes deformation of the gb code, the gb code double-byte highest are set to 1.

Usually displayed after the Chinese character input computer, also need to use Chinese character display. Chinese characters is to use dot matrix display, all Chinese character lattice data is stored in together, will form the Chinese character. Chinese character points hard word stock and soft character. Hard word stock is to write Chinese characters dot matrix information into the read only memory (ROM), made Chinese card, and insert the card into the computer's expansion slots, the display may at any time when Chinese characters dot matrix information query Chinese card. Soft character...

【练习 4】英文输入练习三。

输入下列文字：

Ginseng

Ginseng is a rare medicinal plant, known for at least 4000 years of history. Six treasure, is Chinese traditional medicine can cure all diseases caused by weak, can come back to life, slow death. Its main special is that it contains “soap”, a total of 11. Each “soap” for various diseases produce different effect. Now can be extracted from ginseng 13 kinds of minerals and trace elements necessary for human body. After research, found its leaves, flowers, fibrous root contains ginseng “soap” is higher than root (taproot 3.8% ~ 4.9%, and 7.6% ~ 12.6%, 15% bud, fibrous root 6.5% ~ 14.8%, seed 0.7%). It also has cancer treatment effect ...

【练习 5】英文输入练习四。

输入下列文字：

Calligraphy

So-called calligraphy “rhyme”, is one of the performance in work style, temperament and mental state, is a calligrapher’s emotion and the natural language of the real personality. “Rhyme” comes from the heart, this in the bones, the temperament of the natural, in the form of a lyrical freehand brushwork reveal between pen and ink, it has strong lyrical color, and don’t have a meaning.

In the techniques of calligraphy, “rhyme” mainly through the change of the rhythm of the pen and ink to performance, of course also cannot leave the posture, the layout of the art of composition on its own. The appearance of “rhythm” in pen mainly through “light, heavy, xu, disease” and the resulting derived various brushwork ...

任务3 中文输入

任务目的

练习中文字符的输入，提高输入速度。

任务内容

1）重点掌握某种拼音输入法；掌握拼音输入法的特点（如全拼、简拼、混拼方法输入汉字的字、词以及语句；掌握输入法本身的特定功能，如联想输入、特定字符输入、人名输入）。

2）每种中文输入法都带有“软键盘”功能，了解软键盘的使用方法。

3）按照任务练习的要求，进行中文输入法的练习，达到要求的输入速度。

任务练习

【练习 1】中文字、词、句的输入练习。

使用“金山打字”软件（或其他打字练习软件），练习中文字、词、句的输入。

【练习提示】

请根据自己的实际输入速度和水平（在老师的指导下），选择合适的练习级别和内容。

【练习 2】中文输入练习一。

输入下列文字：

故　宫

北京故宫，原名紫禁城，是明清两朝的皇宫，位于北京市中心，前通天安门，后倚景山，东近王府井街市，西临中南海。故宫是我国也是世界上目前保存最完整、规模最大的古代皇宫建筑群。故宫始建于明永乐四年（公元 1406 年），建成于明永乐十八年（公元 1420 年）。自明代第三位皇帝朱棣迁都北京后，明、清两代共有 24 位皇帝在此生活居住和对全国实行统治。1987 年被联合国教科文组织世界遗产委员会评为文化遗产，列入《世界遗产名录》。

故宫是一个巨大的建筑艺术瑰宝。

建筑的艺术语言和表现手段非常丰富，包括空间、形体、比例、均衡、节奏、色彩、装饰等许多因素，正是它们共同构成了建筑艺术的造型美……

【练习 3】中文输入练习二。

输入下列文字：

内码与国标码

汉字在计算机内是以内码的形式存储的。不同汉字操作系统的内码一般不同，但都与国标码有一定的联系。国标码就是《国家标准信息交换用汉字编码》（GB 2312—1980）

所规定的计算机内部编码，每个汉字用四个十六进制数字来表示，在键盘上输入四个十六进制数，即可输入一个汉字。其特点是无重码，但很难记忆，中文操作系统的内码采用两个字节的变形国标码，将国标码的双字节的最高位皆置为1。

汉字输入计算机后通常要显示出来，显示时还需要用到汉字库。汉字是用点阵显示的，把所有汉字点阵数据存储在一起，就形成了汉字库。汉字库分硬字库和软字库两种。硬字库是将汉字点阵信息写入只读存储器中，制成汉卡，并将汉卡插入计算机的扩展槽中，显示时可随时查询汉卡上汉字的点阵信息。软字库……

【练习4】中文输入练习三。

输入下列文字：

人　参

人参是名贵的药用植物，为人所知至少已有4000年的历史。它是“中药六宝”之一，传说可治因体弱引起的一切疾病，能起死回生，延缓死亡。它的神效主要在于它含有“皂甙”，共有11种之多。每一种“皂甙”都对各种疾病产生不同的疗效。现在可以从人参中提取13种人体必需的矿物质和微量元素。经过研究，发现它的叶、花、须根所含的人参“皂甙”比块根还高（主根3.8%～4.9%，叶7.6%～12.6%，花蕾15%，须根6.5%～14.8%，种子0.7%）。它还有治癌作用……

【练习5】中文输入练习四。

输入下列文字：

书　法

所谓书法的“韵”，是表现在作品中的一种风度、气质和精神境界，是一个书法家情感和个性真切的自然流露。“韵”源于心灵，本于气骨，拖之性情，趋于自然，以一种抒情写意的方式流露于笔墨之间，它具有浓厚的抒情色彩，又别有意味。

在书法艺术的技巧中，“韵”主要是通过笔的节奏和墨色的变化来表现的，当然也离不开姿态、布局的章法。“韵律”在用笔中的表现主要是通过“轻、重、徐、疾”和由此而派生出来的各种笔法所组成……

【练习6】中文输入练习五。

输入下列文字：

谈谈个人修养——（1）

古人说：“君子不可以不修身。”又说：“正心以为本，修身以为基。”性情的修养，不是为了别人，而是为了使自己增强个人魅力；良好的修养是立身之本，其决定着个人事业的成功与失败，那么又该如何提高个人的修养呢？我认为主要从以下三个方面入手：首先要认真学习，把握自我。求知学习可以改进人的天性，而人的天性犹如野生的花草，只有经过求知学习的修剪移栽才会变得更加完善美丽。要提高个人的修养，就得用科学文化知识充实自己，只有掌握了科学文化知识，人们才能明辨是非，分清善恶，懂得美丑，才能把握正确的自我……

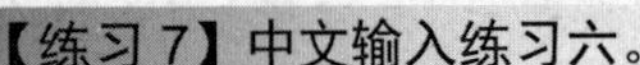

【练习 7】中文输入练习六。

输入下列文字：

谈谈个人修养——(2)

……

第二就是勤于实践，塑造自我。实践出真知，一个人如果有了做一个品德高尚的人所具有的知识，那么只有把这些知识放到实践中去，做到知行统一，言行一致，这样才会成为一个高尚的人，否则就是知行不一的伪君子。第三就是严格要求，完善自我。人们常说：做一时的好人容易，但是要做一世的好人很难。一个人正确的思想意识和高尚的道德的形成，需要一个不断学习、不断改造的过程，只有经过不断地学习和改造，并在实践中时刻坚持严格要求自己，个人的道德修养才会得到提高和完善。总之，个人的修身养性是通向事业成功的必经之路，要想做成功的事业，那么先学做成功的人吧。

【练习 8】中文输入练习七。

输入下列文字：

谈谈教师的修养——【1】

常有人愤愤不平：为什么教师除了清高就只能清贫。我要说，要耐不住清贫和寂寞，你一开始就错了——你不应该选择从事教育事业。既然你选择了教师，你就别无选择地担负着教书育人、传承文明的神圣责任。在今天特定的历史时期，培养振兴中华的下一代的重任也历史性地落在了你的肩上，你依然别无选择。你的一言一行都会对学生产生潜移默化的影响。我们要提高自身修养，别无选择。没有良好的修养，不是一个好老师。长期以来流行着一种说法，就是把师生关系比做“一桶水”和“一碗水”，现在很多人觉得不妥……

【练习 9】中文输入练习八。

输入下列文字：

谈谈教师的修养——【2】

……

是的，吃老本是会坐吃山空，误人子弟的。所以有人认为教师应该是“自来水”。我看也不妥。水是不会自来的，必须要你一点一滴地积累。所谓“台上一分钟，台下十年功。”教师的底蕴除了学习积累别无他法。“泰山不择细壤故能就其高，大海不择细流故能就其深。”所以，我认为教师应该是永不枯竭、永不腐臭的“活水”。只有当教师的知识视野比学校教学大纲宽广得无可比拟的时候，教师才能成为教育过程的真正的能手、艺术家和诗人。举一反三，举重若轻，信手拈来，几乎无所不知的老师才会让学生肃然起敬。无所不知是不可能的，但我们应该时刻准备着，不断地进修学习……

综合练习 1

1．中文录入。新建一个记事本文件，录入下列中文后以 ZW-1.txt 为文件名存盘。

我最尊敬的人

从小到大，在我接触的人中，我最尊敬的人就是我的爸爸。

爸爸给我的整个感觉就是严肃、认真，不过他才不是那种老板着脸，别人不敢靠近的人，有时爸也爱笑，笑得比谁都开心，活像个小孩子，天真无邪。我尊敬爸爸，欣赏爸爸为人处事的那份执着、稳定，还有极负责任的态度。

爸爸是一乡之长，平时大事小事都得找他，如果是工作中的正事，爸爸肯定会卖力地完成，但如果是些私人的琐事，爸爸会坚决地拒绝。为什么这样说呢？下面请听我给你说两件事：

第一件事，记得是去年冬天的一个晚上，我和家里人准备了一桌丰盛的晚餐，正等爸爸回来，因为那天是爸爸的生日。一会儿，爸爸回来了，刚坐下来，突然又站了起来，他只说了一句“你们先吃”，就出门了。后来才知道，原来那天在分发五保户救济品时，差了一份没发。爸爸突然想到，今晚天气会很冷，就连饭都没有吃就出去了。

还有一件事，我的姑丈因为赌博被派出所抓了，家里人让爸爸出面说情，爸爸听了，气极了，他说：“我这人最恨的就是赌博，既然是给派出所抓了，该怎么惩罚就怎么惩罚”。爸爸就是这样一个人，从不利用权力为家人办事。

爸爸对我们姐妹要求很严格。他常常给我们讲一些革命英雄、伟人、名人的故事，教育我们要向他们学习，长大了成为对社会有用的人。

2．中文录入。新建一个记事本文件，录入下列中文后以 ZW-2.txt 为文件名存盘。

说话的一般要求

普通话水平测试中的说话部分，以单项说话为主，主要考查应试人在没有文字凭借的情况下，说普通话的能力和所能达到的规范程度。和朗读相比，说话可以更有效地考查应试人在自然状态下运用普通话语音、词汇、语法的能力。因为判断和读者朗读是有文字凭借的说话，应试人并不主动参与词语和句式的选择，所以说话最能全面体现应试人普通话的真实水平。

说话不仅是对应试人语言水平的考查，也是对应试人心理素质的考验。说话是在没有文字凭借的情况下，把思维的内部语言转化为自然、准确、流畅的外部语言，需要应试人有良好的心理素质。综上所述，说话具有以下几种基本要求：

（1）话语自然

说话就是口语表达，但口语表达并不等于口语本身。我们口头说话，要使用语言材料，但是说话的效果并不是这些语言材料的总和。口头说的话应该是十分生动的，它和说话的环境、说话人的感情、说话的目的和动机都有很大的关系。

要做到自然，就要按照日常口语的语音、语调来说话，不要带着朗读或背诵的腔调。这并不是很高的要求，但实际做起来却是相当的困难。需要强调的是，进行说话准备，

不要把说话材料写成书面材料，因为写出来的东西往往会进行修改，殊不知，就是在修改中改掉了口语表达的特点。

语速适当是话语自然的重要表现。正常语速大约为 240 个音节/分钟视为正常。如果根据内容、情景、语气的要求偶尔十来个音节稍快、稍慢，则应视为正常。语速和语言流畅程度是成正比的，一般说来，语速越快，语言越流畅。但语速过快就容易导致鼻音时口腔打不开、复元音的韵母动程不够和归音不准。语速过慢，容易导致语流凝滞，话语不够连贯。有人为了不在声、韵、调上出错，说话的时候一个字一个字地往外挤，听起来非常生硬。因而，过快和过慢的语速都应该努力避免。

（2）用词得体

口语词和书面语词的界限不易分清。一般说来，口语词指日常说话用得多的词，书面语词指书面上用得多的词。口语词和书面语词相比，有其独自的特点。必须克服方言的影响，摈弃方言词汇，说话中特别要注意克服方言语气。但由于普通话词汇标准是开放的，它不断地从方言中吸收富有表现力的词汇来丰富、完善自己的词汇系统，普通话水平测试允许应试人使用较为常用的新词语和方言词语。

（3）用语流畅

现代汉语的口语和书面语基本是一致的，使用的句式大体也是相同的，但是，从句式使用的经常性来看，仍然和书面语存在着差别，其特点：①口语句式比较松散，短句多；②较少使用或干脆不用关联词语；③经常使用非主谓句；④较多地使用追加和插说的方法，句间关联不紧密；⑤停顿和语气词多。

普通话水平测试是对应试人运用普通话进行交际的能力水平的测试和评价。它既不是普通话知识的考试，也不是文化水平的考核，更不是口才的评估。测试大纲以语音面貌、词汇语法的规范程度和自然流畅程度作为说话的一部分标准，对与文章结构有关的立意、选材及布局谋篇并未提出具体的要求，我们不能一厢情愿地把作文的评分标准强加于说话之上。

3．英文录入。新建一个记事本文件，录入下列英文后以 YW.txt 为文件名存盘。

Among all forms of advertising, packaging is quite important. People sometimes will be motivated to buy products by a package. For instance, a little boy might ask for cookies contained in a box with a picture of Ultraman. The boy is more interested in the picture than in the cookies. Pictures for children to color or cut out, games printed on a package, or a small gift inside a box can often attract children’s attention and motivate them to buy products or to ask their parents to buy.

Sometimes a buyer will get something for nothing. Let’s take food products sold in reusable containers as an example. As we know, a similar product in plain container might cost less, but people often would rather buy the product in a reusable container than buy that in a plain one, because they believe the container is free. However, in fact they usually pay more money for the same food because the cost of the container is added to the cost of the product.

A buyer also can be motivated by the package size. Maybe the package has “Economy

Size" or "Family Size" printed on it. This may suggest that the larger size has the most products at the lowest price. But that is not always true. To find it out, a buyer has to know how the product is sold and the price of the basic unit.

It is true that buyers can get some answers from the information on the package. But the important thing for any buyer to remember is that a package is often an advertisement. The words and pictures do not tell the whole story. Only the product inside can do that.

考 核 1

1．按教师指定的考核要求，使用“金山打字”软件（或其他打字练习软件），完成英文打字任务。

2．按教师指定的考核要求，使用“金山打字”软件（或其他打字练习软件），完成中文打字任务。

3．按教师指定的文章以及考核要求，完成英文、中文打字任务。

项目 2　操作系统及其管理

操作系统是微型计算机的系统软件，任何应用软件的使用（包括安装、运行、维护等）都要以操作系统为基础。要提高计算机的应用能力和水平，首先就要熟悉操作系统的基本使用方法。

本项目以 Windows 7 操作系统为例，要求学生掌握操作系统的基本使用方法。通过练习，使学生熟练掌握操作系统的基本操作，包括“开始”菜单的使用，注销、锁定、切换用户，操作系统的重新启动、异常处理、关闭等操作；重点掌握文件管理，包括文件及文件夹的建立、删除、复制、移动、重命名、扩展名的修改等操作，以及库、快捷方式的使用；了解 Windows 7 操作系统的自身管理的基本内容和工具，提高操作系统的使用效率和服务效率，包括控制面板的使用，添加、卸载软件，系统设置、系统维护等基本操作。

通过本项目的综合练习与考核，检查学生对操作系统和文件管理等操作的掌握情况，在此基础上进一步学习应用软件。

任务 1　Windows 7 的基本操作

任务目的

本任务要求学生掌握 Windows 7 操作系统的基本操作，包括开始菜单的使用，注销、锁定、切换用户，操作系统的重新启动、异常处理、关闭等操作，了解这些操作的目的、意义和作用，提高操作系统的基本使用技能，为进一步掌握操作系统的其他功能和学习应用软件奠定良好的基础。

任务内容

Windows 7 开始菜单的使用；Windows 7 的注销、锁定、切换用户，操作系统的重新启动、异常处理、关闭等操作；Windows 任务管理器的启动和使用。

任务练习

【练习 1】打开窗口（或称启动程序）。

正常启动 Windows 7 操作系统后，计算机屏幕中的整个画面称为桌面。用鼠标左键单击（这个操作以下简称单击）桌面左下角的“开始”按钮，打开“开始”菜单，如图 2-1 所示，在其中进行相应的操作（单击或右击），可以完成相应的任务。请完成以下练习：

1）单击“开始”按钮，在打开的“开始”菜单右侧，选择“计算机”选项，打开一个窗口（在其中可以查看连接到计算机上的所有磁盘驱动器、其他硬件、网络等，也在窗口中查看计算机中所有能够使用的资源）。

2）观察窗口中的资源；单击左侧某个图标，观察右侧的变化。

3）单击窗口右上角的“关闭”按钮，关闭窗口。

图 2-1 “开始”菜单

【练习 2】启动其他程序。

请完成以下练习：

1）单击“开始”按钮，将鼠标指针指向“所有程序”选项，选择“附件”选项，再选择“记事本”选项（或选择“画图”“计算器”“截图工具”“连接到网络投影仪”……）

2）观察打开的窗口（或对话框）。

3）单击窗口（或对话框）右上角的“关闭”按钮，关闭窗口（或对话框）。

【练习提示】

Windows 是多任务操作系统，任务一般以窗口的形式出现，暂时不使用的窗口应该关闭，这样可以节省内存空间，提高计算机的运行速度。

【练习 3】将程序（的快捷方式）锁定到任务栏（作为快速启动任务图标）。

请完成以下练习：

1）单击“开始”按钮，将鼠标指针指向“所有程序”选项，选择“附件”选项，右击“画图”选项，在弹出的快捷菜单中，将鼠标指针指向“锁定到任务栏”选项并单击，如图 2-2 所示（本操作可以将经常使用的程序锁定到任务栏，方便使用）。

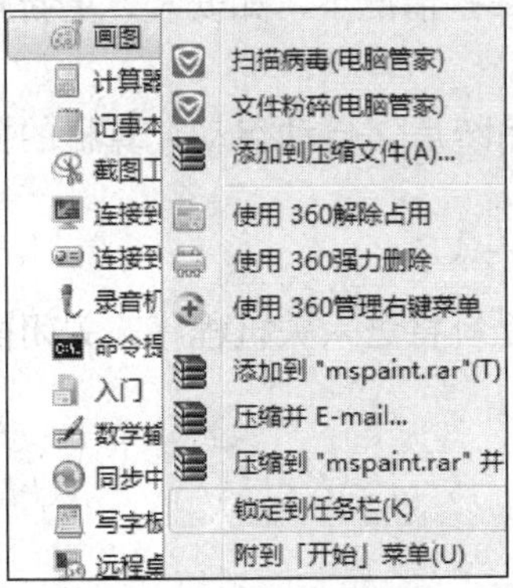

图 2-2 锁定“画图”程序到任务栏

2）观察任务栏（桌面底部的矩形区域），在任务栏的左侧，找到“画图”图标并单击，可以打开“画图”程序（在任务栏上也可以启动一个程序）。

3）单击“画图”程序窗口右上角的“关闭”按钮，关闭“画图”程序。

4）将“截图工具”“计算器”“记事本”等附件中的小程序锁定到任务栏上。

【练习 4】注销用户。

注销是指操作系统将关闭当前登录用户开启的所有应用程序，重新进入桌面或登录界面，但是并不关闭操作系统。通过注销，可以解决操作系统的某些异常问题。请完成以下练习：

1）单击“开始”按钮，将鼠标指针指向“关机”按钮右侧的下拉按钮（注意：不是单击“关机”按钮!），选择“注销”选项。

2）观察屏幕的变化（操作系统可能会给出关闭“××”程序等一些提示）。

3）稍后，操作系统将进入桌面或进入登录界面（若用户设定了密码或在操作系统中设定了多个账户）。

4）在登录界面中，选择用户并输入正确的密码，进入用户桌面。

【练习 5】锁定“当前用户”(本操作仅对设定了登录密码的用户有效)。

请完成以下练习：

1）单击“开始”按钮，将鼠标指针指向“关机”按钮右侧的下拉按钮（注意：不是单击“关机”按钮!），选择“锁定”选项。(或直接使用组合键：徽标键+L)

2）观察屏幕变化，操作系统将进入登录界面。

3）输入正确的用户密码，回到用户锁定之前的工作界面（注意：锁定是为了保证用户信息的安全）。

【练习 6】切换用户（本操作对设定了多用户的计算机有意义）。

请完成以下练习：

1）单击“开始”按钮，将鼠标指针指向“关机”按钮右侧的下拉按钮（注意：不是单击“关机”按钮!），选择“切换用户”选项。

2）观察屏幕变化，操作系统将进入登录界面。

3）在登录界面中，选择用户并输入正确的密码，进入用户桌面。

【练习 7】重新启动、关闭操作系统。

请完成以下练习：

1）单击“开始”按钮，将鼠标指针指向“关机”按钮右侧的下拉按钮（注意：不是单击“关机”按钮!），选择“重新启动”选项（注意：某些情况下，如安装、更新软件后会出现“死机”等情况，需要重新启动操作系统）。

2）观察屏幕变化，操作系统将进入关机程序。关闭系统后，自动启动计算机的操作系统。

3）系统进入桌面或登录界面。

4）单击“开始”按钮，再单击“关机”按钮 关机 ，系统将进入关机程序，关闭操作系统，即关机。

【练习 8】任务管理器的使用。

方法一：请完成以下练习。

1）在任务栏的空白处右击，在快捷菜单中选择“启动任务管理器”选项，打开“Windows 任务管理器”窗口，如图 2-3 所示。

2）在窗口中，通过单击，选择某个正在运行的程序。单击“结束任务”按钮，即可结束选定的任务（程序）。

3）还可以在“Windows 任务管理器”窗口中进行其他操作（如查看“进程”“联网”等情况），完成相应的工作。

方法二：请完成以下练习。

1）使用组合键 Ctrl+Alt+Delete（先按住 Ctrl 和 Alt 键，再按 Delete 键）。

2）在打开的界面中，选择“启动任务管理器”选项，打开“Windows 任务管理器”窗口，如图 2-3 所示。

3）完成相应的操作。

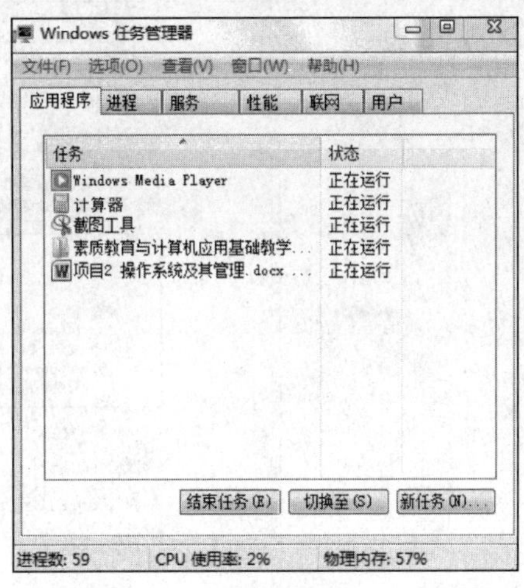

图 2-3　“Windows 任务管理器”窗口

【练习 9】“任务栏”的使用。

任务栏在桌面的底部，如图 2-4 所示，左侧的图标显示快速启动任务图标和处于活动状态的任务图标，右侧的图标显示后台运行的程序。请完成以下练习：

1）单击日期和时间指示器按钮，打开日历和时钟界面，如图 2-5 所示。在界面中可以调整系统的日历和时间。

2）单击显示隐藏的图标按钮，打开显示隐藏的图标界面，如图 2-6 所示。可以对隐藏在后台的程序进行管理。单击某图标（如、等），可查看程序或进行系统设置；选择“自定义…”选项，打开如图 2-7 所示界面，可设置后台程序在通知区域的显示方式，即“显示图标和通知”“隐藏图标和通知”“仅显示通知”。

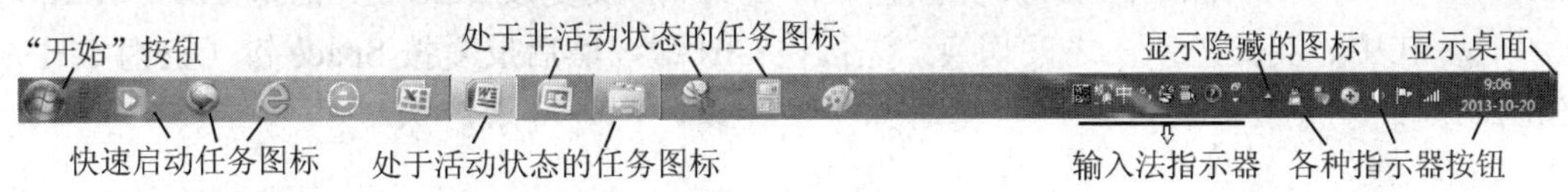

图 2-4　任务栏

图 2-5　日历和时钟界面

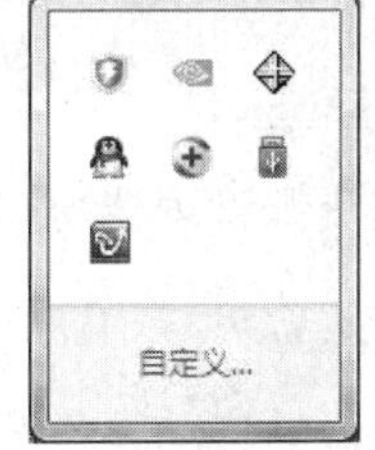

图 2-6　显示隐藏的图标界面

3）将 U 盘插入计算机的 USB 接口，系统自动运行 U 盘驱动程序，自动识别 U 盘。如果正确识别，则在通知区域显示图标（或隐藏图标），可以按步骤 2）的方式查看。

4）单击“安全删除硬件并弹出媒体”图标，打开“菜单”，在“菜单”中单击“弹出×××”命令，可以安全移除某硬件设备，如 U 盘。

5）在教师的指导下，根据自己机器的实际情况，对其他的指示器图标进行操作。

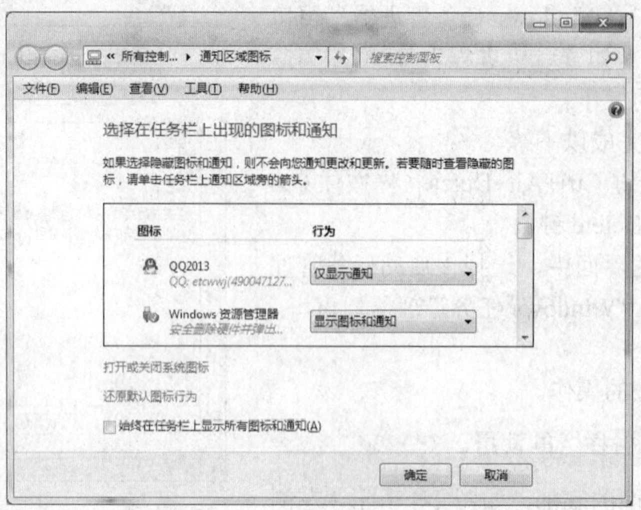

图 2-7 设置后台程序在通知区域的显示方式

【练习 10】“输入法指示器”的使用。

输入法指示器（语言选项带）如图 2-4 所示。其可能表现出多种状态，如或等。请完成以下练习：

1）可以单击输入法图标，在不同的输入法之间切换。

2）可以用键盘的方式在不同的输入法之间切换。

① 在不同输入法之间切换：先按住 Ctrl 键，然后反复按 Shift 键（记为 Ctrl + Shift）。

② 在中、英文输入法之间切换：先按住 Ctrl 键，然后反复按 Space 键（记为 Ctrl + Space）。

任务 2 资源管理器的基本操作

任务目的

熟练掌握资源管理器窗口的基本操作和使用技巧，掌握文件管理的一些基本操作。

任务内容

资源管理器的启动、资源管理器窗口的定制；导航栏、地址栏的使用，根据需要定位到指定位置；在资源管理器窗口中对文件排序、筛选、预览。

任务练习

在进行以下练习之前，请在教师的指导下，将练习素材（“项目 2 素材”文件夹）复制到 D 盘上。

【练习 1】启动资源管理器。

请完成以下练习：

使用如下方法，打开资源管理器窗口（然后关闭窗口）。

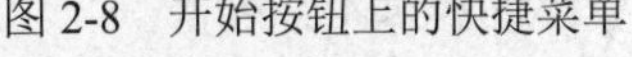

图 2-8　开始按钮上的快捷菜单

1）右击开始按钮，在打开的快捷菜单中（图 2-8）选择“打开 Windows 资源管理器”选项。

2）在“开始”菜单右侧，选择“计算机”选项，如图 2-1 所示。

3）在“开始”菜单中，依次选择“所有程序”→“附件”→“Windows 资源管理器”选项。

4）若“Windows 资源管理器”已锁定到任务栏，在任务栏上单击“Windows 资源管理器”任务图标。

5）在桌面上双击“计算机”图标。

【练习 2】资源管理器窗口的基本操作。

请完成以下练习：

（1）启动资源管理器（使用练习 1 给出的方法）

在资源管理器窗口的导航窗格中（左侧窗格），单击“计算机”选项，如图 2-9 所示。

（2）关闭、最小化、最大化、还原窗口的操作

在图 2-9 所示的窗口中，将鼠标指针分别指向右上角的三个按钮，会出现“最小化”“向下还原”（或“最大化”）“关闭”的提示文字，单击相应的按钮，可以将窗口“最小化”“最大化”“向下还原”“关闭”。（提示：最小化窗口不同于关闭窗口，只是将窗口显示为发亮的图标置于任务栏上，单击任务栏相应的图标可以还原窗口。）

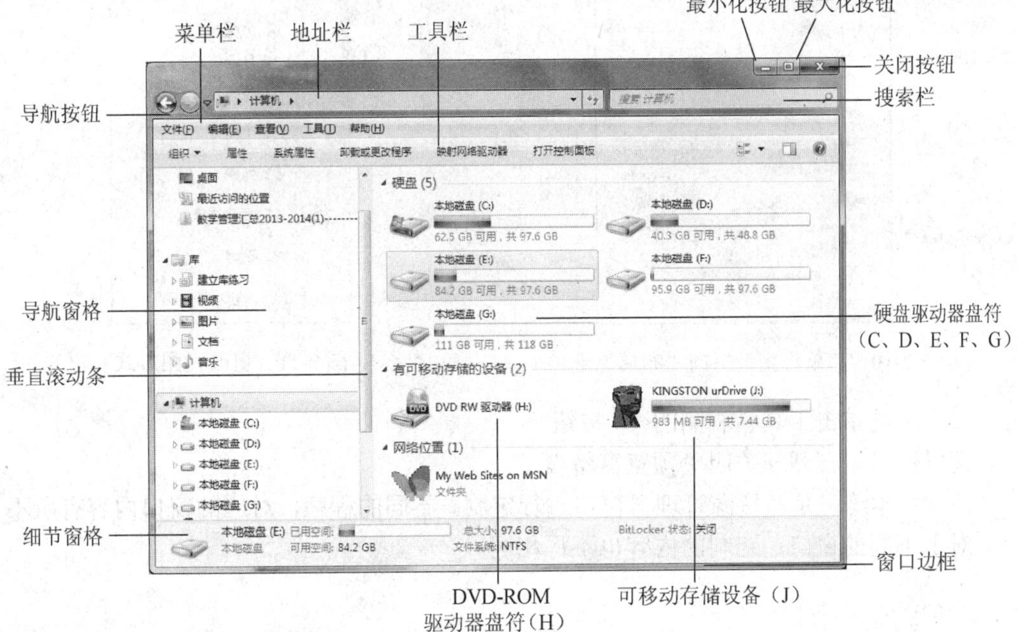

图 2-9　资源管理器窗口

（3）定位到 C 盘、D 盘、E 盘的操作

分别单击“导航窗格”中的“×××（C:）”“×××（D:）”“×××（E:）”，观察窗口右侧的变化，同时观察地址栏的变化。

练习提示：

本操作分别定位到 C 盘、D 盘、E 盘，可以分别观察每个磁盘的信息（资源）和地址栏的变化；一般情况下，C 盘是系统盘，初学者不要对系统盘中的资源进行操作。

【练习 3】定制资源管理器窗口。

请完成以下练习：

（1）单击工具栏上的“组织”按钮并将鼠标指针指向“布局”选项

单击工具栏上的“组织”按钮并将鼠标指针指向“布局”选项后显示如图 2-10 所示菜单。图中的显示表明“菜单栏”“细节窗格”“导航窗格”处于打开状态（即显示在窗口中），“预览窗格”处于关闭状态（不显示在窗口中）。图中文字前面的“√”符号表示此项已打开，文字前面没有“√”符号表示此项关闭。

请在“菜单栏”“细节窗格”“预览窗格”“导航窗格”上反复单击，对“菜单栏”“细节窗格”“预览窗格”“导航窗格”进行开、关状态的切换操作。

（2）单击工具栏上右侧的下拉按钮

单击工具栏上右侧的下拉按钮后显示如图 2-11 所示的“更改视图方式”菜单。

单击某项或用鼠标拖动滑块，可以改变右侧窗格中内容的显示方式及大小；请操作并观察右侧窗格的变化。

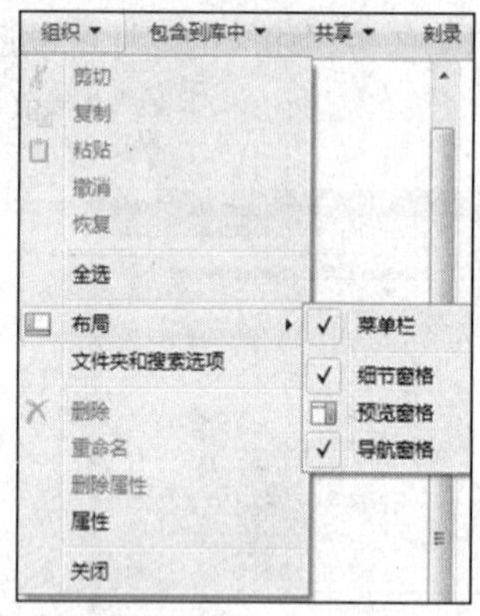

图 2-10　将鼠标指针指向“布局”选项

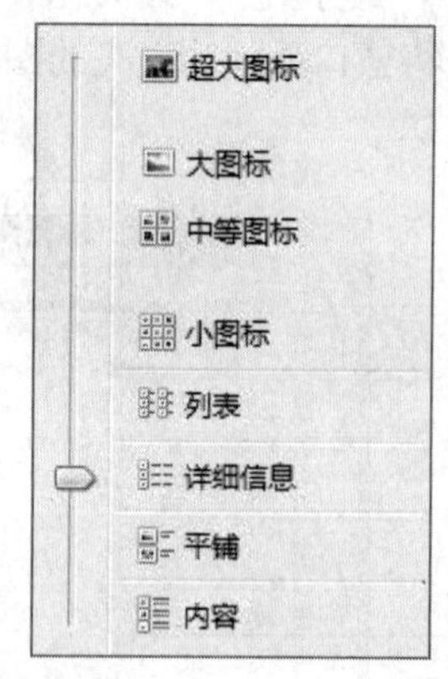

图 2-11　更改视图方式

（3）反复单击工具栏右侧的按钮

请操作可以打开和关闭“预览窗格”。

注意：本练习是对资源管理器窗口进行定制。不同的程序，对应的窗口内容有所不同；对于不同的窗口，定制的内容也不尽相同。

【练习 4】定位到指定位置（观察地址栏的变化）——资源管理器导航窗格（左侧窗格）的操作。

请完成以下练习：

1）打开资源管理器窗口，如图 2-9 所示。（说明：在窗口的导航窗格中，程序和数据资源分层管理。Windows 7 系统预设的四个顶层对象分别是“收藏夹”“库”“计算机”“网络”。以计算机对象为例，“计算机”对象下层是（C:）、（D:）、（E:）等“盘”对象；“盘”对象的下层可以是“文件夹”或“文件”等对象；“文件夹”对象的下层仍然可以是“文件夹”或“文件”等对象。在导航窗格中，只显示到文件夹，不显示文件。）

2）在导航窗格中，单击◢或▷标志，如图 2-12（a）所示。本操作可以折叠或展开下一层资源，即隐藏或显示下一层对象。将导航窗格中的对象逐层展开后，各层对象在水平方向上呈“树”状结构显示。如图 2-12 所示，将图（b）与图（a）对照，并理解标志◢与▷的不同含义。

（a）导航窗格

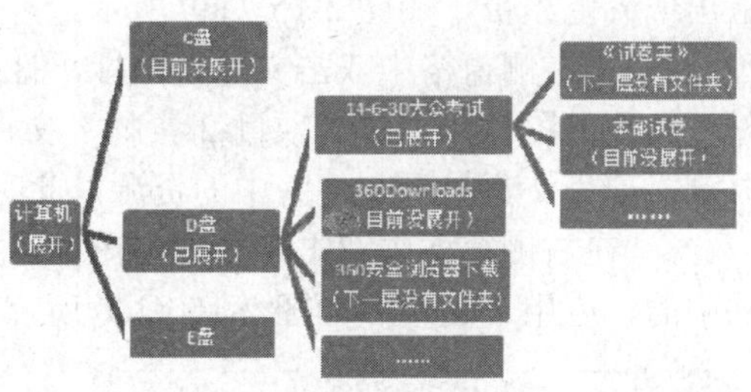

（b）导航窗格的“树”状结构示意图

图 2-12　导航窗格中部分对象（资源）逐层展开后水平方向呈“树”状结构

3）在导航窗格中选定某对象，观察地址栏。例如，选定（D:），在地址栏中显示导航窗格当前被选定对象的位置及层次。用文字和“▸”连接的形式表示位置和层次，如图 2-13 所示，即所谓地址。

图 2-13（a）是在导航窗格中选择了“计算机”下一层的“新加卷（D:）”，即 D 盘，我们称定位到 D 盘。

图 2-13（b）是在导航窗格中选择了“新加卷（D:）”的下一层“项目 2 素材”文件夹，我们称定位到“项目 2 素材”文件夹。

▸ 计算机 ▸ 新加卷 (D:) ▸

（a）选择“计算机”下一层“新加卷（D:）”的显示

▸ 计算机 ▸ 新加卷 (D:) ▸ 项目2素材

（b）选择“新加卷（D:）”下一层“项目 2 素材”文件夹的显示

图 2-13　在导航窗格中选定对象后观察地址栏

4）在导航窗格中，单击某个对象的图标，观察右侧窗格。例如，单击“新加卷（D:）”下的“项目 2 素材”文件夹，图标上出现一条蓝色光带（表示选定目标），在右侧窗格中显示导航窗格中被选定对象所包含的资源，如图 2-14 所示。

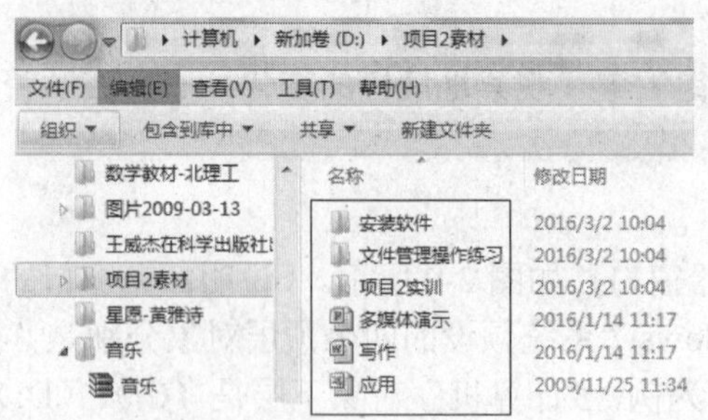

图 2-14　在导航窗格中选定对象后观察右侧窗格

【练习 5】定位到指定位置（查看资源、打开资源）——资源管理器右侧窗格的操作。

请完成以下练习：

1）在右侧窗格中单击图标，选择资源。例如，选择“项目 2 素材”文件夹，图标上出现蓝色光带，如图 2-15（a）所示。

2）在右侧窗格中双击文件夹图标，打开图标对应的资源。例如，双击“项目 2 素材”文件夹图标，打开“项目 2 素材”文件夹，如图 2-15（b）所示，即在右侧窗格中显示“项目 2 素材”文件夹中的资源，此时我们称定位到“项目 2 素材”文件夹。

3）在右侧窗格中双击某个文件图标，打开文件。例如，双击“项目 2 素材”文件夹中的“应用”文件，如图 2-15（b）所示。

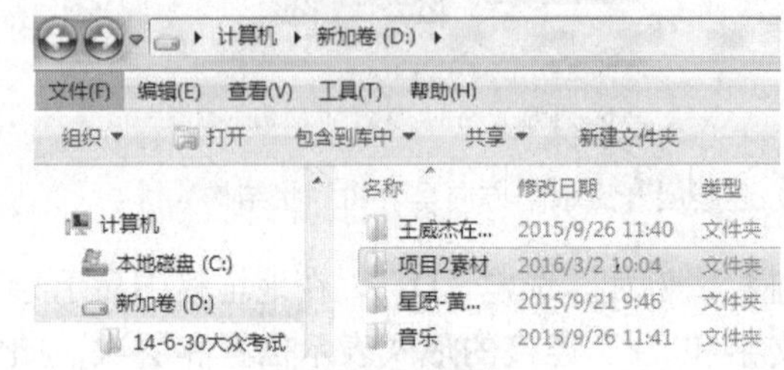

（a）右侧窗格中选择“项目 2 素材”文件夹

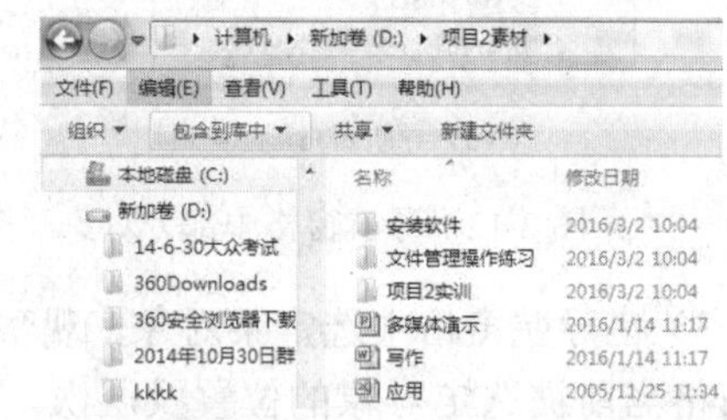

（b）双击后打开“项目 2 素材”文件夹

图 2-15　资源管理器右侧窗格的操作

【练习 6】定位到指定位置——资源管理器地址栏的操作。

请完成以下练习：

（1）在地址栏中单击文字

单击文字，可以选择要查看的资源，即定位到某资源。单击文字，相当于在导航窗格中选定资源。

如图 2-13（b）所示，在地址栏中单击文字。例如，先单击“新加卷（D:)”，再单击“计算机”，则先后定位到 D 盘和计算机。

（2）在地址栏中单击箭头▸

单击箭头▸，弹出下拉菜单，需要进一步选择待定位的资源。

如图 2-13（b）所示，单击“计算机”右侧的▸按钮，在下拉菜单中单击“新加卷

（D:）”，即定位到“新加卷（D:）”选项。

再单击“新加卷（D:）”选项右侧的▸按钮，在下拉菜单中单击“项目 2 素材”选项，即定位到“项目 2 素材”文件夹。

再单击“项目 2 素材”右侧的▸按钮，在下拉菜单中单击“安装软件”，即定位到“安装软件”文件夹。

现在，地址栏显示为 ▸ 计算机 ▸ 新加卷 (D:) ▸ 项目2素材 ▸ 安装软件，此时“安装软件”称为当前文件夹。右侧窗格中显示当前文件夹即“安装软件”中的资源（内容）。

（3）在地址栏中右击

在地址栏中右击，在快捷菜单中可以执行“复制地址”“编辑地址”等命令，这里“地址”就是所谓的“路径”。

例如，当前文件夹为“安装软件”时，执行“编辑地址”命令，地址栏显示为“D:\项目 2 素材\安装软件”，这就是“安装软件”文件夹的路径。

（4）在地址栏中单击空白处

在地址栏中单击空白处，显示当前地址的路径。

例如，当前地址为“安装软件”时，单击地址栏中空白处，显示为“D:\项目 2 素材\安装软件”

【练习 7】资源管理器窗口右侧窗格的操作练习。

按照指定方式和指定顺序显示文件及文件夹，按照类型筛选文件（资源）和预览文件。请完成以下练习：

1）启动资源管理器，定位到“D:\项目 2 素材\文件管理操作练习”文件夹。

2）单击工具栏右侧的 图标中的下拉按钮。如图 2-16 所示，单击某项或用鼠标拖动滑块，可以改变右侧窗格中内容的显示方式。

3）将显示方式设定为“详细信息”方式，如图 2-16 所示。现在，右侧窗格的结果如图 2-17 所示。

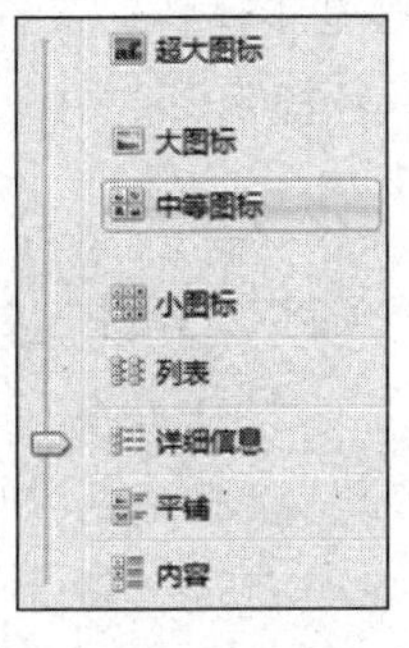

图 2-16　改变窗口中内容的显示方式

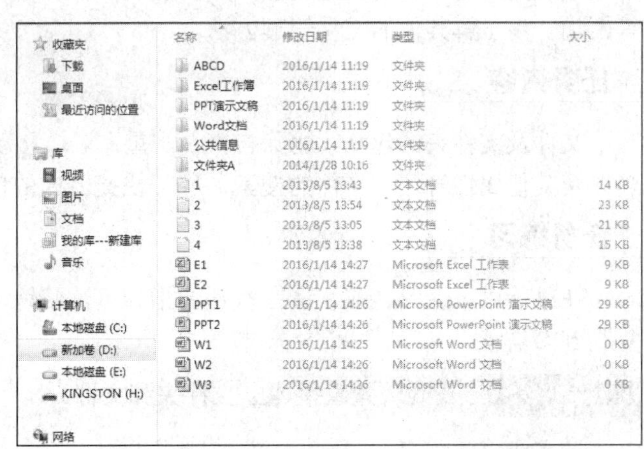

图 2-17　使用“详细信息”方式显示资源

4）分别单击右侧窗格中的“名称”“修改日期”等按钮。单击“名称”按钮，可使

文件（夹）按照名称排序；可在“升序”“降序”两种方式之间切换。分别单击“修改日期”“类型”“大小”等按钮，可按文件的修改日期、类型、大小排序。通过排序，便于找到相关文件（夹）。

5）按某种规则筛选文件（夹）。单击“名称”按钮右侧的下拉按钮▾，如图 2-18 所示，可按文件（夹）的名称筛选；文件（夹）的“修改日期”“类型”等项目也可通过相应的下拉按钮▾进行筛选。

请按类型分别筛选“文本文档”和“文件夹”，如图 2-19 所示。

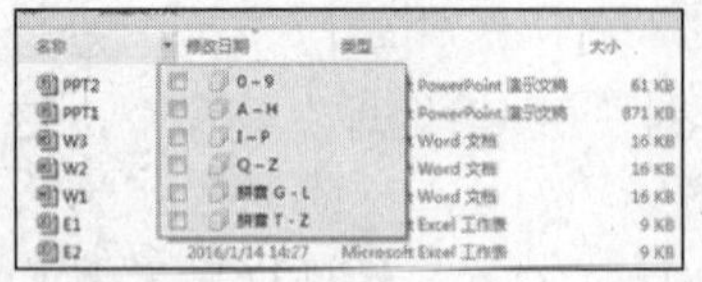

图 2-18　按名称筛选按钮

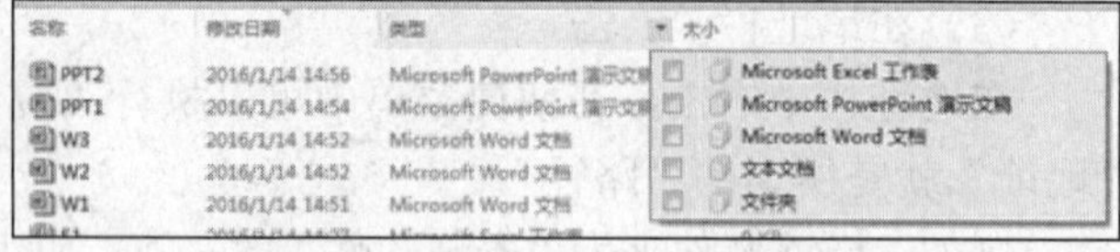

图 2-19　按类型分别筛选“文本文档”和“文件夹”

6）增减“详细信息”的显示项目。右击“名称”等按钮，在快捷菜单中单击相应的项目，可增减“详细信息”的显示项目。

7）预览文件。单击文件“PPT1”（即选择文件“PPT1”），然后单击工具栏右侧的□按钮，打开预览窗格，可在其中预览文件“PPT1”的内容。文档、电子表格、演示文稿等文件的内容可通过预览方式查看。再次单击□按钮，关闭预览窗格。

任务 3　文 件 管 理

任务目的

在资源管理器窗口中，掌握文件和文件夹的基本管理方法，包括建立、删除、重命名、移动、复制等，提高文件管理水平和管理效率。

了解资源管理器的其他功能，如扩展名的管理、文件的基本属性管理、文件的搜索等，进一步了解其他的文件管理方法。

任务内容

文件及文件夹的建立、删除与恢复、重命名、移动、复制等基本操作；文件的扩展名以及其他属性管理，文件的搜索，库、快捷方式的使用。

任务练习

在进行以下练习之前，请在教师的指导下，将练习素材（“项目 2 素材”文件夹）复制到 D 盘上。

【练习 1】在指定位置直接建立文件夹和文件。

请完成以下练习：

（1）启动资源管理器

启动资源管理器，定位到 D 盘（或其他指定位置）。

（2）建立文件夹

在右侧窗格中的空白处右击，在快捷菜单中选择“新建”→“文件夹”选项，在当前位置上建立了一个文件夹，其默认名称为“新建文件夹”。若再建立一个文件夹，则默认名称为“新建文件夹(2)”，以此类推（注：文件夹相当于容器或口袋，在其中可以存放文件等）。

（3）建立“文本文档”文件

在右侧窗格中的空白处右击，在快捷菜单中选择“新建”→“文本文档”选项，在当前位置上建立了一个文本文档，其默认名称为“新建文本文档”。若再建立文本文档，则默认名称为“新建文本文档(2)”，以此类推。

（4）建立其他类型的文件

根据计算机上安装应用软件的情况，按照步骤（3）的操作方法，可以尝试（在某个指定位置上）建立“Microsoft Office Word 文档”“Microsoft Office Excel 工作表”“Microsoft Office PowerPoint 演示文稿”等文件。

【练习 2】选择文件或文件夹的操作。

请完成以下练习：

（1）选择一个文件或文件夹

单击一个文件或文件夹即选择了此文件或文件夹。例如，在“文件管理操作练习”（位置在“D:\项目 2 素材\文件管理操作练习”）文件夹中，单击文件“1”，即选择了此文件。文件图标上会出现淡蓝色光带，标志该文件被选中。单击“ABCD”文件夹，即选择了此文件夹。

（2）取消选择

在右侧窗格的空白处单击，即取消了当前的选择。

（3）同时选择多个不连续的（间隔的）文件或文件夹

操作方法：先单击第一个文件或文件夹，再按住 Ctrl 键，然后分别单击其他需要选择的文件或文件夹。

例如，先单击文件“1”，再按住 Ctrl 键，然后分别单击文件“3”和“W1”，就同时选择了三个不连续的文件，被选内容出现淡蓝色光带，标志被选中。

再如，先单击“ABCD”文件夹，再按住 Ctrl 键，然后分别单击文件夹“Excel 工作簿”和“公共信息”，就同时选择了三个不连续的文件夹，被选内容出现淡蓝色光带，标志被选中。

请尝试同时选择“PPT 演示文稿”文件夹、“文件夹 A”文件夹、“E2”文件、“W2”文件。

（4）同时选择多个连续的文件或文件夹

操作方法：先单击第一个文件或文件夹，再按住 Shift 键，然后单击需要选择的最后一个文件或文件夹。

例如，先单击文件“1”，再按住 Shift 键，然后单击文件“4”，就连续地选择了四个文件，被选内容出现淡蓝色光带，标志被选中。

再如，先单击文件夹“ABCD”，再按住 Shift 键，然后单击文件夹“公共信息”，就连续地选择了七个文件夹，被选内容出现淡蓝色光带，标志被选中。

请尝试连续选择其他的多个文件或文件夹。

（5）鼠标拖动选择文件或文件夹

在右侧窗格中，将鼠标指针置于空白处（注意：不要放在图标、“名称”“类型”等文字的上面），拖动鼠标指针出现矩形框，框住要选择的文件或文件夹，被选内容出现光带，标志目标被选中。

例如，按上述方法，拖动选择文件“1”～“4”，被选内容出现淡蓝色光带，标志被选中。

再如，拖动选择文件“W1”～“W3”，被选内容出现淡蓝色光带，标志被选中。

（6）选定右侧窗格内的所有对象

可以使用如下方法之一。

1）在资源管理器窗口的菜单栏中（图 2-9），先单击“编辑”菜单，再选择“全选”选项，选定右侧窗格中的全部对象。

2）按 Ctrl + A 组合键，选定右侧窗格中的全部对象。

（7）其他选择方法

还可以通过单击、拖动、按 Ctrl 键、按 Shift 键的组合方式进行选择。也可以使用光标键（箭头键）及光标键加上 Shift 键组合的方式进行选择。请教师示范或自己练习。

选择操作非常重要，请初学者多做练习，逐步摸索经验和方法。

【练习 3】文件、文件夹的复制和移动。

请完成以下练习：

（1）复制

将文件“1”“3”复制到“文件夹 A”文件夹中，步骤如下。

1）定位到文件“1”“3”所在的文件夹（即“文件管理操作练习”文件夹）。

2）选择文件“1”“3”。

3）可选如下方法之一进行“复制”操作：

① 在被选中的文件上右击，在快捷菜单中选择“复制”选项。

② 单击“编辑”菜单，再选择“复制”选项。

4）双击打开“文件夹 A”（即定位到“文件夹 A”），可选如下方法之一进行“粘贴”操作。

① 在右侧窗格空白处右击，在快捷菜单中选择“粘贴”选项。

② 单击“编辑”菜单，再选择“粘贴”选项。

请练习文件夹的复制操作。例如，将“Word 文档”文件夹、“Excel 工作簿”文件夹复制到“文件夹 A”文件夹中。

（2）移动

将文件“2”和“4”移动到“文件夹 A”文件夹中，步骤如下。

1）定位到文件“2”和“4”所在的文件夹（即“文件管理操作练习”文件夹）。

2）选择文件“2”和“4”。

3）可选如下方法之一进行“移动”操作。

① 在被选中的文件上右击，在快捷菜单中选择“剪切”选项。

② 单击“编辑”菜单，再选择“剪切”选项。

4）双击打开“文件夹A”（即定位到“文件夹A”），可选如下方法之一进行“粘贴”操作：

① 在右侧窗格空白处右击，在快捷菜单中选择“粘贴”选项。

② 单击“编辑”菜单，再选择“粘贴”选项。

③ 定位到“文件管理操作练习”文件夹中，观察文件“2”和“4”是否存在。

请练习文件夹的移动操作。例如，先将“PPT演示文稿”文件夹移动到“文件夹A”文件夹中，再从“文件夹A”文件夹中移动回来（即移动到“文件管理操作练习”下）。

【练习4】文件或文件夹的删除和恢复等操作。

请完成以下练习：

（1）删除

删除“文件管理操作练习”文件夹中的文件“1”和“3”，步骤如下。

1）定位到“文件管理操作练习”文件夹，选择文件“1”和“3”。

2）可选如下方法之一进行操作：

① 在被选中的文件上右击，在快捷菜单中选择“删除”选项，被删除的文件进入“回收站”。

② 先单击“文件”菜单，再选择“删除”选项，被删除的文件进入“回收站”。

③ 按Delete键，被删除的文件进入“回收站”。

④ 先按住Shift键，再按Delete键，被删除的文件不进入“回收站”。

请选择前三种方法之一，使被删除文件进入“回收站”。

3）弹出“删除文件”对话框，可选择如下操作：

① 单击“是”按钮，删除文件，选择步骤2）中前三种方法时，文件进入“回收站”；选择步骤2）中第四种方法时，文件不进入“回收站”。

② 单击“否”按钮，撤销删除操作。

③ 单击“关闭”按钮，关闭对话框，不进行任何操作。

请单击“是”按钮，删除文件。

（2）恢复

将被删除的文件“1”和“3”，从“回收站”恢复到原来位置。

1）在桌面上双击“回收站”图标，打开“回收站”窗口。

2）可选如下方法之一进行操作。

① 右击文件“1”，并在快捷菜单中选择“还原”选项。

② 先单击文件“1”，再单击“文件”菜单，然后选择“还原”选项。

（3）回收站中的其他操作

在回收站中选定文件或文件夹后，还可以执行如下操作。

1）删除：彻底删除被选择的文件或文件夹。

2）剪切：可以将被选择的文件或文件夹粘贴到其他位置。

3）还原：可以将被选择的文件或文件夹还原到被删除之前的位置。

4）清空：彻底删除回收站中所有的文件或文件夹。

【练习 5】文件夹的重命名操作。

请完成以下练习：

1）将鼠标指针定位到“文件管理操作练习”文件夹。

2）修改“文件夹 A”的名称。右击“文件夹 A”，在快捷菜单中选择“重命名”选项，此时文字“文件夹 A”上出现蓝色光带（表示文字被选定），进入文字编辑状态，表示可以修改名称。

3）可用如下方法修改名称。

① 直接输入新的名称。

② 用光标键或鼠标可将光标定位到任何一个字符的前或后面，按 Delete 键向右删除字符或按 Backspace 键向左删除字符。

③ 用光标键或鼠标可将光标定位到任何一个字符的前或后面，输入字符。

4）将文件夹“文件夹 A”的名称修改为“txt 文件”。

5）按回车键（Enter）确认修改后的名称。

6）按上述方法修改其他文件夹的名称。将鼠标指针定位到“文件管理操作练习”文件夹，将“Excel 工作簿”文件夹的名称修改为“Excel 文件”；将“PPT 演示文稿”文件夹的名称修改为“PPT 文件”；将“Word 文档”文件夹的名称修改为“Word 文件”；将“公共信息”文件夹的名称修改为“多媒体文件”。

【练习 6】文件和“盘符”的重命名操作。

请完成以下练习：

1）将鼠标指针定位到“文件管理操作练习”文件夹。

2）重命名文件。操作方法参见练习 5。将文件“W1”“W2”“W3”的名称分别修改为“Word-1”“Word-2”“Word-3”。

注意：如果出现扩展名（扩展名：圆点“.”及其后面的字符），请勿修改扩展名。

3）修改其他文件的名称。按照教师的要求修改其他文件的名称。

4）修改导航窗格中，盘符前面的名称。盘符，即硬磁盘、U 盘、光盘、移动设备（如手机）等在计算机上的字母编码，在资源管理器的导航窗格中通常表示为 XX（C:）、YY（D:）、ZZ（E:）等，其中“XX、YY、ZZ”为系统默认的“盘符”名称。

例如，在“XX（C:）”上右击，在快捷菜单中选择“重命名”选项，输入“Win7”，按 Enter 键，（C:）前面的名称就变成“Win7”了。

5）修改 U 盘的名称。插入 U 盘，按步骤 4）的方法，将 U 盘的名称修改为“My-U”。

修改 U 盘的名称，在同一计算机上同时使用多个 U 盘的情况下，有利于识别不同的 U 盘。

【练习 7】文件的扩展名管理。

请完成以下练习：

1）启动资源管理器，将鼠标指针定位到“文件管理操作练习”文件夹。

2）打开“文件夹选项”对话框。单击“工具”菜单，选择“文件夹选项”选项，打开“文件夹选项”对话框，单击“查看”选项卡，如图 2-20 所示。滚动“高级设置”中右侧的滚动条，浏览其中的内容，在此对话框中可以对文件夹和文件的查看方式进行定制（设定）。

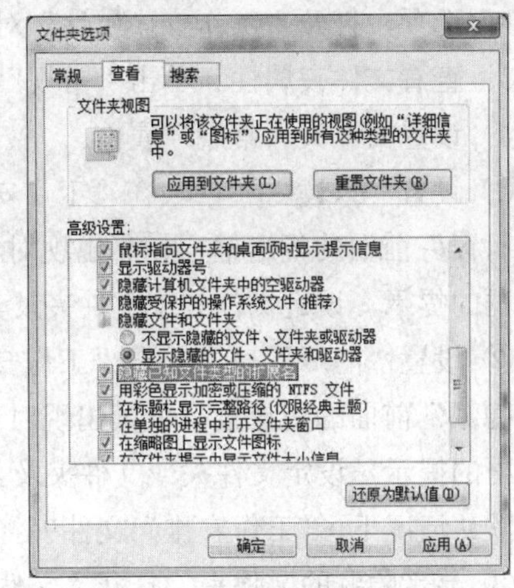

图 2-20 “文件夹选项”对话框的“查看”选项卡

3）显示文件的扩展名。系统默认隐藏（不显示）文件的扩展名，如图 2-20 所示。单击“隐藏已知文件类型的拓展名”复选框☑，去掉对号“√”，单击“确定”按钮。

观察“文件管理操作练习”文件夹中一部分文件名称的变化，如表 2-1 所示。

表 2-1 文件名称的变化

文件类型	文件名（隐藏文件的扩展名）	文件名（显示文件的扩展名）
Excel 文件	E1	E1.xlsx
Excel 文件	E2	E2.xlsx
文本文档	1	1.txt
文本文档	3	3.txt
演示文稿	PPT1	PPT1.pptx
演示文稿	PPT2	PPT2.pptx
……	……	……

4）隐藏文件的扩展名。按步骤 2）的操作，打开“文件夹选项”对话框，单击“查看”选项卡，单击“隐藏已知文件类型的拓展名”复选框□，添加对号“√”，单击“确定”按钮。

观察资源管理器中文件名称的变化，现在，扩展名已经被隐藏（不显示）了。

说明：扩展名是文件类型的标识，Windows 操作系统通过扩展名识别文件类型；扩展名的表现形式为“英文句号以及之后的 1 到若干个字母或数字的组合”。例如，“.mp3”是音频文件，“.txt”是文本文件，“.doc”和“.docx”是 Word 文档，“.avi”和“.mp4”等是视频文件。了解扩展名及其文件类型，有助于进一步管理文件。

【练习 8】文件夹（驱动器和文件）常用属性的管理与设置。

请完成以下练习：

1）定位到“文件管理操作练习”文件夹。

2）打开“工作安排属性”对话框。右击“工作安排”文件夹，在快捷菜单中选择

“属性”选项，打开“工作安排属性”对话框，如图 2-21 所示。

3）查看文件夹属性。单击“常规”“共享”等选项卡，查看属性，如图 2-21 所示。

4）设置文件夹“常规”属性。

① 设置“只读”属性。在“工作安排属性”对话框中，单击“常规”选项卡。单击“只读”前面的复选框，使其出现对号“√”，单击“应用”或“确定”按钮，根据对话框的提示，设定文件夹或文件夹及其包含内容的只读属性。

② 设置“隐藏”属性。在“工作安排属性”对话框中，单击“常规”选项卡。单击“隐藏”前面的复选框，使其出现对号“√”，单击“应用”或“确定”按钮，根据对话框的提示，设定文件夹或文件夹及其包含内容的隐藏属性。

默认情况下，“工作安排”文件夹将被隐藏。

③ 显示隐藏的文件夹。打开“文件夹选项”对话框（见练习 7），如图 2-22 所示，选择“显示隐藏的文件、文件夹和驱动器”选项，单击“确定”或“应用”按钮。

由于“工作安排”文件夹具有隐藏属性，此时“工作安排”文件夹图标将被“模糊”显示，现在，参照上述②的操作，可以取消“工作安排”文件夹的隐藏属性，使文件夹图标恢复正常显示。

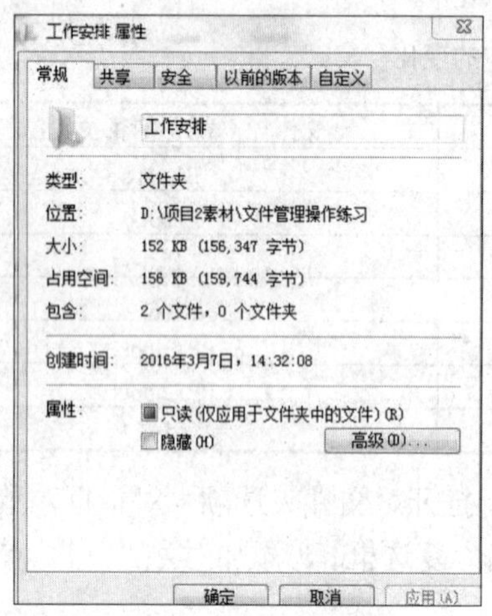

图 2-21 “工作安排 属性”对话框的“常规”选项卡

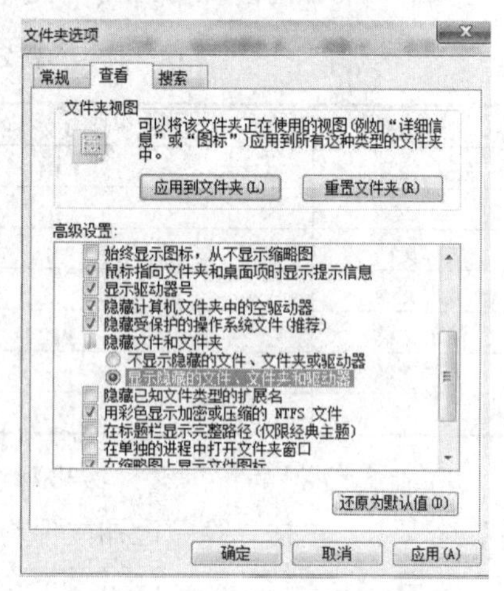

图 2-22 显示隐藏的文件夹

5）设置文件夹“共享”属性。

① 将“成绩”文件夹共享。如图 2-23 所示，在“成绩 属性”对话框中，单击“共享”选项卡。单击“共享”按钮，打开“文件共享”对话框，可以添加共享用户（也可以不添加），单击“共享”按钮，返回“共享”选项卡。此时，“成绩”文件夹已经处于共享状态，在“共享”按钮上方显示共享路径，如图 2-24 所示。

在资源管理器的导航窗格的“网络”图标下面显示共享文件夹“成绩”图标，如图 2-25 所示，其中“gg41309”是共享文件夹“成绩”所在的计算机名称。

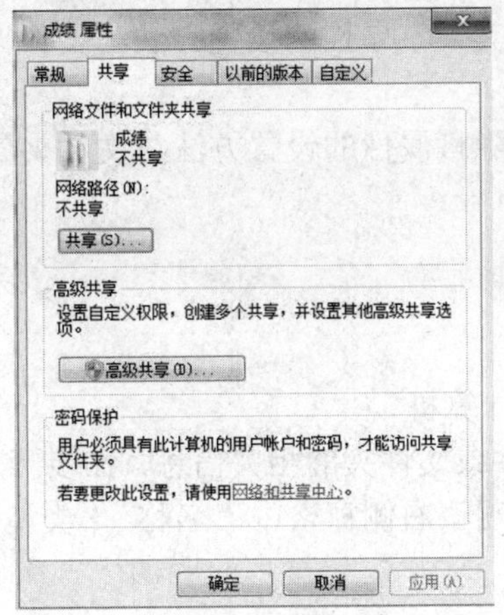

图 2-23 “成绩 属性”对话框的“共享”选项卡

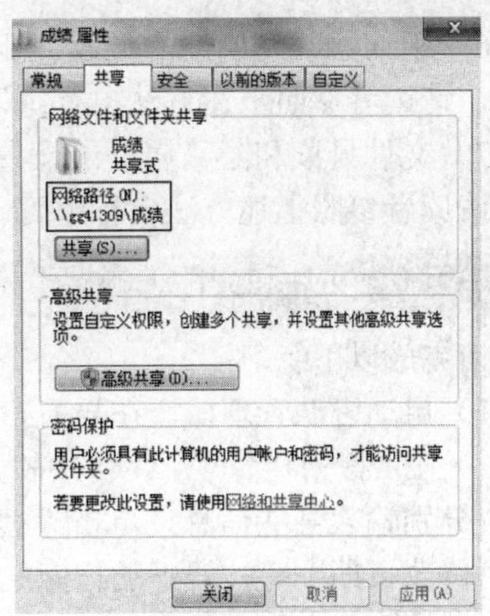

图 2-24 “共享”选项卡显示共享文件夹的路径

② 取消文件夹共享。如图 2-24 所示，单击“高级共享”按钮，打开“高级共享”对话框，如图 2-26 所示，清除“共享此文件夹”复选框中的对号“√”，单击“确定”按钮退出。此时，“成绩 属性”中“共享”选项卡变成如图 2-23 所示，现在，文件夹处于非共享状态。

图 2-25 在导航窗格中显示共享文件夹的名称

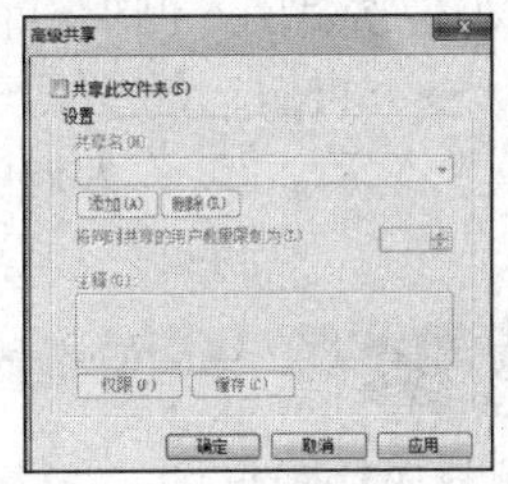

图 2-26 “高级共享”对话框

③ 清除文件夹上的“锁头”标识。取消文件夹共享后，文件夹上可能会出现“锁头”标识。图 2-27 所示为“成绩”文件夹上的“锁头”标识。此标识的出现表示某些用户没有此文件夹的使用权限。通过“用户权限”设定，可以清除“锁头”标识。

操作如下：

如图 2-23 所示，单击“共享”按钮，打开“文件共享”对话框，如图 2-28 所示，选择“Everyone”用户，单击“添加”按钮，然后单击“共享”按钮。再次取消文件夹“共享”，即可清除“锁头”标识。

Word文档	2016/3/2 10:04	文件夹
成绩	2016/3/7 14:36	文件夹
工作安排	2016/3/7 14:44	文件夹
公共信息	2016/3/2 10:04	文件夹
文件夹A	2014/1/28 10:16	文件夹
1.txt	2013/8/5 13:43	文本文档
2.txt	2013/8/5 13:54	文本文档

图 2-27 文件夹上的“锁头”标识

图 2-28 对文件夹添加 Everyone 用户权限

6）驱动器共享属性的设置。驱动器即磁盘，其共享属性的设置方法与文件夹属性类似，请读者参照上述方法自行练习。

7）文件只读和隐藏属性的设置。文件只读和隐藏属性的设置方法与文件夹属性类似，请读者参照上述方法自行练习。

【练习 9】文件和文件夹的搜索操作。

请完成以下练习：

1）启动资源管理器，在导航窗格中定位到“计算机”。

2）在“搜索栏”（图 2-9）中输入要查找的文件或文件夹的相关信息，在步骤 3）～8）中分别输入某些信息，单击“搜索”按钮，观察右侧窗格中“名称”“类型”“大小”“修改日期”等按钮下的搜索结果。

3）输入“文本文件”。

4）输入“文本文件 L”。

5）输入“文本文件*.txt”或“文本文件？.txt”。

6）输入“*.doc”或“*.xls”或“*.ppt”，输入“.doc”或“.xls”或“.ppt”。

7）输入“.MP3”或“.gif”或“.wav”或“.swf”或“.jpg”或“.bmp”。

8）输入“ABCD”或“工作安排”或“成绩”或“文件管理操作练习”。

9）缩小搜索范围，例如，在步骤 1）中，定位到 D 盘、E 盘或定位到某文件夹，按步骤 3）～8）再做一遍搜索练习。

注意：“*”和“?”称为通配符。“*”可以代表任意多个字符，“?”可以代表任意一个字符。

【练习 10】使用“搜索筛选器”查找文件或文件夹。

请完成以下练习：

如果要基于文件（夹）的一个或多个属性（如大小、类型或修改文件的日期等属性）搜索文件（夹），则可以在搜索时使用“搜索筛选器”指定文件的属性。

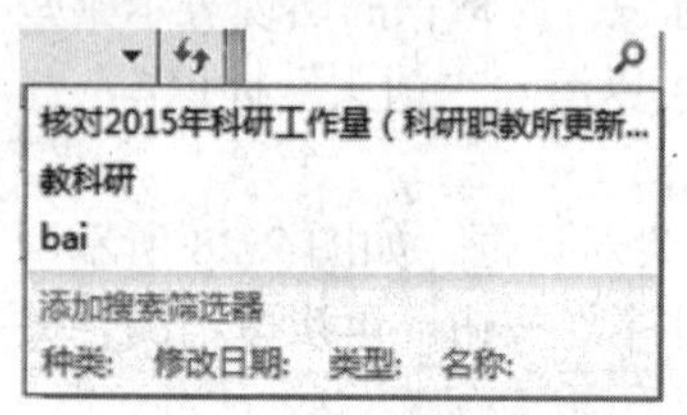

图 2-29 搜索框底部的相应搜索筛选器

1）定位到“库”或某个位置，单击搜索框，显示搜索框底部的相应搜索筛选器，如图 2-29 所示。单击某搜索筛选器，选择一个属性。

例如，先单击“类型”搜索筛选器，然后单击列表中的某一种文件类型（如.mp3、.doc 等）。

又如，若要按文件“大小”搜索文件，则单击“大小”搜索筛选器。

再如，也可在搜索框中直接输入诸如“类型=.doc”“大小:>128KB”“大小:>128MB and <200MB”进行搜索。

2）可以重复执行这些步骤，以建立基于多个属性的复杂搜索。每次单击搜索筛选器或值时，都会将相关字、词自动添加到搜索框中。

【练习 11】Windows 7“库”的管理与使用。

练习之前，让我们对“库”做一个初步了解。

1）库。“库”中包括文件夹并对包括的文件夹进行位置管理。

在 Windows 7 的资源管理器中，我们可以建立自己的“库”。

2）包括。若要将文件复制、移动或保存到库中，在库中至少要包括一个文件夹，即位置，以便让“库”知道文件等资源的存储位置。

在“库”中进行包括操作，即可将文件夹包括到库之中。

3）位置。在导航窗格中，“库”下面的第一级文件夹叫做位置文件夹，简称位置。注意：“库”中第一级文件夹之下的文件夹不是位置文件夹，而是位置。

在右侧窗格中，用户建立的“库”之下的位置之间用横线分割，横线之前显示“位置”文件夹的名称，“位置”文件夹名称下面第一行显示的地址就是位置文件夹的具体位置（如“D:\”“E:\重要文件”等）。

4）“库”是位置文件夹的集合（位置的集合）。一个“库”可以包括多个位置文件夹，将其显示在一个“库”中，因此，“库”是位置文件夹的集合，集合的名称就是“库”的名称。

“库”的优点：“库”包括文件夹的位置，而无须从其存储位置移动这些文件夹，特别是包括多个位置时，非常方便管理和使用。被包括的第一个文件夹将自动成为该“库”默认的保存文件的位置。

5）“库”中位置文件夹的管理。位置文件夹的管理主要有从库中删除位置、打开文件夹位置等。

6）位置之下的资源管理。位置文件夹之下的资源可以是文件、文件夹等，对它们的管理和操作，与资源管理器中的管理和操作相同。

7）系统预定义的库。Windows 7 资源管理器中有四个系统预定义的库，包括文档、音乐、图片和视频。

请完成以下练习：（练习前，请将“项目 2 素材”文件夹复制到 D 盘，即复制到 D:\）

（1）观察预定义的库

启动资源管理器，在导航窗格中展开“库”，如图 2-30 所示，Windows 7 系统预定义有四个库。分别展开“视频”“图片”“文档”“音乐”等四个系统预定义的库，观察导航窗格和右侧窗格。例如，展开“音乐”库，观察右侧窗格，如图 2-31 所示。目前，“音乐”库中包括两个位置。

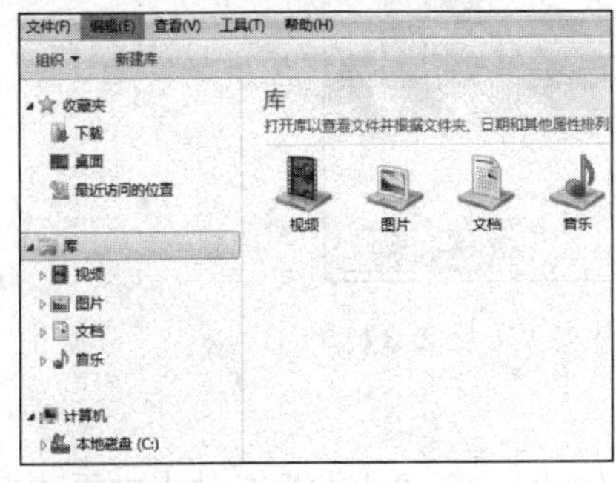

图 2-30　Windows 7 资源管理器中的四个系统预定义的库

图 2-31　展开“音乐”库

（2）建立自己的库

启动资源管理器，在导航窗格中定位到“库”，如图 2-32 所示。在“库”上右击，选择“新建”→“库”选项（或直接选择“新建库”选项），建立一个“库”，将“库”命名为“练习”，结果显示如图 2-33 所示，此时“练习”库为空。

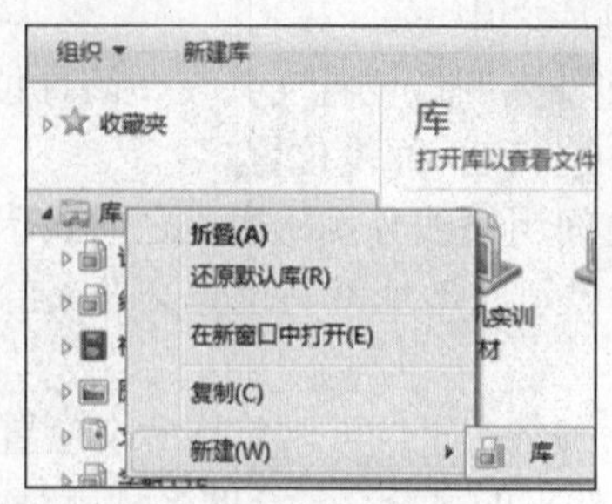

图 2-32 新建库的操作过程

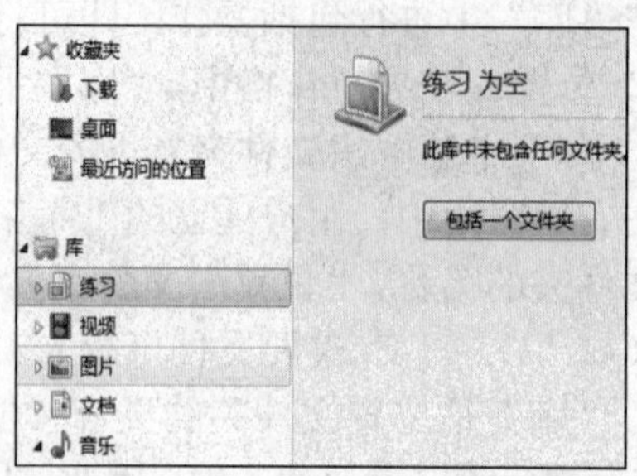

图 2-33 新建的“练习”库

（3）在库中包括第 1 个文件夹（包括位置）

如图 2-33 所示，单击“包括一个文件夹”按钮，打开“将文件夹包括在‘练习’中”对话框，如图 2-34 所示。在其中选择 D 盘下的“项目 2 素材”文件夹，单击“包括文件夹”按钮。现在，在“练习”库中包括了“项目 2 素材”文件夹（即位置文件夹），如图 2-35 所示。

注意：在图 2-35 中，目前只有“项目 2 素材”是位置文件夹，其余文件夹都不是位置文件夹。

图 2-34 选择库中包括的位置文件夹“项目 2 素材”

（4）“库”中的位置管理

准备工作：在 D 盘上建立文件夹，命名为“作业”，在“作业”文件夹中再建立文件夹，命名为“作业 20160312”。

在图 2-35 中，单击“1 个位置”，打开“练习库位置”对话框，在此对话框中可以

对“库”中的位置进行添加、删除等管理，如图 2-36 所示。

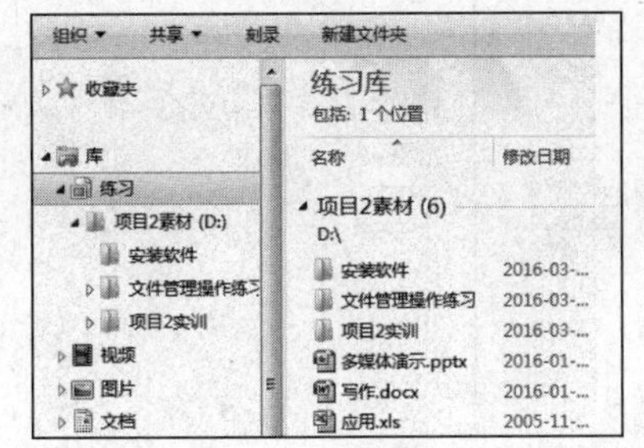

图 2-35　“练习”库中包括了“项目 2 素材”文件夹

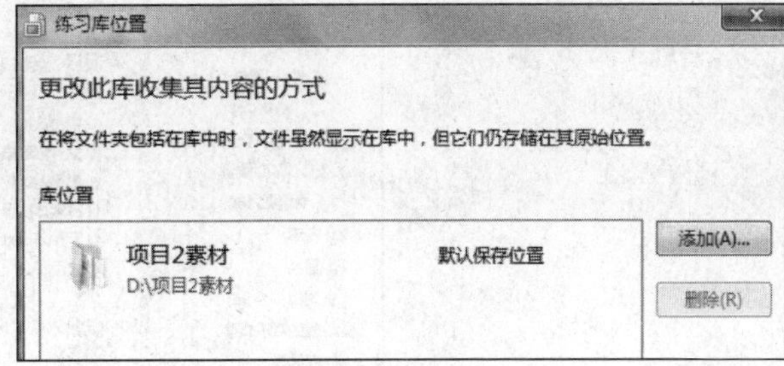

图 2-36　“练习库位置”对话框（1）

（5）添加位置文件夹（再包括位置文件夹）

在图 2-36 中，单击“添加”按钮，打开“将文件夹包括在‘练习’中”对话框，如图 2-37 所示，在其中选择 D 盘下的“作业”文件夹下的“作业 20160312”文件夹，单击“包括文件夹”按钮。现在，在“练习”库中包括了两个位置文件夹，如图 2-38 所示。单击“确定”按钮，返回“练习”库，如图 2-39 所示。

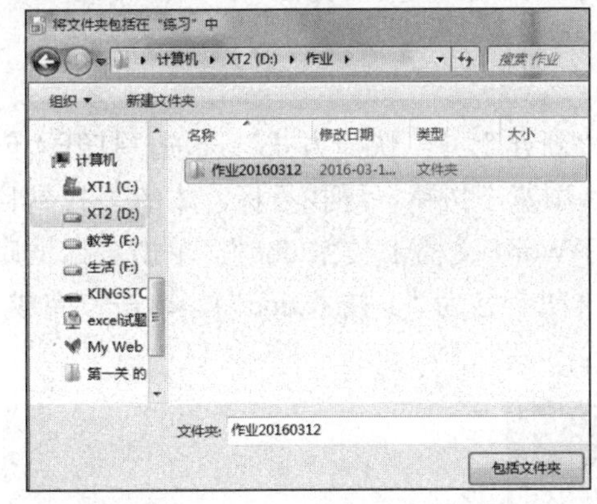

图 2-37　选择库中包括的位置文件夹“作业 20160312”

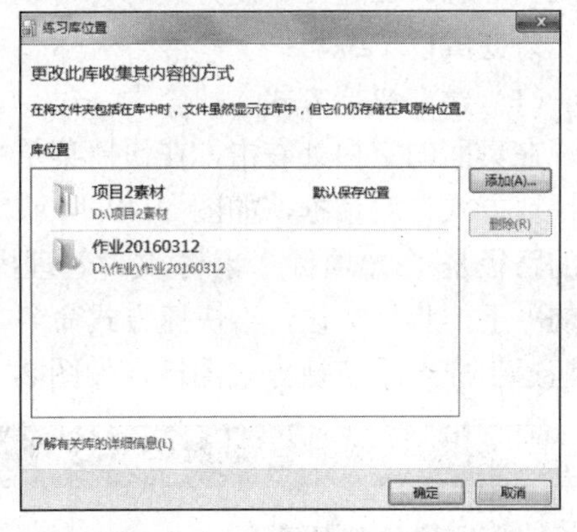

图 2-38　“练习库位置”对话框（2）

（6）“库”中位置的说明

如图 2-39 所示，在“练习”库中包括了“项目 2 素材”位置文件夹和“作业 20160312”位置文件夹，一共两个位置。

注意：在图 2-39 中，只有“项目 2 素材”和“作业 20160312”是位置文件夹，其余文件夹都不是位置文件夹。请注意观察位置文件夹在磁盘上的具体位置。

（7）在“作业 20160312”位置下建立文件夹或文件

在库中，请尝试在“作业 20160312”位置下建立文件夹（并命名为“A 班”），如何操作？在位置之下建立的文件夹是位置吗？

在库中，请尝试在“作业 20160312”位置下建立文本文档，并命名“作业说”，如何操作？

图 2-39 “练习”库中包括了两个位置文件夹

【练习 12】快捷方式的使用。

所谓快捷方式，就是指向目标的指针（或者说是指向目标的路径），通过指针可以直接访问目标（目标可以是文件、文件夹、磁盘、应用程序等）。快捷方式不是目标本身，在建立快捷方式时，自动生成一个图标，图标的左下角有一个箭头标志，是快捷方式的标志。在建立快捷方式时，可以给快捷方式命名，便于识别。

请完成以下练习：

（1）建立快捷方式

在桌面的空白处右击，在快捷菜单中选择“新建”→“快捷方式”选项，打开“创建快捷方式”对话框，如图 2-40 所示。单击“浏览”按钮，寻找目标，本练习找到目标的路径是“D:\项目 2 素材\文件管理操作练习\Word 文档\1 技术.doc”，单击对话框底部的“下一步”按钮，给快捷方式命名（系统自动命名为“1 技术.doc”），单击“完成”按钮，生成一个快捷方式图标，如图 2-41 所示。

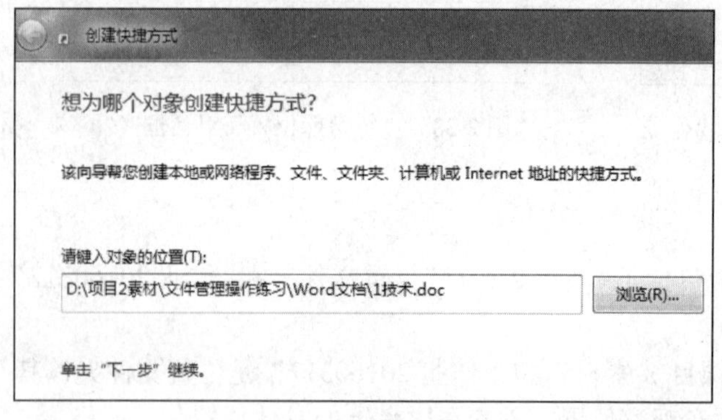

图 2-40 “创建快捷方式”对话框

图 2-41 快捷方式图标及名称

（2）使用快捷方式

在桌面上，双击“1 技术.doc”快捷方式图标（图 2-41），就可以直接打开文件“1 技术.doc”。

如果经常访问这个文件，那么使用快捷方式就会非常便捷。

（3）删除快捷方式

在“1 技术.doc”快捷方式图标（图 2-41）上右击，在快捷菜单中选择“删除”选项，即可删除“快捷方式”图标。

删除快捷方式，只是删除了指向目标的指针，或者说切断了指向目标的路径，不影响目标本身。

任务 4　Windows 7 小工具的使用

任务目的

了解 Windows 7 环境下几个常用小工具的使用，逐步建立使用计算机工具的习惯；通过小工具之间的复制、粘贴等操作，逐步形成软件之间协同工作、数据共享的意识。

任务内容

学会使用便签、记事本、截图工具、画图、计算器等工具。

任务练习

【练习 1】使用便签。

请完成以下练习：

（1）启动便签程序

选择“开始”→“所有程序”→“附件”→“便签”选项。

（2）输入便签内容

根据需要输入便签内容，作为每天工作的备忘录，如图 2-42 所示。

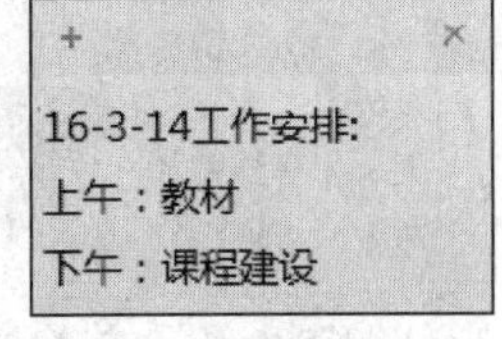

图 2-42　启动后的便签程序

（3）新建或删除便签

单击“便签”上的 + 或 × 按钮，即可新建或删除便签。

建立多个便签，并输入工作日程；删除便签，其中内容不能被保存。

（4）整理信息

将多个便签中的文字，复制并粘贴到“记事本”文件中（“记事本”的使用方法参见练习 2）。

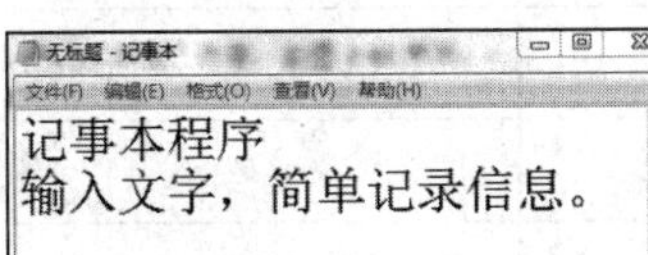

图 2-43　启动后的记事本程序

【练习 2】使用记事本。

请完成以下练习：

（1）启动记事本程序

选择“开始”→“所有程序”→“附件”→“记事本”选项，启动后的记事本程序如图 2-43 所示。

（2）输入文字内容

根据需要输入文字内容，作为电子笔记，如图 2-43 所示。

（3）使用窗口内的菜单和按钮

通过使用菜单，可以对记事本文件进行保存、编辑、格式设置等基本操作；通过使用窗口右上角的按钮，可以对文件窗口进行最小化、最大化、还原、关闭等操作。

（4）复制和粘贴

将记事本中的信息，复制并粘贴到便签中。

【练习 3】使用截图工具。

请完成以下练习：

（1）启动截图工具程序

预先准备好需要截图的画面（显示在屏幕上），如图 2-44 所示。

选择“开始”→“所有程序”→“附件”→“截图工具”选项，启动后的截图工具程序如图 2-45 所示，图中左下角就是截图工具程序，此时，画面中出现“+”标志。

（2）截图

使用“+”标志，拖动出矩形区域（默认的截图形状），释放鼠标，出现如图 2-46 所示界面，完成截图。

图 2-44　预先准备好需要截图的画面

图 2-45　在准备好的画面上启动截图工具

图 2-46　完成的截图

（3）截图工具的其他操作

在图 2-46 所示界面中，单击相应按钮，其功能如表 2-2 所示。

表 2-2　截图工具的按钮及功能

单位按钮	功能	单位按钮	功能
新建(N)	重新建立一个截图窗口		绘图
	复制已经完成的截图		荧光绘图
	保存已经完成的截图		橡皮擦

（4）粘贴截图

在图 2-46 所示界面中，单击“复制”按钮，可将截图粘贴到某些程序中，作为图片使用，如粘贴到“画图”程序中（“画图”程序的使用方法见练习 4）。

（5）保存截图

单击“保存”按钮，所截图片将保存为扩展名为“.png”的图片文件，也可选择其他格式保存（如.gif、.jpg）。

【练习4】使用“画图”程序。

请完成以下练习：

（1）启动“画图”程序

选择“开始”→“所有程序”→“附件”→“画图”选项，启动后的画图程序如图2-47所示。

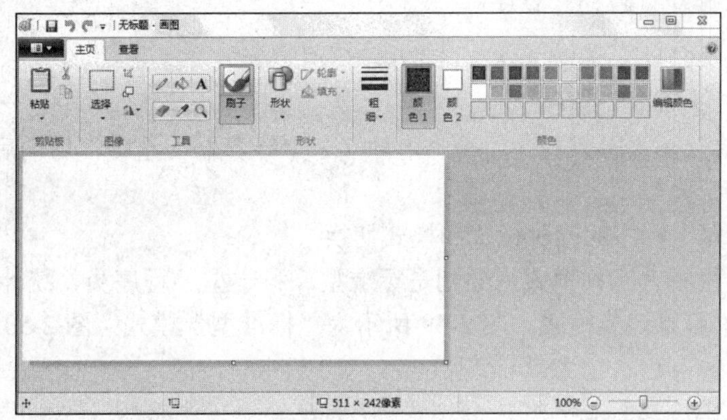

图2-47 启动后的“画图”程序

（2）使用“画图”程序

在“画图”程序中，使用各种工具按钮，来画图和写字。结果如图2-48所示。操作方法简介：用鼠标指针分别指向剪贴板、图像、工具、形状、粗细、颜色等各组中的工具按钮，会出现使用提示说明，按提示说明即可完成相应的操作，得到相应的效果。例如，选择“椭圆形”→“青绿色”→“粗线”选项，在空白处拖动鼠标，即可画出一个椭圆形。

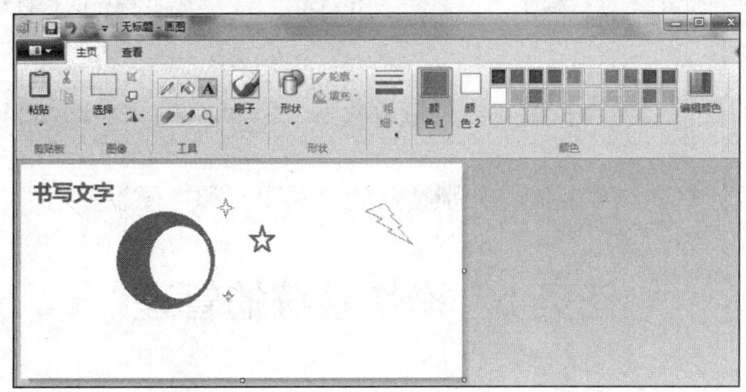

图2-48 在“画图”程序中画图和写字

又如，单击“文本”按钮A，拖动鼠标，即可拖动出一个“矩形”虚框，在其中可以输入文字。

（3）选择、复制（剪切）和粘贴

画好图形后，首先使用“选择”工具选择图形，然后使用复制（剪切）工具，复制（剪切）图形，最后粘贴到当前图形的其他位置，或粘贴到其他应用程序中（如 Word 程序中），作为图片使用。

（4）保存图片

单击“保存”按钮，“画图”程序中将画好的“图”保存为扩展名为“.png”的图片文件，也可选择其他格式保存（如.gif、.jpg、.bmp、.tif 等）。

【练习 5】使用“计算器”程序。

请完成以下练习：

（1）启动“计算器”程序

选择“开始”→“所有程序”→“附件”→“计算器”选项，启动后的“计算器”程序如图 2-49 所示。

（2）“计算器”程序的四种模式和模式切换

“计算器”程序有四种模式，分别是标准型、科学型、程序员、统计信息，通过单击“查看”菜单可以切换模式。图 2-49 所示为“标准型”模式，图 2-50 所示为“科学型”模式。

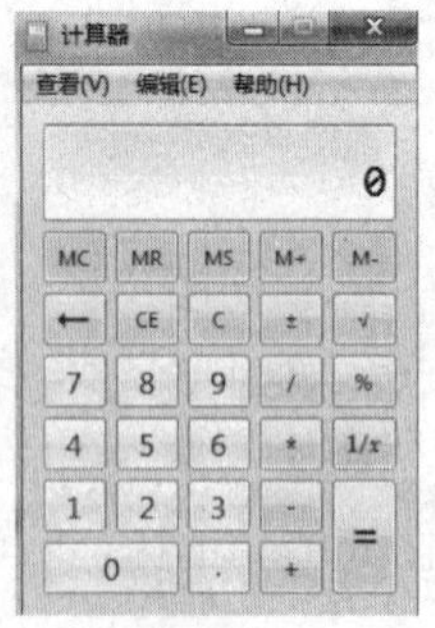

图 2-49 启动后的“计算器”程序

图 2-50 “计算器”程序的“科学型”模式

（3）使用计算器

选择恰当的模式，单击按键，即可进行计算，并可以将计算的结果复制到其他程序中。

请将计算器计算的结果复制并分别粘贴到“画图”和“便签”之中。

任务 5 操作系统的管理

任务目的

了解 Windows 7 操作系统的管理工具、管理的内容，提高操作系统的使用效率和服务效率。

任务内容

学习系统管理工具即控制面板的使用方法，掌握控制面板的部分功能。

操作系统管理的内容概括为软、硬件的管理，网络管理，系统和安全管理，账户和安全管理，外观和个性化管理，时钟、语言和区域管理等。

了解系统配置，学会添加、卸载软件，设置系统，添加、删除账户以及设定账户权限，开、关 Windows 7 的服务功能等基本操作。

任务练习

【练习 1】控制面板的基本使用方法。

请完成以下练习：

（1）启动控制面板

单击“开始”→“控制面板”选项，启动控制面板。

控制面板以窗口的形式出现，窗口中内容的显示方式是上一次访问控制面板退出时的显示方式。图 2-51 所示为控制面板的分类显示（项目）窗口。

控制面板按项目管理计算机的软、硬件设置。

图 2-51　控制面板的分类显示窗口

（2）控制面板的分类显示窗口

如图 2-51 所示，窗口上方的左侧是地址栏，右侧是搜索框，搜索框下方是“查看方式”按钮，当前窗口按“类别”显示控制面板中的项目分类，即分类窗口。

（3）使用不同的方式查看窗口

单击“查看方式”右侧的下拉按钮▾，选择“大图标”或“小图标”选项以查看控制面板项目的列表。图 2-52 所示为用大图标显示项目。窗口上方的左侧是地址栏，右侧是搜索框，搜索框下方是“查看方式”按钮。

图 2-52 控制面板的项目列表窗口（大图标）

（4）查找“控制面板”中的项目

若要查找某个具体项目，请在搜索框中输入单词或短语。

例如，输入“声音”可查找与声卡、系统声音以及任务栏上音量图标的设置有关的特定项目；输入“桌面”可查找与桌面设置相关的特定项目，如“桌面小工具”“个性化”等。

又如，输入“功能”“设置”“网络”等，可以查找相应的项目。

（5）进入项目

控制面板按项目管理计算机的软、硬件设置。

如图 2-51 所示，在分类显示（项目）窗口中，通过单击不同的类别，查看每个类别下列出的项目。例如，分别单击程序、硬件和声音、个性和外观等类别，查看每个类别下的项目，再进入项目。

如图 2-52 所示，在项目列表窗口（大图标）中，通过单击不同的项目，进入项目内部，可以对其中的内容进行设置。例如，分别单击程序和功能、管理工具、声音、ODBC 等项目，进入项目内部，可以对其中的内容进行设置。

【练习 2】查看计算机系统的基本配置。

请完成以下练习：

1）启动控制面板，按大图标方式查看“控制面板”窗口，如图 2-52 所示。

2）单击“系统”超链接，进入“系统”窗口，如图 2-53 所示，地址栏显示“控制面板>所有控制面板项>系统”。

3）查看计算机系统的基本配置。如图 2-53 所示，可以查看 Windows 版本、系统硬件（处理器即 CPU、内存即 RAM）、计算机名称、操作系统的产品号等信息。

4）系统设置。初学者请谨慎操作或不操作！

如图 2-53 所示，单击窗口左侧的按钮，可以打开对话框，进行系统的有关设置，如单击“设备管理器”按钮。

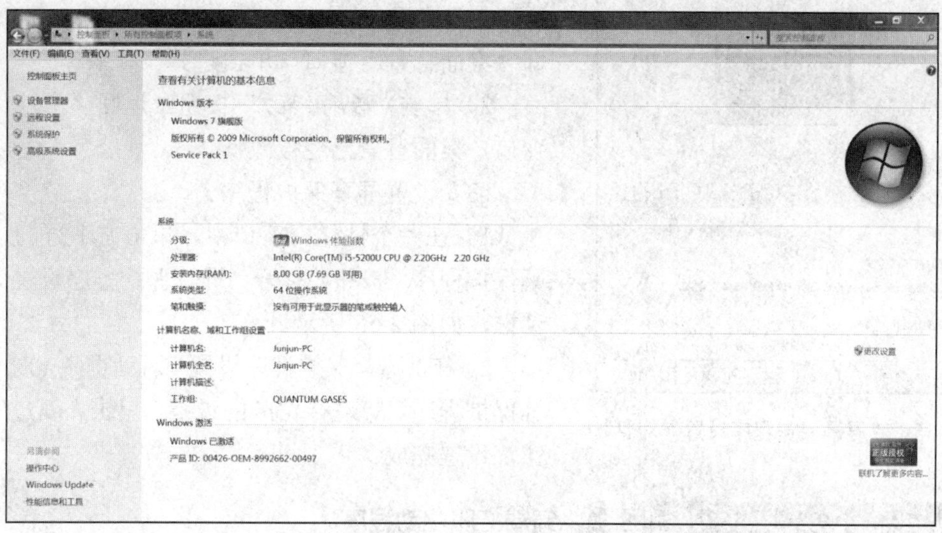

图 2-53　通过控制面板的“系统”窗口查看计算机基本信息

【练习 3】桌面的设置。

请完成以下练习：

（1）进入“个性化”窗口

选择“控制面板”→“所有控制面板项”→“个性化”（或桌面右击，在快捷菜单中选择“个性化”）选项，进入“个性化”窗口，如图 2-54 所示。

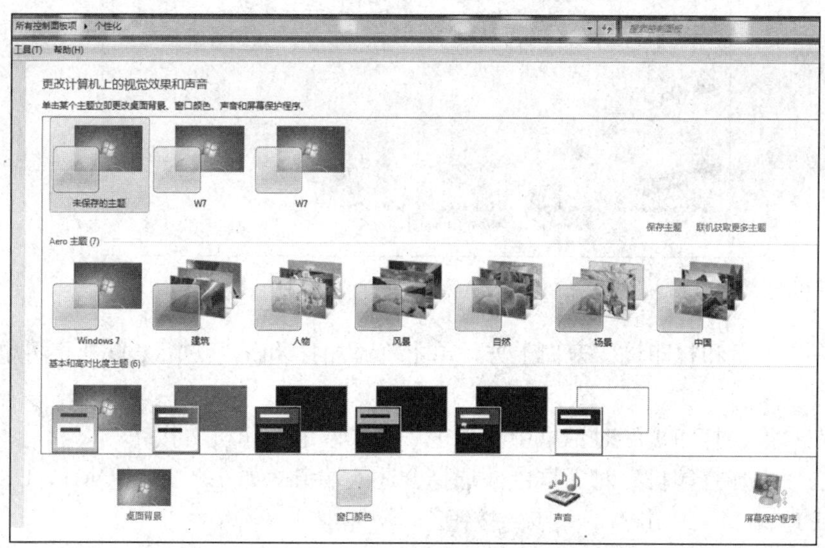

图 2-54　“个性化”窗口

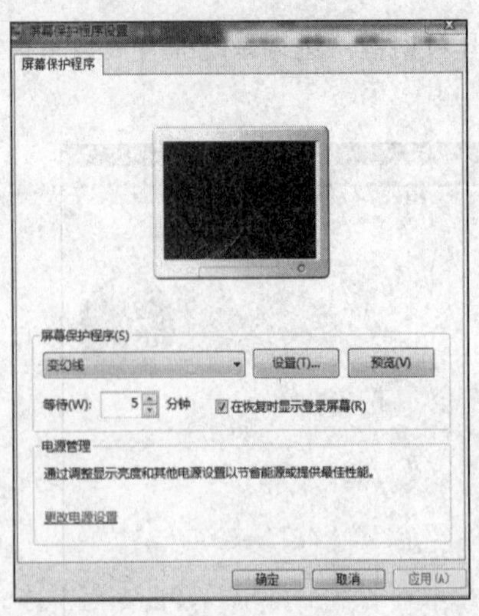

图 2-55 “屏幕保护程序设置”对话框

（2）修改桌面背景

1）在“个性化”窗口中，单击左下方的“桌面背景”按钮，进入“个性化”窗口的下一级窗口，即“桌面背景”窗口。单击选择某背景。

2）单击“保存修改”按钮，返回“个性化”窗口，桌面背景已经被改变。

（3）设置屏幕保护程序

1）在“个性化”窗口中，单击右下方的“屏幕保护程序”按钮，打开“屏幕保护程序设置”对话框，如图 2-55 所示。

2）在“屏幕保护程序设置”对话框中，对“屏幕保护程序”等进行相应的设置，单击“确定”按钮，设置完成。

【练习 4】打印机设置，即添加、卸载打印驱动程序。

请完成以下练习：

1）选择“控制面板”→“所有控制面板项”→“设备和打印机”选项，进入“设备和打印机”窗口，如图 2-56 所示。

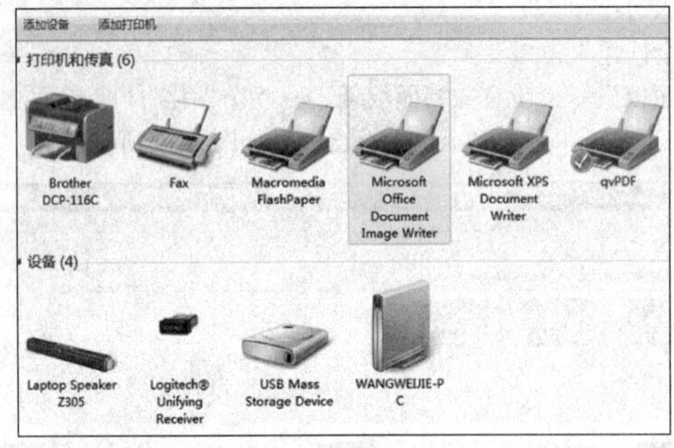

图 2-56 “设备和打印机”窗口

2）在“设备和打印机”窗口上方，单击“添加打印机”按钮，打开“添加打印机”对话框。

3）在“添加打印机”对话框中，单击“添加本地打印机”按钮。

4）在“添加打印机”对话框中，选择合适的端口（如 LPT1、COM1、USB 等），本例选 LPT1 端口，单击“下一步”按钮。

5）在“添加打印机”对话框中，可选择以下三种方式之一安装打印驱动程序。

① 使用 Windows 操作系统已经准备的驱动程序。

② 单击“从磁盘安装”按钮，从磁盘安装驱动程序。

③ 单击“Windows Update”按钮，用更新方式安装驱动程序。

6）在步骤5）中，选择“使用Windows已经准备的驱动程序”选项，具体操作如下：

① 在“添加打印机”对话框中，左侧选“厂商”，右侧选“打印机（驱动程序）”。

② 在本例中，左侧选“HP”，右侧选“HP910”，单击“下一步”按钮，再单击“下一步”按钮，选择“不共享”选项，单击“下一步”按钮，单击“完成”按钮，回到“设备和打印机”窗口。

③ 在“设备和打印机”窗口中，当有多个打印机图标时，右击某打印机图标，在快捷菜单中选择“设置为默认打印机”选项，使其成为默认的打印机。

7）删除打印机。在“设备和打印机”窗口中，右击“HP910”打印机图标，在快捷菜单中选择“删除设备”选项，再单击“是”按钮，删除打印机，即删除打印驱动程序。

【练习5】创建账户、更改账户、删除账户（管理其他账户、用户自身设置）。

请完成以下练习：

（1）进入“用户账户”窗口

选择“控制面板”→“所有控制面板项”→“用户账户”选项，进入“用户账户”窗口，如图2-57所示。

注意：“当前”登录的用户必须是“管理员”，才能进行以下操作。

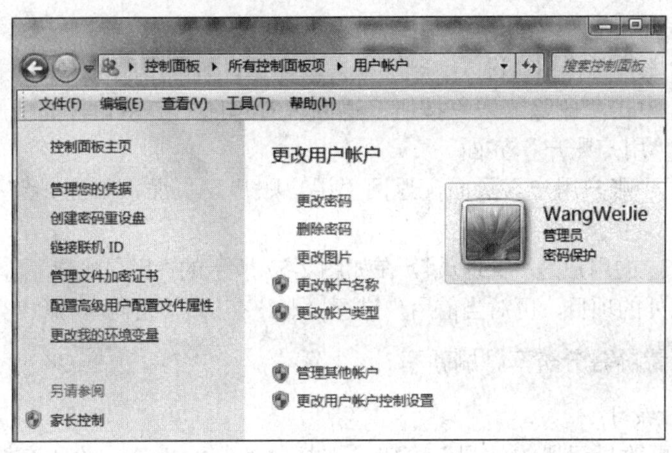

图2-57 “用户账户”窗口

（2）进入“管理账户”窗口

在“用户账户”窗口中，选择“管理其他账户”选项，进入“管理账户”窗口。

（3）进入“创建新账户”窗口

在“管理账户”窗口中，选择“创建一个新账户”选项，进入“创建新账户”窗口。

（4）创建新账户

在“创建新账户”窗口中，在“新账户名”文本框中输入用户名，如“BZYH”，选择“标准用户”选项，单击“创建用户”按钮，回到“管理账户”窗口中，此时，用户

名出现在窗口中，完成“创建新账户”操作。

（5）进入“更改用户”窗口

在“管理账户”窗口中，单击“BZYH”，进入“更改用户”窗口。

（6）更改账户名称

在“管理账户”窗口中，单击“BZYH”，进入“更改用户”窗口。

单击“更改账户名称”选项，进入“为BZYH的账户键入一个新账户名称”窗口，输入新名称，如“BZYH1”，单击“更改名称”按钮，完成名称更改，返回“更改用户”窗口中，完成更改账户名称操作。

（7）创建密码

在“管理账户”窗口中，单击“BZYH1”，进入“更改用户”窗口。

单击“创建密码”按钮，进入“创建密码”窗口，输入新密码，确认新密码，单击“创建密码”按钮，完成密码创建，返回“更改用户”窗口中，完成创建密码操作。

（8）更改账户类型

在“管理账户”窗口中，单击“BZYH1”，进入“更改用户”窗口。

单击“更改用户类型”按钮，进入“为BZYH1选择新的用户类型”窗口，选择一个类型，单击“更改用户类型”按钮，完成更改，返回“更改用户”窗口中，完成“更改用户类型”操作。

（9）删除账户

在“管理账户”窗口中，单击“BZYH1”，进入“更改用户”窗口。

单击“删除账户”按钮，进入“删除账户”窗口，单击“删除文件”按钮，进入“确认删除”窗口，单击“删除账户”按钮，返回“管理账户”窗口，完成删除账户操作。

（10）返回“用户账户”界面

单击转到主“账户用户”页面，返回“用户账户”页面，如图2-57所示。

（11）设置“当前”用户

如果当前登录的用户是“管理员”，在如图2-57所示的“用户账户”窗口中，单击“管理其他账户”以外的项目，可对当前用户进行“账户名称”“密码”“账户类型”等设置。

【练习6】设置屏幕分辨率、刷新率。

请完成以下练习：

1）进入“更改显示器的外观”窗口。选择“控制面板”→“所有控制面板项”→“显示”→“调整分辨率”选项，进入“更改显示器的外观”窗口，如图2-58所示。

2）设置分辨率。单击“分辨率”右侧下拉按钮，设置分辨率。

3）打开“监视器”选项卡。单击“高级设置”按钮，打开对话框，单击“监视器”选项卡，如图2-59所示。

4）单击“屏幕刷新频率”下拉按钮，设置刷新率，单击“确定”按钮，返回“更改显示器的外观”窗口。

5）在“更改显示器的外观”窗口中，单击“确定”按钮，完成上述设置，返回上一个窗口。

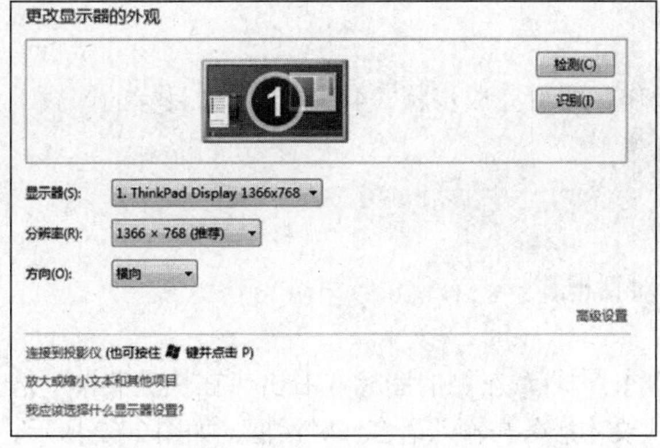

图 2-58　“更改显示器的外观”窗口

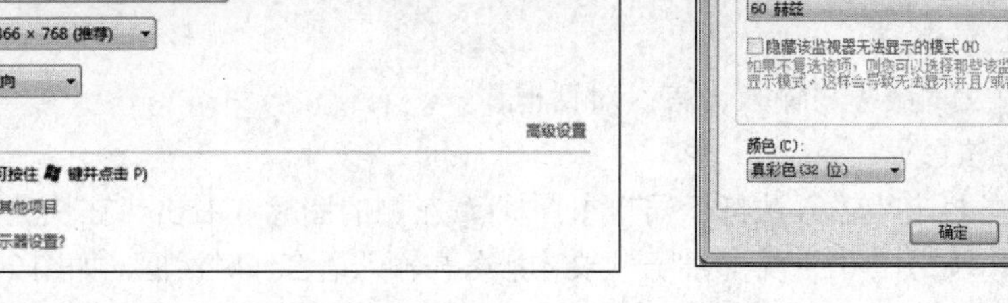

图 2-59　屏幕刷新频率的设置

【练习 7】安装和卸载应用程序。

请完成以下练习：

本练习以“百度输入法”程序为例，介绍程序安装和卸载的一般步骤。

（1）找到“百度输入法”软件安装程序

路径为“\项目 2 素材\安装软件”。

（2）安装程序

双击“百度输入法”安装软件（“BaiduPinyinSetup-2_8_2_34.381556552”），按提示操作即可完成安装。

（3）进入“程序和功能”窗口

选择“控制面板”→所有控制面板项→程序和功能”选项，进入“程序和功能”窗口如图 2-60 所示。

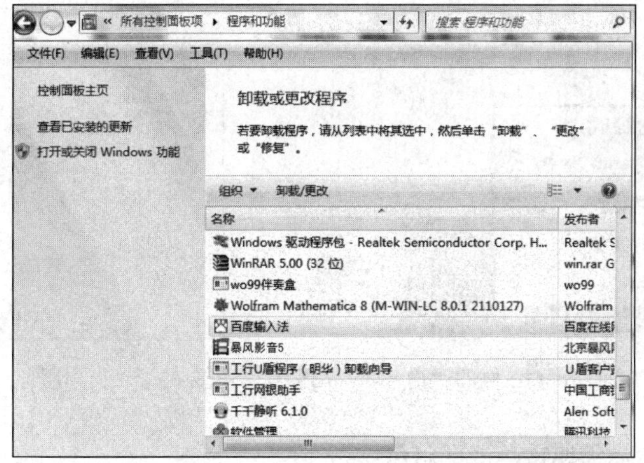

图 2-60　“程序和功能”窗口

（4）选择要卸载的目标

选择要卸载的目标（请在教师指导下选择目标，如百度输入法、QQ、某播放器等，

如图 2-60 所示）。

（5）卸载程序

单击“卸载/更改”按钮，按提示操作，即可完成步骤（4）中被选中目标的卸载。

【练习 8】添加和隐藏中文输入法。

请完成以下练习：

（1）打开“文本服务与输入语言”对话框

使用如下方法之一：

1）找到任务栏上“输入法指示器”中图标左侧的图标，右击，在快捷菜单中选择“设置”选项，如图 2-61 所示，打开“文本服务与输入语言”对话框，如图 2-62 所示。

2）在“控制面板”分类窗口中，单击“更改键盘或其他输入法”按钮，在“区域与语言”对话框的“键盘和语言”选项卡下，单击“更改键盘”按钮，打开“文本服务与输入语言”对话框，如图 2-62 所示。

（2）添加输入法

在如图 2-62 所示的对话框中，单击“添加”按钮，打开“添加输入语言”对话框，向下拖动滑块，找到要添加的输入法并单击选择，单击“确定”按钮返回上一对话框，单击“应用”或“确定”按钮，完成添加输入法操作。

（3）删除（隐藏）输入法

在如图 2-62 所示的对话框中，先单击选定某输入法，再单击“删除”按钮，然后单击“应用”或“确定”按钮，完成删除（隐藏）输入法操作。

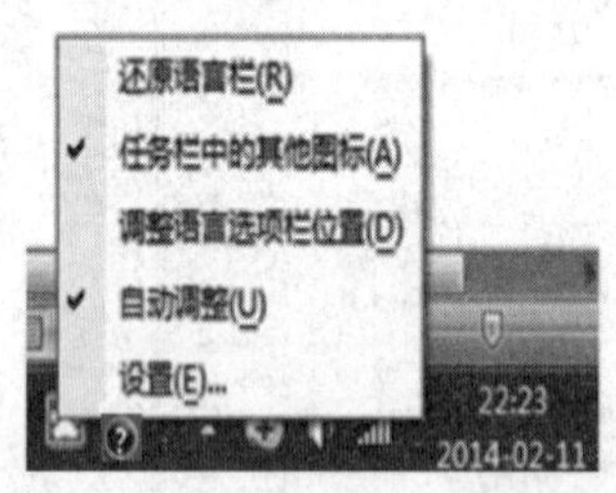

图 2-61　在任务栏上右击左侧的“输入法”图标

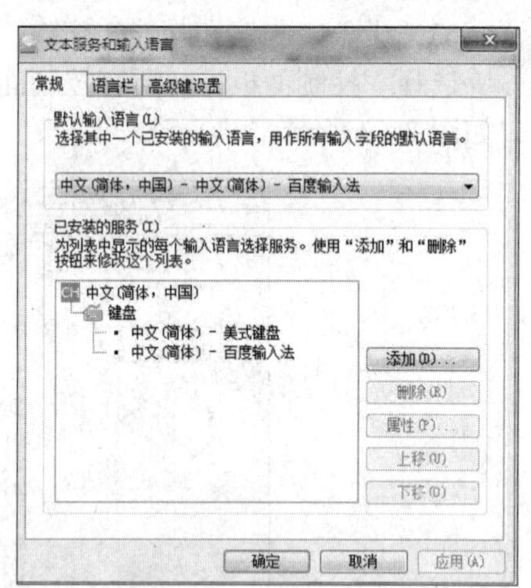

图 2-62　“文本服务与输入语言”对话框

【练习 9】查看硬盘属性，清理磁盘。

请完成以下练习：

（1）定位到某磁盘

打开资源管理器，在导航窗格找到（D:）盘符，在其上右击。

（2）打开“磁盘属性”对话框

接步骤（1），在快捷菜单中选择“属性”选项，打开“XX（D:）属性”对话框。

（3）查看硬盘属性

在“XX（D:）属性”对话框中，单击“常规”选项卡，在“常规”选项卡中查看磁盘属性，包括文件系统、已用空间、可用空间、容量等信息。

【练习10】清理磁盘、修复磁盘、整理磁盘。

请完成以下练习：

（1）打开“磁盘属性”对话框

按练习9的操作方法打开“磁盘属性”对话框，单击“常规”选项卡。

（2）清理磁盘

接步骤（1），在“常规”选项卡中单击“清理磁盘”按钮，打开“清理磁盘”对话框，在对话框中按要求操作即可清理磁盘。

（3）打开“磁盘属性”对话框的“工具”选项卡

接步骤（1），单击“工具”选项卡。

（4）检查修复磁盘错误

在“工具”选项卡中，单击“开始检查”按钮，打开“检查磁盘”对话框。

在其中选择（即√）“自动修复文件系统错误”和“扫描并尝试恢复坏扇区”复选框，或其中之一，单击“开始”按钮，系统按要求开始检查修复磁盘错误。磁盘检查完成后，单击“确定”按钮。

（5）观测磁盘碎片

接步骤（1），单击“工具”选项卡。

在“工具”选项卡中，单击“立即进行碎片整理”按钮，打开“磁盘碎片整理程序”窗口，在其中可观察到各个磁盘的碎片状态。

（6）整理磁盘碎片

接步骤（5），如需要分析或整理某磁盘，则选择某磁盘，如（D:），单击“分析磁盘”按钮或“磁盘碎片整理”按钮，系统开始分析或整理磁盘碎片。完成分析或整理工作后，单击“关闭”按钮，返回对话框。

（7）格式化磁盘

格式化磁盘将“删除”磁盘上的所有信息，请慎重操作！

请按下述步骤练习对U盘的操作：

1）在USB接口插入要格式化的U盘。

2）在导航窗格中找到U盘标识后，右击弹出快捷菜单，在快捷菜单中选择“格式化”选项，打开“格式化”对话框。

3）若选择（即√）“快速格式化”复选框，则快速格式化；否则，正常格式化。

4）单击“开始”按钮，开始格式化，格式化完毕后，单击“确定”按钮，完成格式化。

【练习 11】设置虚拟内存。

所谓“虚拟内存”就是硬盘空间的一部分，就是将硬盘的一部分模拟为内存使用。

请完成以下练习：

（1）打开控制面板的“系统”窗口

选择“控制面板→所有控制面板项→系统”选项（或在桌面右击“计算机”图标，在快捷菜单中选择“属性”选项，或在资源管理器中导航窗格中右击“计算机”图标，在快捷菜单中选择“属性”选项），打开控制面板的“系统”窗口。

（2）打开“系统属性”对话框

接步骤（1），在“系统”窗口中，选择“高级系统设计”选项，打开“系统属性”对话框，单击“高级”选项卡。

（3）打开“性能选项”对话框

接步骤（2），单击“性能”选项卡下的“设置”按钮，打开“性能选项”对话框，单击“高级”选项卡。

（4）设置虚拟内存

接步骤（3），单击“更改”按钮，打开“虚拟内存”对话框，选择某盘符，如（D:），选择“自定义大小”选项，按对话框下方的提示，在“初始大小”和“最大值”文本框中输入数字，如 64 和 512（单位为 MB），单击“设置”按钮，再单击“确定”按钮，返回“性能选项”对话框。

（5）查看“虚拟内存”设置

在“性能选项”对话框中，查看“虚拟内存”的大小，即所有驱动器总分页文件大小。单击“确定”按钮，再单击“确定”按钮，完成“虚拟内存”的设置。

（6）关闭“控制面板”窗口

单击“控制面板”窗口右上角的“关闭”按钮，即可关闭“控制面板”窗口。

【练习 12】开、关 Windows 的服务功能。

请完成以下练习：

（1）进入“程序和功能”窗口

选择“控制面板→所有控制面板项→程序和功能”选项，如图 2-60 所示。

（2）打开“Windows 功能”窗口

接步骤（1），在“程序和功能”窗口中，单击“打开或关闭 Windows 功能”按钮，打开“Windows 功能”窗口，如图 2-63 所示。

图 2-63 “Windows 功能”窗口

（3）开、关 Windows 的功能

如图 2-63 所示，按“Windows 功能”窗口中的提示，选择☑或清除☐复选框，即可开启或关闭 Windows 的功能。

例如，关闭“游戏”功能，开启“Internet 信息服务”和“FTP 客户端”功能，单击“确定”按钮。

综合练习 2

将操作结果截图并保存，作为考核依据。

1．Windows 7 操作系统的文件管理（1）。

练习目的：通过练习，进一步熟悉桌面、资源管理器的工作界面，掌握 Windows 7 操作系统的基本操作，包括鼠标、文件和文件夹的建立、重命名、复制等操作。

请完成以下练习：

（1）在桌面上建立文件夹

用鼠标在桌面上空白处右击，在打开的快捷菜单中选择“新建”→“文件夹”选项，建立一个文件夹。

（2）给文件夹“重命名”

在步骤（1）建立的文件夹上右击，在快捷菜单中选择“重命名”选项，将文件夹命名为“练习”。

（3）在“练习”文件夹中操作

在“练习”文件夹上双击，打开“练习”文件夹窗口，窗口标题栏为“练习”。

在“练习”窗口中空白处右击，在快捷菜单中选择“新建”→“文本文档”选项，建立一个文本文档；用 Ctrl+拖动的方式将“新建文本文档”复制八份。

将新建文本文档及其副本，分别命名为“作业 1”“作业 2”“作业 3”……

在“练习”窗口中空白处右击，在快捷菜单中选择“新建”→“文件夹”选项，建立一个文件夹；用 Ctrl+拖动的方式将“新建文件夹”复制五份。

将新建文件夹及其副本，分别命名为“练习 1”“练习 2”“练习 3”……

（4）将“练习”文件夹中的内容截图

将“练习”文件夹中的内容采用“中等图标”方式显示。

将“练习”文件夹中的“中等图标”方式显示的内容截图，保存截图，并将截图的文件命名为“截图-练习文件夹中的内容”，保存在当前文件夹中。

将“练习”文件夹中的内容采用“详细信息”方式显示；要求显示“名称、修改日期、类型、大小、创建日期”五个标题（标题显示：名称 修改日期 类型 大小 创建日期）。

将“练习”文件夹中的“详细信息”方式显示的内容截图，保存截图，并将截图的文件命名为“截图-练习文件夹中的内容-详细信息”，保存在当前文件夹中。

（5）复制和移动桌面上建立的“练习”文件夹

将桌面上建立的“练习”文件夹复制到D盘。

将桌面上建立的“练习”文件夹移动到E盘。

2．Windows 7 操作系统的文件管理（2）。

练习目的：通过练习，熟悉 Windows 7 操作系统的文件基本管理方法。

进一步熟悉资源管理器中导航窗格、地址栏的使用方法，快速、准确定位到某个文件夹；熟练掌握建立文件夹和直接建立空白文档的方法；熟练掌握修改文件名、文件夹名称的操作；掌握文件和文件夹的复制、移动、删除、恢复的操作。

请完成以下练习：

（1）定位到D盘并查看路径

启动资源管理器，定位到D盘。请将资源管理器地址栏的显示结果截图。

在地址栏中右击，在快捷菜单中选择“编辑地址”选项，查看路径的表示方法，此时显示为“D:\”。

（2）在D盘上新建文件夹

接步骤（1），在右侧窗格空白处右击，在快捷菜单中选择“新建”→“文件夹”选项，建立一个新的文件夹，在空白处单击确认文件夹名称。

（3）给新建文件夹重命名

在步骤（2）中新建的文件夹上右击，在快捷菜单中选择“重命名”选项，将文件夹的名称改为“项目2实训1”。

（4）定位并查看路径

双击步骤（3）中命名的文件夹“项目2实训1”，即定位到“项目2实训1”。

定位后，在地址栏中右击，在快捷菜单中选择“编辑地址”选项，查看路径的表示方法，此时显示为“D:\项目2实训1”。即当前文件夹是“项目2实训1”，右侧窗格显示“项目2实训1”文件夹中的内容，当前是空的。

（5）在“项目2实训1”文件夹中建立文件

在“项目2实训1”文件夹中的空白处右击，分别新建“Microsoft Office Word 文档”“Microsoft Office Excel 工作表”“Microsoft Office PowerPoint 演示文稿”“文本文档”“Microsoft Office Access 数据库”等文件。

（6）将上一步骤中建立的文件重命名

将“Word 文档”重命名为“培训刚要”；将“Excel 工作表”重命名为“生产计划”；将“PowerPoint 演示文稿”重命名为“数学建模报告”；将“文本文档”重命名为“日记”；将“Access 数据库”重命名为“学籍管理”。

（7）文件夹和文件的复制

将以下内容从文件夹“文件管理操作练习”中（在“项目2素材”文件夹中），复制到文件夹“项目2实训1”之中［在步骤（3）中建立的文件夹］。

“文件管理操作练习”文件夹中的内容：“ABCD”文件夹，“成绩”文件夹，“工作安排”文件夹，E1、E2、PPT1、PPT2 等文件。

（8）文件夹和文件的移动

准备工作：将“项目 2 素材”文件夹中的“项目 2 实训”文件夹复制到 D 盘下。

将以下内容从文件夹“项目 2 实训”中移动到 D 盘下。

“项目 2 实训”中的内容：“Excel 训练计划”文件夹、“PPT 训练计划”文件夹、“课程表”“资产管理”等文件。

（9）文件夹和文件的删除

在 D 盘下，删除以下文件夹、文件。

D 盘下的内容：“Excel 训练计划”文件夹、“PPT 训练计划”文件夹、“课程表”“资产管理”等文件。

（10）文件夹和文件的还原

在回收站中，还原以下文件夹和文件，并定位到 D 盘，观察还原结果。

回收站的内容：“Excel 训练计划”文件夹、“PPT 训练计划”文件夹、“课程表”“资产管理”等文件。

3．任务栏的操作。

练习目的：熟悉与任务栏的相关操作，提高操作系统的使用效率。

请完成以下练习：

1）将 Microsoft Office PowerPoint 程序的快捷方式添加到任务栏成为快速启动图标。

选择“开始”→“所有程序”→“Microsoft Office”选项，右击“Microsoft Office PowerPoint”图标，在快捷菜单中选择“锁定到任务栏”选项。

2）打开时间指示器。单击“时间指示器”（在任务栏右侧）按钮，将其打开。查看当前日期是否准确，若不准确，请调整日期。查看当前时间是否准确，若不准确，请调整时间。

3）在计算机上用数据线连接智能手机或插入 U 盘等移动存储设备。观察任务栏上的通知区域，找到图标。

4）通过单击图标，将其安全删除。

5）查看任务栏上的快捷菜单。在任务栏上的空白处右击，查看打开的快捷菜单。尝试执行其中的启动任务管理器、锁定任务栏、属性等命令。

在任务栏上某快速启动图标上右击，查看打开的快捷菜单。

4．快捷方式和多窗口操作（多任务管理）。

练习目的：熟悉快捷方式、多窗口操作，提高操作系统的使用效率。

请完成以下练习：

1）在桌面上建立快捷方式指向某程序。

例如，选择“开始”→“所有程序”→“Microsoft Office”选项，右击“Microsoft Office Word”选项，在快捷菜单中选择“发送到”→“桌面快捷方式”选项。

2）在桌面上建立快捷方式指向 D 盘。操作方法见“任务 3 的练习 12”。

怎样在桌面上建立“控制面板”的快捷方式？请完成练习。

怎样在桌面上建立“D 盘上某个文件夹”或“D 盘上某个文件”的快捷方式？请完成练习。

3）多窗口的切换操作（多任务管理）。

准备工作：启动 Word、Excel、PowerPoint、计算器、记事本等程序。

在上述窗口（程序）之间切换，可选择下列方法之一。

① 分别单击任务栏中正在运行的程序图标（提示：正运行的程序，图标背景是一个发亮矩形框），在运行的程序之间切换。

② 按 Alt + Tab 键，在运行的程序之间切换。

③ 按 Alt + Esc 键，在运行的程序之间切换。

④ 按 Windows 徽标键（⊞）+Tab 键，在运行的程序之间切换。

5．Windows 7 操作系统中的多用户操作（多用户管理）。

练习目的：通过练习，了解 Windows 7 操作系统的多用户管理功能，熟练注销、切换用户、重新启动等操作。同时，熟练 Windows 7 操作系统中一些工具程序的基本操作。

请完成以下练习：

1）查看当前用户名称。单击“开始”按钮，在“开始”菜单顶端，可查看当前用户名称（图标下的第一行字符就是当前用户名称），假设当前用户名称为“Student”。

2）启用来宾（Guest）用户的账户。

注意：只有系统管理员才具有启用账户的权限。

单击“开始”按钮，单击在“开始”菜单顶端的用户图标，打开“用户账户”窗口，选择“管理其他账户”选项，单击“Guest”左侧图标，单击“启用”按钮。

此时，Guest 的用户账户已经被启用，关闭“控制面板”窗口。

3）在当前用户账户“Student”中启动用户程序。例如，启动计算器、画图、截图工具等程序。

4）注销当前用户账户“Student”。操作方法参考任务 1。

5）登录到“Guest”用户账户。操作方法参考任务 1。

6）在当前用户账户“Guest”中启动用户程序。例如，启动资源管理器、数学输入板、记事本等程序。

7）切换到第 4）步注销的用户账户“Student”。操作方法参考任务 1。

8）观察“Student”中是否存在正在运行的程序。此前，第 3）步中启动的程序（计算器等程序）已经被关闭。

理解注销的作用，即关闭用户启动的所有应用程序，回到系统刚刚启动的状态。

9）在当前用户账户“Student”中再次启动用户程序。例如，启动便签、录音机等程序。

10）切换到“Guest”用户账户。

11）观察“Guest”用户是否存在正在运行的程序。此前，在第 6）步中启动的程序仍在运行。即切换用户，不关闭用户启动的程序。

12）再次切换到用户账户“Student”。

13）观察“Student”用户中是否存在正在运行的程序。

此前，在第 9）步中，启动的程序仍在运行。即切换用户，不关闭用户启动的程序。

14）重新启动计算机。执行“重新启动”命令。

启动后，所有用户都需要重新登录。分别登录到“Student”“Guest”用户。

观察看到，先前启动的应用程序都被关闭。理解“重新启动”的意义。

15）建立“ABC”用户账户。

操作方法参考任务 5。

16）重复步骤 3）～14）。从第 3）步开始，将“Guest”来宾账户换成“ABC”用户账户。

在上述重复步骤 3）～14）操作中，重点观察、理解注销与切换的区别。

17）按教师要求，将部分操作结果截图并保存图片、命名保存截图文件。例如，将启用“Guest”用户账户、建立“ABC”用户账户的屏幕界面截图并按要求命名并保存截图文件，作为考核依据。（提示：用“截图工具”软件截图）

6．任务管理器的操作。

练习目的：了解任务管理器的使用方法和功能，提升对操作系统的管理能力。

任务管理器包括应用程序、进程、服务、（硬件）性能、联网、用户等管理功能。

请完成以下练习：

1）准备工作。启动计算器、截图工具、Windows Media Player 等程序。

2）启动任务管理器。启动方法参见任务 1 的练习 8，如图 2-3 所示，单击“应用程序”选项卡。

3）结束某程序的运行。在“应用程序”选项卡中，结束计算器、截图工具程序的运行。

4）观察系统的运行状况。单击“性能”选项卡，观察 CPU、内存的使用记录，将观察结果截图保存。

5）监视资源使用情况。在“性能”标签中，单击“资源监视器”按钮，监视硬件资源（CPU、内存、磁盘、网络）的运行状态，将观察结果截图保存。

6）关闭任务管理器窗口。

7）启用来宾（Guest）的用户账户。

8）切换到“Guest”用户。

9）切换回当前用户。

10）启动任务管理器。单击“用户”选项卡，查看用户，进行用户管理。

7．文件的高级管理。

练习目的：熟练掌握查找文件和文件夹的方式；掌握查看文件和文件夹属性的方法，了解修改属性的方法。

请完成以下练习：

（1）按名称搜索文件夹和文件

在 D 盘上搜索包含“Excel”字符的文件或文件夹。类似地可搜索包含 Word、PPT、计划、课程等字符的文件或文件夹。

（2）按扩展名搜索文件

在 D 盘上搜索扩展名为“.accdb”的文件。类似地可搜索展名为“.doc”“.docx”“.xls”

“.xlsx”“.ppt”“.pptx”“.txt”“.mp3”“.jpg”的文件。

（3）建立文件夹并命名

在D盘上建立文件夹，并命名为“找到的文件”。

（4）根据教师的要求搜索文件

例如，按名称或扩展名搜索文件，将搜索到的文件复制到“D:\找到的文件”路径下。可将搜索结果界面截图并保存图片。

（5）打开“文件夹属性”对话框

右击“项目2实训”文件夹，在快捷菜单中选择“属性”选项，打开“项目2实训属性”对话框。

（6）设置文件夹的只读属性

接步骤（5），单击“常规”选项卡，选择“只读”复选框，使其出现对号，单击“应用”或“确定”按钮，根据对话框的提示，可设置文件夹及其包含内容的只读属性。

（7）设置文件夹的共享属性

接步骤（5），单击“共享”选项卡。单击“共享”按钮，打开“文件共享”对话框，在对话框中单击“确定”按钮，返回“共享”选项卡。此时，“项目2实训”文件夹已经处于共享状态，在“共享”按钮上方显示共享路径。在资源管理器的导航窗格的“网络”图标下显示共享的计算机名称和共享的文件夹“项目2实训”图标。

（8）取消文件夹的共享属性

接步骤（7），单击“共享”选项卡。单击“高级共享”按钮，打开“高级共享”对话框，在对话框中选择“共享此文件夹”复选框，取消对号，单击“确定”按钮，返回“共享”选项卡。此时，“项目2实训”文件夹已经是非共享状态，在“共享”按钮上方显示“不共享”字样。

（9）执行“不共享”命令

右击“项目2实训”文件夹，在快捷菜单中选择“共享”→“不共享”选项，“项目2实训属性”文件夹上可能出现锁头图标。

“锁头”图标不会影响在本机上使用此文件夹，只影响共享。要去除锁头图标，需要修改此文件夹的用户设置权限，添加USERS（或everyone）用户并赋予全部或大部分权限（读取和执行）即可。

具体操作方法如下：

1）打开“项目2实训属性”对话框。

2）单击“安全”选项卡，再单击“编辑”按钮，然后单击“添加”按钮。

3）单击“高级”按钮，然后单击“立即查找”按钮。

4）在“搜索结果”框中找到“USERS（或everyone）”项，在其上双击，返回上一个对话框，单击“确定”按钮，再单击“确定”按钮，再单击“确定”按钮，锁头图标被去掉。

（10）文件的加密属性和文件系统（以下步骤可选作）

文件加密功能只对NTFS文件系统有效。在磁盘属性对话框的“常规”选项卡中可以查看磁盘的文件系统。

（11）打开文件属性对话框

右击“小小记事本”文件，在快捷菜单中选择“属性”选项。

单击“常规”选项卡，单击“高级”按钮，打开“高级属性”对话框。

（12）设置文件的加密属性

在“高级属性”对话框中，勾选“加密内容以便保护数据”复选框，出现对号，单击“确定”按钮，再单击“确定”按钮。

选择“只加密文件”选项，单击“确定”按钮，此时，文件名“小小记事本”变成绿色文字，表明文件被加密。

类似地，可以对“学习计划、资产管理”等文件进行加密。请在“项目 2 实训”文件夹中对加密和没加密的文件名的颜色进行对比，并截图保存图片。

（13）被加密文件的相关操作

加密的作用：加密只对非当前用户有效；当其他用户没有解密密钥时，被加密文件不能进行打开、移动、复制等操作，以保证文件中的信息安全。

例如，当以其他身份登录本机时，没有解密密钥不能打开被加密文件。被加密文件在被复制或移动时，系统会提示用户。

又如，被加密的文件共享时，只有掌握解密密钥的用户才能使用。

有关加密、解密、证书等概念和相关操作，请读者参考 Windows 帮助。

8．“库”管理与使用（选做）。

练习目的：熟练“库”的基本操作方法。

请完成以下练习：

（1）“库”用于管理库中第一级文件夹的位置

在“库”中，可以使用与在文件夹中相同的方式管理文件，如执行复制、移动、删除、重命名等操作，也可以查看属性（如日期、类型和作者）、排列文件。但“库”的侧重点在于位置的管理（详见任务 3 的练习 11），库中第一级文件夹叫做位置。

（2）新建库

系统有四个默认库：文档、音乐、图片和视频。可以新建库，用于管理文件夹的集合。

在资源管理器中定位到“库”，即在导航窗格中单击“库”。

在工具栏上单击“新建库”图标。（或选择“文件”→“新建”→“库”选项）

输入库的名称，命名为“我的库”，然后按 Enter 键。

（3）在库中包含文件夹（包含位置）

方法：右击（某个库要包含的）文件夹，在快捷菜单中选择“包含到库中”选项，然后单击库的名称。例如，将“文件管理操作练习”文件夹包含到“我的库”中。操作如下：

1）右击“文件管理操作练习”文件夹，在快捷菜单中选择“包含到库中”→“我的库”选项。

2）在 D 盘新建两个文件夹，分别命名为“练习”“作业”。

3）分别右击“练习”“作业”文件夹，在快捷菜单中选择“包含到库中”→“我的库”选项。

注意：如果在目标位置上（如在D盘上）重命名、移动、删除被包含到库中的位置文件夹，在库中操作该文件夹会出现错误提示。应该在库中直接进行上述操作。

（4）从库中移出（删除位置）文件夹

当不需要管理库中的文件夹时，可以将其删除位置。对库名称下的第一级文件夹执行“删除位置”命令，不会从目标位置中删除该文件夹及其内容。

例如，从“我的库”中对“练习”文件夹执行“删除位置”命令，操作如下：

方法一：

1）定位到“我的库”选项。

2）在库窗格（文件列表上方）中，在“包括：”旁边，选择“位置”选项。

3）在“我的库”库位置对话框中，单击要删除的文件夹（“练习”文件夹），单击“删除”按钮，然后单击“确定”按钮。

方法二：

1）在导航窗格（左窗格）中，右击要删除位置的文件夹，即“练习”（库名称下的第一级文件夹）。

2）在快捷菜单中选择“从库中删除位置”选项。

（5）更改库的默认保存位置

库的“默认保存位置”确定将文件复制、移动或保存到库时的存储位置。

更改默认保存位置的操作：

1）定位到要更改的库，如“我的库”。

2）在库窗格（文件列表上方）中，在“包括：”旁边，选择“位置”选项。

3）在“我的库”库位置对话框中，右击当前不是默认保存位置的文件夹，在快捷菜单中选择“设置为默认保存位置”选项，然后单击“确定”按钮。

9．其他搜索功能的设定（选做）。

练习目的：了解在资源管理器中搜索信息的其他方法。培养信息查询、信息管理的观念。

请完成以下练习：

（1）启用自然语言搜索的设置

在资源管理器中打开“文件夹选项”对话框。

单击“搜索”选项卡，选择“使用自然语言搜索”复选框，单击“确定”按钮。

注意：使用“自然语言搜索”的说明。

虽然已启用自然语言搜索，仍然可以用以前的方法使用资源管理器的搜索框，仍然可以根据个人意愿使用运算符或搜索关键字。不同之处在于可使用不那么正式的方法输入搜索条件。下面是一些示例：

文本文档 今日；文档 2011；作者 wwj；图片 企鹅。

有时，我们可能要搜索的文件需要多个筛选条件，此时就可以利用自然语言搜索功能来一次完成筛选。如果想搜索计算机中的DOC格式或者XLS格式的文件，只需在搜索栏中输入“*.doc or *. xls”，那么所有DOC格式和XLS格式的文件都会被搜索出来。

以下是一些常用的关系运算符：

AND，搜索内容中必须包含由 AND 相连的所有关键词。

OR，搜索内容中包含任意一个含有由 OR 相连的关键词。

NOT，搜索内容中不能包含指定关键词。

（2）向索引中添加文件类型的步骤

如果使用当前无法由索引识别的不常用文件类型，则可以先将其添加到索引，以便按该文件类型在 Windows 7 操作系统中搜索。请完成如下操作：

选择“开始”→“控制面板”选项，然后单击“索引选项”按钮。（见任务 5 控制面板的基本操作）

单击“高级”按钮，如果系统提示您输入管理员密码或进行确认，请输入该密码或提供确认。

在“高级选项”对话框中，单击“文件类型”选项卡。

在“将新扩展名添加到列表中”文本框中，输入文件扩展名（如 flv、swf、mp4、java 等），然后单击“添加”按钮。

单击“仅为属性添加索引”或“为属性和文件内容添加索引”按钮，然后单击“确定”按钮。

10．安装程序和卸载程序。

练习目的：通过练习，掌握安装、卸载应用程序的操作，理解控制面板的管理功能。

请完成以下练习：

（1）安装 QQ 影音播放器程序（或其他较小的应用程序）

找到“QQ 影音播放器”软件安装程序（在“项目 2 素材”\“安装软件”文件夹）。

安装程序，双击“QQ 影音播放器”安装软件，按提示操作即可完成安装。

（2）卸载 QQ 影音播放器程序

进入“程序和功能”窗口：选择“控制面板”→“所有控制面板项”→“程序和功能”选项。选择“QQ 影音播放器”选项。

单击“卸载/更改”按钮，按提示操作，完成卸载。

（3）安装打印机驱动程序

选择“控制面板”→“所有控制面板项”→“设备和打印机”选项，进入“设备和打印机”窗口。

在“设备和打印机”窗口上方，单击“添加打印机”按钮，打开“添加打印机”对话框。

在“添加打印机”对话框中，单击“添加本地打印机”按钮。

在“添加打印机”对话框中，选择合适的端口（如 LPT1、COM1、USB 等），本例选 COM1 端口（或合适的端口），单击“下一步”按钮。

在“添加打印机”对话框中，左侧选“厂商”，右侧选“打印机（驱动程序）”。

在本例中，左侧选“Epson”，右侧选“Epson AL-2600”（或选择其他的型号），单击“下一步”按钮，再单击“下一步”按钮，选择“不共享”选项，单击“下一步”按钮，单击“完成”按钮，回到“设备和打印机”窗口。

（4）设置默认打印机（默认设备）

接步骤（3），在“设备和打印机”窗口中，当有多个打印机图标时，右击某打印机图标，在快捷菜单中选择“设置为默认打印机”选项，使其成为默认的打印机。

（5）删除打印机

在“设备和打印机”窗口中，右击“Epson AL-2600”打印机图标，在快捷菜单中选择“删除设备”选项，单击“是”按钮，删除打印机（即删除打印驱动程序）。

考　核　2

1．文件管理。

考核要求：

1）在“D:\”下建立两个文件夹，分别命名为“考核-1”和“测试-1”。

2）在“考核-1”中建立五个 Word 文件，分别命名为“作业 1”“作业 2”“作业 3”“作业 4”“作业 5”。

将本步骤的操作结果截图，截图结果如图 2-64 所示，用恰当的名称保存截图文件，作为考核依据。

3）在“测试-1”中建立五个 Excel 文件，分别命名为“作业 1”“作业 2”“作业 3”“作业 4”“作业 5”。

将本步骤的操作结果截图，截图结果如图 2-65 所示，用恰当的名称保存截图文件，作为考核依据。

4）在“考核-1”中建立五个文本文档，分别命名为“作业 1”“作业 2”“作业 3”“作业 4”“作业 5”。

将本步骤的操作结果截图，截图结果如图 2-66 所示，用恰当的名称保存截图文件，作为考核依据。

5）在“测试-1”中建立两个文件夹，分别命名为“测试-1-1”和“测试-1-2”。

将本步骤的操作结果截图，截图结果如图 2-67 所示，用恰当的名称保存截图文件，作为考核依据。

6）将“考核-1”中的五个文本文档，复制到“测试-1-1”中。

将本步骤的操作结果截图，截图结果如图 2-68 所示，用恰当的名称保存截图文件，作为考核依据。

7）将“测试-1”中的五个 Excel 文件，复制到“测试-1-2”中。

将本步骤的操作结果截图，截图结果如图 2-69 所示，用恰当的名称保存截图文件，作为考核依据。

8）在“考核-1”中再建立一个文本文档，并命名为“作业 1”，可以吗？为什么？

9）在“测试-1”中再建立一个文件夹，命名为“测试-1-1”，可以吗？为什么？

计算机 ▸ XT2 (D:) ▸ 考核-1

编辑(E) 查看(V) 工具(T) 帮助(H)

包含到库中 ▾ 共享 ▾ 刻录 新建文件夹

名称	修改日期	类型
作业1.docx	2016-03-27 21:17	Microsoft Office Word 文档
作业2.docx	2016-03-27 21:17	Microsoft Office Word 文档
作业3.docx	2016-03-27 21:17	Microsoft Office Word 文档
作业4.docx	2016-03-27 21:17	Microsoft Office Word 文档
作业5.docx	2016-03-27 21:17	Microsoft Office Word 文档

图 2-64 完成步骤 2）之后的内容截图

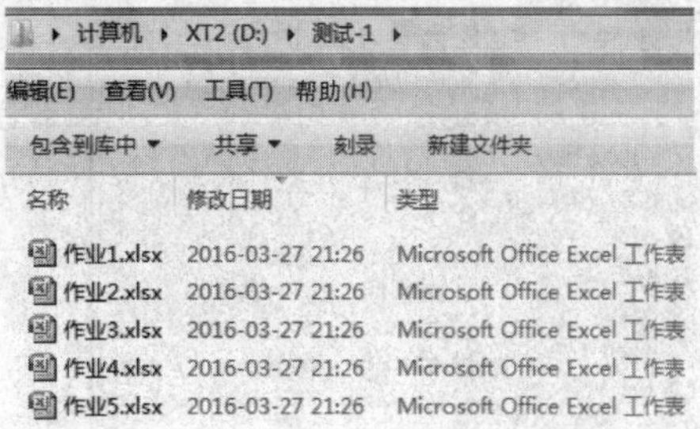

计算机 ▸ XT2 (D:) ▸ 测试-1 ▸

编辑(E) 查看(V) 工具(T) 帮助(H)

包含到库中 ▾ 共享 ▾ 刻录 新建文件夹

名称	修改日期	类型
作业1.xlsx	2016-03-27 21:26	Microsoft Office Excel 工作表
作业2.xlsx	2016-03-27 21:26	Microsoft Office Excel 工作表
作业3.xlsx	2016-03-27 21:26	Microsoft Office Excel 工作表
作业4.xlsx	2016-03-27 21:26	Microsoft Office Excel 工作表
作业5.xlsx	2016-03-27 21:26	Microsoft Office Excel 工作表

图 2-65 完成步骤 3）之后的内容截图

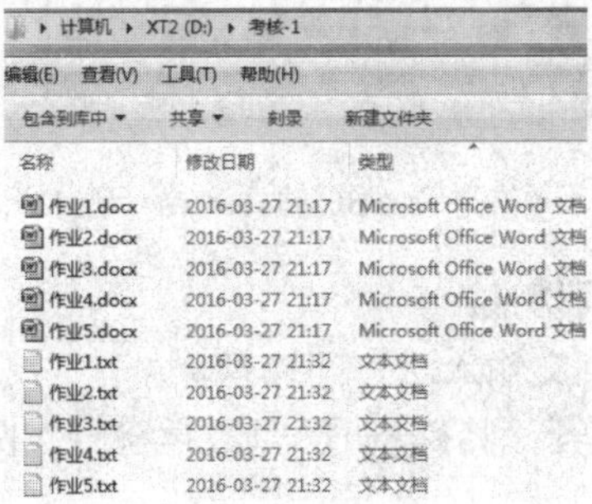

计算机 ▸ XT2 (D:) ▸ 考核-1

编辑(E) 查看(V) 工具(T) 帮助(H)

包含到库中 ▾ 共享 ▾ 刻录 新建文件夹

名称	修改日期	类型
作业1.docx	2016-03-27 21:17	Microsoft Office Word 文档
作业2.docx	2016-03-27 21:17	Microsoft Office Word 文档
作业3.docx	2016-03-27 21:17	Microsoft Office Word 文档
作业4.docx	2016-03-27 21:17	Microsoft Office Word 文档
作业5.docx	2016-03-27 21:17	Microsoft Office Word 文档
作业1.txt	2016-03-27 21:32	文本文档
作业2.txt	2016-03-27 21:32	文本文档
作业3.txt	2016-03-27 21:32	文本文档
作业4.txt	2016-03-27 21:32	文本文档
作业5.txt	2016-03-27 21:32	文本文档

图 2-66 完成步骤 4）之后的内容截图

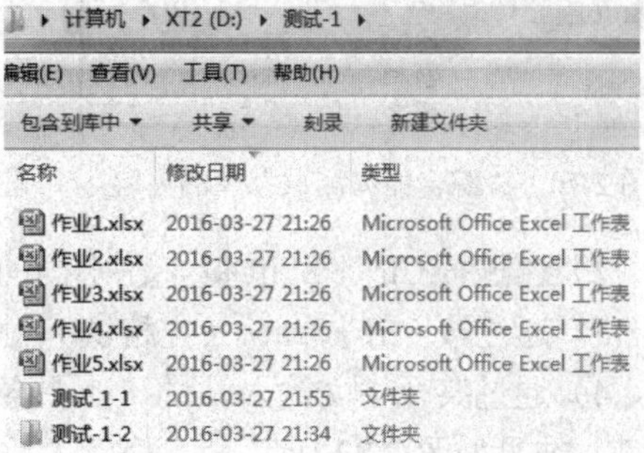

计算机 ▸ XT2 (D:) ▸ 测试-1 ▸

编辑(E) 查看(V) 工具(T) 帮助(H)

包含到库中 ▾ 共享 ▾ 刻录 新建文件夹

名称	修改日期	类型
作业1.xlsx	2016-03-27 21:26	Microsoft Office Excel 工作表
作业2.xlsx	2016-03-27 21:26	Microsoft Office Excel 工作表
作业3.xlsx	2016-03-27 21:26	Microsoft Office Excel 工作表
作业4.xlsx	2016-03-27 21:26	Microsoft Office Excel 工作表
作业5.xlsx	2016-03-27 21:26	Microsoft Office Excel 工作表
测试-1-1	2016-03-27 21:55	文件夹
测试-1-2	2016-03-27 21:34	文件夹

图 2-67 完成步骤 5）之后的内容截图

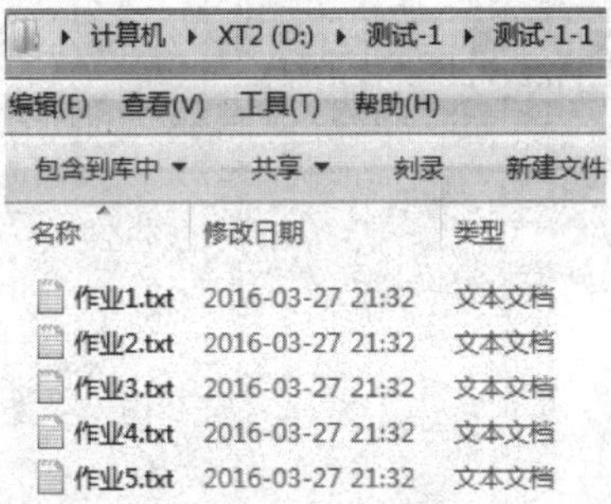

计算机 ▸ XT2 (D:) ▸ 测试-1 ▸ 测试-1-1

编辑(E) 查看(V) 工具(T) 帮助(H)

包含到库中 ▾ 共享 ▾ 刻录 新建文件

名称	修改日期	类型
作业1.txt	2016-03-27 21:32	文本文档
作业2.txt	2016-03-27 21:32	文本文档
作业3.txt	2016-03-27 21:32	文本文档
作业4.txt	2016-03-27 21:32	文本文档
作业5.txt	2016-03-27 21:32	文本文档

图 2-68 完成步骤 6）之后的内容截图

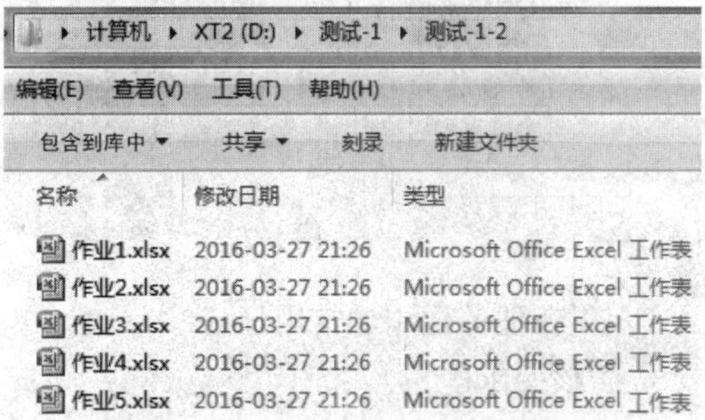

计算机 ▸ XT2 (D:) ▸ 测试-1 ▸ 测试-1-2

编辑(E) 查看(V) 工具(T) 帮助(H)

包含到库中 ▾ 共享 ▾ 刻录 新建文件夹

名称	修改日期	类型
作业1.xlsx	2016-03-27 21:26	Microsoft Office Excel 工作表
作业2.xlsx	2016-03-27 21:26	Microsoft Office Excel 工作表
作业3.xlsx	2016-03-27 21:26	Microsoft Office Excel 工作表
作业4.xlsx	2016-03-27 21:26	Microsoft Office Excel 工作表
作业5.xlsx	2016-03-27 21:26	Microsoft Office Excel 工作表

图 2-69 完成步骤 7）之后的内容截图

2．“库”的使用。

考核要求：

1）建立一个库，库的名称改为“综合能力测试”。

2）将“1.文件管理”中建立的“考核-1”和“测试-1”文件夹包含到“综合能力测试”库中。

考核要求的结果如图 2-70 所示。

3．增减输入法。

考核要求：

1）右击任务栏的“输入法指示器”按钮，在快捷菜单中选择“添加…”选项，添加“微软拼音 ABC 输入风格”等输入法（或其他中文输入法）。其结果如图 2-71 所示。

图 2-70 “综合能力测试”库的内容

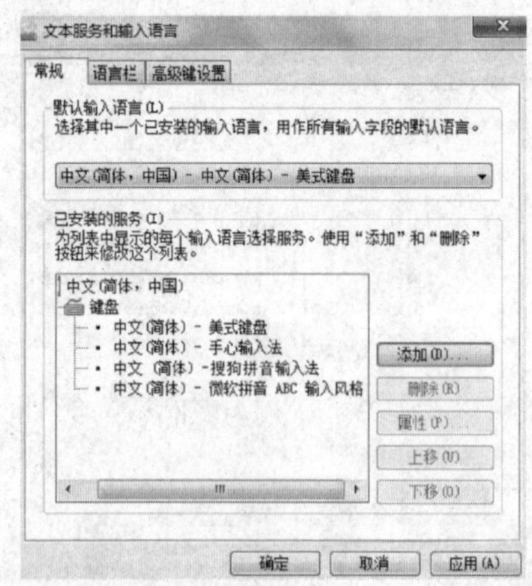

图 2-71 添加“微软拼音 ABC 输入风格”输入法的操作

2）通过按 Ctrl + Shift 键，在不同的输入法之间切换。

3）通过按 Ctrl +Space（空格键）键，在中、英文输入法之间切换。

4）通过某个中文输入法的“工具条”，分别打开“特殊符号”“数学符号”两个软键盘。结果如图 2-72 所示。

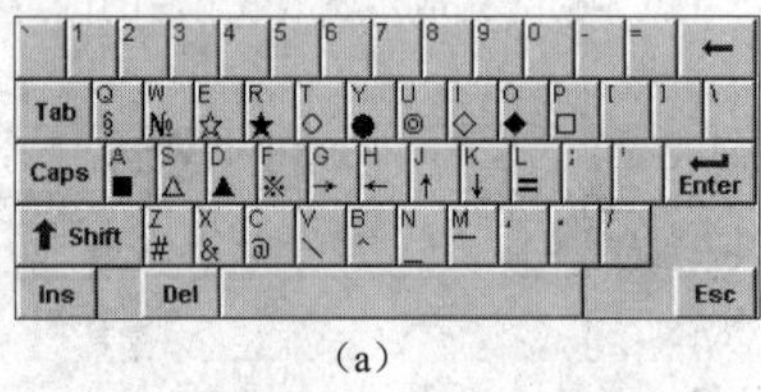

（a）

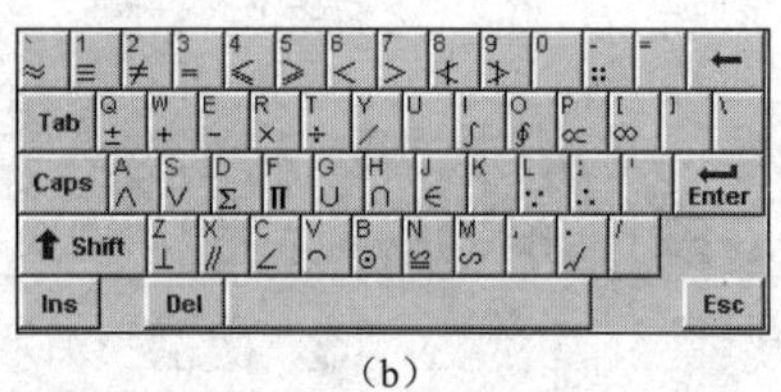

（b）

图 2-72 “特殊符号”“数学符号”两个软键盘

4．在任务栏添加常用任务。

考核要求：

1）将 Windows Media Center 程序图标添加到任务栏。

2）将“截图工具”程序图标添加到任务栏。

3）将 Windows Media Player 程序图标添加到任务栏。

4）将 Microsoft Excel 程序图标添加到任务栏。

5）将 Microsoft Word 程序图标添加到任务栏。

6）将“画图”程序图标添加到任务栏。

7）将任务栏上的快捷图标按如图 2-73 所示顺序排列，并将排列结果截图保存。

图 2-73 任务栏上添加的快捷图标的顺序排列

5．在桌面上添加快捷方式。

考核要求：

1）将“便签”程序的快捷方式添加到桌面。

2）将“计算器”程序的快捷方式添加到桌面。

3）将“连接到投影仪”程序的快捷方式添加到桌面。

4）将“数学输入面板”程序的快捷方式添加到桌面。添加结果如图 2-74 所示。

图 2-74　在桌面上添加的“便签”“计算器”等快捷方式图标

6．多用户管理。

考核要求：

1）添加用户，用户名称为“X1”、类型为“标准用户”，密码为“bzyh”。

2）添加用户，用户名称为“Y1”、类型为“管理员”，密码为“gly”。

3）将步骤 1）、2）的操作结果截图保存，结果如图 2-75 所示。

4）在用户“X1”与“Y1”之间切换。切换之前，在每个用户中启动一个程序或打开“资源管理器”“控制面板”等窗口，切换之后，观察程序的运行情况。

5）注销每个用户，并重新登录每个用户，观察先前启动的程序的运行情况。

6）明确切换用户与注销用户的区别。

7）删除“X1”“Y1”账户，关闭来宾账户，并将操作结果截图保存，结果如图 2-76 所示。

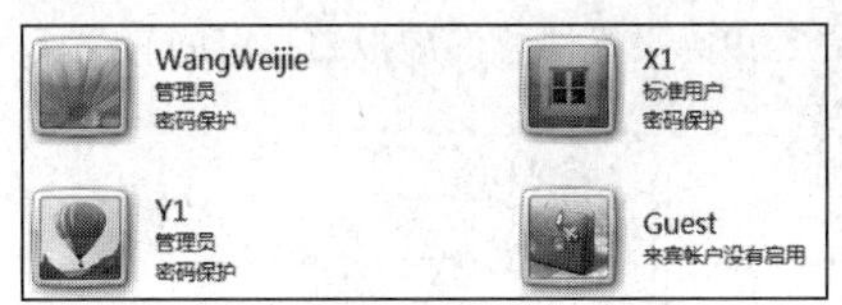

图 2-75　步骤 1）、2）的操作结果

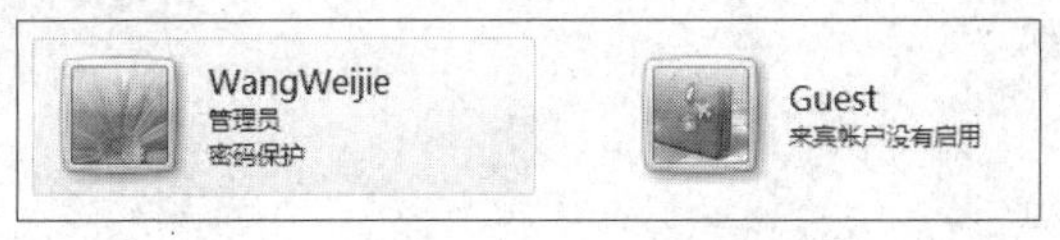

图 2-76　步骤 7）的操作结果

7．查看硬盘、U 盘的使用情况。

考核要求：

1）查看本机 C 盘、D 盘、自己的 U 盘的容量及剩余空间。

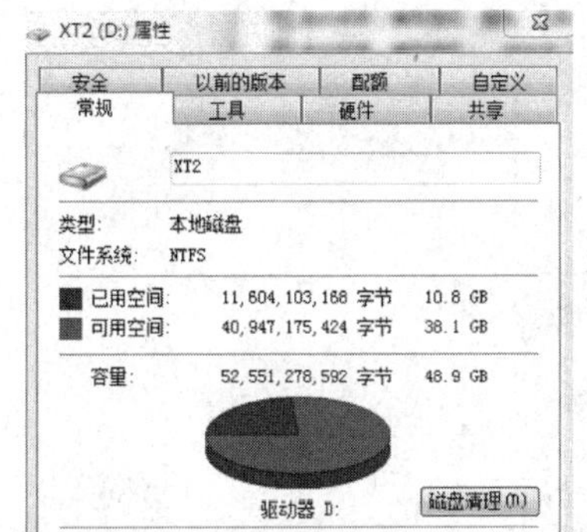

图 2-77　某机器 D 盘的属性截图

2）查看本机 C 盘、D 盘、自己的 U 盘的文件系统格式。

3）将步骤 1）、2）的操作结果截图并保存图片。某机器 D 盘的属性截图，如图 2-77 所示。

4）如果自己有移动硬盘（或其他存储设备），查看移动硬盘（或其他存储设备）的文件系统。

8．添加打印机。

考核要求：

1）添加本地打印机，打印机型号：HP 厂家的“HP 915”（或其他的型号）。

2）打印机端口为“LPT1:”（或其他的端口）。

3）将“HP 915”打印机（或新安装的打印机）设置为默认打印机。

4）将添加打印机的结果截图并保存图片，如图 2-78 所示。

9．设置虚拟内存。

考核要求：

1）在 D 盘上设置虚拟内存。“初始大小”为 32MB，“最大值”为 128MB。

2）若当前使用的计算机有 E 盘，在 E 盘上设置虚拟内存。“初始大小”为 16MB，“最大值”为 32MB。

3）查看 C 盘的虚拟内存的设置情况。

4）查看本机总的虚拟内存空间大小（即“所有驱动器总分页文件大小”），截图并保存结果，如图 2-79 所示。

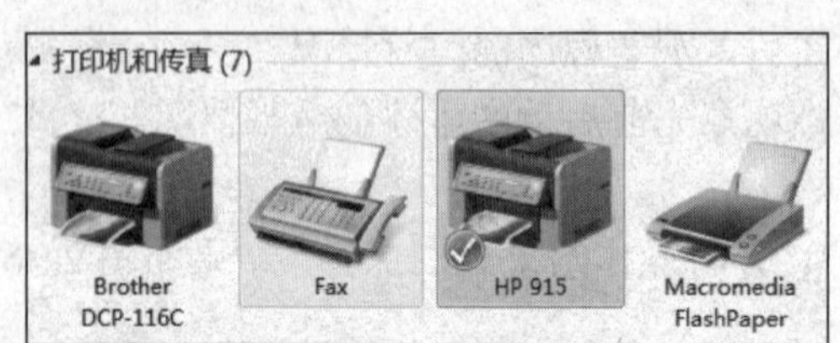

图 2-78　添加的打印机“HP915”

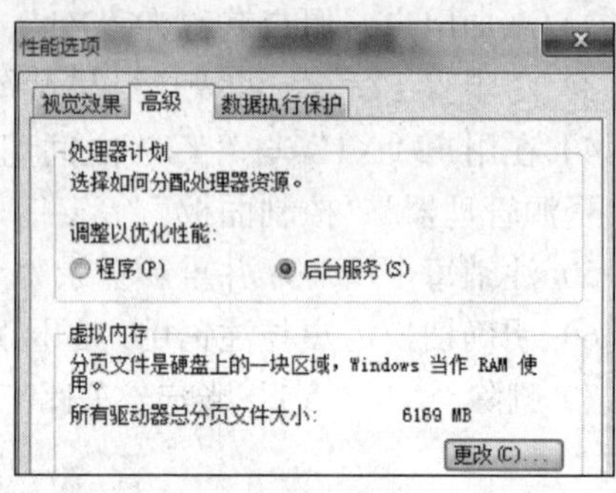

图 2-79　某机器总的虚拟内存空间

项目 3　Word 2010 的应用

Word 是 Microsoft 公司的办公自动化套装软件 Office 中的字处理软件，是目前使用最普遍的字处理软件。使用 Word 软件，可以进行文字、图形、图像、表格等信息的综合编辑排版，可以和其他多种软件进行信息交换，能够编辑图、文、表格并茂的文档。

本项目以 Word 2010 版本的软件为例，介绍 Word 软件的基本功能和基本操作。

Word 2010 软件用“选项卡”的形式对软件的功能进行划分，包括“文件”“开始”“插入”“页面布局”“引用”“邮件”“审阅”“视图”等固定的选项卡（按钮），如图 3-1 所示。每个选项卡下面用分组的形式对软件的功能进一步划分，如“开始”选项卡下面有“字体”“段落”等组，如图 3-2 和图 3-3 所示。

图 3-1　Word 2010 工作界面顶端的选项卡（按钮）

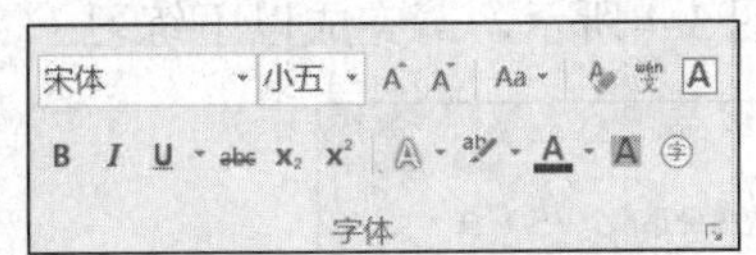

图 3-2　“开始”选项卡下的“字体”组中的格式设置按钮

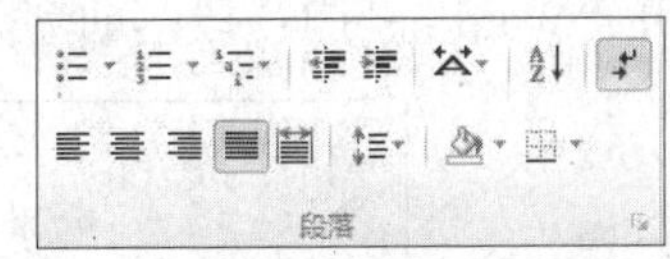

图 3-3　“开始”选项卡下的“段落”组中的格式设置按钮

使用软件第一次保存文件时，在“另存为”对话框中，需要指定文件名（如“总结”“计划”“方案”等），指定文件的保存位置（如“D:\ 项目 3 素材”“D: \项目 2 素材\项目 2 实训”等），有时需要指定文件类型（即文件的扩展名）。

Word 2010 软件保存文档时，文档默认的扩展名是“.docx”；在保存文档时，可以通过“文件”选项卡下的“另存为”选项将文档的扩展名改成“.doc”。以“.doc”为扩展名的文档可以在 Word 2003 以前版本的软件中使用。

任务 1　字体和段落格式

任务目的

正确理解和区分字体格式与段落格式的概念，熟练使用字体格式、段落格式工具按钮，能够正确对字体和段落进行相应的格式化操作。

任务内容

所谓字体的格式，就是字体的外观，包括字体的大小（字号）、形式（如宋体、楷体、隶书等）、颜色、加粗、倾斜、下画线、间距等内容。要设置字体的格式，请在“开始”选项卡下的“字体”组中进行操作，如图 3-2 所示。

注意：这里的“字体”应该理解为字符，即“字符”的格式。

所谓段落的格式，就是段落的外观，包括段落的对齐方式（左对齐、居中对齐、右对齐、两端对齐、分散对齐）、缩进方式（首行缩进、悬挂缩进、左缩进、右缩进等）、编号和符号、段间距、行间距、底纹等内容。要设置段落的格式，请在“开始”选项卡下的“段落”组中进行操作，如图 3-3 所示。

本次任务要求：通过练习，正确使用图 3-2 和图 3-3 中的命令按钮，完成文档中字体和段落的格式化操作，即改变文档中字体和段落的外观。

任务练习

以下练习使用的素材在“项目 3 素材\练习文档及效果”文件夹中。

【练习 1】段落的划分、合并练习。

在 Word 文档中，将光标置于某处，按 Enter 键，就产生一个段落（即自然段），段落以↵作为分界标记，即段落标记，是 Word 软件识别段落的标记，是段落格式化的依据。

打开“Word 练习 1：段落的划分”文件，如图 3-4 所示，请完成以下练习。

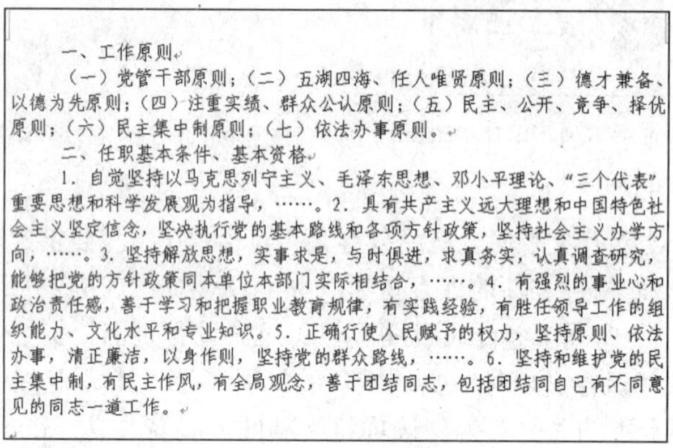

一、工作原则↵

（一）党管干部原则；（二）五湖四海、任人唯贤原则；（三）德才兼备、以德为先原则；（四）注重实绩、群众公认原则；（五）民主、公开、竞争、择优原则；（六）民主集中制原则；（七）依法办事原则。↵

二、任职基本条件、基本资格↵

1. 自觉坚持以马克思列宁主义、毛泽东思想、邓小平理论、“三个代表”重要思想和科学发展观为指导，……。2. 具有共产主义远大理想和中国特色社会主义坚定信念，坚决执行党的基本路线和各项方针政策，坚持社会主义办学方向，……。3. 坚持解放思想，实事求是，与时俱进，求真务实，认真调查研究，能够把党的方针政策同本单位本部门实际相结合，……。4. 有强烈的事业心和政治责任感，善于学习和把握职业教育规律，有实践经验，有胜任领导工作的组织能力、文化水平和专业知识。5. 正确行使人民赋予的权力，坚持原则、依法办事，清正廉洁，以身作则，坚持党的群众路线，……。6. 坚持和维护党的民主集中制，有民主作风，有全局观念，善于团结同志，包括团结同自己有不同意见的同志一道工作。↵

图 3-4 刚打开的“Word 练习 1：段落的划分”文件

（1）在标题“一、工作原则”下划分段落

在标题“一、工作原则”下，将光标分别置于每个分号“；”之后，按 Enter 键，进行段落划分。（注意观察新产生的段落标记↵）

（2）在标题“二、任职基本条件、基本资格”下划分段落

在标题“二、任职基本条件、基本资格”下，从编号“2”开始，将光标分别置于每个阿拉伯数字之前，按 Enter 键，进行段落划分。（注意观察新产生的段落标记↵）

（3）划分段落的结果

完成步骤（1）、（2）操作之后，结果如图 3-5 所示。（注意观察段落标记↵）

（4）合并段落（即删除段落标记）

方法：将光标置于↵之前，按 Delete 键，即可删除段落标记↵，将段落合并。

（5）还原文档

如图 3-5 所示，删除步骤（1）、（2）中产生的段落标记，将文档还原成初始状态，如图 3-4 所示。

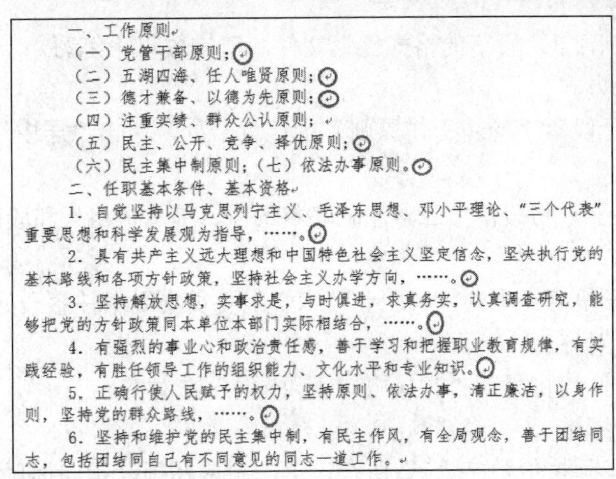

一、工作原则↵

（一）党管干部原则；↵

（二）五湖四海、任人唯贤原则；↵

（三）德才兼备、以德为先原则；↵

（四）注重实绩、群众公认原则；↵

（五）民主、公开、竞争、择优原则；↵

（六）民主集中制原则；（七）依法办事原则。↵

二、任职基本条件、基本资格↵

1. 自觉坚持以马克思列宁主义、毛泽东思想、邓小平理论、“三个代表”重要思想和科学发展观为指导，……。↵

2. 具有共产主义远大理想和中国特色社会主义坚定信念，坚决执行党的基本路线和各项方针政策，坚持社会主义办学方向，……。↵

3. 坚持解放思想，实事求是，与时俱进，求真务实，认真调查研究，能够把党的方针政策同本单位本部门实际相结合，……。↵

4. 有强烈的事业心和政治责任感，善于学习和把握职业教育规律，有实践经验，有胜任领导工作的组织能力、文化水平和专业知识。↵

5. 正确行使人民赋予的权力，坚持原则、依法办事，清正廉洁，以身作则，坚持党的群众路线，……。↵

6. 坚持和维护党的民主集中制，有民主作风，有全局观念，善于团结同志，包括团结同自己有不同意见的同志一道工作。↵

图 3-5　在“Word 练习 1：段落的划分”文件中进行了段落划分后的结果

（6）重复练习

反复进行步骤（1）、（2）、（5）的操作，进行段落划分和段落合并的练习。

【练习 2】字体（字符）的格式化练习。

“先选择，再操作”是许多应用软件的一般操作规则，Word 软件也是如此。先选择操作对象（即操作目标），然后执行相应的操作。例如，先选择字符，然后将字符变成红色，将字符变成三号字，将字符变成隶书体等。

打开“Word 练习 2：字符的格式化”文件。请完成以下练习。

（1）选择字符

用拖动鼠标的方法，选择文档中的字符“一、工作原则”。（思考：选择字符的作用。另外，选择字符有多种方法和技巧，请在老师的指导下，练习并掌握选择字符的技巧。）

（2）执行操作

在步骤（1）选择的基础上，在“字体”组（图 3-2）中单击执行“蓝色”“一号字”“加粗”“隶书”操作。

（3）文档中的字符“二、任职基本条件、基本资格”的格式

选择字符“二、任职基本条件、基本资格”，在“字体”组（图 3-2）中单击执行“蓝色”“一号字”“加粗”“隶书”操作。

（4）文档中其他字符的格式

选择字符“（一）党管干部原则；”和“（四）注重实绩、群众公认原则；”，单击执行“红色”“加粗”“三号字”操作。

选择字符："自觉""具有""坚持""强烈""正确""坚持"，单击执行"二号字""倾斜"操作。

（5）操作效果

上述操作效果，见图片文件"Word 练习 2：字符的格式化-结果.jpg"。

【练习 3】段落的格式练习。

打开"Word 练习 3：段落的格式化"文件。请完成以下练习。

（1）段落对齐方式

1）将光标置于段落"一、工作原则"中任意一处，单击"居中"按钮，将段落居中对齐。

类似上面的操作，将段落"二、任职基本条件、基本资格"和段落"六、纪律和有关要求"居中对齐。

2）将光标置于段落"中共××职业技术学院委员会"中任意一处，单击"右对齐"按钮，将段落右对齐。

类似上面的操作，将段落"2016 年 3 月 25 日"右对齐。

（2）段落首行缩进

1）将光标置于阿拉伯数字"1"所在段落，用鼠标指针指向标尺上标记中的"倒三角"，即，向右拖动，将标记变成，将数字"1"所在的段落格式变成"首行缩进"格式。（思考：将光标置于段落中的作用）

用鼠标拖动选择数字"2""3"所在段落，拖动"倒三角"，即，将数字"2""3"所在段落格式变成"首行缩进"格式。（思考：选择多个段落的作用。另外，选择段落有多种方法和技巧，请在老师的指导下，练习并掌握选择段落的技巧。）

2）将光标置于阿拉伯数字"1"所在段落，双击"格式刷"按钮格式刷，鼠标指针变成形状，然后分别单击数字"4""5""6"所在的段落，将这些段落的段落格式变成"首行缩进"格式。使用格式刷之后，单击"格式刷"按钮，将鼠标指针恢复常规状态。（思考：格式刷的作用。另外，请区分双击和单击格式刷的区别。）

（3）段落间距

选择数字（三）、（四）所在段落，单击按钮，选择"增加段前间距"选项。

选择数字（五）、（六）所在段落，单击按钮，选择"增加段后间距"选项。

（4）行间距

选择数字"1""2""3"所在段落，单击按钮，选择"1.5"选项，将行距变成原来的 1.5 倍。

（5）操作效果

上述操作效果，见图片文件"Word 练习 3：段落的格式化-结果.png"和"Word 练习 3：段落的格式化-结果说明.png"。

【练习 4】字符、段落格式化练习（1）。

打开文档"Word 练习 3-1：格式化综合练习.docx"，按要求完成以下排版操作练习。

1）将标题字体设置为华文楷体、加粗，字号设置为小初，居中显示，绿色。

2）将“-苏轼”的字体设置为隶书、字号设置为小三，文字右对齐加下画线。

3）将正文行距设置为1.5倍行距。

4）将正文各段落设置为首行缩进两个字符。

5）为段落“转朱阁，低绮户……”设置蓝色、1.5磅的点划线边框，并设置段落正文与边框上下左右边距均为6磅。（操作提示：在“段落”组中，单击田右侧下拉按钮→选择“边框与底纹”选项。在“边框与底纹”对话框中，选择应用于“段落”；然后分别设置样式、颜色、宽度等；最后，单击“选项”按钮，设置正文与边框的间距。）

6）为最后一段文字添加红色的双波浪下画线。

7）操作结果，参看效果图“Word练习3-1：格式化综合练习-结果.png”。

【练习5】字符、段落格式化练习（2）。

打开文档“Word练习3-2：格式化综合练习.docx”，按要求完成以下排版操作练习。

1）将第一段文字的字体设置为“黑体”，字号设置为“四号”。

2）将第一段设置为首字下沉四行。

3）将第二段字体设置为隶书，字号设置为四号，加蓝色的双实线下画线。

4）设置第二段文字的行间距为2.5倍。

5）将第一段中的第一个“说话”二字更改为斜体，并添加底纹，底纹效果是黄色填充加5%的红色杂点。

6）使用“格式刷”将第一段中的所有“说话”二字均更改为步骤5）的效果。

7）操作结果，参看效果图“Word练习3-2：格式化综合练习-结果.png”。

【练习6】使用“字体”“段落”对话框修改文字、段落的格式。

在“开始”选项卡中，单击“字体”组右下角的按钮（图3-2），打开“字体”对话框，在其中可以对字体格式进行设置。

在“开始”选项卡中，单击“段落”组右下角的按钮（图3-3），打开“段落”对话框，在其中可以对段落格式进行设置。

使用“字体”“段落”对话框进行格式化练习（使用练习2～练习5中的文件进行练习）。

任务2 表格的制作及其使用方法

任务目的

掌握表格的基本操作方法；了解Word表格的功能，如计算、排序等；理解表格的另一作用：布局。

任务内容

通过练习，掌握表格的插入、选择、删除操作；表格的编辑：行、列、单元格基本操作，包括选择、插入、删除等操作；使用表格进行计算、排序；单元格的不规则表格的制作，利用表格在页面中布局。

任务练习

【练习 1】表格的基本操作——插入、选择、删除表格的操作。

请完成以下练习：

（1）新建 Word 文档

新建一个 Word 文档。

（2）插入表格

单击“插入”选项卡，再单击“表格”按钮，然后拖动鼠标显示 3×3 表格，即 3 行、3 列，最后单击，即可插入 3 行、3 列的表格。

注意：当光标置于表格中时，Word 浮动显示“表格工具”，包括“设计”“布局”两个选项卡，如图 3-6 所示。

（3）选择表格

将鼠标指针置于表格左侧，此时鼠标指针变形为，从上至下拖动鼠标指针，即可选择整个表格（注意：选择范围包括表格下的第一个段落标记），如图 3-7 所示。

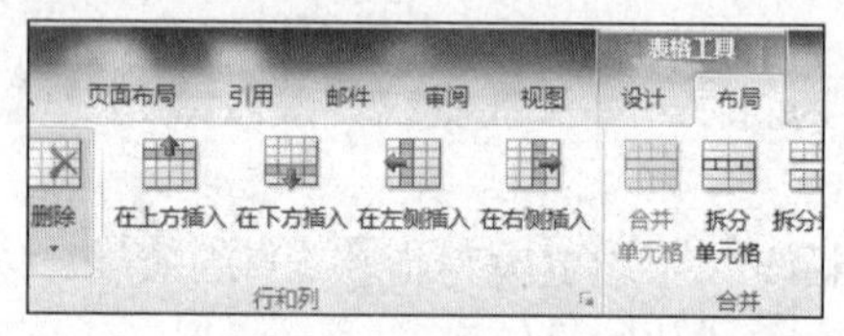

图 3-6 “布局”选项卡的部分工具按钮

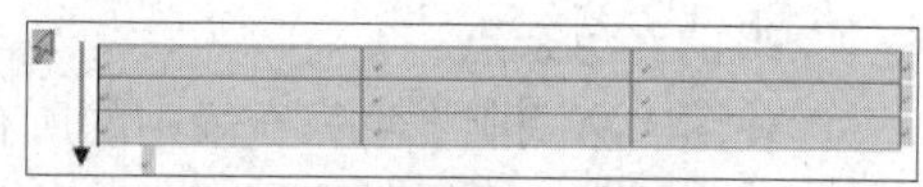

图 3-7 选择表格的方法

（4）删除表格

在步骤（3）的基础上，按 Delete 键，即可删除被选定的表格。

（5）练习操作

重复步骤（2）～（4），反复练习插入、选择、删除表格的操作。

【练习 2】表格的基本操作——行、列、单元格的操作。

打开“Word 练习 4：表格的基本操作.docx”文档，请完成以下练习。

（1）选择行

将鼠标指针置于表格左侧并对准某行，此时鼠标变形为，单击，即可选择某行。单击并垂直方向拖动，即可选择连续的多行。在选择一行或连续多行的基础上，通过 Ctrl+单击（或单击并垂直方向拖动），即可选择不连续的多行，如图 3-8 所示。

（2）选择列

将鼠标指针置于表格上方并对准某列，此时鼠标指针变形为↓，单击，即可选择某列。单击并水平方向拖动，即可选择连续的多列。在选择一列或连续多列的基础上，通过 Ctrl+单击（或单击并水平方向拖动），即可选择不连续的多列，如图 3-9 所示。

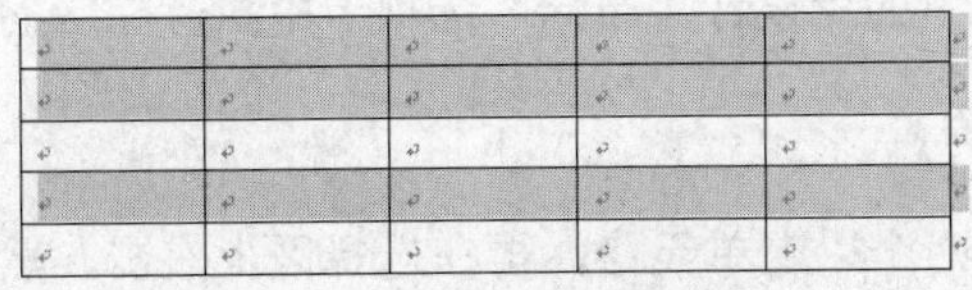

图 3-8　选择行

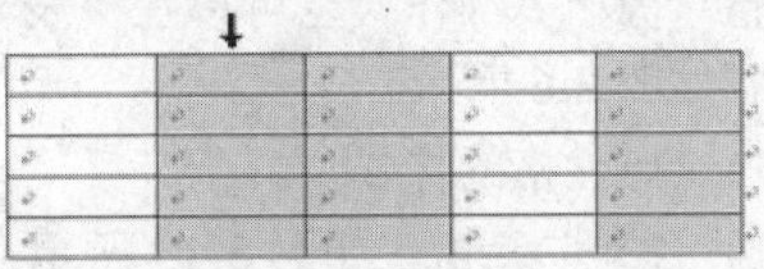

图 3-9　选择列

(3) 选择单元格

将鼠标指针置于某单元格左侧边缘，此时鼠标指针变形为↗，单击，即可选择某单元格。单击并拖动，即可选择连续的多个单元格。在选择一个或连续多个单元格的基础上，通过 Ctrl+单击（或单击并拖动），即可选择不连续的多个单元格，如图 3-10 所示。

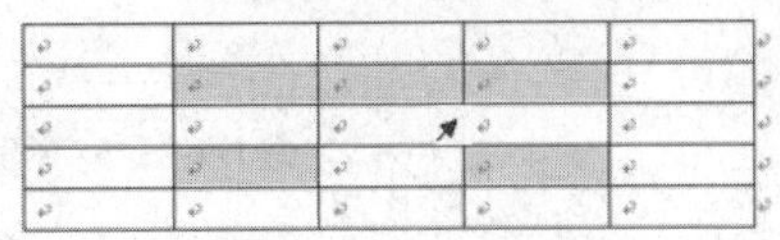

图 3-10　选择单元格

(4) 行的操作

1）插入行。如图 3-11 所示，先“选择行，再在选择区上右击，然后在快捷菜单中选择“插入”→“在上（下）方插入行”选项，即可插入行。（思考：如何同时插入多行？）

2）删除行。如图 3-12 所示，先选择行，再在选择区上右击，然后在快捷菜单中选择“删除行”选项，即可删除被选择的行。（思考：如何同时删除多行？）

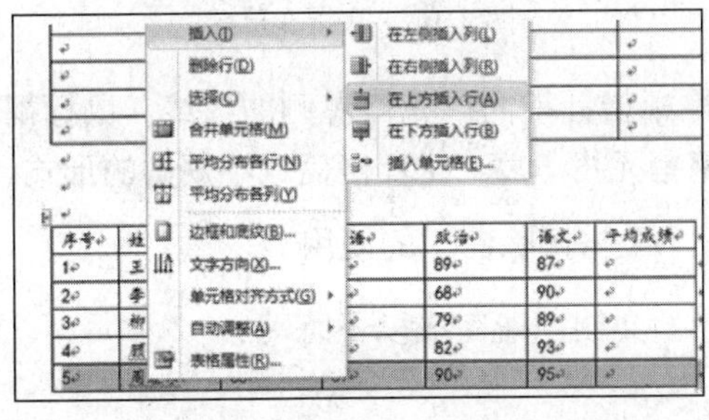

图 3-11　插入行的操作

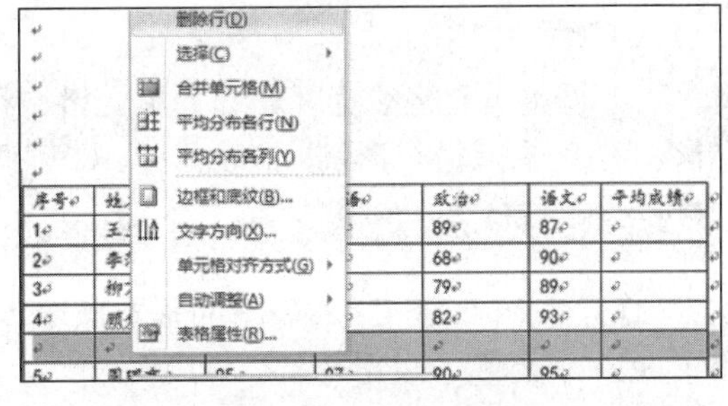

图 3-12　删除行的操作

3）调整行的高度。鼠标指针指向表格的横线，此时鼠标指针变成上、下方向的双箭头，垂直方向拖动鼠标，即可改变行的高度。

4）行的其他操作。选择行，在选择区上右击，通过快捷菜单可以进行“平均分布各行”“自动调整”等相关操作；也可以在“表格工具”下的“设计”“布局”选项卡中执行相应的操作，如图 3-6 所示。

(5) 列的操作

1）插入列。类似插入行的操作，提示：先选择（列），再操作。

2）删除列。类似删除行的操作。

3）调整列的宽度。鼠标指针指向表格的纵线，鼠标指针变成左、右方向的双箭头，水平方向拖动鼠标，即可改变列的宽度。

4）列的其他操作。选择列，还可以通过“快捷菜单”中进行“平均分布各列”“自动调整”等相关操作；也可以在“表格工具”下的“设计“布局”选项卡中执行相应的操作，如图 3-6 所示。

（6）单元格的操作

1）合并单元格。如图 3-13 所示，先选择两个以上单元格，再在选择区上右击，然后在快捷菜单中选择“合并单元格”选项，即可合并被选择的单元格。

2）拆分单元格。如图 3-14 所示，选择单元格或将光标置于单元格中，再右击，然后在快捷菜单中选择“拆分单元格”选项，即可拆分单元格。

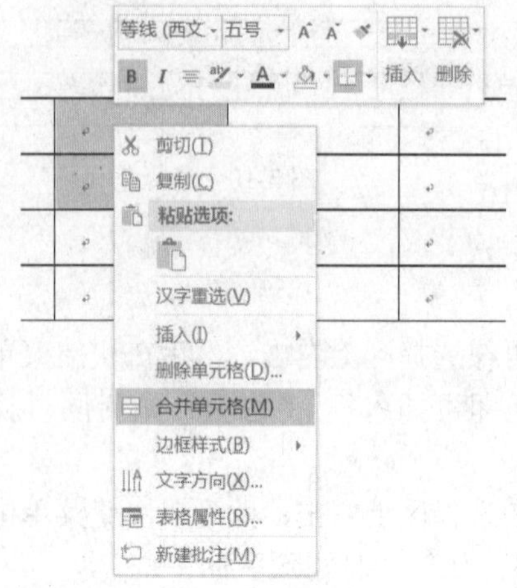

图 3-13　合并单元格

图 3-14　拆分单元格

3）调整单元格的宽度。选择单元格，将鼠标指针指向单元格左侧的纵线，鼠标指针变为左、右双箭头形状，拖动鼠标，即可调整单元格宽度，使表格变成不规则的形式。

【练习 3】表格的基本操作——“绘制表格”“表格擦除器”的使用。

打开“Word 练习 4：表格的基本操作.docx”文档，请完成以下练习。

（1）光标置于表格

将光标置于表格中。

（2）使用“铅笔”绘制表格

单击“表格工具”（图 3-6）下的“设计”选项卡，选择“绘制表格”选项，鼠标指针呈现“铅笔”状，如图 3-15 所示，拖动鼠标即可绘制横线、纵线、斜线。

（3）使用“橡皮”擦除表格

单击“表格工具”（图 3-6）下的“设计”选项卡，选择“表格擦除器”选项，鼠标指针呈现“橡皮”状，如图 3-16 所示，拖动鼠标即可擦除横线、纵线、斜线。

（4）绘制一个表格

请绘制如图 3-17 所示的“课程表”。

操作提示：

“时间”“星期”“上午”等单元格可以使用“橡皮”或合并单元格的方法制作；

表头斜线使用“铅笔”绘制。

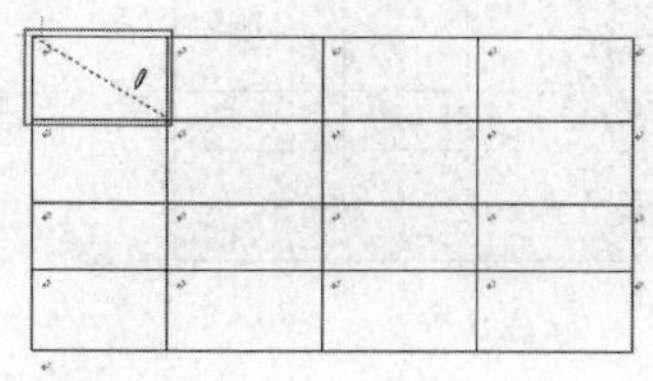

图 3-15　使用“铅笔”绘制表格

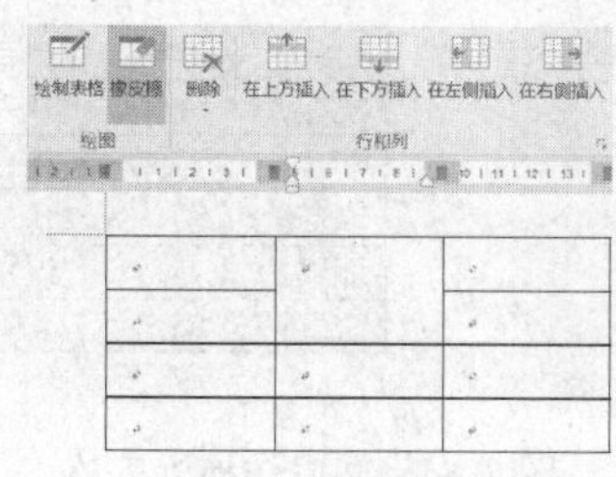

图 3-16　使用“橡皮擦”擦除表格

课　程　表

星期 / 时间		星期一	星期二	星期三
上午	第一节			
	第二节			
	第三节			
	第四节			

图 3-17　课程表的一部分

【练习 4】表格的基本操作——表格与文本之间的转换。

打开“Word 练习 5：表格与文本之间的转换.docx”文档，请完成以下练习。

（1）选择表格

如图 3-18（a）所示，选择表格。

（2）转换为文本

单击“表格工具”（图 3-6）下的“布局”选项卡，单击“转换为文本”按钮，弹出“表格转换成文本”对话框，如图 3-18（b）所示。

单击“确定”按钮，结果如图 3-18（c）所示。

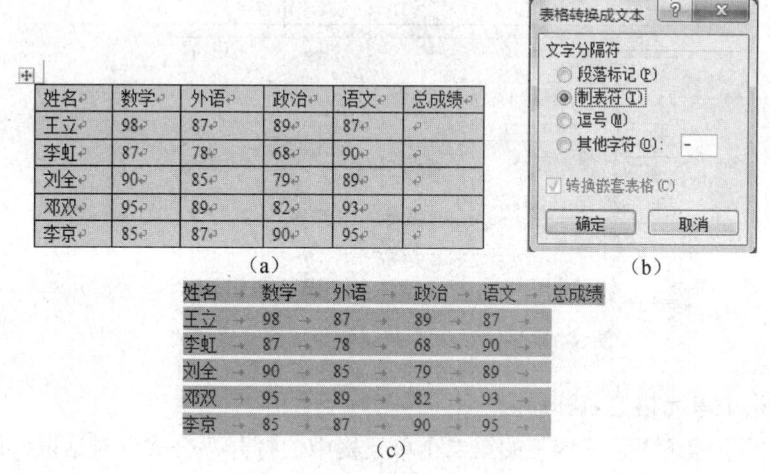

姓名	数学	外语	政治	语文	总成绩
王立	98	87	89	87	
李虹	87	78	68	90	
刘全	90	85	79	89	
邓双	95	89	82	93	
李京	85	87	90	95	

（a）

（b）

姓名　数学　外语　政治　语文　总成绩
王立　98　87　89　87
李虹　87　78　68　90
刘全　90　85　79　89
邓双　95　89　82　93
李京　85　87　90　95

（c）

图 3-18　表格转换为文本

（3）选择文本

如图 3-19（a）所示，选择文本。

（4）转换成表格

在步骤（3）的基础上，单击“插入”选项卡，单击“表格”按钮，选择“插入表格”选项，结果如图 3-19（b）所示，将文本转换成表格。

提示：若将文本转换成表格，则被转换的文本需要满足一定的前提条件，请观察“Word 练习 5”中的文本满足什么条件。

姓名 数学 外语 政治 语文 总成绩
王立 98 87 89 87
李虹 87 78 68 90
刘全 90 85 79 89
邓双 95 89 82 93
李京 85 87 90 95

（a）

姓名	数学	外语	政治	语文	总成绩
王立	98	87	89	87	
李虹	87	78	68	90	
刘全	90	85	79	89	
邓双	95	89	82	93	
李京	85	87	90	95	

（b）

图 3-19 文本转换为表格

【练习 5】表格的基本操作——在表格中计算。

打开“Word 练习 6：在表格中计算.docx”文档，请完成以下练习。

（1）“公式”对话框的使用

将光标置于标题“总分”下的第一个单元格中，单击“布局”选项卡，单击 *fx* 公式 按钮，打开“公式”对话框，如图 3-20 所示，单击“确定”按钮，完成“总分”标题下第一行成绩的求和计算。

（注意：SUM——求和函数，由 Word 软件给出；LEFT——左侧，由 Word 规定。）

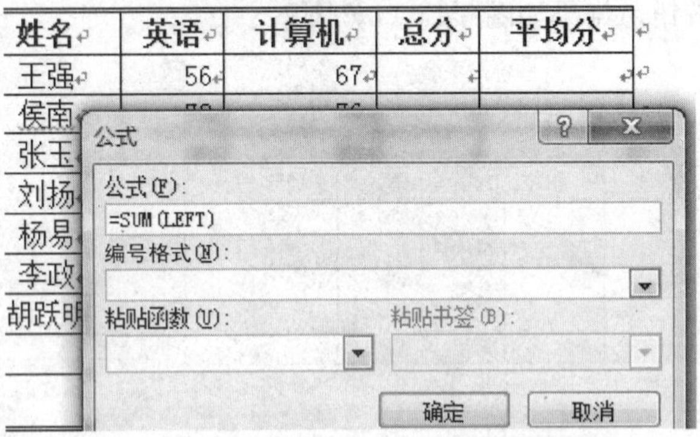

姓名	英语	计算机	总分	平均分
王强	56	67		
侯南				
张玉				
刘扬				
杨易				
李政				
胡跃明				

公式
公式(F):
=SUM(LEFT)
编号格式(N):
粘贴函数(U):
粘贴书签(B):
确定
取消

图 3-20 在“公式”对话框中书写计算公式

（2）表格中单元格的名称约定

将光标置于标题“总分”下的第二个单元格中，打开“公式”对话框，修改公式，如图 3-21 所示，单击“确定”按钮，完成“总分”标题下第二行成绩的求和计算。

Word 规定：表格的第一行的编号为 1，第二行为 2，以此类推；表格的第一列的编号为 A，第二列为 B，以此类推，如图 3-22 所示；本题中，第一行是表格的标题“学生成绩统计表”，第二行是每列的标题，如“总分”“平均分”等，第三行开始才是具体数据，有关“侯南”同学的数据在第四行，“英语”“计算机”列标题所在列分别在 C、D 两列；C4、D4 是单元格的名称；C4:D4 的含义是从 C4 到 D4。

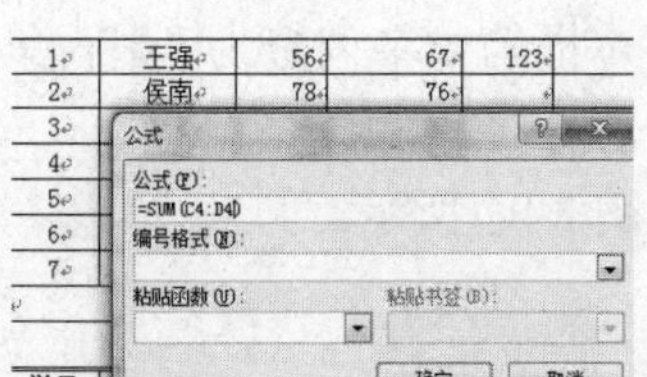

图 3-21　修改计算公式

	A	B	C
1	A1	B1	C1
2	A2	B2	C2
3	A3	B3	C3

图 3-22　Word 表格中单元格的命名规则

（3）计算“王强”的平均分

将光标置于“平均分”下的第一个单元格（此单元格名称为 F3），打开“公式”对话框，修改公式，如图 3-23 所示，单击“确定”按钮，完成“平均分”标题下第一行的平均值计算。

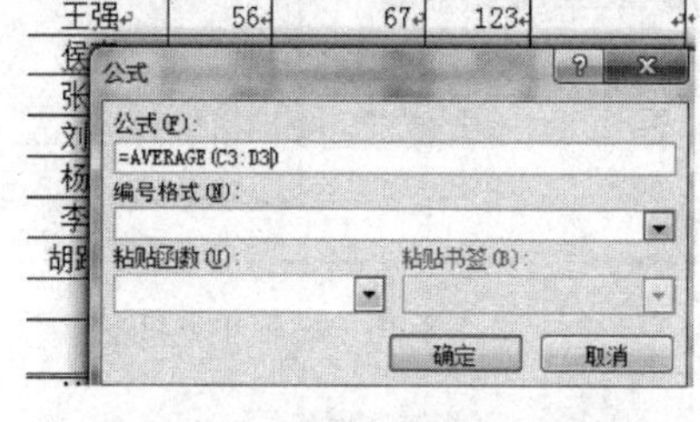

图 3-23　计算“王强”的平均分

（4）计算“侯南”的平均分

在“公式”对话框的“公式”文本框中，书写公式“=AVERAGE(C4:D4)”。

（5）完成其他人“总分”和“平均分”的计算

仿照上述步骤，请使用公式完成其他人“总分”和“平均分”的计算。

注意：使用公式计算，使用了 Word 中“域”的概念和技术，包括域代码、域更新、编辑域等操作，在此不作详细阐述。

【练习 6】表格的基本操作——表格的属性设置。

打开“Word 练习 7：表格的属性设置.docx”文档，请完成以下练习。

（1）文字环绕

将光标置于“表 1”中，右击，打开“表格属性”对话框，单击“表格”选项卡，单击“环绕”图标，如图 3-24 所示，单击“确定”按钮。

文字环绕在表格周围，效果如图 3-25 所示。

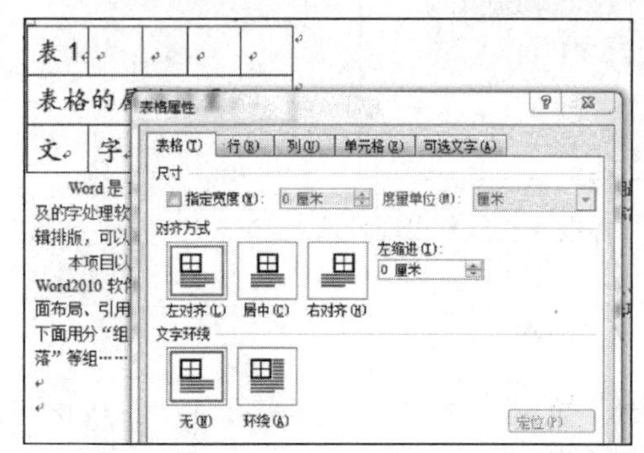

图 3-24　“表格属性”对话框—“表格”卡—环绕

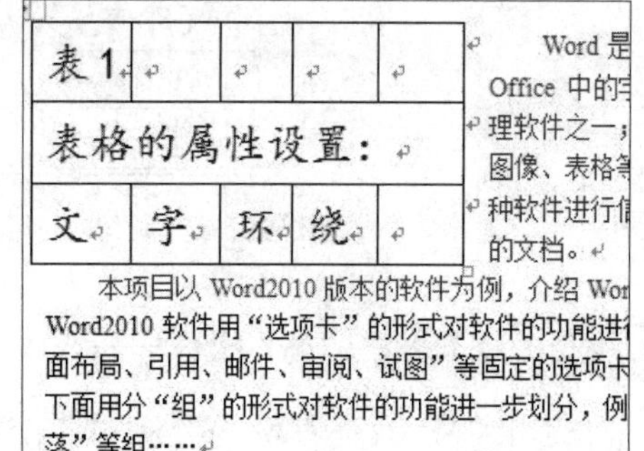

图 3-25　文字环绕在表格周围的效果

（2）调整单元格边距

将光标置于“表 2”中，右击，打开“表格属性”对话框，单击“表格”选项卡，

单击“选项”按钮，如图 3-26 所示，将“左”“右”文本框的数字调整为“0”，单击“确定”按钮。

单元格中的文字与边框的距离变为“0”，效果如图 3-27 所示。

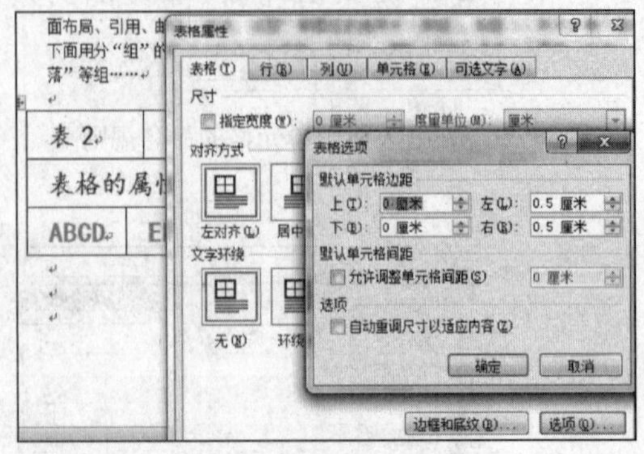

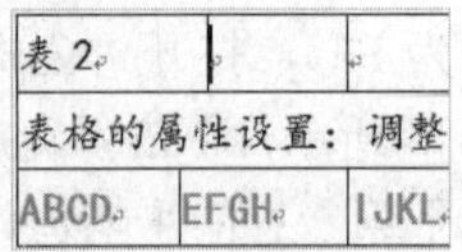

图 3-26　调整单元格边距　　　　图 3-27　文字与边框的距离变为“0”的效果

（3）重复标题行

首先，浏览表 3，表 3 很长（跨页），只在第 1 页有列标题（即表头，黄色底纹部分），其余页上暂时没有列标题。

然后，将光标置于“表 3”中的第一行中（即表头，黄色底纹部分），右击，打开“表格属性”对话框，单击“行”选项卡，在“表格属性”对话框中，勾选“在各页顶端以行标题形式重复出现”复选框，如图 3-28 所示，单击“确定”按钮。

最后，再次浏览表 3，每页的第一行都重复出现“表头”了（即黄色底纹部分）。

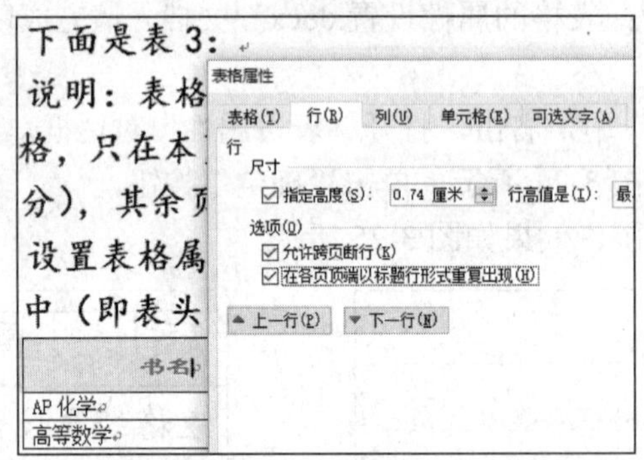

图 3-28　选择“在各页顶端以行标题形式重复出现”选项

【练习 7】表格的基本操作——排序。

打开“Word 练习 8：表格中数据排序.docx”文档，请完成以下练习。

（1）按某列数据排序

将光标置于表格的第一列中（标题：书号），单击“布局”选项卡，单击按钮，打开“排序”对话框，如图 3-29 所示，单击“确定”按钮，观察表中数据，按“书号”升序排列。

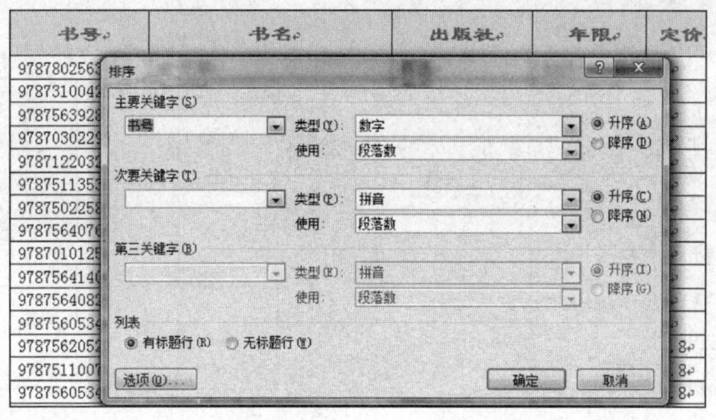

图 3-29　按某列数据排序

（2）按两列数据排序

将光标置于表格的某一列中，单击“布局”选项卡，单击排序按钮，打开“排序”对话框，按照如图 3-30 所示，进行选择（主要关键字：出版社、拼音、升序；次要关键字：年限、日期、升序），单击“确定”按钮，观察表中数据，先按“出版社”升序排列，当“出版社”相同时，按“日期”升序排列。

图 3-30　按两列数据排序

（3）按三列数据排序

类似地，可以按三列数据排序。例如，主要关键字为出版社、拼音、升序；次要关键字为年限、日期、升序；第三关键字为拼音、升序。请自行练习操作，并观察数据的排序情况。

【练习 8】表格是布局的工具，表中表的使用。

打开“Word 练习 9：表格是布局的工具.docx”文档，请完成以下练习。

（1）在单元格中对齐文字

将光标分别置于“布局 1”表格的每个单元格中，在“布局”选项卡的“对齐方式”组中，使用对齐工具（图 3-31）将单元格中的文字按要求对齐，对齐要求的效果如

图 3-32 所示。

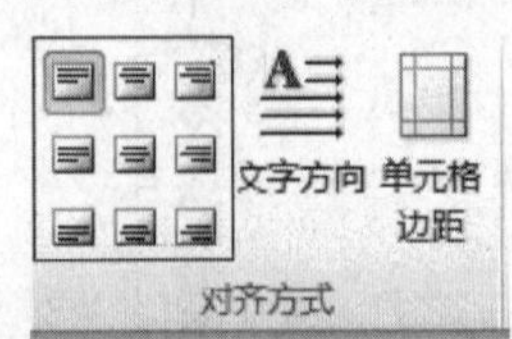

图 3-31　对齐工具

图 3-32　单元格中的文字对齐后的效果

（2）设置单元格的边框“无框线”

将光标分别置于“布局 2”表格的相应单元格中。在“设计”选项卡中，如图 3-33 所示，使用 F1 或 F2-1、F2-2，将相应单元格的边框设置为“无框线”或某个边框“无框线”，并在相应的单元格中填充颜色，关闭表格的虚框（“布局”选项卡中的“查看网格线”按钮），效果如图 3-34 所示。

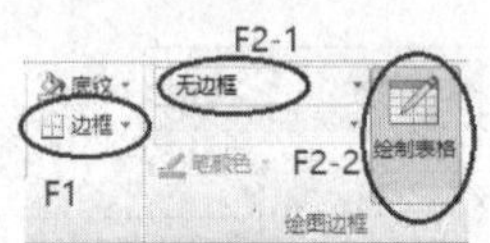

图 3-33　“设计”选项卡的“边框”按钮及“笔样式和绘制表格”工具

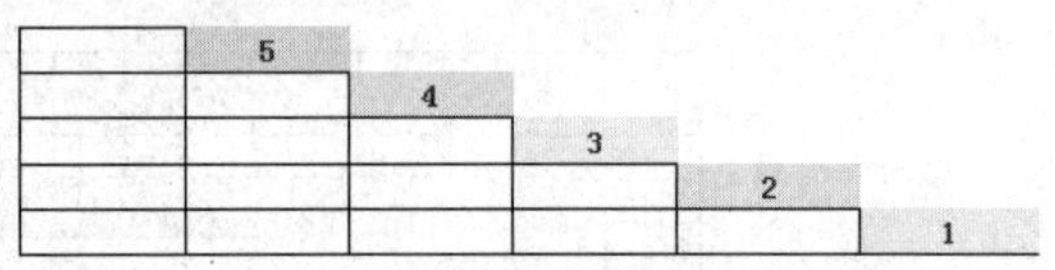

图 3-34　表格布局效果中的楼梯

（3）表中表

将光标置于“布局 3”表格的左上角单元格中，插入 2 行 2 列表格（表中表）；置于右下角单元格中，插入 5 行 5 列表格（表中表）。

在表中表的相应单元格中输入文字，填充颜色。

将两个表中表设置为“无框线”，关闭表中表的虚框，方法参见步骤（2）。

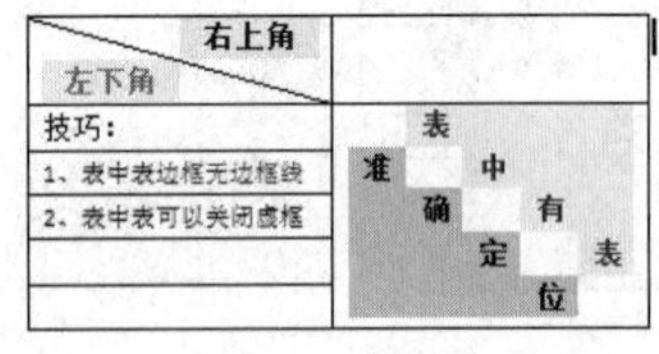

图 3-35　使用表中表的最终效果

使用表中表的最终效果如图 3-35 所示。

任务 3　对象的基本操作

任务目的

在 Word 文档中，掌握图片、剪贴画、形状、艺术字、SmartArt 图形、图表、公式编辑器、域等对象的操作技巧，制作图文并茂的文档。

任务内容

在 Word 中，可以将图片、剪贴画、形状、艺术字、SmartArt 图形、图表、公式编辑器、域等统称为对象。

通过练习，能熟练地完成插入对象、选择对象、删除对象操作。熟练地进行对象的编辑操作，包括对象的放大、缩小、移动、复制、组合、层叠、旋转等基本操作和对象的格式操作。

任务练习

【练习 1】插入图片练习及其相应操作。

数码照片就是图片的一种。打开“Word 练习 10：插入对象.docx”文档，请完成以下练习。

（1）定位光标

将光标定位到文档中“1.定义”之后。

（2）插入图片

单击“插入”选项卡，再单击“图片”按钮，打开“插入图片”对话框，如图 3-36 所示（对话框的局部），选择图片所在位置，即“项目 3 素材\..\练习使用的图片”文件夹，双击文件“路”，将图片插入文档，经过缩小处理后，插入的图片如图 3-37 所示。观察图中的各种标记，使用这些标记可以对图片等对象进行相应的操作。

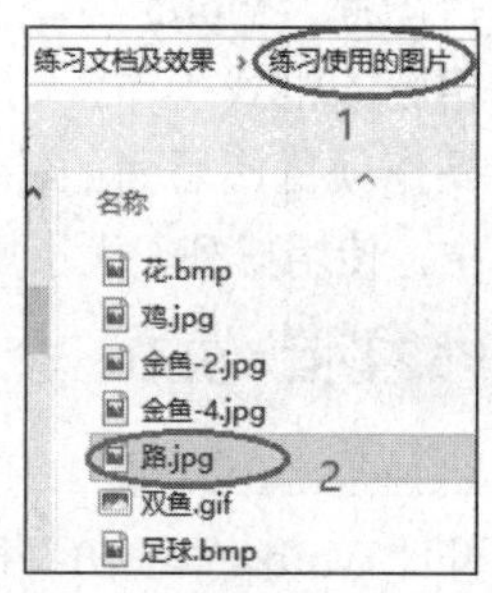

图 3-36 选择图片并插入图片

图 3-37 插入图片及选择图片时图片上出现的标记

（3）选择图片、取消图片的选择

在图片上单击，即可选择图片；选择图片后，图片上会出现控制标记、旋转标记、移动对象标记等，如图 3-37 所示，使用这些标记可以对图片等对象进行相应的操作。

在图片外单击，即可取消图片的选择，图片上的标记消失。

请反复练习选择图片、取消选择图片操作。（请记住：“先选择、再操作”的操作要领）

（4）删除图片

选择图片，按 Delete 键，即可删除图片。

（5）反复练习

重复步骤（1）～（4），反复练习插入、选择、删除图片的基本操作。

（6）图片的其他操作

选择图片，Word 自动浮现“图片工具—格式”选项卡，单击此选项卡，即可对图片进行相应的格式操作，如调整、图片样式、排列、大小等操作。请观察“格式”选项卡中的操作项目，后面的练习中将涉及这些操作。

其中，使用排列、大小操作，可以进行放缩、移动、层叠、组合、对齐、旋转等操作。

【练习 2】插入剪贴画练习及其相应操作。

剪贴画是 Office 软件附带的图形画，是几何形状经过组合生成的简笔画。

打开“Word 练习 10：插入对象.docx”文档，请完成以下练习。

（1）定位光标

将光标定位到文档中“2.组成”之后。

（2）插入剪贴画

单击“插入”选项卡，再单击“剪贴画”按钮，在 Word 窗口右侧出现“剪贴画”任务窗格（图 3-38）；在“任务窗格”的“搜索文字”框中输入文字（如运动），单击“搜索”按钮，结果如图 3-38 所示。双击搜索到的剪贴画（图 3-38 之中的 3），即可将剪贴画插入文档之中，如图 3-39 所示，观察图中的各种标记，使用这些标记可以对剪贴画等对象进行相应的操作。

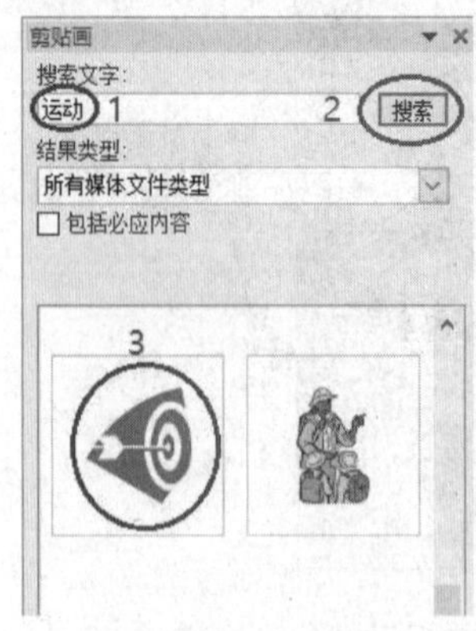

图 3-38　搜索之后的结果

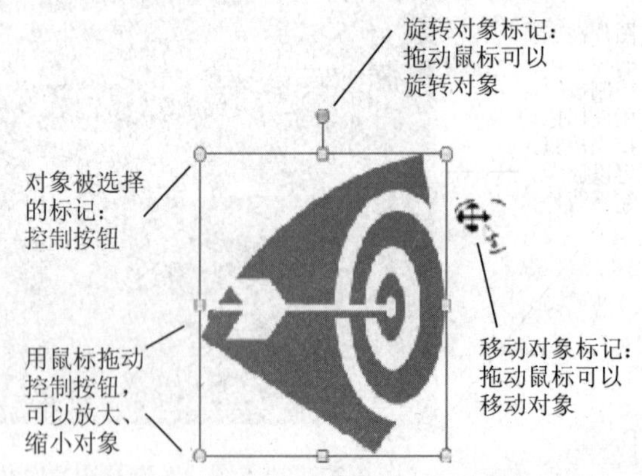

图 3-39　插入剪贴画及选择剪贴画时，剪贴画上出现的标记

（3）选择剪贴画、取消剪贴画的选择

在剪贴画上单击，即可选择剪贴画；选择剪贴画后，剪贴画上会出现控制标记、旋转标记、移动对象标记等，如图 3-39 所示，使用这些标记可以对剪贴画等对象进行相应的操作。

在剪贴画外单击，即可取消剪贴画的选择，剪贴画上的标记消失。

请反复练习选择剪贴画、取消选择剪贴画操作。（请记住："先选择、再操作"的操作要领）

（4）删除剪贴画

选择剪贴画，按 Delete 键，即可删除剪贴画。

（5）反复练习

重复步骤（1）～（4），反复练习插入、选择、删除剪贴画的基本操作。

（6）剪贴画的其他操作

选择剪贴画，与选择图片类似，Word 自动浮现"图片工具—格式"选项卡，单击此选项卡，即可对剪贴画进行相应的格式操作，如调整、图片样式、排列、大小等操作。

可见，剪贴画与图片有类似的性质，操作方法也类似。

【练习 3】插入形状练习及其相应操作。

形状是几何图形，如矩形、三角形等；文本框也是形状的一种（矩形），在其中可以输入文字；封闭的几何形状一般都可以变成文本框，在其中可输入文字。

打开"Word 练习 10：插入对象.docx"文档，请完成以下练习。

（1）定位光标

将光标定位到文档中"3.GIS 的实现过程"之后。

（2）插入形状

单击"插入"选项卡，再单击"形状"按钮，在下拉列表中选择"右箭头"；此时，鼠标指针呈现"+"形状，在文档中拖动鼠标，即可生成"右箭头"形状，如图 3-40 所示。

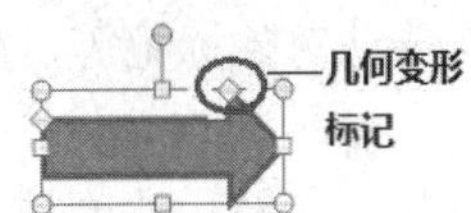

图 3-40 形状上出现的几何变形标记

观察形状上的各种标记（有些与图片、剪贴画上的标记相同），使用这些标记可以对形状等对象进行相应的操作。

有些形状对象上可能会出现菱形等几何变形标记。

（3）选择形状、取消形状的选择

在形状上单击，即可选择形状；选择形状后，形状上会出现控制标记、旋转标记、移动对象标记等，如图 3-40 所示，使用这些标记可以对形状等对象进行相应的操作。

有些形状对象上可能会出现菱形等几何变形标记，拖动几何变形标记，可使其变形。

在形状外单击，即可取消形状的选择，形状上的标记消失。

请反复练习选择形状、取消选择形状操作。（请记住："先选择、再操作"的操作要领）

（4）删除形状

选择形状，按 Delete 键，即可删除形状。

（5）反复练习

重复步骤（1）～（4），反复练习插入、选择、删除形状的基本操作。

（6）形状的其他操作

选择形状，Word 自动浮现“绘图工具”→“格式”选项卡，单击此选项卡，即可对形状进行相应的格式操作，如插入形状、形状样式、文本、排列、大小等操作。

可见，形状与图片、剪贴画对象的性质及其操作内容有区别，但在排列、大小方面有类似性质和操作。

【练习 4】插入艺术字练习及其相应操作。

艺术字就是在形状中添加了特殊格式的文本。

打开“Word 练习 10：插入对象.docx”文档，请完成以下练习。

（1）定位光标

将光标定位到文档中“4．GIS 的应用”之后。

（2）插入艺术字

单击“插入”选项卡，再单击“艺术字”按钮，在下拉列表中选择“艺术字样式”选项（如单击选择第一个样式）；此时，艺术字形状被插入文档，如图 3-41 所示；可在形状中编辑文字。

图 3-41　插入艺术字形状

观察艺术字形状上的各种标记，使用这些标记可以对形状进行相应的操作，艺术字形状的上标记与练习 3 中形状的标记类似。

（3）选择艺术字形状、取消艺术字形状的选择

在艺术字上单击，即可选择艺术字；选择后，艺术字形状上会出现控制标记、旋转标记、移动对象标记等，如图 3-41 所示，使用这些标记可以对艺术字对象进行相应的操作。

在艺术字形状外单击，即可取消艺术字的选择，形状上的标记消失。

请反复练习选择艺术字、取消选择艺术字操作。（请记住：“先选择、再操作”的操作要领）

（4）删除艺术字

选择艺术字，按 Delete 键，即可删除艺术字。

（5）反复练习

重复步骤（1）～（4），反复练习插入、选择、删除艺术字的基本操作。

（6）艺术字的其他操作

选择艺术字，Word 自动浮现“绘图工具—格式”选项卡，单击此选项卡，即可对艺术字进行相应的格式操作，如插入形状、形状样式、艺术字样式、文本、排列、大小等操作。

可见，艺术字与形状的性质类似，操作方法也类似。

（7）对象小结

以上练习 1～练习 4，讨论的四种对象是图片、剪贴画、形状、艺术字。

四种对象的共性：都具有排列、大小性质，可以进行放缩、移动、层叠、组合、对齐、旋转等操作。

四种对象的区别：图片、剪贴画具有图片性质，形状、艺术字具有绘图性质（即图形性质）。请注意区别图片与图形性质的区别。

【练习 5】插入 SmartArt 图形、图表练习及其相应操作。

SmartArt 图形就是经过组合的形状，所有形状被封闭在一个图示框中，可以对形状进行增减、格式化等操作，可以在形状中添加文本；SmartArt 图形具有以直观的方式交流信息的功能（具体功能参见“选择 SmartArt 图形”对话框，如图 3-42 所示）。

图表是 Excel 软件生成的图形（形状），所谓图表就是将数据变成几何图形；所有几何图形被封闭在一个图示框中，几何图形由 Excel 按照一定的规则生成。

打开“Word 练习 10：插入对象.docx”文档，请完成以下练习。

（1）定位光标

将光标定位到文档中某处。

（2）插入 SmartArt 图形

单击“插入”选项卡，再单击“SmartArt”按钮，在“选择 SmartArt 图形”对话框中（图 3-42），选择“循环”选项中的第一种形式（基本循环），单击“确定”按钮，插入“基本循环”形式的 SmartArt 图形，如图 3-43 所示，整个对象称为图示，四周封闭的框称为图示框。

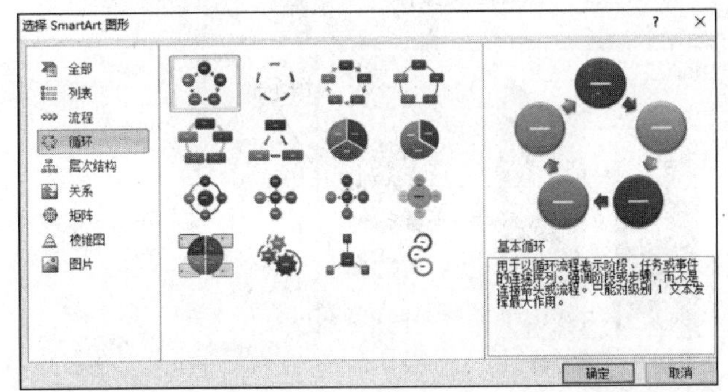

图 3-42　“选择 SmartArt 图形”对话框及其操作

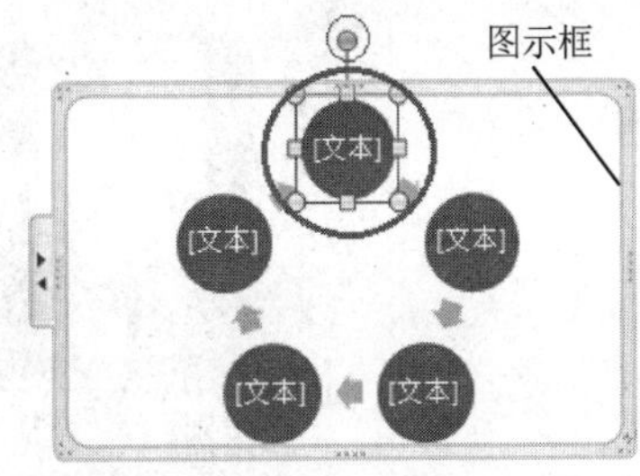

图 3-43　插入“基本循环”形式的 SmartArt 图形

（3）选择、取消选择、删除 SmartArt 图形

如图 3-43 所示，在图示框上单击，选择图示（即整个 SmartArt 图形）；选择图示框中的形状，出现操作标记，可以对 SmartArt 图形内部的形状（图形）进行相应的操作；在图示框外单击，取消对图示的选择；选择图示，按 Delete 键，可以删除图示（即整个 SmartArt 图形）。

（4）SmartArt 工具

选择 SmartArt 图形的框或其中的形状，Word 自动浮现“SmartArt 工具”，其下包括“设计”“格式”两个选项卡，如图 3-44 所示。其中，“格式”选项卡与“绘图工具”下

图 3-44 SmartArt 工具

的“格式”选项卡功能几乎相同（提示：选择“形状”或“艺术字”，会浮现“绘图工具”→“格式”选项卡），使用“格式”选项卡可以对 SmartArt 图形进行格式操作；在“设计”选项卡中，可以对 SmartArt 图形进行布局和样式操作。

（5）插入图表

在文档中定位光标。

单击“插入”选项卡，再单击“图表”按钮，在“插入图表”对话框（图 3-45）中，选择“柱形图”中的第四种形式（三维簇状柱形图），单击“确定”按钮，插入“三维簇状柱形图”，如图 3-46 所示，整个对象称为图示，四周封闭的框称为图示框。

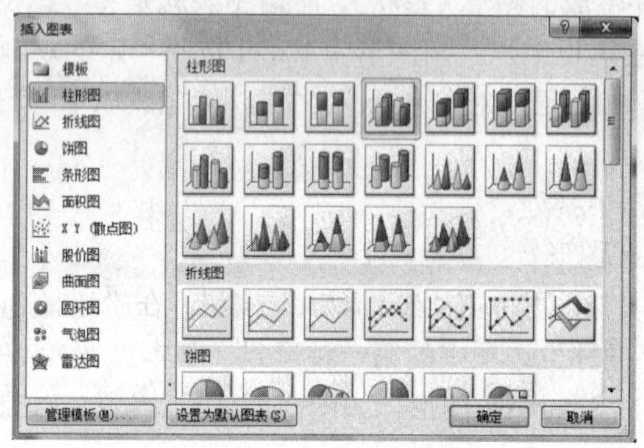

图 3-45 “插入图表”对话框及操作

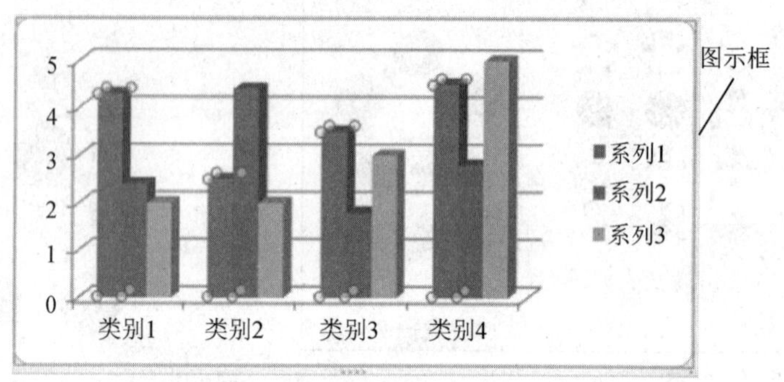

图 3-46 插入三维簇状柱形图

（6）选择、取消选择、删除图表

如图 3-46 所示，在图示框上单击，选择图示（即整个图表）；选择图示框中的形状，出现操作标记，可以对图表内部的形状（图形）进行相应的操作；在图示框外单击，取消对图示的选择；选择图示，按 Delete 键，可以删除图示（即整个图表）。

（7）图表工具

选择图表的框或其中的形状，Word 自动浮现“图表工具”，其下包括“设计”“布局”“格式”三个选项卡，如图 3-47 所示。其中，“格式”选项卡与“绘图工具”下的“格式”选项卡功能几乎相同（提示：选择形状或艺术字，会浮现“绘图工具”→“格

式”选项卡)，使用“格式”选项卡可以对图表及其中图形进行格式操作；在“设计”选项卡中，可以对图表进行布局和样式操作，与 SmartArt 的“设计”选项卡功能类似。“布局”选项卡包含 Excel 的特定功能，是针对图表内部的操作，在此不做详细讨论。

图 3-47　选择图表，Word 自动浮现的“图表工具”

（8）SmartArt 图形与图表小结

SmartArt 图形与图表都是经过组合的图形（即形状），都具有图示框，组合的图形被封闭在图示框中；既可以对图示进行整体操作，也可以对框内的每个形状（图形）分别操作。

SmartArt 图形与图表都可以使用“格式”选项卡，其功能与“绘图工具”下的“格式”选项卡功能相似，可以对形状进行相关操作；SmartArt 图形与图表都可以使用“设计”选项卡，其相同功能是布局和样式操作。

只有图表具有“布局”选项卡，其中包括 Excel 的特定功能。

（9）图片、剪贴画、形状、艺术字、SmartArt 图形、图表对象的公共属性

选择图片、剪贴画、形状、艺术字、SmartArt 图形、图表这六个对象，Word 都浮动出现“格式”选项卡，其中的“排列”“大小”组中的内容是六个对象的公共属性，“排列”组中包括位置、自动换行、层次、对齐、组合、旋转等功能。

【练习 6】对象的位置、层次、组合等公共属性的应用练习。

打开“Word 练习 11：对象的位置、层次、组合.docx”文档，请完成以下练习。

（1）插入剪贴画

将光标定位到文档中某处，如标题“我最喜爱的一种小动物”之前，插入剪贴画，默认情况下，剪贴画对象的位置是嵌入，如图 3-48 所示。(对象嵌入：即对象与文字在同一层)

（2）使剪贴画对象浮于文字上方

选择剪贴画，在“绘图工具”→“格式”选项卡中，选择“自动换行”→“浮于文字上方”选项，使对象浮于文字上方（对象在文字上面，不在同一层)，如图 3-49 所示。

图 3-48　对象当前的位置是嵌入

图 3-49　使对象浮于文字上方

（3）设置剪贴画的透明色

选择剪贴画，在“绘图工具”→“格式”选项卡中，单击“颜色”按钮，再选择“设

置透明色”选项，鼠标指针变成类似于↙形状，将↙置于剪贴画的不透明处单击，剪贴画变成“透明”状态（即剪贴画只显示形状，没有填充色），如图 3-50 所示。

（4）插入图片、使图片对象浮于文字上方、设置图片的透明色

找到“项目 3 素材\..\练习图片”文件夹，双击文件“鸡”，插入图片。

使图片对象浮于文字上方（参考步骤（2））。

设置图片的透明色（参考步骤（3））。

其效果如图 3-51 所示。

图 3-50　设置剪贴画透明色的效果

图 3-51　设置图片浮于文字上方、透明色的效果

（5）插入若干形状对象

形状按先后顺序插入：云形两个（两个形状部分重叠）、新月（放在第一个云形左边缘，部分重叠）、十字星两个（放在“云形”内部）、五角星（放在云形内部），如图 3-52 所示。（插入形状的方法见练习 3）

形状对象默认的位置是浮于文字上方，后插入的对象层次在上。

适当调整每个形状的外观格式，如云形、十字星、新月的大小、形状填充、形状轮廓，旋转新月等。

（6）调整对象的上、下层次

选择新月，单击“格式”选项卡，单击“下移一层”按钮，将它置于第一个云形的下一层；同理，将第二个插入的云形，置于第一个云形的下一层。其结果如图 3-53 所示。

图 3-52　插入若干形状对象

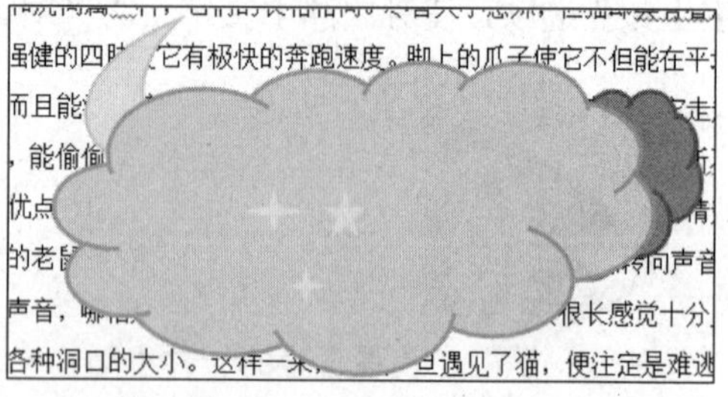

图 3-53　调整对象的上、下层次后的效果

（7）同时选择多个对象

方法：首先单击第一个对象；然后按住 Shift（或 Ctrl）键，分别单击要选择的其他对象。请选择所有形状。

其选择效果如图 3-54 所示，每个被选择的对象都出现标记。

（8）组合对象

在步骤（7）的基础上，选择“格式”选项卡中“组合”按钮下的“组合”选项，被选择的所有对象被组合成为一个对象，结果如图 3-55 所示。

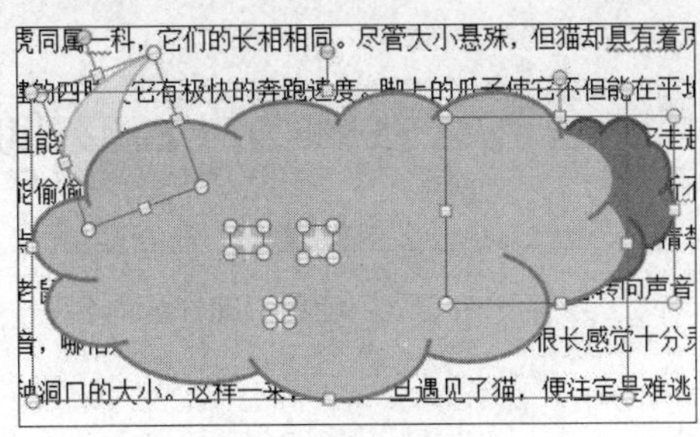

图 3-54　同时选择多个对象

图 3-55　被选择的所有对象被组合成为一个对象

（9）旋转组合之后的对象

在图 3-56 中，鼠标指针指向绿色圆圈，拖动鼠标，即可旋转组合的对象，结果如图 3-56 所示。

（10）取消对象的组合

选择组合的对象，选择“格式”选项卡中“组合”按钮下的“取消组合”选项，组合的对象还原成为多个对象，结果如图 3-57 所示。

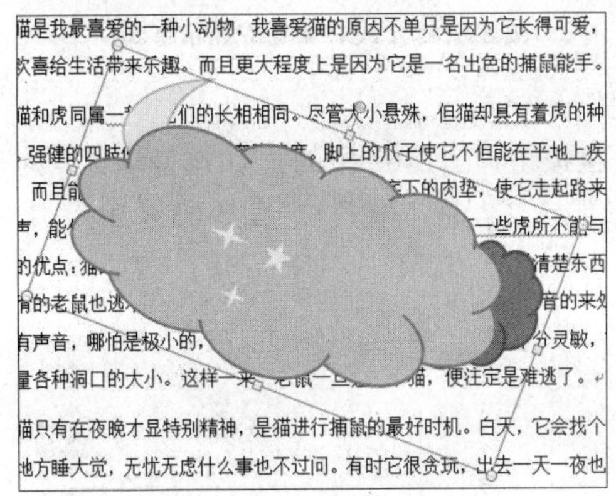

图 3-56　旋转组合之后的对象

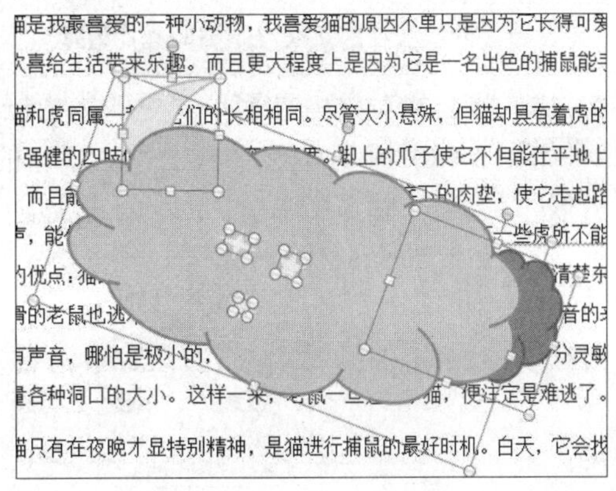

图 3-57　取消组合，组合的对象还原成为多个对象

【练习 7】在文档中使用公式编辑器。

公式编辑器生成的公式以对象的形式出现在文档中。

打开“Word 练习 10：插入对象.docx”文档，请完成以下练习。

（1）定位光标

将光标定位到文档中某处。

（2）使用公式编辑器插入公式对象

单击“插入”选项卡，再单击“公式”按钮，然后选择“插入新公式”选项，公式对象以嵌入形式被插入到文档之中，如图 3-58 所示；当公式对象处于被选择的状态时，

Word 自动浮现“公式工具”→“设计”选项卡，如图 3-59 所示。

当公式对象处于被选择的状态时，单击“设计”选项卡中的“工具”按钮（如分数、上下标、…、运算符、矩阵等），即可输入公式的内容。

图 3-58 “公式”对象以嵌入形式被插入到文档之中

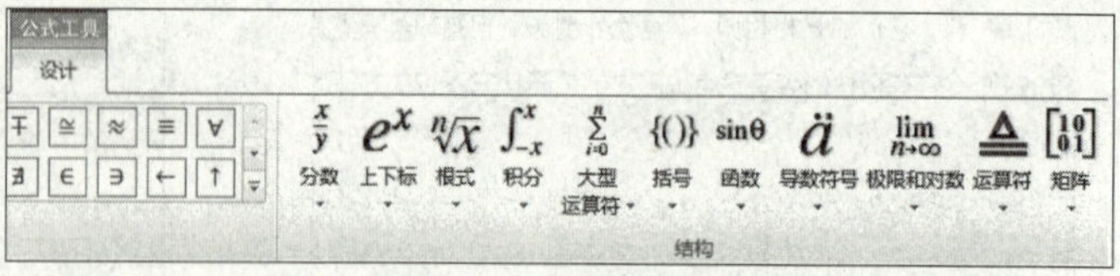

图 3-59 “公式工具”→“设计”选项卡的部分内容

（3）将公式对象由嵌入形式更改为显示形式

如图 3-60 所示，单击公式对象右下角的“向下箭头”（图 3-60 中的 1），单击“更改为‘显示’”（图 3-60 中的 2），公式变成显示形式（即浮动形式），如图 3-61 所示。

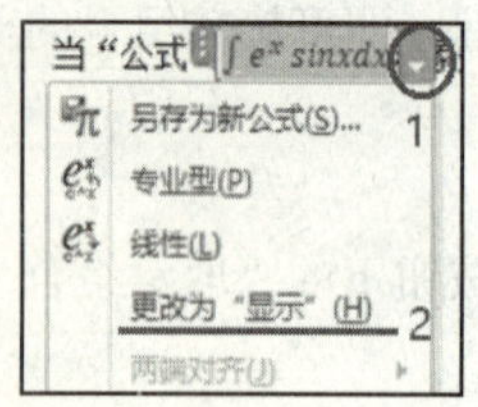

图 3-60 将公式对象更改为显示的操作方法

图 3-61 公式对象变成显示形式

（4）将公式对象由显示形式更改为内嵌形式

如图 3-62 所示，单击公式对象右下角的下拉按钮（图 3-62 中的 1），选择“更改为‘内嵌’”选项（图 3-62 中的 2），公式变成内嵌形式（即嵌入式），如图 3-63 所示。

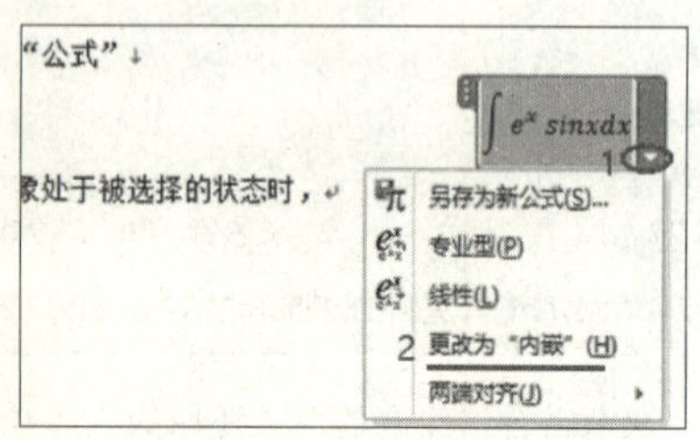

图 3-62 将公式对象更改为内嵌的操作方法

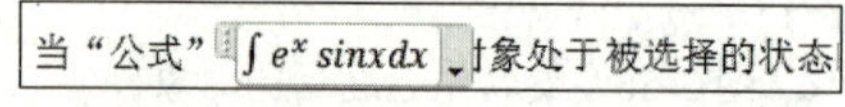

图 3-63 公式对象嵌入文档中

【练习 8】形状与图片、形状与艺术字的结合练习。

打开“Word 练习 10：插入对象.docx”文档，请完成以下练习。

（1）定位光标，插入形状

将光标定位到文档某处，插入形状椭圆。

（2）在形状中填充图片（或纹理、渐变）

选择椭圆，单击“绘图工具”→“格式”选项卡，选择“形状填充”选项，再选择“图片”选项；在打开的“插入图片”对话框中，选择图片所在位置，即“项目 3 素材\..\

练习图片”文件夹，双击文件“金鱼-2”，将图片插入椭圆之中，结果如图3-64所示。

（3）插入“形状”（圆）

单击“插入”选项卡，选择“形状”→“椭圆”选项，按住Shift键，拖动鼠标，生成圆，如图3-65所示。

图3-64 将图片插入椭圆中的效果

图3-65 按住Shift键，拖动鼠标，生成圆

（4）调整圆的“形状填充”和“形状轮廓”

选择圆，单击“绘图工具”→“格式”选项卡，选择“形状填充”→“无颜色填充”选项（此时，可以看到背景上的文字了）；选择“形状轮廓”→“红色”选项；再次选择“形状轮廓”→“粗细”→“6磅”选项；结果如图3-66所示。

（5）插入艺术字

插入艺术字（选择第五行、第三个样式），在艺术字文本框中输入三段文字，第一段输入“长春汽车工业高等专科学校”，第二段输入“☆”，第三段输入“教学科研管理专用章”，并适当设置字体的大小，结果如图3-67所示。

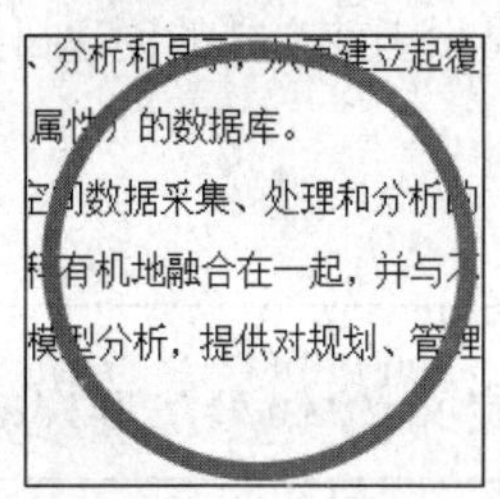

图3-66 调整圆的“形状填充”和“形状轮廓”之后的效果

图3-67 输入三段文字并设置字体的大小

（6）设置艺术字的“文本效果”，调整成圆形

选择艺术字，单击“格式”选项卡，选择“文本效果”→“转换”选项，再选择“跟随路径”选项中的第四项，即“按钮”，艺术字的效果大致如图3-68所示。

指向“艺术字”中的“菱形”标志（图3-67），拖动调整，使其变形；调整艺术字文本框的大小，将艺术字形状调整成圆形。

（7）将“形状”与艺术字组合

移动艺术字的位置，使其与圆形重合。

同时选择艺术字和圆形，将两者组合，操作方法详见练习6的步骤（7）和步骤（8）。其最终效果如图3-69所示。

图 3-68 设置艺术字的“文本效果”

图 3-69 艺术字和圆形的组合

【练习 9】域、Microsoft 公式 3.0 的使用。

域简介：域的本质是一段程序代码；不同的域其功能不同，可以完成不同的任务，如页码域（Page）、计算域、目录域（TOC）、超级链接域（Hyperlink）、数据库域（Database）、日期域（Date）、创建日期域（CreateDate）等。根据需要，可以使用不同的域以及域的嵌套，完成较复杂的任务。

域的特征：①可以更新；②随着环境的变化而变化（如页码域）。

打开“Word 练习 10：插入对象.docx”文档，请完成以下练习。

（1）定位光标，插入域

将光标定位到“1.定义”之后，单击“插入”选项卡，选择“文档部件”→“域”选项，打开“域”对话框，如图 3-70 所示，选择域名和日期格式，单击“确定”按钮，将“CreateDate”域插入文档。

插入的“创建日期”域，如图 3-71 所示，域的结果显示当前文档的创建日期和时间。

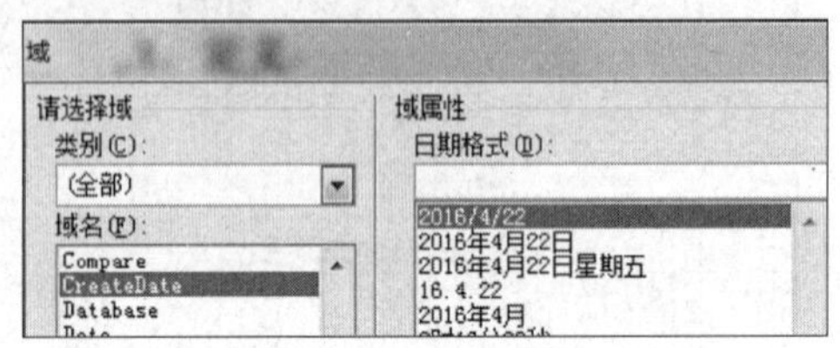

图 3-70 “域”对话框的一部分

.1. 定义 2016/4/17 14:02:00

图 3-71 插入的“创建日期”域的结果

（2）查看域代码

在域上右击，在快捷菜单中选择“切换域代码”选项，将域切换到域代码状态，如图 3-72 所示。可以在域代码和域结果之间切换，还可以更新域结果。（域代码：由一对大括号{ }以及其中的域的名称等组成，大括号由系统自动产生，不能手动输入。）

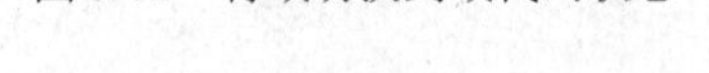

.1. 定义{ CREATEDATE * MERGEFORMAT }

图 3-72 将域切换到域代码状态

（3）用 Microsoft 公式 3.0 编辑公式（对象）

（Microsoft 公式 3.0 是 Office 2003 以前版本软件中使用的公式编辑器。）

将光标定位到第一段末尾，单击“插入”选项卡，选择“对象”选项，打开“对象”对话框，如图 3-73 所示，选择“Microsoft 公式 3.0”对象，单击“确定”按钮。

插入的“Microsoft 公式 3.0”对象及其公式工具栏如图 3-74 所示，使用公式工具栏即可编辑公式（与练习 7 公式编辑器的使用方法类似）。

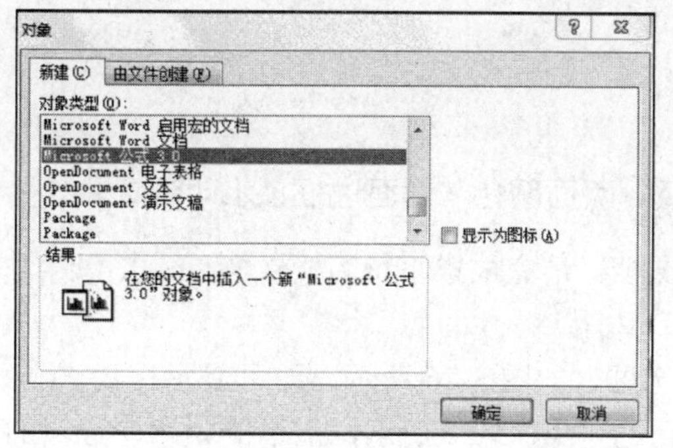

图 3-73　选择“Microsoft 公式 3.0”对象

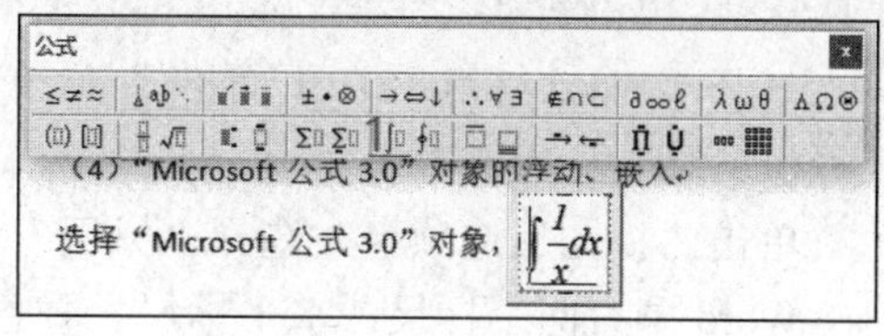

图 3-74　插入的“Microsoft 公式 3.0”对象及其公式工具栏

（4）“Microsoft 公式 3.0”对象的浮动和嵌入

选择“Microsoft 公式 3.0”对象，在对象上右击，在快捷菜单中选择“设置对象格式”选项，打开“设置对象格式”对话框，单击“版式”选项卡，如图 3-75 所示，在其中选择“嵌入型”或“浮于文字上方”等环绕方式，即可实现将对象变成“嵌入”“浮动”方式。

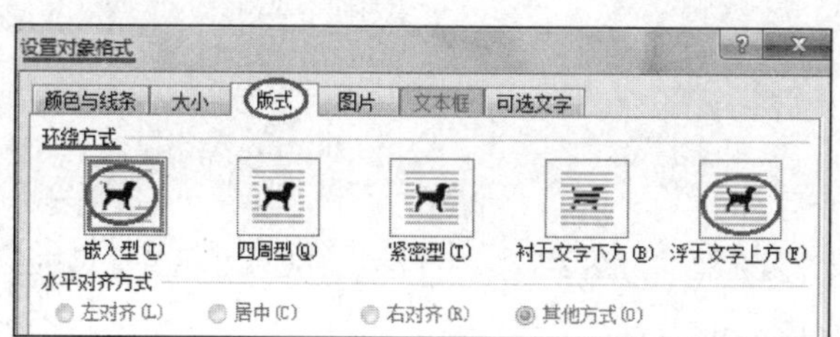

图 3-75　“设置对象格式”对话框——“版式”选项卡

任务 4　页面格式、页眉、页脚的设置

任务目的

掌握页面格式的设置方法，包括页眉、页脚、页码设置等的基本操作，对文档进行综合排版。

任务内容

1）页面设置主要包括页边距、纸张大小、分页、分栏、分节等操作，还包括水印、页面颜色、页面边框等操作。

2）页眉、页脚、页码的设置。

3）样式的使用，生成目录。样式的作用。

4）使用“邮件”功能，将固定、相同内容的文本与变化的数据结合，生成类似于通知、信函、请柬等形式的多份文档；例如，在“成绩通知单”文档中，通知的内容相同，但通知的“对象”“成绩”等数据是变化的。

任务练习

【练习 1】页面设置练习——页边距、分页、页面颜色、页面边框、水印设置。

打开“Word 练习 12：页面格式.docx”文档，请完成以下练习。

（1）显示标尺，查看“上、下、左、右”边距

单击“视图”选项卡，选择“标尺”复选框，如图 3-76 所示，即可显示标尺。

Word 中有两个标尺：水平标尺、垂直标尺，如图 3-77 所示，显示的是水平标尺的左端和垂直标尺的上端（请将文档滚动到每页顶端观察标尺）；水平标尺的左端灰、白色交界处是左边距，垂直标尺的上端灰、白色交界处是上边距。

类似地，水平标尺的右端灰、白色交界处是右边距，垂直标尺的下端灰、白色交界处是下边距。

☑ 标尺

图 3-76 选择“标尺”复选框

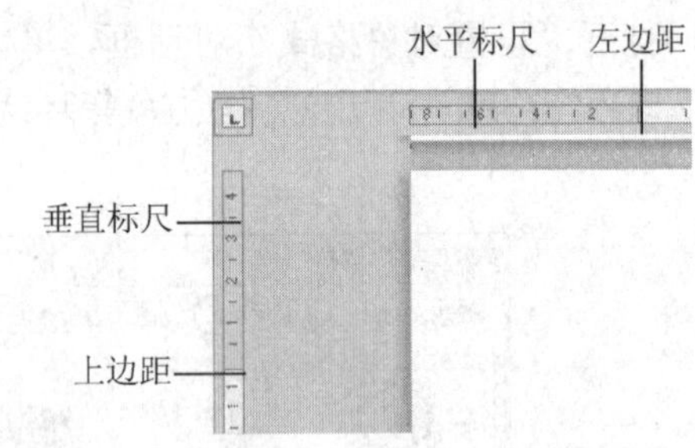

图 3-77 水平标尺的左端和垂直标尺的上端（左边距、上边距）

（2）使用标尺设置页边距

如图 3-77 所示，将鼠标指针指向“上边距”处，鼠标指针变成⇕形状，同时出现文字提示“上边距”，此时拖动鼠标（拖动的同时也可以按住 Alt 键），即可改变上边距。

用类似的方法，可以改变下、左、右边距。

改变页边距，将改变每页中文字的容量和页面的格式（即页面的外观）。

（3）使用“页面设置”对话框设置页边距

在水平标尺左边距内灰色部分上双击（或在“页面布局”选项卡的“页面设置”组中，单击按钮），打开“页面设置”对话框，如图 3-78 所示，按图中所示，在“页边距”选项卡中，调整“上、下、左、右”边距为“3、3、2.8、2.8”厘米，单击“确定”按钮。

（4）分页——插入“分页符”

在步骤（3）基础上，将光标置于第二页的“附件 1：”之前，如图 3-79 所示。

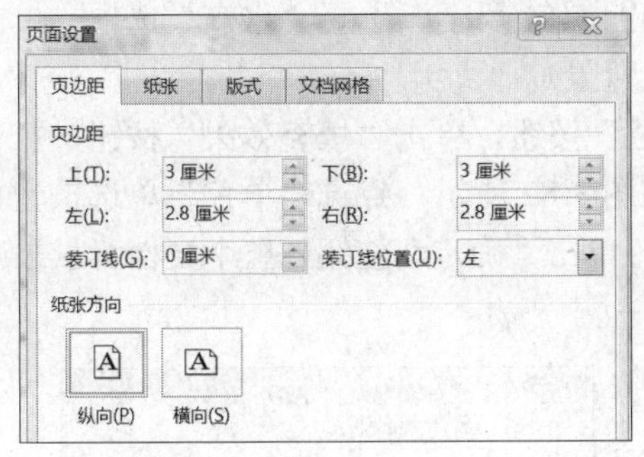

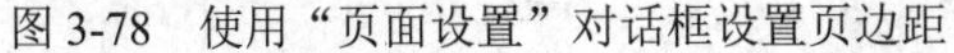

图 3-78　使用“页面设置”对话框设置页边距

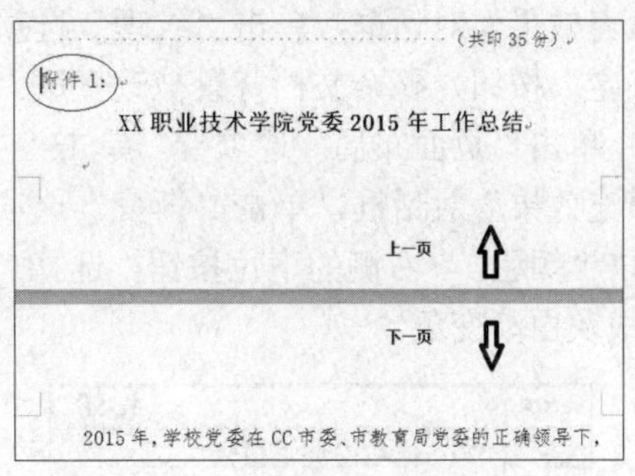

图 3-79　将光标置于“附件 1:”之前

单击“插入”选项卡，单击“分页”按钮，插入“分页符”，如图 3-80 所示，“附件 1:”现在已经在“下一页”之中了。（或在“页面布局”选项卡，单击“分隔符”按钮，选择“分页符”选项，也可以插入“分页符”）

当文档的内容从“某处”开始需要另起一页的时候，应该插入“分页符”进行分页，例如，文档中新的“单元”的开始、某文件的“附件”“附录”“附表”的开始，需要另起一页。

删除“分页符”的方法：将光标置于“分页符”之前，按 Delete 键，即可删除“分页符”。请反复练习“分页符”的插入与删除操作。

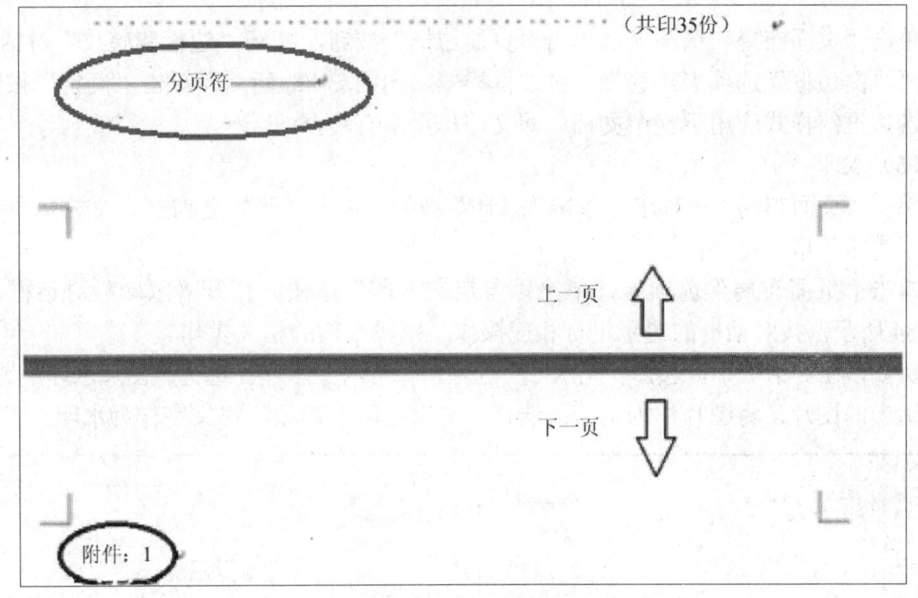

图 3-80　插入“分页符”

（5）页面颜色（填充、渐变）、页面边框

单击“页面布局”选项卡，单击“页面颜色”按钮，选择一种颜色（如蓝色），整个文档背景被改变颜色（如蓝色）。

单击“页面布局”选项卡，单击“页面颜色”按钮，选择“填充效果”选项，打开

“填充效果”对话框，单击“纹理”选项卡，如图 3-81 所示，选择“水滴”选项、单击“确定”按钮，整个文档背景被改变成“水滴”背景。

单击“页面布局”选项卡，单击“页面颜色”按钮，单击“填充效果”按钮，打开“填充效果”对话框，单击“渐变”选项卡，如图 3-82 所示，点选“单色”单选按钮，单击“颜色 1”右侧的下拉按钮，选择“白色”，单击“确定”按钮，整个文档背景被改变成灰白渐变色。

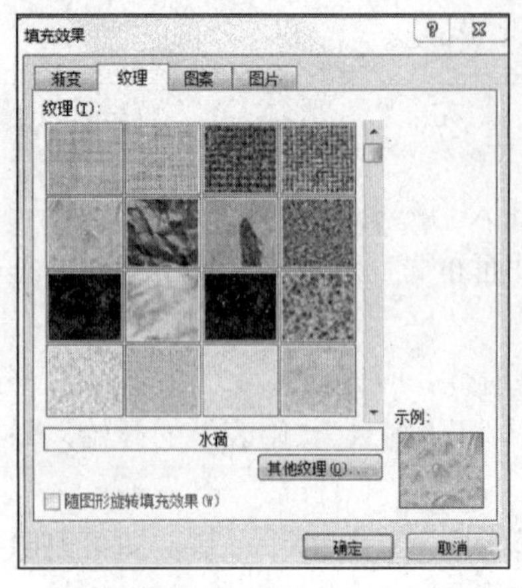

图 3-81 “填充效果”对话框—“纹理”选项卡

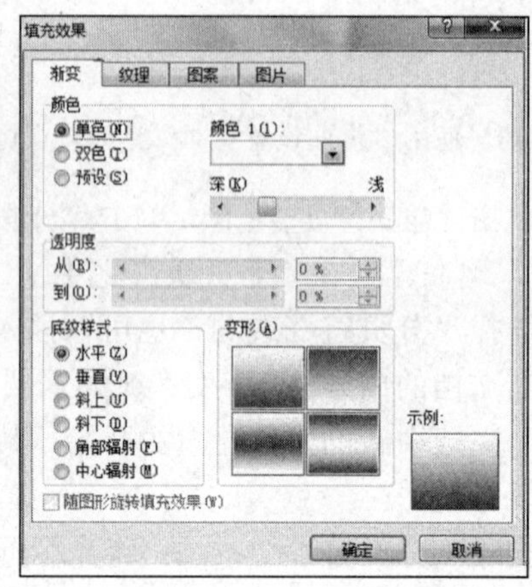

图 3-82 “填充效果”对话框—“渐变”选项卡

单击“页面布局”选项卡，单击“页面边框”按钮，打开“边框和底纹”对话框，单击“页面边框”选项卡，选择一种边框样式，如图 3-83 所示，单击“确定”按钮，将所选边框的样式应用于整个文档，即文档每页都有边框。

（6）水印

单击“页面布局”选项卡，单击“水印”按钮，单击“严禁复制 1”，文档每页都被添加了水印，请浏览文档。

单击“页面布局”选项卡，单击“自定义水印”按钮，打开“水印”对话框，如图 3-84 所示，按对话框的提示进行相应操作，完成水印的相关操作。

例如，在对话框中，选择“无水印”选项，即可清除水印；选择“图片水印”选项，选择适当的图片，将图片作为水印；选择“文字水印”选项，将文字作为水印。

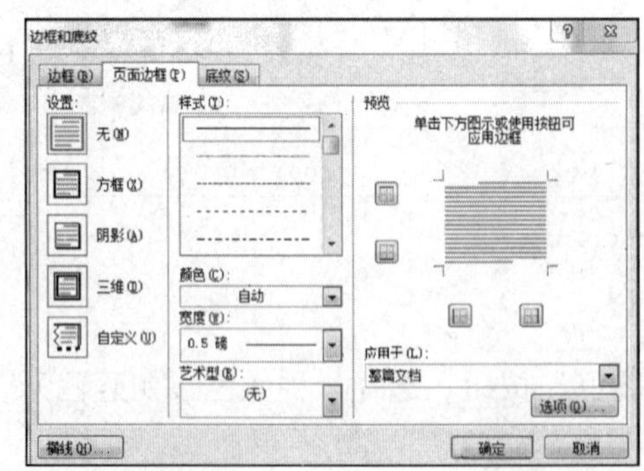

图 3-83 “页面边框”选项卡

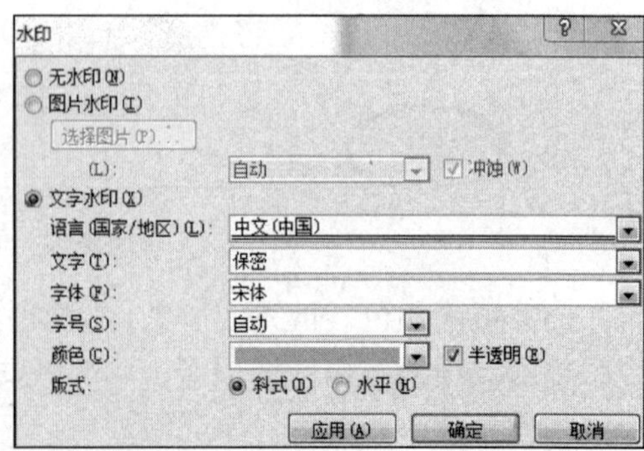

图 3-84 “水印”对话框

【练习 2】页面设置练习——纸张大小、纸张方向设置。

打开“Word 练习 13：页面格式—纸张大小、方向.docx”文档，请完成以下练习：

（1）观察文档中的表格

将文档的显示比例调整到 30%左右（方法：拖动 Word 程序右下角状态栏中的滑块），观察文档；重点观察其中的表格，表格超宽，其右侧超出纸边界，不能完整显示。

（2）设置纸张方向

单击“页面布局”选项卡，单击“纸张方向”按钮，选择“横向”选项，整个文档的纸张方向变成横向；再观察文档，表格能够完整显示。

（3）设置纸张大小

单击“页面布局”选项卡，单击“纸张大小”按钮，选择合适的纸张大小；A4、B5 是常用打印纸。

当文档中表格宽度较大或含有较大图片时，为满足打印和完整显示的需要，可以选择改变纸张大小，如 A3 纸等（纸张大小的选择范围与计算机当前使用的打印驱动程序有关）。

当页面较小时，可以选择较小的纸张打印或显示；还可以根据实际需要，自定义纸张的大小。

【练习 3】页面设置练习——文章整体分栏。

打开“Word 练习 14：页面格式—横向、文章整体分栏.docx”文档，请完成以下练习。

（1）设置纸张方向

单击“页面布局”选项卡，单击“纸张方向”按钮，选择“横向”选项，整个文档的纸张方向变成横向；将文档的显示比例适当调整，以便浏览文档。

（2）文档分栏

单击“页面布局”选项卡，单击“分栏”按钮，选择“两栏”选项，文档分成左、右两栏，如图 3-85 所示。

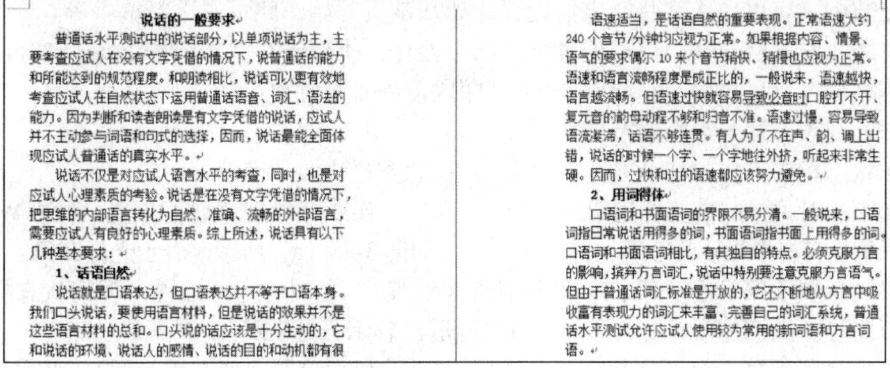

说话的一般要求

普通话水平测试中的说话部分，以单项说话为主，主要考查应试人在没有文字凭借的情况下，说普通话的能力和所能达到的规范程度。和朗读相比，说话可以更有效地考查应试人在自然状态下运用普通话语音、词汇、语法的能力。因为判断和读者朗读是有文字凭借的说话，应试人并不主动参与词语和句式的选择，因而，说话最能全面体现应试人普通话的真实水平。

说话不仅是对应试人语言水平的考查，同时，也是对应试人心理素质的考验。说话是在没有文字凭借的情况下，把思维的内部语言转化为自然、准确、流畅的外部语言，需要应试人有良好的心理素质。综上所述，说话具有以下几种基本要求：

1、话语自然

说话就是口语表达，但口语表达并不等于口语本身。我们口头说话，要使用语言材料，但是说话的效果并不是这些语言材料的总和。口头说的话应该是十分生动的，它和说话的环境、说话人的感情、说话的目的和动机都有很

语速适当，是话语自然的重要表现。正常语速大约 240 个音节/分钟均应视为正常。如果根据内容、情景、语气的要求偶尔 10 来个音节稍快、稍慢也应视为正常。语速和语言流畅程度是成正比的，一般说来，语速越快，语言越流畅。但语速过快就容易导致必音时口腔打不开、复元音的韵母动程不够和归音不准。语速过慢，容易导致语流凝滞，话语不够连贯。有人为了不在声、韵、调上出错，说话的时候一个字、一个字地往外挤，听起来非常生硬。因而，过快和过的语速都应该努力避免。

2、用词得体

口语词和书面语词的界限不易分清。一般说来，口语词指日常说话用得多的词，书面语词指书面上用得多的词。口语词和书面语词相比，有其独自的特点。必须克服方言的影响，摈弃方言词汇，说话中特别要注意克服方言语气。但由于普通话词汇标准是开放的，它还不断地从方言中吸收富有表现力的词汇来丰富、完善自己的词汇系统，普通话水平测试允许应试人使用较为常用的新词语和方言词语。

图 3-85　将文档分成“左、右”两栏

【练习 4】页面设置练习——文章的局部分栏、节的作用。

打开“Word 练习 15：页面格式—文章的局部分栏、节的作用”文档，请完成以下练习。

（1）将文章的局部分栏

选择“一. 培养目标”下面的自然段，如图 3-86 所示。

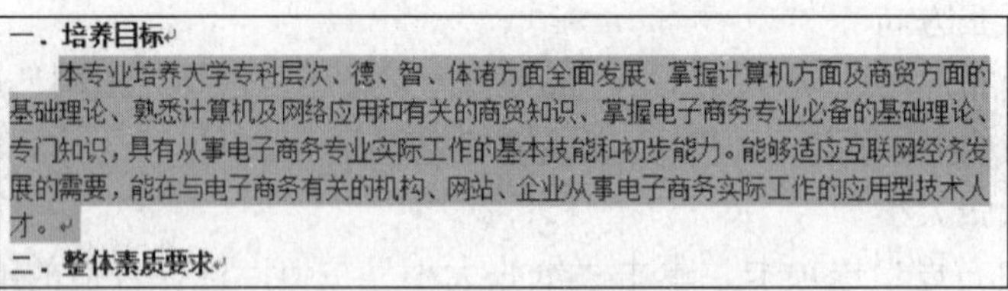

一. 培养目标

本专业培养大学专科层次、德、智、体诸方面全面发展、掌握计算机方面及商贸方面的基础理论、熟悉计算机及网络应用和有关的商贸知识、掌握电子商务专业必备的基础理论、专门知识，具有从事电子商务专业实际工作的基本技能和初步能力。能够适应互联网经济发展的需要，能在与电子商务有关的机构、网站、企业从事电子商务实际工作的应用型技术人才。

二. 整体素质要求

图 3-86 选择“一. 培养目标”下面的自然段

单击“页面布局”选项卡，选择“分栏”→“两栏”选项，将选择的局部分成左、右两栏，如图 3-87 所示，出现两个“分节符（连续）”编辑标记。

“分节符”是由 Word 自动生成的，是“节”分界的标志。

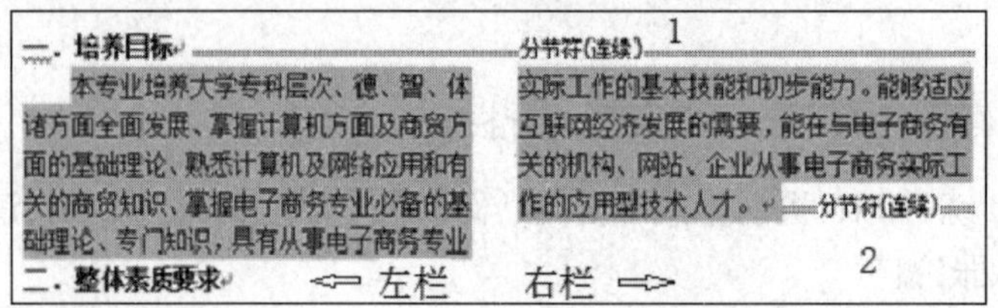

一. 培养目标 ......分节符(连续)......

本专业培养大学专科层次、德、智、体诸方面全面发展、掌握计算机方面及商贸方面的基础理论、熟悉计算机及网络应用和有关的商贸知识、掌握电子商务专业必备的基础理论、专门知识，具有从事电子商务专业实际工作的基本技能和初步能力。能够适应互联网经济发展的需要，能在与电子商务有关的机构、网站、企业从事电子商务实际工作的应用型技术人才。......分节符(连续)......

二. 整体素质要求

图 3-87 “分节符（连续）”编辑标记

（2）分节符简述

节是文档中特定的单元，以分节符作为分界标志。

在节中，可以完成某些特定的格式化操作，如分栏、单独改变某节之中的纸张大小、纸张方向、页面边框等。

在节中，可以完成某些特定的设置，如从某页开始，将页码重新编号等。

总之，将文档分节，可以使文档局部个性化；类似于在文档中按 Enter 键分段（产生段落标记），可以将段落局部格式化（即段落外观个性化）。

（3）观察节序号，查看节的数量

在状态栏中右击，选节之前的“√”，在状态栏中显示节序号。

如图 3-87 所示，将光标置于第一个“分节符（连续）”之前的任意位置，观察 Word 程序左下角状态栏中显示的节序号、页面序号，如图 3-88（a）所示，表示光标在第一节中。

将光标置于第一个、第二个“分节符（连续）”之间的任意位置，观察状态栏中显示的节序号、页面序号，如图 3-88（b）所示，表示光标在第二节中。

将光标置于第二个“分节符（连续）”之后的任意位置（或文档最后），观察状态栏中显示的节序号、页面序号，如图 3-88（c）所示，表示光标在第三节中，且文档目前一共分三节。

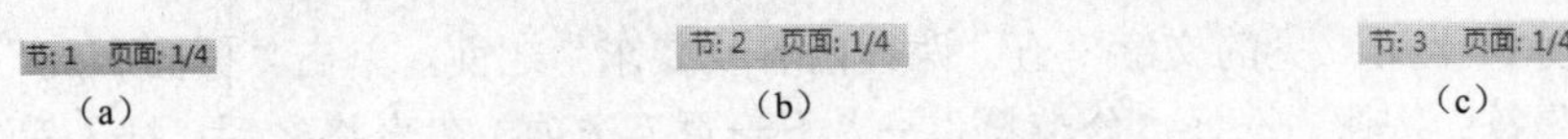

图 3-88 Word 程序左下角状态栏中显示的节序号、页面序号

（4）分节的作用——分栏

如图 3-87 所示，文档目前一共分三节，在第二节中具有特定的格式——分栏；第一和三节没有分栏；这就是分节的作用。

（5）删除分节符

将光标置于第一个“分节符（连续）”之前，按 Delete 键，删除第一个分节符，文档现在有两个节（有一个分节符）；目前的第一节分成两栏（注意：删除分节符时，节的格式向后继承），第二节不分栏。

将光标置于剩下的“分节符（连续）”之前，按 Delete 键，删除剩下的分节符，文档没有分栏了（恢复原状），目前文档中没有分节符，整个文档是一节（观察节序号）。

（6）反复练习分栏

在文档的多个局部练习分栏，观察分栏后产生的分节符，统计节的数量（节的数量=分节符个数+1）。

练习删除分节符，理解节的格式具有向后继承性。

【练习 5】页面设置练习——文档局部个性化，分节。

打开“Word 练习 15：页面格式—文章的局部分栏、节的作用”文档，请完成以下练习。

（1）删除文档中的所有分节符

若前面的练习中，在文档中留有分节符，则请删除文档中的所有分节符（建议：可以巧妙利用“查找”与“替换”功能）。

（2）插入分节符，将文章中第一个表格置于第二节中

将光标置于第二页第一行的左端，单击“页面布局”选项卡，单击“分隔符”按钮，选择“分节符”→“下一页”选项，插入第一个“分节符（下一页）”，结果如图 3-89 所示。

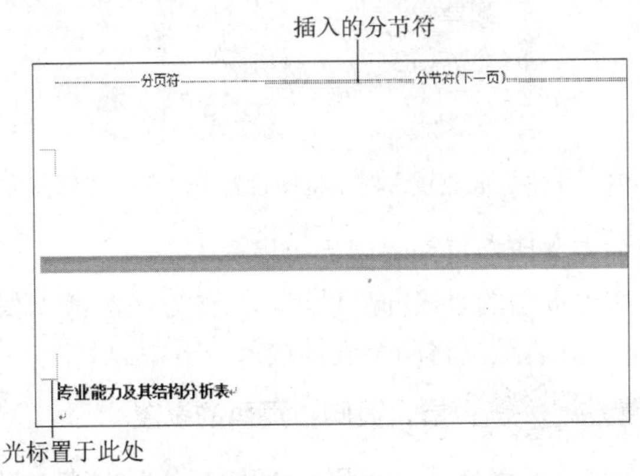

图 3-89 在文档中插入第一个“分节符（下一页）”的结果

将光标置于第二页的文字“五. 课程内容及要求”之前，单击“页面布局”选项卡，单击“分隔符”按钮，选择“分节符”→“下一页”选项，在表格之后，插入第二个“分节符（下一页）”，结果如图3-90所示，表格置于文档的第二节之中。

商务运做能力	贸易与营销能力	掌握贸易实务、营销策略、推销技巧及商务谈判
	商务网络组织运营能力	了解电子商务B to B和B to C的全部过程，能够络营销组织、市场开拓及运做协调
	物流及资金流管理能力	掌握网络配货、连锁经营及管理，网上支付及安全
外语能力	外语阅读理解能力	外语资料识读、基本文稿的翻译能力
	外语交流能力	业务交流中的基本听、说能力

分节符(下一页)

图3-90　在表格之后，插入第二个“分节符（下一页）”的结果

（3）使文档局部个性化

在步骤（2）的基础上，将光标置于第二节中，选择“页面布局”→“纸张方向”→“横向”选项，将第二节的“纸张方向”设置为“横向”，文档其余部分仍为“纵向”。（将文档的显示比例调整到60%左右，浏览文档。）

也可以在“页面设置”对话框中设置第二节的“纸张方向”，如图3-91所示。

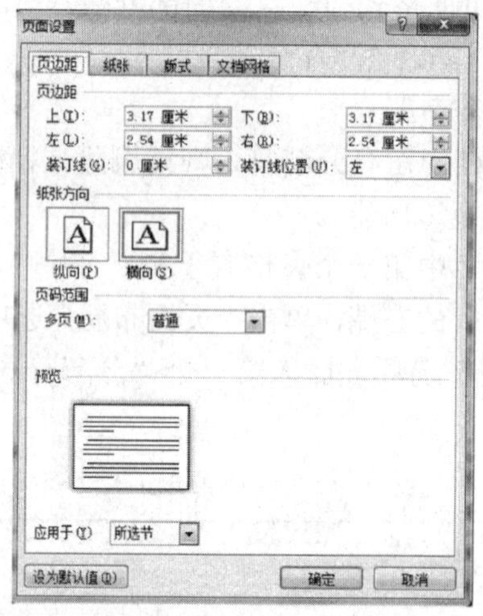

图3-91　在“页面设置”对话框中设置第二节的“纸张方向”

（4）将文档尾部的表格所在页面设置为“横向”

提示：通过分节实现页面的“横向”设置，操作方法参考步骤（3）；适当调节“横向”页面的“上”“下”页边距，将两个表格放入一页中。

【练习6】页面设置练习——页眉、页脚、页码的设置。

打开“Word练习16：页面格式—页眉、页脚.docx”文档，请完成以下练习。

（1）插入页眉和页脚

单击“插入”选项卡，选择“页眉”选项，单击空白处，进入“页眉/页脚”的编辑状态，如图 3-92 所示；同时浮动出现“页眉和页脚工具”→“设计”选项卡，在其中可以对“页眉/页脚”进行设置。

在如图 3-92 所示的界面中，输入文字“2016 年工作要点”，单击“设计”选项卡中的“关闭页眉和页脚”按钮，退出“页眉/页脚”的编辑状态。

浏览文档，每页的页眉中内容相同，都是“2016 年工作要点”（“页眉/页脚”的作用：公共信息的书写处）。

插入页脚的操作与插入页眉的操作类似。

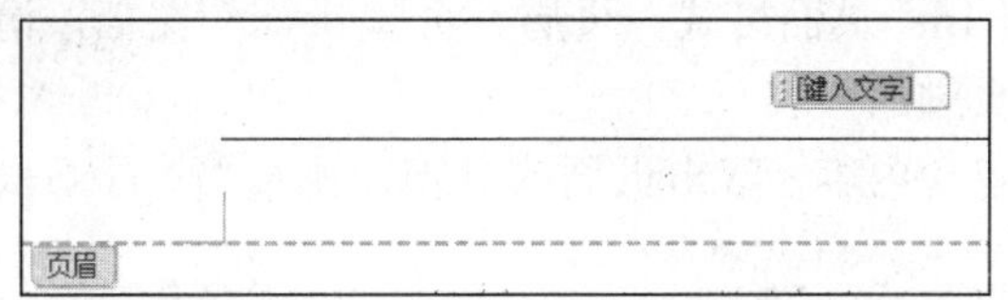

图 3-92　进入“页眉/页脚”的编辑状态

（2）编辑页眉、页脚

双击已经存在的“页眉或页脚”，进入“页眉/页脚”的编辑状态，可以重新编辑“页眉或页脚”的内容。

（3）在已存在的页眉中插入页码

进入“页眉”的编辑状态，将光标定位到“2016 年工作要点”之后，并按空格键若干次。

在“页眉和页脚工具”—“设计”选项卡中，选择“页码”→“当前位置”选项，选择其中的第一项，在已存在的页眉中插入了页码（域），如图 3-93 所示，退出页眉编辑状态。

页码以域的形式出现。关于域参见任务 3 的练习 9。

还有其他插入页码的方法，请自行练习。

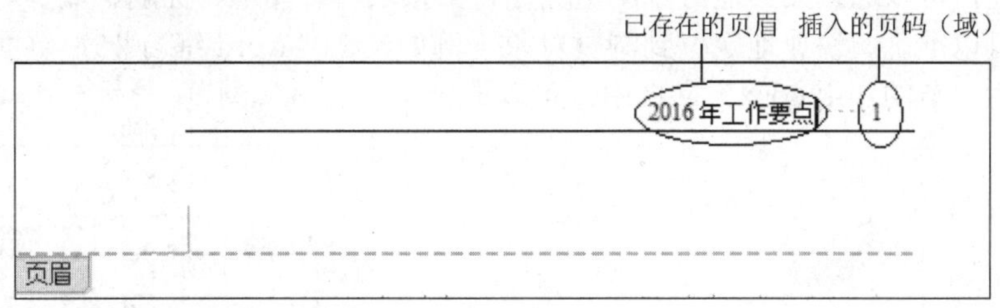

图 3-93　在已存在的页眉中插入了页码（域）

（4）查看页码

浏览每页的页眉，查看页码（域），如图 3-94 所示，域随着环境的变化而变化。

（5）查看页码域的域代码

进入“页眉”的编辑状态，选择页码（域），右击，选择“切换域代码”选项，查

看“页码域”的域代码，如图 3-95 所示。为了方便识别域，默认情况下，域带有灰色的域底纹。

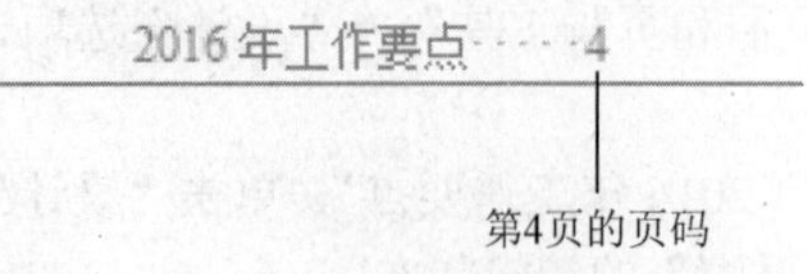

图 3-94 浏览每页的页眉，察看页码（域）

{PAGE * MERGEFORMAT}

图 3-95 页码域的域代码

【练习 7】页面设置练习——文档分节之后，页眉、页脚、页码的设置。

打开“Word 练习 16：页面格式—页眉、页脚.docx”文档，请完成以下练习。

（1）删除页眉和页脚的内容

若页眉或页脚中包含内容，双击页眉或页脚，进入“页眉/页脚”的编辑状态，删除其中的内容。

（2）将文档（按需要）分节

将光标置于第二页的文字“附件 1：”之前，单击“页面布局”选项卡，单击“分隔符”按钮，选择“分节符”中的“下一页”选项，插入第一个“分节符（下一页）”。

将光标置于第 17 页的文字“附件 2：”之前，单击“页面布局”选项卡，单击“分隔符”按钮，选择“分节符”中的“下一页”选项，插入第二个“分节符（下一页）”。

文档目前共分为三节，第 1 页～第 2 页的红头文件“通知”部分位于“第一节”之中（共两页），“附件 1”位于“第二节”中（从第 3 页～第 17 页），“附件 2”位于“第三节”中（从第 18 页～第 24 页）。

（3）按节浏览文档

“垂直滚动条”位于文档右端，单击其下方的“选择浏览对象”按钮（图 3-96），打开“选择浏览对象”对话框（图 3-97），单击“按节浏览”按钮。

此时，单击如图 3-96 所示的“上、下”方向的双箭头（此时变成蓝色），即可按节浏览文档。

类似地，可以选择按其他对象浏览文档，如按表格、图形、标题、域等对象浏览文档，这样可以准确、快速地定位到浏览对象。例如，在“Word 练习 15：页面格式—文章部分分栏、节的作用.docx”文档中，可以选择按“表格”浏览。

图 3-96 单击“选择浏览对象”按钮

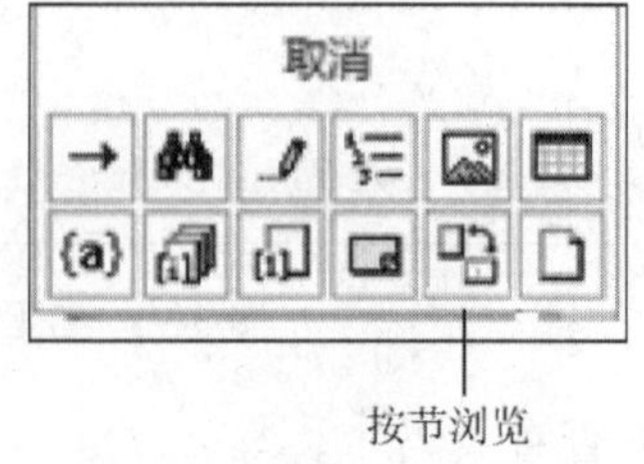

图 3-97 “按节浏览”按钮

（4）在第 1 节中插入页码

将光标定位到第 1 页（在第 1 节）中，单击“插入”选项卡，单击“页码”按钮，

选择“页面顶端”→“普通数字 1”选项，插入页码，并在页码之后输入文字“公共信息的书写处”，如图3-98所示。注意：第1页位于第1节中。观察一下第2页的页眉。

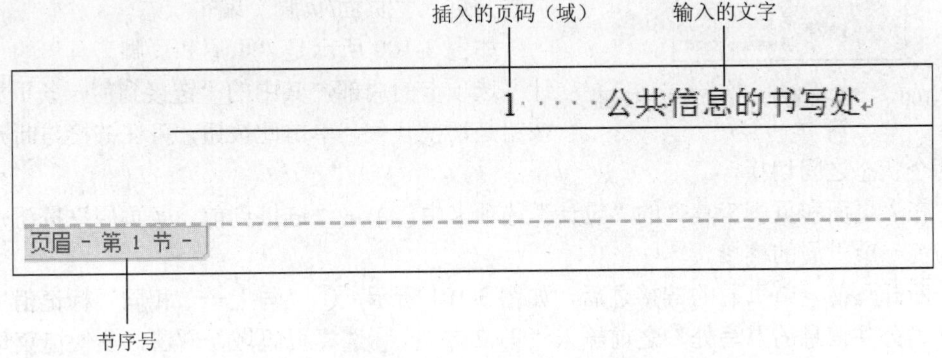

图3-98　第1页的页眉

（5）观察第3页及其以后各页的页眉

在“页眉/页脚”编辑状态下，滚动页面至第3页，观察页眉及其页码，如图3-99所示。注意：第3页的页眉，第3页位于第2节之中，节的状态是“与上一节相同”，文字“与上一节相同”，即“公共信息的书写处”，第1页插入的页码（域），变成3。

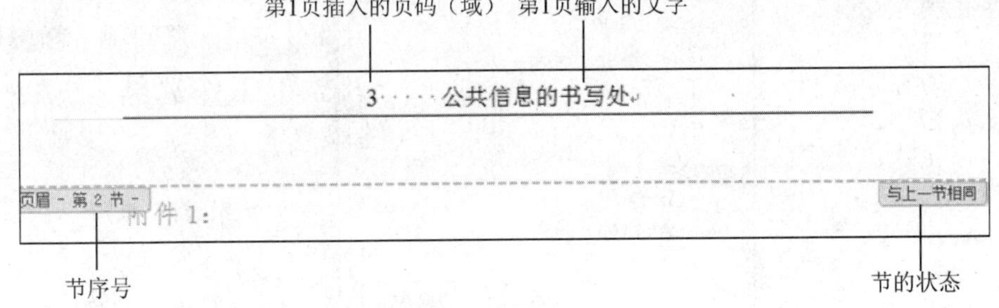

图3-99　第3页的页眉

用表3-1描述文档中各页的页眉信息。

表中的“页面页码”列之下的数字显示在状态栏左下角，“页面页码”即电子文档的页码，请读者总结其中的规律，其中“页面页码”与“页码（域）”对应相同。

表3-1　各页的页眉信息

页面页码	页码（域）	所在节	节的状态	页眉中显示的文字
1	1	第1节	空	公共信息的书写处
2	2	第1节	空	公共信息的书写处
3	3	第2节	与上一节相同	公共信息的书写处
……	……	……	……	……
17	17	第2节	与上一节相同	公共信息的书写处
18	18	第3节	与上一节相同	公共信息的书写处
……	……	……	……	……
24	24	第3节	与上一节相同	公共信息的书写处

（6）编辑的第 2 节的页眉

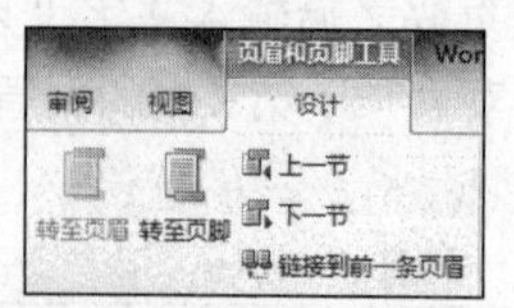

图 3-100 “链接到前一条页眉”按钮

在页面页码的第 3 页中（位于第 2 节），双击页眉，进入“页面/页脚”编辑状态。

如图 3-100 所示是“页眉和页脚工具”的“设计”选项卡的局部，其中的“链接到前一条页眉”按钮是切换开关，单击此按钮，可在链接与断开链接两个状态之间切换。

在“页面和页脚工具”的“设计”选项卡中，单击“链接到前一条页眉”按钮，断开与前一节页眉的链接。

断开与前一节页眉的链接之后，如图 3-101 所示，①“与上一节相同”标记消失；②在“公共信息的书写处”之前输入“第 2 节”；③选择页码域，右击，在快捷菜单中选择“设置页码格式”选项，如图 3-101 所示，按“页码格式”对话框中设置，单击“确定”按钮，页码（域）变成 1。

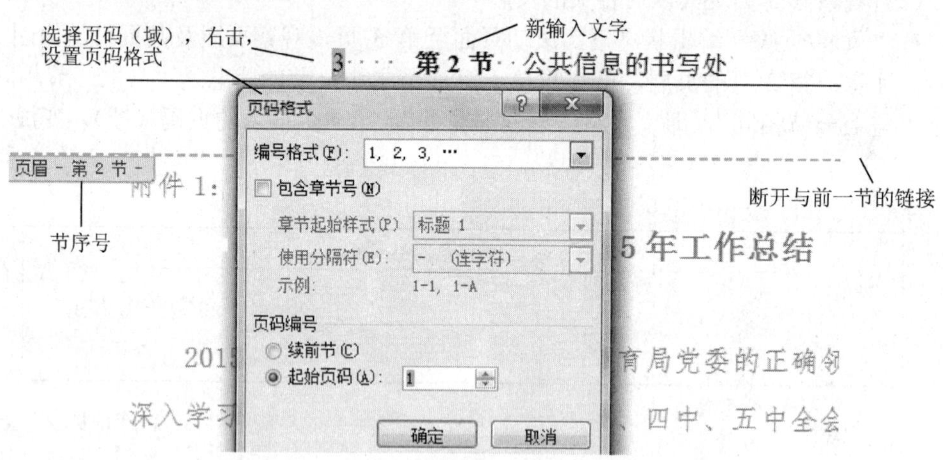

图 3-101 编辑第 2 节的页眉

完成上述编辑后，用表 3-2 描述文档中第 1 节和第 2 节的页眉信息。

表 3-2 中的“页面页码”列之下的数字显示在状态栏左下角，“页面页码”即电子文档的页码，请读者总结其中的规律。

表 3-2 第 1 节和第 2 节的页眉信息

页面页码	页码（域）	所在节	节的状态	页眉中显示的文字
1	1	第 1 节	空	公共信息的书写处
2	2	第 1 节	空	公共信息的书写处
3	1	第 2 节	空	第 2 节 公共信息的书写处
4	2	第 2 节	空	第 2 节 公共信息的书写处
……	……	……	……	……
16	14	第 2 节	空	第 2 节 公共信息的书写处
17	15	第 2 节	空	第 2 节 公共信息的书写处

（7）编辑的第 3 节的页眉

在页面页码的第 18 页中（位于第 3 节），双击页眉，进入“页面/页脚”编辑状态。

在“页面和页脚工具”的“设计”选项卡中，单击“链接到前一条页眉”按钮，断开与前一节页眉的链接。

断开与前一节页眉的链接之后，如图 3-102 所示，①“与上一节相同”标记消失；②在“公共信息的书写处”之前输入“第 3 节”；③选择页码域，右击，在快捷菜单中选择“设置页码格式”选项，如图 3-102 所示，按“页码格式”对话框中设置，单击“确定”按钮，页码（域）变成 1。

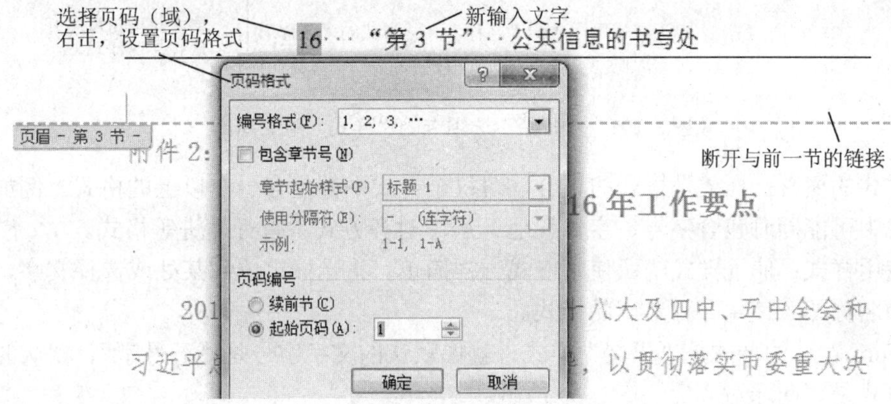

图 3-102　编辑第 3 节的页眉

完成上述编辑后，用表 3-3 描述文档中第 1～3 节的页眉信息。

表 3-3 中的“页面页码”列之下的数字显示在状态栏左下角，“页面页码”即电子文档的页码，请读者总结其中的规律。

表 3-3　第 1～3 节的页眉信息

页面页码	页码（域）	所在节	节的状态	页眉中显示的文字
1	1	第 1 节	空	公共信息的书写处
2	2	第 1 节	空	公共信息的书写处
3	1	第 2 节	空	第 2 节　公共信息的书写处
4	2	第 2 节	空	第 2 节　公共信息的书写处
……	……	……	……	……
16	14	第 2 节	空	第 2 节　公共信息的书写处
17	15	第 2 节	空	第 2 节　公共信息的书写处
18	1	第 3 节	空	第 3 节　公共信息的书写处
19	2	第 3 节	空	第 3 节　公共信息的书写处
……	……	第 3 节	……	……
23	6	第 3 节	空	第 3 节　公共信息的书写处
24	7	第 3 节	空	第 3 节　公共信息的书写处

【练习 8】页面设置练习——样式的使用，生成目录。

打开“Word 练习 17：页面格式一样式、目录.docx”文档，请完成以下练习。

（1）样式概述（注：此处的样式特指文字的样式，简称样式）

每个样式都有自己的名称，如“正文”“标题 1”等，就像每个格式都有自己的名称一样，如“字号”“首行缩进”等。

样式在“开始”选项卡的“样式”组中显示，如图 3-103 所示。

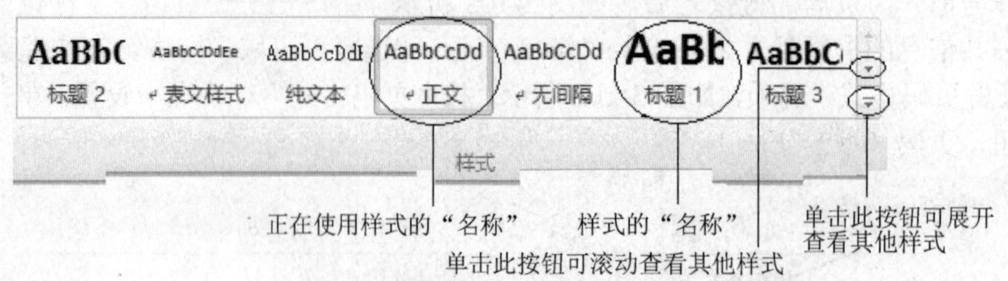

图 3-103 “开始”选项卡的“样式”组的局部

样式的概念：样式是格式的集合，即每个样式中都包含一个以上的格式。例如，某个样式中可能同时包含字号、字体颜色、居中对齐方式、首行缩进等格式。

使用样式：使用样式就像使用格式一样简单，将光标定位到某处或选择文字，单击样式的名称即可使用名称对应的样式。

Word 默认的样式是“正文”样式，就像默认的文字字号是“五号字”、默认的段落对齐方式是“两端对齐”。

（2）显示所有样式

单击“样式”组中右下角的按钮，展开“样式”窗格，如图 3-104 所示，单击“选项”按钮，弹出“样式窗格选项”对话框，如图 3-105 所示，选择“所有样式”选项，单击“确定”按钮退出对话框，在“样式”窗格中即可显示 Word 中所有的预定义的样式。

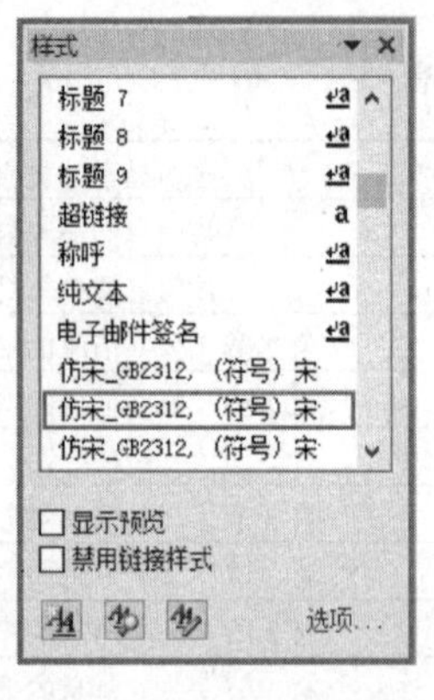

图 3-104 “样式”窗格

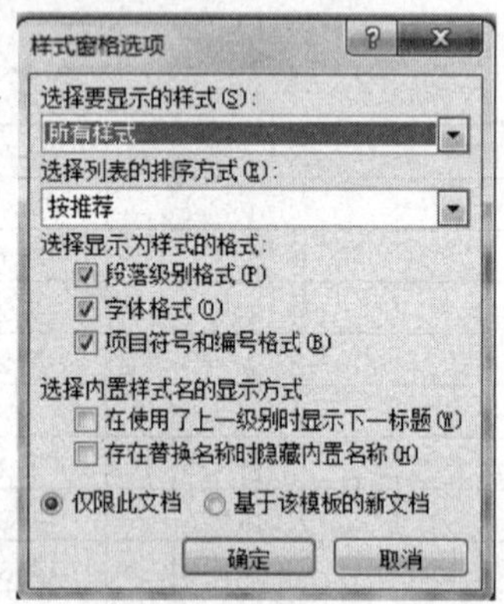

图 3-105 “样式窗格选项”对话框

（3）应用“标题”样式——应用“标题 2”样式

将光标定位在文章的标题“一、加强思想建设，…”所在段落，选择“样式”窗格中的“标题 2”选项，如图 3-106 所示，将“标题 2”样式应用到光标所在段落。（注：“标题 2”是段落样式。）

使用同样的方法，将“二、加强组织建设，…”……“七、加强工、青、妇、…”等文章中的标题应用“标题 2”样式。

注意：使用“标题”样式，可以为生成目录做好准备工作，还可以在“导航”窗格中按标题浏览文档（在“视图”选项卡中可以打开“导航”窗格），同时对文章的标题进行了格式化操作，是一举多得的操作。使用样式就是使用格式，而且一次就使用了“样式”中包含的多种格式。

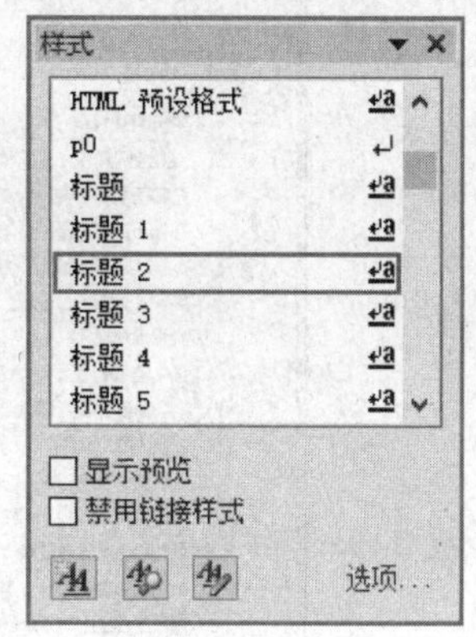

图 3-106 对文章的标题应用“标题 2”样式

应用“标题 2”样式之后，在“视图”选项卡中打开“导航”窗格，结果如图 3-107 所示。即应用了“标题 2”样式之后，使用“导航”窗格可以快速、准确地定位。

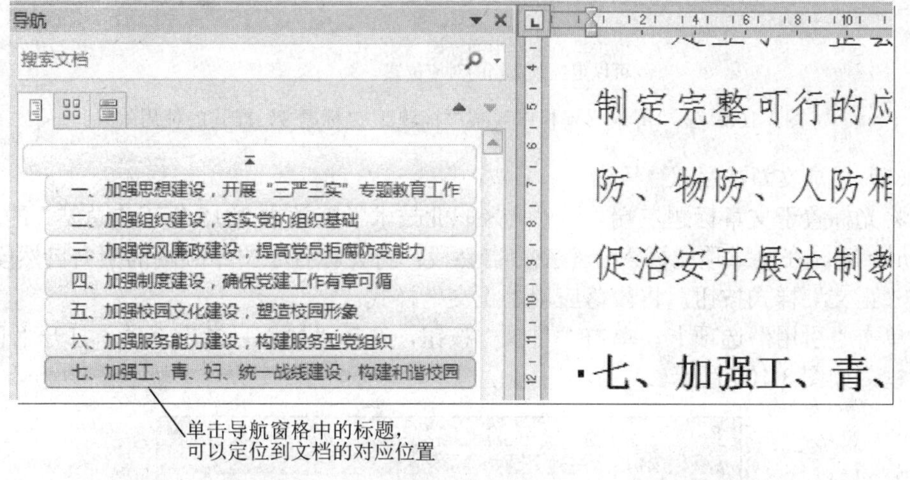

图 3-107 在“导航”窗格中观察“标题 2”样式的使用效果

（4）应用“标题”样式——应用“标题 3”样式

将光标定位在文章的标题“1.制定实施方案，…”所在段落，将“标题 3”样式应用到光标所在段落，方法参见步骤（3）。

采用上述方法，将其余的阿拉伯数字开头的标题应用“标题 3”样式。

也可以将光标定位在已经应用了“标题 3”样式的段落中；双击“格式刷”按钮，然后用“格式刷”分别单击每个阿拉伯数字开头的标题段落，将“样式”复制到阿拉伯数字开头的标题段落中；最后，单击“格式刷”按钮，结束“格式刷”的使用。（参见任务 1，格式刷的使用方法）

应用“标题 2”“标题 3”样式之后，打开“导航”窗格，结果如图 3-108 所示；现在，已经为生成文章的目录做好了准备工作。

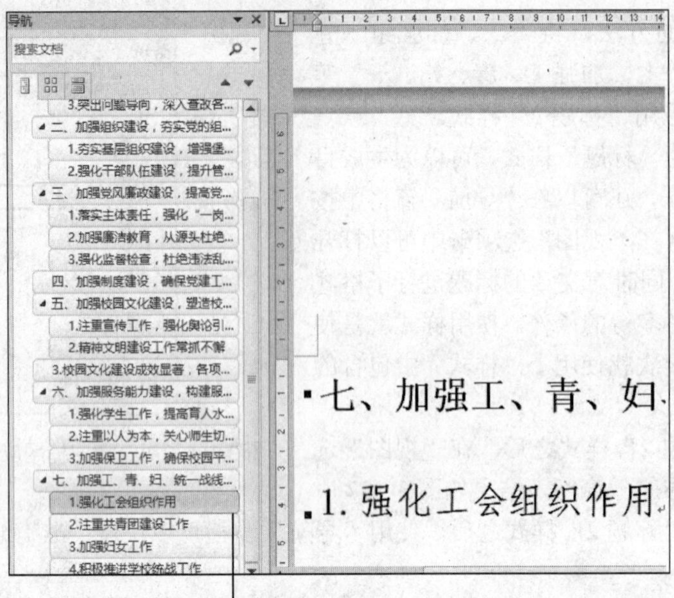

图 3-108 在“导航”窗格中观察“标题 2”“标题 3”样式的使用效果

（5）生成文章的目录

将光标置于文章标题左端，即“××职业技术学院党委 2015 年工作总结”的左端，按 Enter 键，在文章顶端插入一个空白自然段；将光标置于文章顶端的空白自然段中，单击“正文”样式按钮，将段落应用“正文”样式。

单击“引用”选项卡，单击“目录”按钮，选择“插入目录”选项，打开“目录”对话框，如图 3-109 所示。

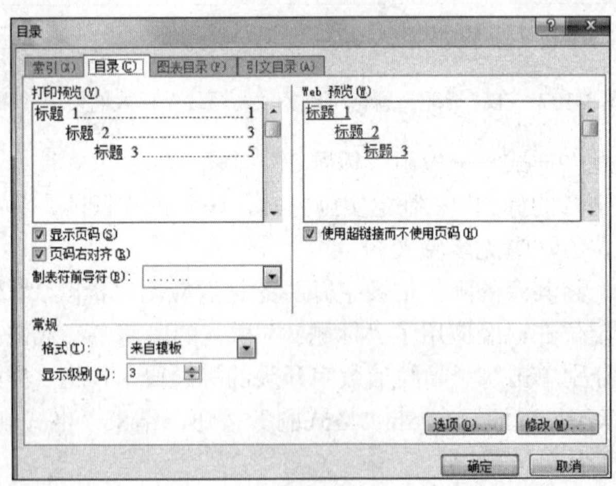

图 3-109 “目录”对话框

按对话框提示进行操作，单击“确定”按钮，即可自动生成文章目录（目录域），如图 3-110 所示。

（目录域简述：目录域，即 TOC 域，参见任务 3 的练习 9；其中包括若干对“HYPERLINK”“PAGEREF”域；在“域”底纹上右击，在快捷菜单中选择“切换域代码”选项，即可查看域代码；在快捷菜单上选择“更新域”选项，即可更新域）

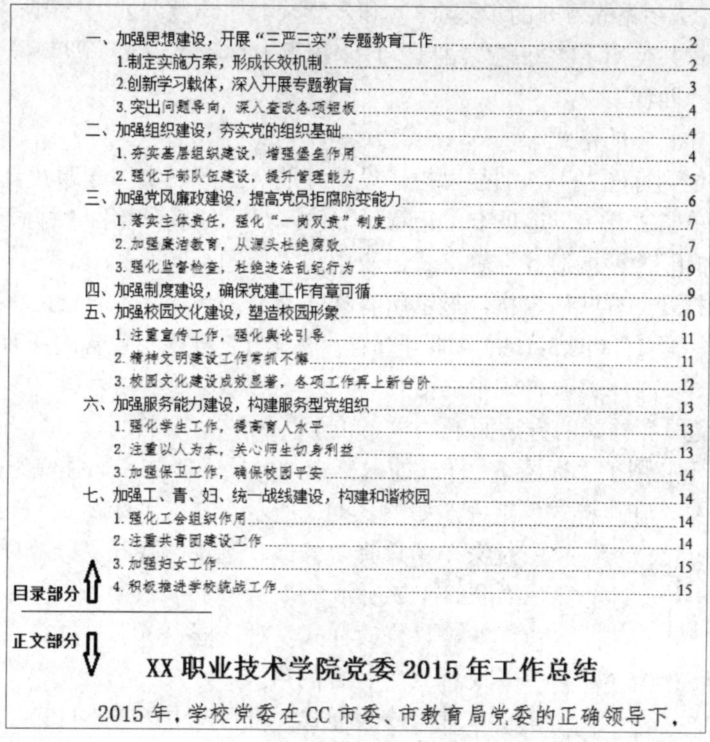

一、加强思想建设，开展“三严三实”专题教育工作……2
1.制定实施方案，形成长效机制……2
2.创新学习载体，深入开展专题教育……3
3.突出问题导向，深入查改各项短板……4
二、加强组织建设，夯实党的组织基础……4
1.夯实基层组织建设，增强堡垒作用……4
2.强化干部队伍建设，提升管理能力……5
三、加强党风廉政建设，提高党员拒腐防变能力……6
1.落实主体责任，强化“一岗双责”制度……7
2.加强廉洁教育，从源头杜绝腐败……7
3.强化监督检查，杜绝违法乱纪行为……9
四、加强制度建设，确保党建工作有章可循……9
五、加强校园文化建设，塑造校园形象……10
1.注重宣传工作，强化舆论引导……11
2.精神文明建设工作常抓不懈……11
3.校园文化建设成效显著，各项工作再上新台阶……12
六、加强服务能力建设，构建服务型党组织……13
1.强化学生工作，提高育人水平……13
2.注重以人为本，关心师生切身利益……13
3.加强保卫工作，确保校园平安……14
七、加强工、青、妇、统一战线建设，构建和谐校园……14
1.强化工会组织作用……14
2.注重共青团建设工作……14
3.加强妇女工作……15
4.积极推进学校统战工作……15

目录部分

正文部分

XX职业技术学院党委2015年工作总结

2015年，学校党委在CC市委、市教育局党委的正确领导下，

图 3-110　自动生成的文章目录（目录域）

（6）更新域

目录生成以后再修改文章，文章内的标题内容或标题所在的页码位置可能发生变化（例如，在标题“四、加强制度建设，确保党建工作有章可循”之下增加五行文字，其后的标题页码都会发生变化）。当发生这种情况时，目录的内容或页码就需要更新。可以采用以下方法更正目录。

方法一：删除目录域（TOC 域），重新插入目录域。

方法二：更新域目录域（TOC 域）；在域底纹上右击，在快捷菜单上选择“更新域”选项，打开“更新目录”对话框，如图 3-111 所示，选择其中某项（“只更新页码”“更新整个目录”），单击“确定”按钮，即可更新目录域。

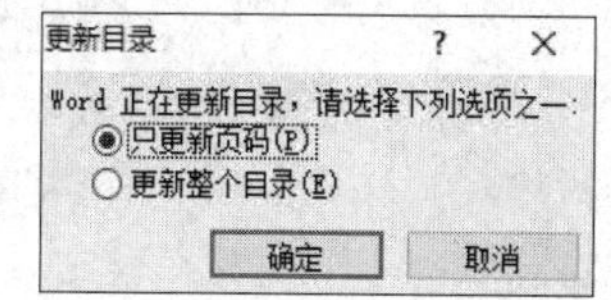

图 3-111　“更新目录”对话框

【练习 9】页面设置练习——样式的作用。

打开“Word 练习 17：页面格式—样式、目录”文档，请完成以下练习。

（1）应用标题样式

文字和段落在应用其他样式之前，默认的样式是“正文”样式。

将文章的总标题“××职业技术学院党委2015年工作总结”应用“标题”样式。

将标题“一、二、三……七”所在段落，应用“标题1”的样式，将阿拉伯数字“打头”的标题应用“标题2”样式。

（注意：方法参见练习8的步骤（3）和步骤（4），步骤（2）显示所有样式）

目前，文章共使用了“标题”“标题1”“标题2”和“正文”四种样式，即文章中的文字被分成“四样”。

（2）观察样式中的格式

将光标定位到标题“一、加强思想建设，开展“三严三实”专题教育工作”中。

方法一：单击“开始”选项卡，查看“字体”组、“段落”组、“样式”组，文字具有“二号”“加粗”“两端对齐”等格式，应用了“标题1”样式。

方法二：打开“样式”窗格，显示所有样式（方法参见练习8的步骤（2））；将鼠标指针指向“标题1”（图3-109），即可查看“标题1”样式中包含的所有格式。

（3）修改样式——修改样式中的格式

修改“标题1”样式的方法如下。

将光标置于应用了“标题1”样式的段落中，如置于“二、加强组织建设，夯实党的组织基础”中，在“样式”组中，如图3-112所示，右击“标题1”样式按钮，在快捷菜单中选择“修改”选项，打开“修改样式”对话框，如图3-113所示。

AaBl
标题 1

图3-112 “标题1”样式按钮

在“修改样式”对话框中（图3-113），观察样式的名称、样式中包含的格式。

在“修改样式”对话框中（图3-113），单击右下角的“格式”按钮，再选择“字体…”“段落…”等选项，打开“字体”“段落”等对话框，在“字体”“段落”等对话框中修改相应的格式（“字体”“段落”等对话框的使用方法参见任务1的练习6）。

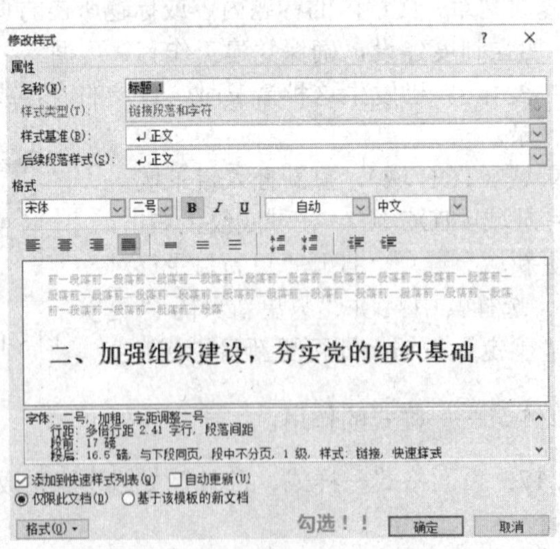

图3-113 “修改样式”对话框

例如，修改“标题 1”样式中“字体”格式：在“修改样式”对话框中（图 3-113），打开“字体”对话框，将字号修改为小二，字体颜色修改为红色，单击“确定”按钮，退出“字体”对话框。在“修改样式”对话框中勾选“自动更新”复选框，单击“确定”按钮，退出“修改样式”对话框。观察文章的标题，使用相同样式（“标题 1”样式）的文字将同步更新，字号都是“小二”、颜色都是“红色”。

修改“标题 2”样式的具体方法如下。

将光标置于“1.制定实施方案，形成长效机制”段落中（此段已经应用了“标题 2”样式）。

打开“修改样式”对话框，再打开“字体”对话框，将字体颜色修改为蓝色，单击“确定”按钮，退出“字体”对话框。再打开“段落”对话框，将对齐方式修改为居中，单击“确定”按钮，退出“段落”对话框。在“修改样式”对话框中勾选“自动更新”复选框，单击“确定”按钮，退出“修改样式”对话框。观察文章的标题，使用相同样式（“标题 2”样式）的文字将同步更新，字体颜色都是蓝色，段落对齐方式都是居中。

方法同上，修改“标题”样式。字号修改为小一号。

方法同上，修改“正文”样式。字体修改为楷体，字号修改为四号，段落格式修改为“首行缩进”。修改“正文”样式后，将“正文”样式应用于所有非标题段落。

（4）样式小结

首先，使用样式，可以将文章的内容从形式上分成“几样”；然后，通过修改样式（并“自动更新”），可以快速、统一修改“同一样式”的外观，实现自动化。

如练习 8 的步骤（3）所述：使用“标题”样式，可以为生成目录做好准备工作，还可以在“导航”窗格中按标题浏览文档（在“视图”选项卡中可以打开“导航”窗格），同时对文章的标题进行了格式化操作，是一举多得的操作。

【练习 10】邮件功能的使用。

打开“Word 练习 18：用于合并邮件的文档.docx”文档，请完成以下练习。

（1）链接到数据源，准备合并域

单击“邮件”选项卡，如图 3-114 所示（有些命令按钮“灰显”，即不可使用）。

单击“选择收件人”按钮，打开列表，在列表中选择“使用现有列表”选项，打开“选取数据源”对话框，找到“Word 练习 18：用于合并邮件的数据文件.xlsx”文件（此文件是数据源文件），双击此文件，打开“选择表格”对话框，如图 3-115 所示，单击“确定”按钮。至此，完成数据源与当前文档的链接（观察“邮件”选项卡发现，链接数据源之后，有些命令按钮由“灰显”变成“亮显”，即可以使用）。

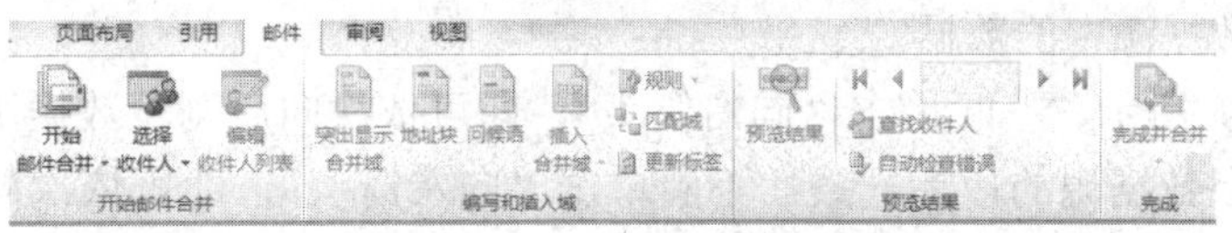

图 3-114　“邮件”选项卡的一部分

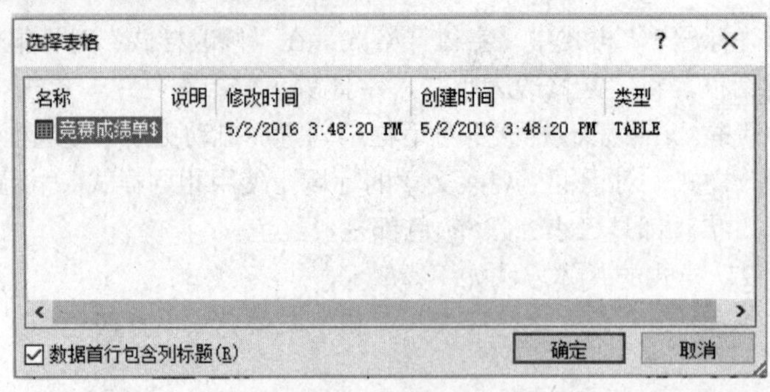

图 3-115 “选择表格”对话框

（2）插入“合并域”

将光标定位到“竞赛编号”之后的空白单元格中，单击“插入合并域”按钮（图 3-114），打开数据源中包含的所有合并域的列表，在列表中单击名称为“竞赛编号”的合并域，将“竞赛编号”合并域插入空白单元格，如图 3-116 所示（合并域以尖括号形式出现）。

XXXXX 竞赛-成绩通知单			
竞赛编号	«竞赛编号»	实际操作	
姓名		理论成绩	

图 3-116 将“竞赛编号”合并域插入空白单元格

类似地，将名称为“姓名”“性别”“实际操作”“理论成绩”“综合成绩”的合并域插入对应的空白单元格中。其结果如图 3-117 所示。

XXXXX 竞赛-成绩通知单			
竞赛编号	«竞赛编号»	实际操作	«实际操作»
姓名	«姓名»	理论成绩	«理论成绩»
性别	«性别»	综合成绩	«综合成绩»
XXXXX 竞赛组委会			

图 3-117 将合并域插入对应的空白单元格中

（3）在域代码与域结果之间切换

如图 3-114 所示，反复单击“预览结果”按钮，在域代码与域结果之间切换，所谓域结果就是显示数据源中的具体数据。

（4）浏览数据源中的数据

如图 3-114 所示，不断单击“向右箭头”，即可依次向后浏览数据源的每一条记录中的信息，直至数据源的最后一条；不断单击“向左箭头”，即可依次向前浏览数据源的每一条记录中的信息，直至数据源的第一条。

思考：怎样将“综合成绩”域的数值只显示小数点后两位数字？使用 ROUND 函数；格式为=ROUND（“综合成绩”域，2），即将域“嵌套”使用。

（5）完成邮件合并

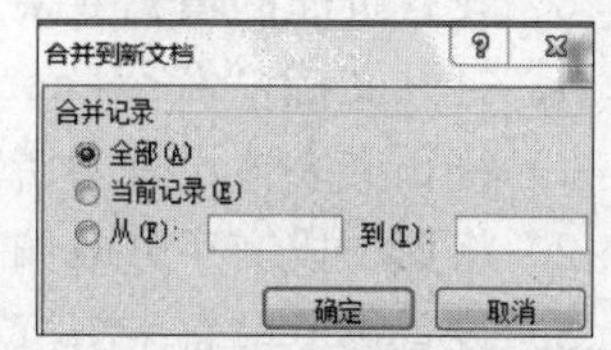

图 3-118 “合并到新文档”对话框

如图 3-114 所示，单击“完成并合并”按钮，打开列表，在列表中选择“编辑单个文档…”选项，打开“合并到新文档”对话框，如图 3-118 所示，单击“确定”按钮，Word 将自动生成一个新的文档。文档默认的名称为“信函 1”（或“标签 1”等）；新的文档内部用“分节符（下一页）”分界；每一节中的文字部分（包括表格、图形等）不变，即内容相同，“合并域”位置上的数据，在每一节中都是变化的（即在每一节中都是不一样的）。

综合练习 3

以下综合练习使用的素材在“项目 3 素材\综合练习文档及效果”文件夹中。

1．打开文档“word1.docx”，参看效果图，按要求完成以下操作。

1）将标题“《沁园春·长沙》”字体设置为隶书、加粗，字号设置为一号，居中显示，蓝色。

2）将“作者：毛泽东”的字体设置为楷体，字号设置为小三，文字右对齐加下画线。

3）将正文行距设置为 2.0 倍行距。

4）将正文各段落设置为首行缩进两个字符。

5）为段落“独立寒秋，湘江北去，橘子洲头……”设置为绿色、2.0 磅的双线边框，并设置段落正文与边框上下左右边距均为 10 磅。

6）为最后一段文字添加深蓝色的波浪下画线。

2．打开文档“word2.docx”，参看效果图，按要求完成以下操作。

1）将第一段文字的字体设置为仿宋，字号设置为小三。

2）将第一段设置为首字下沉三行。

3）将第二段字体设置为隶书，字号设置为四号，加绿色的双实线下画线。

4）设置第二段文字的行间距为 2.5 倍。

5）将第一段中的第一个“口语”二字更改为粗体，并添加底纹，底纹效果是红色填充 30%的红色杂点。

6）使用“格式刷”将第一段中的所有“口语”二字均更改为步骤 5）的效果。

3．打开文档“word3.docx”，参看效果图，按要求完成以下操作。

1）将标题“说话的技巧”字体设置为华文彩云，字号设置为二号，居中显示，红色。

2）将标题文字添加蓝色的双实线外框。

3）将正文部分的字体设置为楷体，字号设置为四号。

4）正文的第一段设置为左缩进 2 字符，行距设置为 18 磅。

5）正文的第二段设置为悬挂缩进 2 个字符；设置第二段段前间距一行；设置第二段行间距为单倍行距。

6）设置页面的填充效果为“纹理”中的“水滴”（第二行第一列）。

4．打开文档“word4.docx”，参看效果图，按要求完成以下操作。

1）将正文字体设置为楷体，字号设置为四号。

2）将第一段文字分成偏左的两栏，并添加分割线。

3）设置第一段首字下沉，下沉行数为“3”，将首字设置为蓝色。

4）设置第二段文字首行缩进两个字符，段落左缩进两个字符。

5）设置第二段文字的行间距为 1.5 倍，段前的间距和段后的间距均为 0.5 行。

6）插入素材图片“教师.jpg”，修改图片颜色，设为“预设”效果中的“冲浊”，艺术效果为发光边缘，位置为衬于文字下方，并将图片移动到第二段文字的下方。

5．打开文档“word5.docx”，参看效果图，按要求完成以下操作。

1）将标题文字“元旦”设置为隶书、橙色，设置字号为小初，“文本效果、渐变填充-橙色（四行二列）”、居中显示。

2）为标题文字“元旦”添加文本效果中的发光效果，效果为红色，18pt 发光，强调文字颜色 2（发光列表中的第四行第二列）。

3）将文本“元旦”作为水印插入文档，水印字体为华文彩云，颜色为红色，其他使用默认设置。

4）将正文各段设置为首行缩进两个字符，行间距为 22 磅。

5）设置正文字体为隶书，字号为四号，颜色为橙色。

6．参看效果图，按要求制作课程表。

1）新建一个 Word 文档，命名为“word6.docx”，并保存到本地磁盘中。

2）打开“word6.docx”文件，设置纸张方向为“横向”。

3）输入标题文字“课程表”，并设置字体为楷体，字号为二号，居中显示。

4）插入一个 9 行 7 列的表格，并按照图示效果，合并相关单元格、插入相应的斜线表头、输入相应的文字内容；文字“上午”“下午”所在单元格的文字方向设置为“垂直”。

5）设置表格中的文字的字体为黑体，字号为小四；第一行和“午间休息”行设置的底纹为黄色填充。

6）第一行行的高度设置为 1.8cm，“午间休息”行的行高为 1cm，其他行的行高为 1.3cm；设置前两列的列宽为 2cm，其他列列宽为 3cm。

7）表格框线的要求：表格边框线为 3.0 磅“粗、细双实线”，颜色为蓝色，表内线为 0.75 磅细实线，颜色为黑色；第一行的下框线和第五行的上、下框线为 1.5 磅双实线，表格左上角的斜线为 1.5 磅的粗实线，颜色为黑色。

7．打开文档“word7.docx”，参看效果图，按要求制作红头文件。

1）“×××红头文件”以上的文字为黑体、三号、加粗，并按照图中所示靠两端对齐（提示：文字在表中，表格无框线）。

2）文字“×××红头文件”为宋体、红色、48 磅、加粗、居中对齐。

3）文字“×××〔2015〕128 号”为宋体、三号、居中对齐。

4）文字“×××〔2015〕128 号”段落后，插入形状横线，并设置为红色，粗细为 3 磅。

5）文字“关于××××××××的通知”为宋体、小二号、加粗、居中对齐。

6）其余文字为隶书、三号。

7）“二〇一五年十二月一日”“（×××签章）”两个段落右对齐。

8）文字“主题词”为黑体、加粗。

9）“主题词”“抄送”“2015年12月5日印发”三个段落后，插入形状“横线”。

8．参看效果图，输入数学公式。

在文档中，数学公式的输入方法参见任务3的练习7或练习9。

建立文档，将文档命名为“word8.docx”，在其中输入公式，并保存到本地磁盘中。

9．打开文档“word9.docx”，参看效果图，按要求完成以下操作。

1）标题“雪崩de特点”设置为居中对齐、华文彩云、蓝色、初号。

2）将正文字体设置为宋体、三号；设置正文各段首行缩进两个字符。

3）页面设置为横向。

4）给文章增加水印“雪崩”，字号为105、颜色为蓝色。

5）在页脚插入日期值，引用中文的自动日期值，页脚字体设置为加粗、四号字、蓝色。

6）页眉中插入一个“形状”（星与旗帜），并添加文字“科普知识-雪崩”。

10．参照提供的效果图，绘制一个“E-R图”。

在文档中，“图形”的输入方法参见“任务3的练习3”。

建立文档，将文档命名为“word10.docx”，在其中输入“E-R图”，并保存到本地磁盘中。

11．制作荣誉证书模版，并批量生成荣誉证书。

打开文档“word11（荣誉证书）.docx”，参照提供的效果图，完成以下操作。

荣誉证书模版制作过程：

1）页面横向，标题“荣誉证书”的格式为隶书、小初、红色、居中对齐。

2）标题下的段落首行缩进两个字符，段前、段后间距四行，字体为楷体，字号为小一。

3）“公共教学部”及“2015-12-18”两段右对齐，字体为楷体，字号为小一。

4）将“兰花.png”图片作为水印，添加到文档中。

5）使用“艺术字”和“图形”功能，制作印章。

批量生成荣誉证书：使用提供的数据（见“word11（荣誉证书需要的数据）.docx”），结合步骤1）～5）中制作的“荣誉证书模版”（即“word11（荣誉证书）.docx”），应用“邮件”功能，批量生成荣誉证书。操作方法参见任务4的练习10。

12．按照效果图制作卡片。

打开文档“word12.docx”，使用文档中提供的文字，完成以下操作。

1）插入圆角矩形，设置边框粗细为15磅，设置线型为复合类型。

2）给圆角矩形框填充颜色，使用渐变填充、类型为线性填充、方向为左上到右下，背景预设颜色为碧海蓝天（或者根据个人爱好自己定义）。

3）插入图片“兰花.png”设置图片样式为“棱台形椭圆”。

4）插入垂直文本框，输入文档中提供的文字，设置文字的字体为微软雅黑，字号为11.5磅。

5）将圆角矩形框、图片、文本框调整到合适位置，如效果图所示。

13．按要求制作艺术字。

1）打开文档“word13.docx”。

2）插入艺术字，输入内容“我爱兰花”，设置文字方向为“纵向”。

3）设置“我爱”的格式：文本填充为无，文本轮廓为深红，字号为初号。

4）设置“兰花”的格式：文本填充为蓝，文本轮廓为无轮廓，字体为隶书，字号为小初。

5）设置艺术字的文字文本效果为“影像”→“紧密影像”。

14．使用图形和艺术字，参照效果图，完成标志的制作。

新建文档，将文档命名为“word14.docx”，在其中完成标志的制作，并保存到本地磁盘中。其操作方法参见任务3的练习8。

15．使用表格功能，参照效果图，制作中国象棋棋盘。

新建文档，将文档命名为“word15.docx”，在其中制作中国象棋棋盘，并保存到本地磁盘中。

表格的线型、颜色、粗细大致与效果图相同。

16．根据效果图，制作目录。

1）打开文档“word16.docx”。

2）使用“样式”功能，定义目录级别。（或进入大纲视图，给各级标题设定大纲级别）

3）使用目录功能，自动生成目录。

4）在生成的目录上右击，通过使用“更新域”“编辑域”“切换域代码”等命令，深入了解域的概念，并进一步学会使用域。

其操作方法参见任务4的练习8。

17．根据效果图，制作表格。

新建文档，将文档命名为“word17.docx”，在其中制作表格，并保存到本地磁盘中。

表格的线型、颜色、粗细大致与效果图相同。

效果图包括word17-1效果图.png、word17-2效果图.png、word17-3效果图.png。

18．根据效果图，制作图形“对象”。

新建文档，将文档命名为“word18.docx”，在其中制作“对象”，并保存到本地磁盘中。

效果图包括word18-1效果图.png、word18-2效果图.png、word18-3效果图.png、word18-4效果图.png、线条.jpg、长方体图形.jpg等。

19．根据效果图，利用表格的布局功能演示“短除法”。

新建文档，将文档命名为“word19表格是布局的工具（短除法）.docx”，在其中利用表格的布局功能演示“短除法”，并保存到本地磁盘中。

效果图为word19表格是布局的工具（短除法）-结果.png。

20．根据效果图，制作个人简历。

新建文档，将文档命名为“word20制作个人简历.docx”，在其中根据效果图制作个

人简历，并保存到本地磁盘中。

效果图：word20 简历-效果图.jpg。

21．根据效果图，制作考核登记表（跨页表格）。

新建文档，将文档命名为“word21 考核登记表.docx”，在其中根据效果图制作考核登记表，并保存到本地磁盘中。

效果图包括 word21 考核登记表（第一页）-效果图.jpg、word21 考核登记表（第二页）-效果图.jpg。

考　核　3

以下考核使用的素材在“项目 3 素材\考核文档及效果”文件夹中。

1．打开文档“Word 考核 1.docx”，按要求完成文档排版，并保存文件。

1）页面设置。上、下页边距均为 2cm，左、右页边距均为 2.5cm。

（更改度量单位的方法：单击“文件”选项卡→“选项”→“高级”→“显示”→“度量单位”，不勾选“以字符宽度为度量单位”复选框。）

装订线为 0.5cm，装订线位置为上。纸张大小为 B5（JIS），应用于整篇文档。

2）编辑文档的第一页。

① 字体设置。第一页文本字体为楷体，字号为四号。第二段的文字加双实线下划线，下划线颜色为标准色中的蓝色；结果参照样图-1（图 3-119）。

② 段落设置。第一页各段缩进 0.74cm，行距为最小值 28 磅。第二段段前间距为自动。

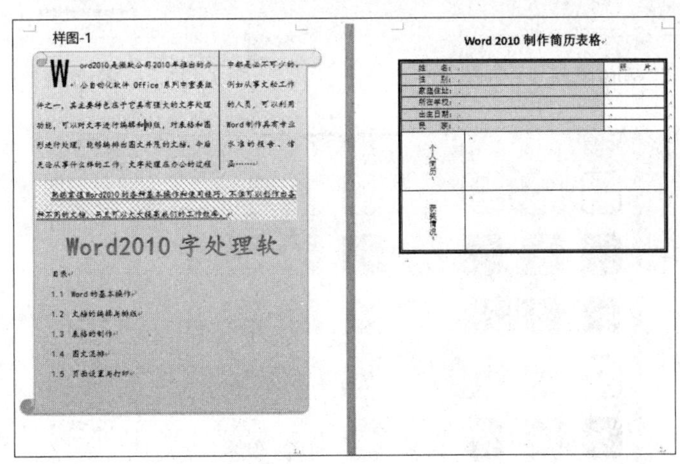

图 3-119　（Word 考核 1）样图-1

③ 首字下沉。设置第一段首字下沉，下沉两行，距正文 0.5cm。

④ 分栏。将第一段分成偏右两栏，左侧栏宽度为 9cm，栏间距为 0.75cm，加分隔符。

⑤ 底纹。参照样图-1（图 3-119）为第二段添加底纹，图案样式为“浅色下划线”，图案颜色为标准中的浅绿。

⑥ 多级列表。为第一页的后五段添加多级列表符号，样式参照样图-2（图 3-120）。

⑦ 艺术字。在文档第一段中插入艺术字，选用艺术字库中第四行第二列样式。

艺术字内容为“Word 2010 字处理软件”，参照样图-1（图 3-119）适当调整艺术字的大小和位置，自动换行为“上、下型环绕”。

⑧ 自选图形。插入“形状—星与旗帜—竖卷型（第二行第五个）”，自动换行为“衬于文字下方”，参照样图-1（图 3-119）适当调整图形的大小和位置。

参照样图-4（图 3-122），设置图形的形状样式为“细微效果-橙色，强调颜色 6”。

3）编辑第二页表格。

① 参照样图-1（图 3-119），将表格第一、二列前六行单元格左、右合并。

② 将表格外框线设置为样图-3（图 3-121）所示的线型。

4）设置页码。

在该文档的页面底端插入“普通数字 3”页码，保存该文件。

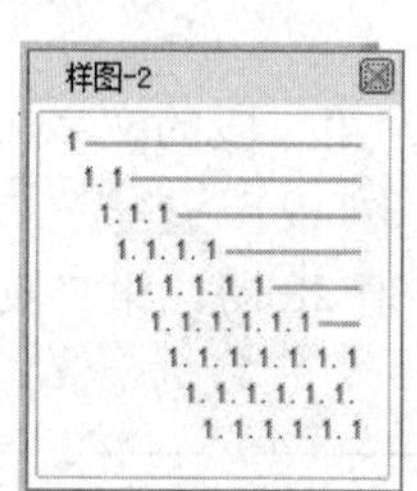

图 3-120 （Word 考核 1）样图-2

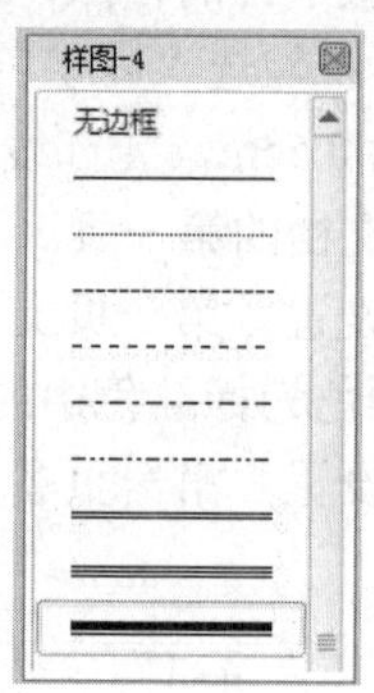

图 3-121 （Word 考核 1）样图-3

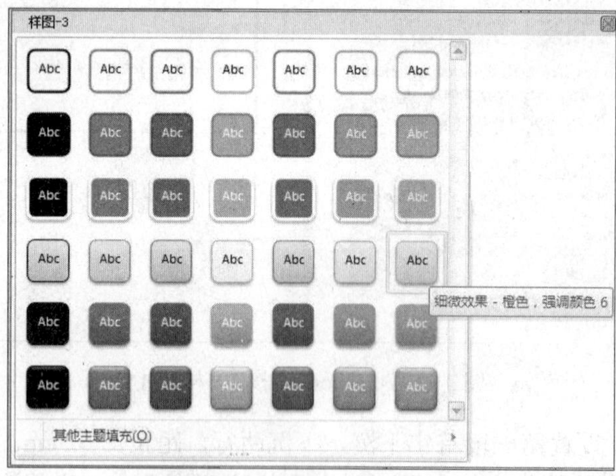

图 3-122 （Word 考核 1）样图-4

2．打开文档“Word 考核 2.docx”，按要求完成文档排版，并保存文件。

1）页面设置。上、下、左、右页边距均为2.5cm，纸张方向为横向，应用于整篇文档。

2）编辑第1页文档。

① 字体设置。第二、四、六段字体为黑体，字号为小四，加着重号，字符间距加宽1磅，结果参照样图-1（图3-123）。

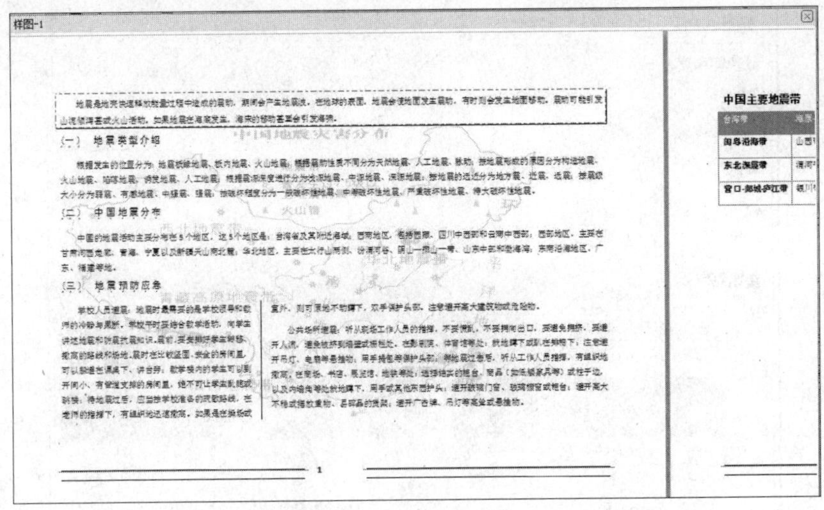

图3-123　（Word 考核 2）样图-1

② 段落设置。第一、三、五、七段首行缩进两个字符，行距为1.2倍。

③ 边框和底纹。第一段添加如样图-2（图3-124）所示的点划线阴影框线，线框颜色为标准中的蓝色，宽度为1.5磅。

④ 编号。第二、四、六段添加如样图-3（图3-125）所示的编号。

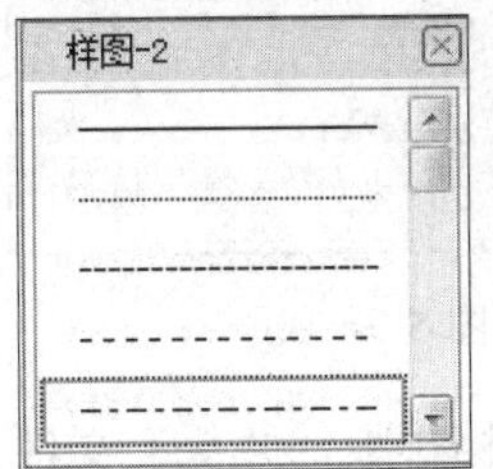

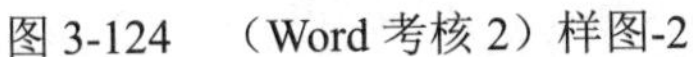

图3-124　（Word 考核 2）样图-2

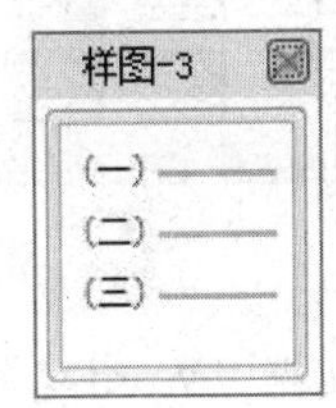

图3-125　（Word 考核 2）样图-3

⑤ 分栏。将第七、八段分成栏宽不相等的两栏，右侧栏宽为23字符，栏间距为2.5字符，加分割线。

⑥ 图片。在文档第一页插入图片“地震分布图.jpg”（图片所在文件夹为“项目 3 素材”），将其自动换行设置为“衬于文字下方”；图片高度为13cm，宽度24cm，适当调整图片位置。

参照样图-4（图3-126），设置图片的颜色为“重新着色”→“冲蚀”。

3）编辑第二页表格。

① 参照样图-5（图 3-127），设置整个表格样式为“内置”→“浅色列表-强调文字颜色 1”。

② 表格所有行指定高度为 1cm。

4）页脚设置。

在文档中插入“内置”→“传统型”页脚，保存文档。

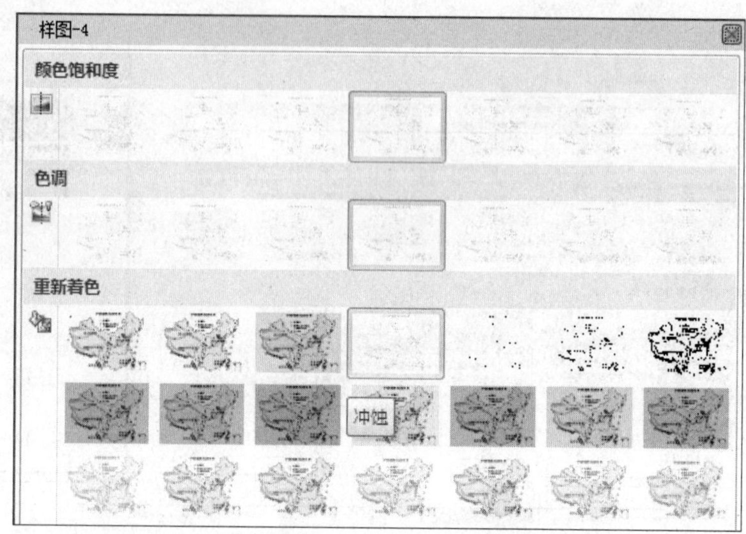

图 3-126 （Word 考核 2）样图-4

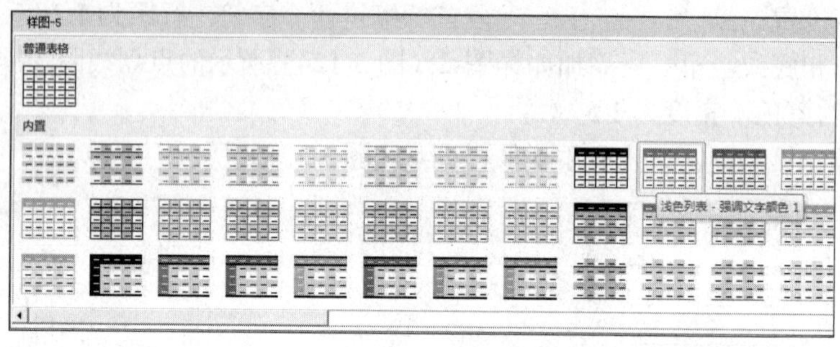

图 3-127 （Word 考核 2）样图-5

3．打开文档“Word 考核 3.docx”，按要求完成文档排版，并保存文件。

1）编辑文档的第一页。

① 字体设置：第一页文本均为小四号字。

② 段落设置：第一页各段首行缩进两个字符，行距为 1.3 倍。

③ 底纹：参照样图-1（图 3-128），为第二、四、六段中的文字添加底纹颜色，底纹填充色为标准色中的橙色。

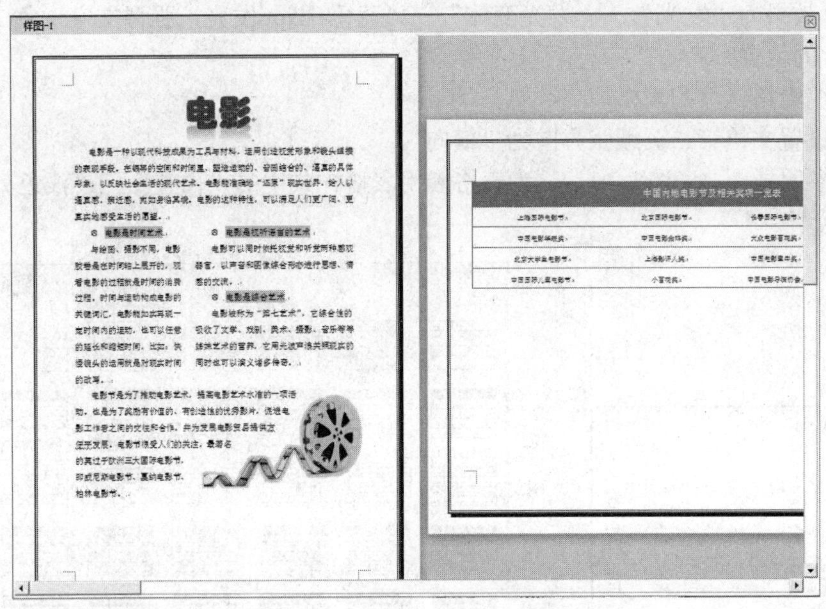

图 3-128　（Word 考核 3）样图-1

④ 项目符号：为第二、四、六段添加如样图-2（图 3-129）所示的项目符号。

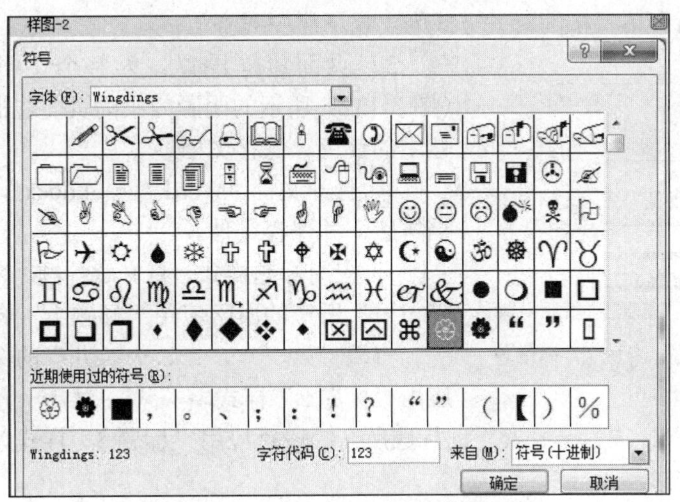

图 3-129　（Word 考核 3）样图-2

⑤ 分栏：将第二至七段分成偏左两栏，第一栏的栏宽 15 字符。

⑥ 艺术字：在文档第一段中插入艺术字，选用艺术字库中第六行第五列样式，艺术字内容为“电影”，字体为华文琥珀，字号为 48，自动换行为“上下型环绕”，适当调整艺术字的位置；艺术字文本填充色为标准色中的紫色。

⑦ 图片：在文档第一页中插入“电影.png”图片（图片所在文件夹为“项目 3 素材”），其自动换行为“紧密型环绕”；图片高度为 130 磅，宽度为 230 磅；参照样图-3（图 3-130）

设置图片效果为“发光”→“发光变体”→“蓝色，5pt 发光，强调文字颜色 1”，适当调整图片的位置。

2）编辑第二页的表格。

① 设置文档第二页纸张方向为“横向”。

② 参照样图-4（图 3-131），为表格套用表格样式中的“内置”→“浅色列表-强调文字颜色 4”。

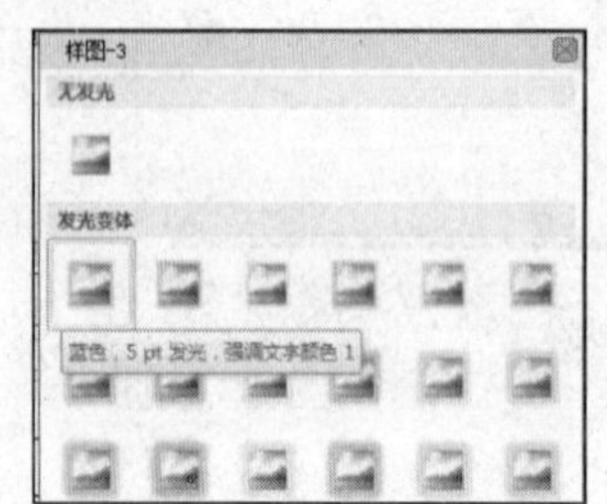

图 3-130 （Word 考核 3）样图-3

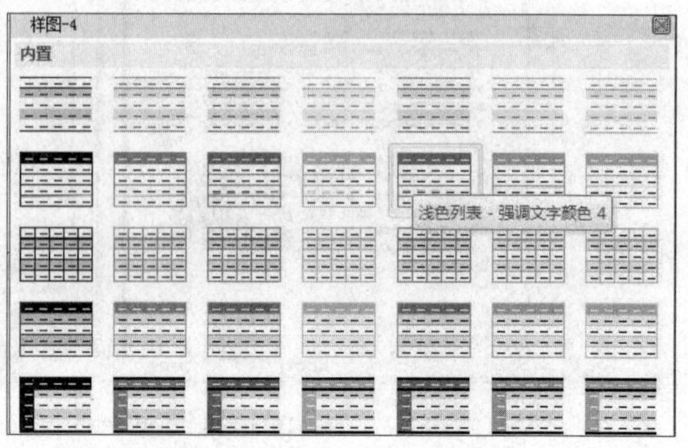

图 3-131 （Word 考核 3）样图-4

③ 设置所有单元格的对齐方式为“靠下居中对齐”。

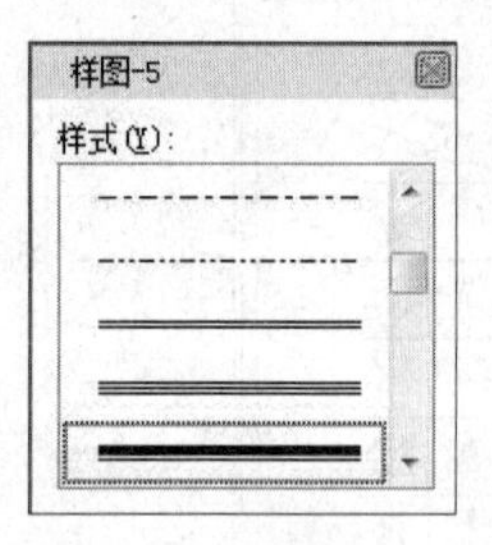

图 3-132 （Word 考核 3）样图-5

3）页面边框设置。为整个文档添加如样图-5（图 3-132）所示的阴影效果的页面边框，颜色为标准色中的紫色。保存文档。

4．打开文档“Word 考核 4.docx”，按要求完成文档排版，并保存文件。

1）应用标题样式。将文章标题“××职业技术学院……”所在的段落应用“标题 1”样式。

将编号为“一、二、…、九”的标题所在的段落应用“标题 2”样式。

将编号为“1、2、…、26”的标题所在的段落应用“标题 3”样式。

2）修改样式。

修改“标题 2”样式，字号修改为小三、文字颜色修改为蓝色，自动更新样式。

修改“标题 3”样式，字号修改为四号、文字颜色修改为绿色，自动更新样式。

3）生成文章目录。将光标置于文章标题“××职业技术学院……”之前的空白行。

单击“引用”选项卡，单击“目录”按钮，选择“插入目录……”选项，打开“目录”对话框，默认其中的设置，单击“确定”按钮，即可插入目录。

文章最终排版结果的第一和第二页如图 3-133 所示。

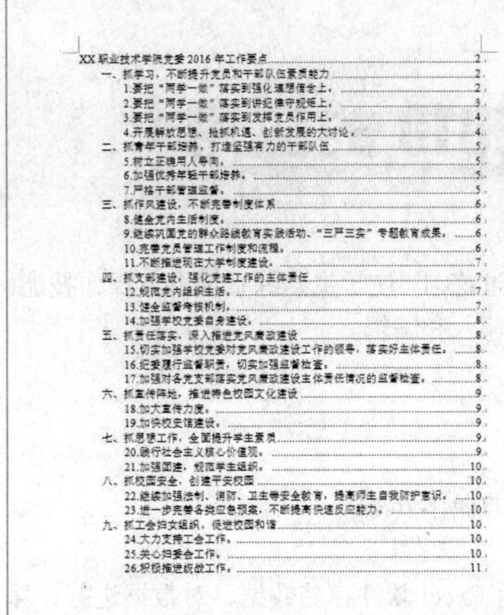

XX 职业技术学院党委 2016 年工作要点

2016 学校党委工作要坚持以党的十八大及四中、五中全会和习近平总书记系列重要讲话精神为指导，以贯彻落实市委重大决策部署和党建工作为主线，深入开展解放思想创新发展大讨论，以落实“两学一做”为重点，以加强管理和服务体系建设为着力点，扎实工作、求实创新，不断开创学校党建工作新局面，为学校“十三五”规划的顺利实施、推进“世界一流”的高职院校建设提供坚强动力和可靠保障。

一、抓学习，不断提升党员和干部队伍素质能力

今年，中央决定要在全党开展以“深入学习党章党规，深入学习习近平总书记系列重要讲话，做合格的共产党员”学习教育。这是继党的群众路线教育实践活动、“三严三实”专题教育之后，深化党内教育的又一次重要实践，也是面向全体党员从集中性教育活动向经常性教育延伸的重要举措。

1.要把“两学一做”落实到强化理想信念上。

习近平总书记强调指出，理想信念是共产党人的精神之“钙”，必须加强思想政治建设，解决好世界观、人生观、价值观这个“总

图 3-133　“Word 考核 4.docx”最终排版结果的第一和第二页

提示：关于标题样式的应用以及生成目录的操作，详细操作方法见“任务 4 的练习 8”。

5．新建文档，在其中按要求完成图形制作，并按指定名称保存文件。

1）打开图片文件。打开文件“Word 考核 5-结果（形状对象的使用）.png”。

2）在文档中制作图形。仿照打开的图片文件，在新建的 Word 文档中制作图形。

3）保存文档。使用名称为“Word 考核 5-结果（形状对象的使用）”，扩展名为“.docx”，保存 Word 文档。

项目 4　Excel 2010 的应用

本项目要求学生掌握 Excel 软件的使用。通过练习，使学生熟练掌握以下操作技能。

1）掌握 Excel 2010 的启动与退出，数据的输入和编辑。

2）掌握工作表的格式化。

3）掌握公式和常用函数的使用。

4）掌握图表的创建、编辑和格式化。

5）掌握对数据进行排序、筛选和分类汇总的操作方法。

6）掌握数据透视表的应用。

通过本项目的学习，要求学生达到熟练使用 Excel 软件存储数据、对数据进行计算以及数据的汇总与分析的水平。

任务 1　工作表格式化

任务目的

通过本任务的练习，提高学生使用 Excel 2010 建立工作表的技能，熟练掌握对工作表的格式化操作。

任务内容

本任务完成 Excel 工作表的建立、保存，以及对工作表的格式化，设置数据有效性等操作，主要使用“开始”选项卡完成各项操作，其中设置数据有效性的操作需要使用“数据”选项卡中的“数据工具”组。

任务练习

【练习 1】创建并格式化个人财政预算表。

【操作步骤】

1）启动 Excel 2010，进入其工作窗口，保存工作簿文件 Book1 到 D 盘“任务 1”文件夹下，命名为“任务 1-练习 1.xlsx”。

2）在工作表“Sheet1”中输入如图 4-1 所示的内容。

3）自动填充有规律的数据：在单元格区域 C6:E6 输入“一月”～“三月”，在单元格区域 A7:A13 输入数字 1～7。

4）设置表中所有数字为会计数字格式（中文）。

	A	B	C	D	E	F
1	第一季度个人财政预算					
2	（食品开销除外）					
3						
4			每月净收入	6475		
5						
6	序号	分类				季度合计
7		房租	1500	1500	1500	
8		电话	154.3	129.2	178.1	
9		电费	346.8	356.1	413.2	
10		汽车燃油	1200	1100	1320	
11		汽车保险	320			
12		有线电视	60	60	60	
13		零散花费	2400	2600	2100	
14						
15		每月支出				
16						
17		节余				

图 4-1　工作表 Sheet1

5）将单元格区域 A1:F1 合并，数据居中对齐，字体为黑体，字号为 20 磅。

6）将单元格区域 A2:F2 合并，数据居中对齐，字体为黑体，字号为 14 磅。

7）设置表中除了数字之外的数据的对齐方式为居中。

8）设置单元格区域 B17:F17 填充色为标准颜色中的绿色。

9）在第一行前面插入一行，在第一列前面插入一列。

10）设置第 4～18 行的行高为 18，设置 D～G 列的列宽为 12。

11）将工作表 Sheet1 重命名为“个人财政预算”。

12）参照效果图为工作表添加框线。

13）保存文件。

该练习完成效果如图 4-2 所示。

	A	B	C	D	E	F	G	H
1								
2		第一季度个人财政预算						
3		（食品开销除外）						
4								
5				每月净收入	¥ 6,475.00			
6								
7		序号	分类	一月	二月	三月	季度合计	
8		1	房租	¥ 1,500.00	¥ 1,500.00	¥ 1,500.00		
9		2	电话	¥ 154.30	¥ 129.20	¥ 178.10		
10		3	电费	¥ 346.80	¥ 356.10	¥ 413.20		
11		4	汽车燃油	¥ 1,200.00	¥ 1,100.00	¥ 1,320.00		
12		5	汽车保险	¥ 320.00				
13		6	有线电视	¥ 60.00	¥ 60.00	¥ 60.00		
14		7	零散花费	¥ 2,400.00	¥ 2,600.00	¥ 2,100.00		
15								
16			每月支出					
17								
18			节余					
19								

图 4-2　练习 1 效果图

【练习 2】创建并格式化考勤表。

【操作步骤】

1）新建 Excel 工作簿，保存文件到 D 盘“任务 1”文件夹下，命名为“任务 1-练习 2.xlsx”。

2）将工作表“Sheet1”重命名为“汽车检测专业 5 月考勤”，在该表中输入如图 4-3 所示的内容。

3）合并单元格区域 A1:E1，并设置内容居中，字体为隶书，字号为 18 磅。

4）合并单元格区域 A2:B2、A3:B3、A4:A8、A9:B9、A10:B10，设置内容对齐方式为水平居中、垂直居中，并设置单元格区域 A4：A8 文字方向为竖排文字。

5）自动填充有规律的数据：在单元格区域 C2:E2 中输入数据“1 班”～“3 班”；在单元格区域 B4:B8 中输入数据“星期一”～“星期五”。

6）设置单元格区域 C3:E9 为数值，保留 0 位小数。

7）设置第 2～10 行的行高为 22，C～E 的列宽为 20。

8）设置单元格区域 A2:E10 的格式如下：

① 添加框线：内部黑色细实线、上下外框线为粗实线（颜色为标准颜色中的深红色）、左右无外框线。

② 设置该区域内所有内容的对齐方式为水平居中。

9）保存文件。

该练习完成效果如图 4-4 所示。

	A	B	C	D	E
1	汽车检测专业5月考勤表-1				
2	项目				
3	应到人数		35	32	34
4	实到人数		35	30	34
5			34	31	32
6			35	31	33
7			32	32	34
8			33	31	33
9	总签到人次				
10	总出勤率				

图 4-3　汽车检测专业 5 月考勤表

	A	B	C	D	E
1	汽车检测专业5月考勤表-1				
2	项目		1班	2班	3班
3	应到人数		35	32	34
4	实到人数	星期一	35	30	34
5		星期二	34	31	32
6		星期三	35	31	33
7		星期四	32	32	34
8		星期五	33	31	33
9	总签到人次				
10	总出勤率				

图 4-4　练习 2 效果图

【练习 3】格式化职员信息表。

【操作步骤】

1）打开项目 4 素材文件“任务 1.xlsx”，将工作表“职员信息”设置为当前工作表。

2）将“部门”一列移到“员工编号”一列之前。

3）在“部门”一列之前插入“序号”列，输入序号 1～18。

4）清除表格中序号为 9 的一行的内容。

5）第一行格式设置：字体为隶书，字号为 20 磅，合并居中，行高为 30。

第二行格式设置：字体为楷体，加粗；字体颜色为红色；字号为 14 磅；填充颜色为黄色。

6）数据对齐方式：“工资”一列的数据右对齐；表头和其余各列居中。

7）“工资”一列的数据应用货币格式。

8）“部门”一列中所有“市场部”单元格的图案颜色为白色，背景 1，深色 50%，图案样式为“细 逆对角线 条纹”。

9）设置除了第一行之外所有行的行高为 20。

10）参照效果图为工作表添加相应的边框。

11）保存文件。

该练习完成效果如图 4-5 所示。

	A	B	C	D	E	F	G	H	I
1	职员信息表								
2	序号	部门	员工编号	姓名	性别	年龄	籍贯	工龄	工资
3	1	开发部	K12	朱强	男	30	陕西	5	¥ 3,500.00
4	2	测试部	C24	任齐赠	男	32	江西	4	¥ 5,200.00
5	3	文档部	W24	张金龙	女	24	河北	2	¥ 4,200.00
6	4	市场部	S21	赵洪亮	男	26	山东	4	¥ 4,000.00
7	5	市场部	S20	何洪兴	女	25	江西	2	¥ 3,700.00
8	6	开发部	K01	雷柱文	女	26	湖南	2	¥ 3,000.00
9	7	文档部	W08	马帅	男	24	广东	1	¥ 5,000.00
10	8	测试部	C04	荣冰洁	男	22	上海	5	¥ 4,200.00
11	10	市场部	S14	徐盼	女	24	山东	4	¥ 5,000.00
12	11	市场部	S22	安亚博	女	25	北京	2	¥ 4,200.00
13	12	测试部	C16	刘庆强	男	28	湖北	4	¥ 4,100.00
14	13	文档部	W04	王允	男	32	山西	3	¥ 3,900.00
15	14	开发部	K02	李威	男	36	陕西	6	¥ 4,000.00
16	15	测试部	C29	李浩	女	25	江西	5	¥ 4,900.00
17	16	开发部	K11	武晨曦	女	25	辽宁	3	¥ 3,700.00
18	17	市场部	S17	解迪	男	26	四川	5	¥ 4,600.00
19	18	文档部	W18	雷宇	女	24	江苏	2	¥ 5,400.00

图 4-5　练习 3 效果图

【练习 4】格式化天气预报表。

【操作步骤】

1）打开项目 4 素材文件“任务 1.xlsx”，将工作表“天气预报”设置为当前工作表。

2）将单元格区域 A1:F1 合并居中，字体颜色为标准颜色中的蓝色，字体为宋体，文字加粗，字号为 22 磅。

3）设置温度保留一位小数。

4）所有日期单元格内容居中，并设置格式为“六月一日”的形式，填充背景颜色为标准颜色中的黄色。

5）将单元格区域 A4:A7 合并，内容横向、纵向都居中，文字方向为竖排文字，将单元格区域 A8:A11 做同样的设置。

6）设置单元格区域 A4:F7 的背景颜色为标准颜色中的浅绿色，单元格区域 A8：F11 的背景颜色为标准颜色中的橙色。

7）为表格添加细实线边框线，颜色为标准颜色中的红色。

8）设置第一行的行高为 30，2～11 行的行高为 17，A～F 列的列宽为 10。

9）保存文件。

该练习完成效果如图 4-6 所示。

	A	B	C	D	E	F
1	2015年北京天气预报					
2						
3			六月一日	六月二日	六月三日	六月四日
4	白天	最高温度	27.0	25.0	24.0	25.0
5		最低温度	25.0	24.0	23.0	24.0
6		风向	偏东	偏东	偏南	偏南
7		风力	二级	三级	一级	二级
8	黑夜	最高温度	25.0	24.0	23.0	24.0
9		最低温度	23.0	23.0	21.0	23.0
10		风向	偏东	偏东	偏南	偏南
11		风力	三级	二级	二级	一级

图 4-6　练习 4 效果图

【练习 5】创建并格式化学生成绩表。

【操作步骤】

1）新建 Excel 工作簿文件，保存到 D 盘“任务 1”文件夹下，命名为“任务 1-练习 5.xlsx”。

2）将工作表“Sheet1”重命名为“0501 班成绩”，在该工作表中输入如图 4-7 所示的内容。

	A	B	C	D	E	F
1	姓名	英语	计算机	数学	总分	平均分
2	王强	56	67	81		
3	侯南	78	76	90		
4	张玉	90	83	95		
5	刘扬	57	69	90		
6	杨易	88	89	87		
7	李政	93	90	74		
8	胡跃明	62	52	65		
9	张博	67	78	80		
10	李明阳	76	90	76		
11	付中华	83	57	85		
12	陈全锋	69	88	70		
13	吴永红	89	93	85		
14	朱强	90	62	51		
15	任齐赠	52	67	83		
16						
17	平均分					
18	最高分					
19	最低分					

图 4-7　0501 班成绩表

3）在第一行前面插入一行，在 A1 单元格中，输入内容“0501 班期末成绩表”。

4）在第一列前面插入一列，在 A2 单元格中，输入内容“学号”。利用自动填充方式在单元格区域 A3:A16 输入学号“050101”～“050114”。

5）合并单元格区域 A1:G1，设置内容居中对齐，字体为隶书，字号为 18 磅，字体颜色为红色。

6）合并单元格区域 A18:C18、A19:C19、A20:C20，设置内容居中对齐，文字加粗。

7）设置三门课程的分数均保留一位小数。

8）为单元格区域 A2:G20 添加田字格框线，并添加粗实线外框线。

9）设置单元格区域 A2:G2 内容水平居中对齐，图案颜色为标准颜色中的绿色，图案样式为“细 逆对角线 条纹”。

10）在 B 列后面插入一列，在 C2 单元格中输入“学院”，设置单元格区域 C3:C16 的数据有效性，并输入“学院”列数据，如图 4-8 所示。

	A	B	C	D	E	F	G	H
1	0501班期末成绩表							
2	学号	姓名	学院	英语	计算机	数学	总分	平均分
3	050101	王强	汽车营销学院	56.0	67.0	81.0		
4	050102	侯南	[illegible]	78.0	76.0	90.0		
5	050103	张玉	汽车营销学院	90.0	83.0	95.0		
6	050104	刘扬	机械工程学院	57.0	69.0	90.0		
7	050105	杨易	汽车工程学院	88.0	89.0	87.0		
8	050106	李政	汽车工程学院	93.0	90.0	74.0		
9	050107	胡跃明	汽车营销学院	62.0	52.0	65.0		
10	050108	张博	汽车营销学院	67.0	78.0	80.0		
11	050109	李明阳	机械工程学院	76.0	90.0	76.0		
12	050110	付中华	汽车工程学院	83.0	57.0	85.0		
13	050111	陈全锋	汽车营销学院	69.0	88.0	70.0		
14	050112	吴永红	汽车营销学院	89.0	93.0	85.0		
15	050113	朱强	机械工程学院	90.0	62.0	51.0		
16	050114	任齐赠	汽车工程学院	52.0	67.0	83.0		

（下拉列表：汽车营销学院 / 汽车工程学院 / 机械工程学院）

图 4-8 练习 5 效果图 1

11）设置第 2～16 行的行高为 18，C 列的列宽为 12。

12）使用条件格式将三门课程的成绩低于 60 分的数据格式设置为“浅红色填充色深红色文本”。

13）保存文件。

该练习完成效果如图 4-9 所示。

	A	B	C	D	E	F	G	H
1	0501班期末成绩表							
2	学号	姓名	学院	英语	计算机	数学	总分	平均分
3	050101	王强	汽车营销学院	56.0	67.0	81.0		
4	050102	侯南	汽车工程学院	78.0	76.0	90.0		
5	050103	张玉	汽车营销学院	90.0	83.0	95.0		
6	050104	刘扬	机械工程学院	57.0	69.0	90.0		
7	050105	杨易	汽车工程学院	88.0	89.0	87.0		
8	050106	李政	汽车工程学院	93.0	90.0	74.0		
9	050107	胡跃明	汽车营销学院	62.0	52.0	65.0		
10	050108	张博	汽车工程学院	67.0	78.0	80.0		
11	050109	李明阳	机械工程学院	76.0	90.0	76.0		
12	050110	付中华	汽车工程学院	83.0	57.0	85.0		
13	050111	陈全锋	汽车营销学院	69.0	88.0	70.0		
14	050112	吴永红	汽车营销学院	89.0	93.0	85.0		
15	050113	朱强	机械工程学院	90.0	62.0	51.0		
16	050114	任齐赠	汽车工程学院	52.0	67.0	83.0		
17								
18	平均分							
19	最高分							
20	最低分							

图 4-9 练习 5 效果图 2

【练习 6】格式化成绩表。

【操作步骤】

1）打开项目 4 素材文件“任务 1.xlsx”，复制工作表“期末成绩”，命名为“格式化成绩表”。

2）删除表中第 6 行。

3）将单元格 A1 字体设置为华文彩云、字号为 24 磅，并将单元格区域 A1:H1 合并居中。

4）在单元格 E22 中输入内容“制表日期:”，在单元格 G22 中输入“2015/12/29”，合并单元格区域 E22:F22 和 G22:H22，并设置字体为隶书，文字加粗、倾斜，字号为 12 磅，对齐方式为右对齐，设置单元格 G22 数字格式为长日期格式。

5）设置表中前两列的列宽为 10，表标题行的行高为 40，列标题行的行高为 25，其余行的行高为自动调整行高。

6）设置列标题文字加粗，对齐方式为水平居中、垂直居中，填充颜色为“白色 背景 1 深色 25%”。

7）将表中的其他内容居中，各科分数设置为数值，保留一位小数。

8）利用条件格式将学生每门课中最高分设置为“黄填充色深黄色文本”显示。

9）参照效果图设置表格框线。

10）保存文件。

该练习完成效果如图 4-10 所示。

	A	B	C	D	E	F	G	H
1	602班期末成绩表							
2	学号	姓名	学院	英语	计算机	数学	总分	平均分
3	60201	于壮	汽车营销学院	56.0	67.0	81.0		
4	60202	王丛林	汽车工程学院	78.0	76.0	90.0		
5	60203	于祖河	汽车营销学院	90.0	83.0	95.0		
6	60204	解迪	机械工程学院	57.0	69.0	90.0		
7	60205	苏魁峰	汽车工程学院	88.0	89.0	87.0		
8	60206	王赫	汽车工程学院	93.0	90.0	74.0		
9	60207	梁健	汽车营销学院	62.0	52.0	65.0		
10	60208	马帅	汽车营销学院	67.0	78.0	80.0		
11	60209	雷柱文	机械工程学院	76.0	90.0	76.0		
12	60210	左阳光	汽车工程学院	83.0	57.0	85.0		
13	60211	荣冰洁	汽车营销学院	69.0	88.0	70.0		
14	60212	陈晓波	汽车营销学院	89.0	93.0	85.0		
15	60213	安亚博	机械工程学院	90.0	62.0	51.0		
16	60214	李威	汽车工程学院	52.0	67.0	83.0		
17								
18	平均分							
19	最高分							
20	最低分							
21								
22						制表日期：		2015年12月29日

图 4-10 练习 6 效果图

任务 2 公式的使用

任务目的

通过本任务的练习，提高学生使用 Excel 公式的技能，熟练掌握各种运算符以及单元格的引用，构造相应的公式对工作表进行运算。

任务内容

本任务完成在 Excel 工作表输入公式，对工作表数据进行计算等操作，主要使用“开始”选项卡完成各项操作。

任务练习

【练习 1】在“个人财政预算”表中计算。

【操作步骤】

1）打开项目 4 素材文件“任务 2.xlsx”，将工作表“个人财政预算”设置为当前工作表。

2）在 G8 单元格中输入公式，计算一季度房租合计。

3）利用自动填充功能在单元格区域 G9:G14 中输入公式。

4）在 D16 单元格中输入公式，计算一月份支出合计。

5）利用自动填充功能在单元格区域 E16:F16 中输入公式。

6）在 D18 单元格中输入公式，计算一月份节余。

7）利用自动填充功能在单元格区域 E18:F18 中输入公式。

8）设置表中所有数字格式为“会计专用”。

9）保存文件。

该练习完成效果如图 4-11 所示。

	A	B	C	D	E	F	G
1							
2		第一季度个人财政预算					
3		（食品开销除外）					
4							
5				每月净收入	¥ 6,475.00		
6							
7		序号	分类	一月	二月	三月	季度合计
8		1	房租	¥ 1,500.00	¥ 1,500.00	¥ 1,500.00	¥ 4,500.00
9		2	电话	¥ 154.30	¥ 129.20	¥ 178.10	¥ 461.60
10		3	电费	¥ 346.80	¥ 356.10	¥ 413.20	¥ 1,116.10
11		4	汽车燃油	¥ 1,200.00	¥ 1,100.00	¥ 1,320.00	¥ 3,620.00
12		5	汽车保险	¥ 320.00			¥ 320.00
13		6	有线电视	¥ 60.00	¥ 60.00	¥ 60.00	¥ 180.00
14		7	零散花费	¥ 2,400.00	¥ 2,600.00	¥ 2,100.00	¥ 7,100.00
15							
16			每月支出	¥ 5,981.10	¥ 5,745.30	¥ 5,571.30	
17							
18			节余	¥ 493.90	¥ 729.70	¥ 903.70	

图 4-11 练习 1 效果图

【练习 2】在“一周销量统计”表中计算。

【操作步骤】

1）打开项目 4 素材文件“任务 2.xlsx”，将工作表“一周销量统计”设置为当前工作表。

	A	B	C	D
1	一周销量统计			
2	产品名称	销售数量	单价	销售额
3	王老吉	120	3	360
4	百事可乐	30	5	150
5	醒目	45	3	135
6	绿茶	66	3	198
7	红茶	88	3	264
8	矿泉水	99	1	99

图 4-12 练习 2 效果图

2）在 D3 单元格中输入公式，计算产品“王老吉”的销售额。

计算公式为

销售额＝单价×销售数量

3）利用自动填充功能在单元格区域 D4:D8 中输入公式。

4）保存文件。

该练习完成效果如图 4-12 所示。

【练习 3】在“汽车检测专业 5 月考勤”表中计算。

【操作步骤】

1）打开项目 4 素材文件“任务 2.xlsx”，将工作表“汽车检测专业 5 月考勤”设置为当前工作表。

2）在 C9 单元格中输入公式，计算 1 班从星期一到星期五的总签到人次。

3）利用自动填充功能在单元格区域 D9:E9 中输入公式。

4）在 C10 单元格中输入公式，计算 1 班总出勤率，并设置数字格式为百分数，保留两位小数。

计算公式为

总出勤率＝总签到人次÷总计应到人数

总计应到人数＝应到人数×天数

5）利用自动填充功能在单元格区域 D10:E10 中输入公式。

6）保存文件。

该练习完成效果如图 4-13 所示。

汽车检测专业5月考勤表-1

项目		1班	2班	3班
应到人数		35	32	34
实到人数	星期一	35	30	34
	星期二	34	31	32
	星期三	35	31	33
	星期四	32	32	34
	星期五	33	31	33
总签到人次		169	155	166
总出勤率		96.57%	96.88%	97.65%

图 4-13　练习 3 效果图

【练习 4】在“库存”表中计算。

【操作步骤】

1）打开项目 4 素材文件“任务 2.xlsx”，将工作表“库存”设置为当前工作表。

2）在 F3 单元格中输入公式，计算当前库存。

计算公式为

当前库存＝上月结转＋本月入库－本月出库

3）利用自动填充功能在单元格区域 F4:F18 中输入公式。

4）在 H3 单元格中输入公式，计算溢短。

计算公式为

溢短＝当前库存－标准库存量

5）利用自动填充功能在单元格区域 H4:H18 中输入公式。

6）在 J3 单元格中输入公式，计算库存金额。

计算公式为

库存金额＝单价×当前库存

7）利用自动填充功能在单元格区域 J4:J18 中输入公式。

8）设置最后两列数字格式为“会计专用”。

9）保存文件。

该练习完成效果如图 4-14 所示。

	A	B	C	D	E	F	G	H	I	J
1	5月份库存统计表									
2	库存代码	名称	上月结转	本月入库	本月出库	当前库存	标准库存量	溢短	单价	库存金额
3	0440-01	地毯	365	135	197	303	300	3	¥ 1,000.00	¥ 303,000.00
4	0440-02	冷焊型修补剂	351	165	102	414	300	114	¥ 28.50	¥ 11,799.00
5	0440-03	前刹车软管	556	245	218	583	300	283	¥ 170.00	¥ 99,110.00
6	0440-04	刹车灯开关	138	120	25	233	300	-67	¥ 123.00	¥ 28,659.00
7	0440-05	发动机大修包	563	344	235	672	300	372	¥ 855.00	¥ 574,560.00
8	0440-06	化油器修理包	125	326	56	395	300	95	¥ 405.00	¥ 159,975.00
9	0440-07	排挡修包	154	321	35	440	300	140	¥ 12.30	¥ 5,412.00
10	0440-08	液压泵修包	232	254	121	365	300	65	¥ 27.00	¥ 9,855.00
11	0440-09	离合器总泵修理包	265	265	130	400	300	100	¥ 65.00	¥ 26,000.00
12	0440-10	离合器分泵包	545	235	265	515	300	215	¥ 51.00	¥ 26,265.00
13	0440-11	变速器修理包	356	355	62	649	300	349	¥ 60.00	¥ 38,940.00
14	0440-12	变速箱修包	156	136	42	250	300	-50	¥ 75.00	¥ 18,750.00
15	0440-13	大修包带片	468	698	236	930	300	630	¥ 300.00	¥ 279,000.00
16	0440-14	方向机十字节	497	554	210	841	300	541	¥ 55.00	¥ 46,255.00
17	0440-15	传动轴十字节	254	654	81	827	300	527	¥ 165.00	¥ 136,455.00
18	0440-16	后轮轴承	598	344	368	574	300	274	¥ 303.80	¥ 174,381.20

图 4-14　练习 4 效果图

【练习 5】在“加班统计”表中计算。

【操作步骤】

1）打开项目 4 素材文件“任务 2.xlsx”，将工作表“加班统计”设置为当前工作表。

2）在 G4 单元格中输入公式，计算加班薪酬。

计算公式为

$$加班薪酬=加班小时数\times 基本工资\times 5\%$$

3）利用自动填充功能在单元格区域 G5:G18 中输入公式。

4）将加班薪酬设置为数字格式，保留两位小数。

5）保存文件。

该练习完成效果如图 4-15 所示。

	A	B	C	D	E	F	G
1	员工加班统计表						
2	姓名	部门	基本工资	加班小时数			加班薪酬
3				平时	周末	法定假日	
4	于壮	行政处	3500	10	8		3150.00
5	王丛林	综合处	5200		16		4160.00
6	于祖河	销售处	4200	5	4		1890.00
7	解迪	行政处	4000		2		400.00
8	苏魁峰	综合处	3700			6	1110.00
9	王赫	销售处	3000		8		1200.00
10	梁健	预算处	5000	16			4000.00
11	马帅	销售处	4200		10	4	2940.00
12	雷柱文	行政处	6000				0.00
13	左阳光	综合处	5000	7	2		2250.00
14	荣冰洁	销售处	4200		1		210.00
15	陈晓波	预算处	4100	4		8	2460.00
16	安亚博	行政处	3900		1		195.00
17	李威	综合处	4000	20			4000.00
18	刘庆强	综合处	4900		4		980.00

图 4-15　练习 5 效果图

【练习 6】在“计算机成绩”表中计算。

【操作步骤】

1）打开项目 4 素材文件“任务 2.xlsx”，将工作表“计算机成绩”设置为当前工作表。

2）在 G3 单元格中输入公式，对加权系数求和。

计算公式为

加权系数总和＝作业加权系数＋课堂测试加权系数＋实训加权系数＋期末加权系数

3）在 G5 单元格中输入公式，计算总分。

计算公式为

总分＝作业分数×作业加权系数＋课堂测试×课堂测试加权系数＋实训×实训加权系数＋期末×期末加权系数

4）利用自动填充功能在单元格区域 G6:G22 中输入公式。

5）保存文件。

该练习完成效果如图 4-16 所示。

	A	B	C	D	E	F	G
1	科目：	计算机应用基础				班级：	20150301班
2	教师：	王丛林				制表日期：	2015/1/30
3	加权系数：		10%	20%	20%	50%	100%
4	学号	姓名	作业	课堂测试	实训	期末	总分
5	0301	杨松	90	65	65	60	65.0
6	0302	刘国伟	90	85	75	55	68.5
7	0303	邢艳春	95	95	80	85	87.0
8	0304	徐盼	90	85	75	55	68.5
9	0305	雷宇	90	75	60	80	76.0
10	0306	王允	80	90	95	85	87.5
11	0307	柴斌	65	85	65	75	74.0
12	0308	董志贵	80	80	65	80	77.0
13	0309	孙福	50	65	30	40	44.0
14	0310	李浩	85	85	60	85	80.0
15	0311	武晨曦	70	85	85	70	76.0
16	0312	王强	85	70	85	70	74.5
17	0313	尹奇	85	75	75	75	76.0
18	0314	张胜昕	85	80	85	75	79.0
19	0315	逄博	90	95	90	95	93.5
20	0316	吕成龙	60	80	70	40	56.0
21	0317	仲俊光	80	95	80	85	85.5
22	0318	张金龙	95	80	75	90	85.5

图 4-16 练习 6 效果图

【练习 7】在“各专业招生统计”表中使用公式计算。

【操作步骤】

1）打开项目 4 素材文件“任务 2.xlsx”，将工作表“各专业招生统计”设置为当前工作表。

2）在 D3 单元格中输入公式，计算两年招生总人数。

3）利用自动填充功能在单元格区域 D4:D11 中输入公式，填写总人数。

4）在 E3 单元格中输入公式，计算两年招生人数平均值。

5）利用自动填充功能在单元格区域 E4:E11 中输入公式，计算平均人数。

6）在 F3 单元格中输入公式，计算 2015 年较 2014 年人数增长的百分比，并设置数字格式为百分数。

计算公式为

增长百分比＝（2015 年人数－2014 年人数）÷2014 年人数×100%

7）利用自动填充功能在单元格区域 F4:F11 中输入公式，计算增长百分比。

8）保存文件。

该练习完成效果如图 4-17 所示。

	A	B	C	D	E	F
1	长汽高专各专业招生人数情况表					
2	专业名称	2014年	2015年	总人数	平均人数	较上年增长百分比
3	汽车检测与维修	500	600	1100	550	20%
4	机电一体化	400	580	980	490	45%
5	数控技术	240	300	540	270	25%
6	物流	200	300	500	250	50%
7	模具	100	200	300	150	100%
8	营销	78	126	204	102	62%
9	保险	75	78	153	76.5	4%
10	新能源汽车	42	45	87	43.5	7%
11	工业机器人	41	40	81	40.5	-2%

图 4-17 练习 7 效果图

【练习 8】在“第 3 季度销售统计”表中使用公式计算。

【操作步骤】

1）打开项目 4 素材文件“任务 2.xlsx”，将工作表“第 3 季度销售统计” 设置为当前工作表。

2）在 G4 单元格中输入公式，计算第 3 季度“东芝”品牌的总销量。

3）利用自动填充功能在单元格区域 G5:G10 中输入公式，计算第 3 季度其他品牌的总销量。

4）在 H4 单元格中输入公式，计算第 3 季度“东芝”品牌月平均销量。

5）利用自动填充功能在单元格区域 H5:H10 中输入公式，计算第 3 季度其他品牌的月平均销量。

6）在 I4 单元格中输入公式，计算第 3 季度“东芝”品牌的总销售额。

计算公式为

销售额＝总销量×单价

7）利用自动填充功能在单元格区域 I5:I10 中输入公式，计算第 3 季度其他品牌的总销售额。

8）设置“单价”列和“销售”列数字格式为“会计专用”。

9）保存文件。

该练习完成效果如图 4-18 所示。

	A	B	C	D	E	F	G	H	I
1									
2		“恒客隆”超市第3季度电视机销售统计表							
3		品牌	单价	七月	八月	九月	总销量	平均销量	销售额
4		东芝	¥ 9,800.00	42	81	62	185	61.7	¥ 1,813,000.00
5		创维	¥ 7,600.00	63	75	78	216	72.0	¥ 1,641,600.00
6		海尔	¥ 6,200.00	55	68	72	195	65.0	¥ 1,209,000.00
7		索尼	¥ 16,000.00	23	30	40	93	31.0	¥ 1,488,000.00
8		三星	¥ 9,900.00	46	48	54	148	49.3	¥ 1,465,200.00
9		长虹	¥ 5,400.00	59	63	70	192	64.0	¥ 1,036,800.00
10		TCL	¥ 4,500.00	64	57	49	170	56.7	¥ 765,000.00

图 4-18 练习 8 效果图

【练习 9】在“年度收支表”表中使用公式计算。

【操作步骤】

1）打开项目 4 素材文件“任务 2.xlsx”，将工作表“年度收支表” 设置为当前工作表。

2）在单元格 F2 中输入公式，计算一月份结余。

计算公式为

结余＝收入－水电物业费－交通费－生活费－其他

3）利用自动填充功能在单元格区域 F3:F13 中输入公式，计算每个月的结余。

4）设置 F 列数字格式为“会计专用”。

5）保存文件。

该练习完成效果如图 4-19 所示。

	A	B	C	D	E	F
1	月份	收入	水电物业费	交通费	生活费	结余
2	一月	6300	665	345	1520	¥ 3,370.00
3	二月	5270	627	375	1900	¥ 1,968.00
4	三月	5870	608	225	1140	¥ 3,497.00
5	四月	5950	532	255	1444	¥ 3,319.00
6	五月	5690	560	300	1748	¥ 2,682.00
7	六月	5400	693	315	1824	¥ 2,168.00
8	七月	6350	741	345	2356	¥ 2,508.00
9	八月	6090	741	390	1596	¥ 2,963.00
10	九月	6230	608	315	1444	¥ 3,463.00
11	十月	6075	570	285	2128	¥ 2,692.00
12	十一月	6200	646	345	1976	¥ 2,833.00
13	十二月	5920	665	270	1824	¥ 2,761.00
14						
15	其他	400				

图 4-19 练习 9 效果图

【练习 10】在“水果销售情况表”中使用公式计算。

【操作步骤】

1）打开项目 4 素材文件“任务 2.xlsx”，将工作表“水果销售情况表” 设置为当前工作表。

2）在单元格 G2 中输入公式，计算“青提子”的总销量。

计算公式为

总销量=整箱销售量×每箱质量+零售量

3）利用自动填充功能在单元格区域 G3:G14 中输入公式，计算每种水果的总销量。

4）在单元格 H2 中输入公式，计算“青提子”的销售额。

计算公式为

销售额=总销量×单价

5）利用自动填充功能在单元格区域 H3:H14 中输入公式，计算每种水果销售额。

6）设置 H 列数字格式为“会计专用”。

7）保存文件。

该练习完成效果如图 4-20 所示。

	A	B	C	D	E	F	G	H
1	编码	名称	整箱销售（箱）	每箱重（斤）	零售（斤）	单价(元)	总销量	销售额
2	1201	青提子	23	10	40	18	270	¥ 4,860.00
3	1202	青蛇果	6	15	5	36	95	¥ 3,420.00
4	1203	红蛇果	11	15	25.6	6.75	190.6	¥ 1,286.55
5	1204	咖喱果	8	15	14	11.7	134	¥ 1,567.80
6	1205	雪莲果	11	10	12	6.75	122	¥ 823.50
7	1001	榴莲	12	20	18	11.7	258	¥ 3,018.60
8	1002	木瓜	9	15	13	11.25	148	¥ 1,665.00
9	1004	胡柚	19	15	25.5	8.7	310.5	¥ 2,701.35
10	1008	火龙果	8	15	11.5	18	131.5	¥ 2,367.00
11	1009	蜜雪梨	13	10	23.8	6.75	153.8	¥ 1,038.15
12	1206	本地香蕉	5	10	11.9	22.5	61.9	¥ 1,392.75
13	1010	红富士	8	35	30.7	6	310.7	¥ 1,864.20
14	1011	哈密瓜	2	10	29.6	7.5	49.6	¥ 372.00

图 4-20 练习 10 效果图

【练习 11】在“投资分布表”中使用公式计算。

【操作步骤】

1）打开项目 4 素材文件“任务 2.xlsx”，将工作表“投资分布表” 设置为当前工作表。

2）在单元格 D3 中输入公式，计算公司在“深圳”地区的其他投资额。

计算公式为

其他投资=本年度总投资－房地产投资

3）利用自动填充功能在单元格区域 D4:D10 中输入公式，计算其他投资额。

4）在单元格 E2 中输入内容为“房地产投资比重”。

5）在单元格 E3 中输入公式，计算公司在“深圳”地区房地产投资占该地区总投资的比重。

计算公式为

房地产投资比重=房地产投资÷本年度总投资×100%

6）利用自动填充功能在单元格区域 E4:E10 中输入公式，计算其他地区的房地产投资比重。

7）将 E 列设置为百分比格式，保留一位小数。

8）保存文件。

该练习完成效果如图 4-21 所示。

	A	B	C	D	E
1	×××公司投资分布情况				
2	地区	本年总投资（万元）	房地产（万元）	其他（万元）	房地产投资比重
3	深圳	3456	2989	467	86.5%
4	吉林	2457	2056	401	83.7%
5	上海	3984	3456	528	86.7%
6	江西	1988	1547	441	77.8%
7	山东	2786	2256	530	81.0%
8	上海	3679	3014	665	81.9%
9	湖南	1870	1056	814	56.5%
10	浙江	4857	3968	889	81.7%

图 4-21 练习 11 效果图

任务 3 函数的使用

任务目的

通过本任务的练习，提高学生使用 Excel 常用函数的技能，熟练掌握常用 Excel 函数的功能及使用方法。

任务内容

本任务完成在 Excel 工作表输入函数，对工作表数据进行计算等操作，主要使用“公式”选项卡完成各项操作。

任务练习

【练习 1】在“0501 班成绩”表中使用函数计算。

【操作步骤】

1）打开项目 4 素材文件“任务 3.xlsx”，将工作表“0501 班成绩”设置为当前工作表。

2）在“总分”列中输入函数，计算每名学生三门课程的总分。

3）在“平均分”列中输入函数，计算每名学生三门课程的平均分。

4）在单元格区域 D18:H18 中输入函数，计算各学科的平均分、平均总分、总平均分。

5）在单元格区域 D19:H19 中输入函数，计算各学科的最高分、最高总分、最高平均分。

6）在单元格区域 D20:H20 中输入函数，计算各学科的最低分、最低总分、最低平均分。

7）保存文件。

该练习完成效果如图 4-22 所示。

0501班期末成绩表

学号	姓名	学院	英语	计算机	数学	总分	平均分
050101	王强	汽车营销学院	56.0	67.0	81.0	204.0	68.0
050102	侯南	汽车工程学院	78.0	76.0	90.0	244.0	81.3
050103	张玉	汽车营销学院	90.0	83.0	95.0	268.0	89.3
050104	刘扬	机械工程学院	57.0	69.0	90.0	216.0	72.0
050105	杨易	汽车工程学院	88.0	89.0	87.0	264.0	88.0
050106	李政	汽车工程学院	93.0	90.0	74.0	257.0	85.7
050107	胡跃明	汽车营销学院	62.0	52.0	65.0	179.0	59.7
050108	张博	汽车营销学院	67.0	78.0	80.0	225.0	75.0
050109	李明阳	机械工程学院	76.0	90.0	76.0	242.0	80.7
050110	付中华	汽车工程学院	83.0	57.0	85.0	225.0	75.0
050111	陈全锋	汽车营销学院	69.0	88.0	70.0	227.0	75.7
050112	吴永红	汽车营销学院	89.0	93.0	85.0	267.0	89.0
050113	朱强	机械工程学院	90.0	62.0	51.0	203.0	67.7
050114	任齐赠	汽车工程学院	52.0	67.0	83.0	202.0	67.3
	平均分		75.0	75.8	79.4	230.2	76.7
	最高分		93.0	93.0	95.0	268.0	89.3
	最低分		52.0	52.0	51.0	179.0	59.7

图 4-22 练习 1 效果图

【练习 2】在“上半年销售情况”表中使用函数计算。

【操作步骤】

1）打开项目 4 素材文件“任务 3.xlsx”，将工作表“上半年销售情况”设置为当前工作表。

2）在单元格区域 F3:F11 中输入函数，计算各地区第一季度每个项目的总销量。

3）在单元格区域 J3:J11 中输入函数，计算各地区第二季度每个项目的总销量。

4）在单元格区域 K3:K11 中输入函数，计算各地区上半年每个项目的总销量。

5）在单元格区域 C12:K12 中输入函数，计算每个月、每个季度、上半年的总销量。

6）在单元格区域 D15:G17 中输入函数，分别统计每个项目的最高销量、最低销量、平均销量及总销量。

7）保存文件。

该练习完成效果如图 4-23 所示。

上半年销售情况表

地区	项目	一月	二月	三月	第一季度合计	四月	五月	六月	第二季度合计	上半年合计
南部	冰箱	4318	5955	4059	14332	4412	3233	3708	11353	25685
	彩电	3223	3276	3755	10254	5521	5209	3287	14017	24271
	空调	4562	4857	4464	13883	6564	6943	6087	19594	33477
中部	冰箱	4154	3565	5455	13174	3299	5403	5527	14229	27403
	彩电	4014	4415	5347	13776	6783	4489	4192	15464	29240
	空调	6104	6986	6002	19092	4687	3801	6500	14988	34080
北部	冰箱	6859	6000	6932	19791	6859	5431	5616	17906	37697
	彩电	5194	3379	4833	13406	4020	5919	3582	13521	26927
	空调	4732	3449	5115	13296	3560	4089	4987	12636	25932
合计		43160	41882	45962	131004	45705	44517	43486	133708	264712

上半年统计	最高销量	最低销量	平均销量	总销量
冰箱	6932	3233	5043.61	90785
彩电	6783	3223	4468.78	80438
空调	6986	3449	5193.83	93489

图 4-23 练习 2 效果图

【练习 3】在“2 月份工资”表中使用函数计算。

【操作步骤】

1）打开项目 4 素材文件“任务 3.xlsx”，将工作表“2 月份工资”设置为当前工作表。

2）在部门代码后插入一列“部门名称”，在 D3 单元格中输入函数，根据部门代码填入部门名称：A02 为生产科、B01 为技术科、B03 为质检科。

3）利用自动填充功能在单元格区域 D4:D17 中输入函数，填写部门名称。

4）在 H3 单元格中输入函数，根据基本工资计算会费。

计算公式：

① 基本工资在 1500 元以上：会费＝基本工资×1%。

② 基本工资低于 1500 元：会费＝基本工资×0.5%。

5）利用自动填充功能在单元格区域 H4：H16 中输入函数，计算会费。

6）在 I3:I16 单元格区域中输入函数，计算实发工资。

计算公式为

实发工资＝基本工资＋奖金－扣款－会费

7）设置基本工资、奖金、扣款、会费、实发工资各列数据数字格式均为“会计专用”。

8）保存文件。

该练习完成效果如图 4-24 所示。

	A	B	C	D	E	F	G	H	I
1	2月份工资表								
2	序号	姓名	部门代码	部门名称	基本工资	奖金	扣款	会费	实发工资
3	1	罗明	B01	技术科	¥ 1,300.50	¥ 750.00	¥ 235.00	¥ 6.50	¥ 1,809.00
4	2	张广	A02	生产科	¥ 1,435.00	¥ 823.00	¥ 310.20	¥ 7.18	¥ 1,940.63
5	3	胡小亮	B01	技术科	¥ 1,280.50	¥ 652.00	¥ 253.00	¥ 6.40	¥ 1,673.10
6	4	李从金	B01	技术科	¥ 1,535.70	¥ 805.00	¥ 332.50	¥ 15.36	¥ 1,992.84
7	5	何利一	A02	生产科	¥ 1,556.70	¥ 711.00	¥ 180.30	¥ 15.57	¥ 2,071.83
8	6	朱广强	A02	生产科	¥ 1,800.50	¥ 664.00	¥ 258.00	¥ 18.01	¥ 2,188.50
9	7	宁小燕	B03	质检科	¥ 1,250.00	¥ 580.00	¥ 65.20	¥ 6.25	¥ 1,758.55
10	8	刘同	B03	质检科	¥ 1,630.30	¥ 660.00	¥ 88.00	¥ 16.30	¥ 2,186.00
11	9	马明军	A02	生产科	¥ 1,260.80	¥ 725.00	¥ 150.66	¥ 6.30	¥ 1,828.84
12	10	周子新	B03	质检科	¥ 1,700.40	¥ 700.00	¥ 250.78	¥ 17.00	¥ 2,132.62
13	11	罗蒙蒙	B01	技术科	¥ 1,560.00	¥ 750.00	¥ 235.00	¥ 15.60	¥ 2,059.40
14	12	张进	A02	生产科	¥ 1,200.00	¥ 823.00	¥ 310.25	¥ 6.00	¥ 1,706.75
15	13	何为民	B01	技术科	¥ 1,345.00	¥ 652.00	¥ 253.00	¥ 6.73	¥ 1,737.28
16	14	胡兵兵	B01	技术科	¥ 1,535.70	¥ 805.00	¥ 332.50	¥ 15.36	¥ 1,992.84
17	15	李名	A02	生产科	¥ 1,556.70	¥ 711.00	¥ 180.35	¥ 15.57	¥ 2,071.78

图 4-24 练习 3 效果图

【练习 4】在“零件尺寸”表中使用函数计算。

【操作步骤】

1）打开项目 4 素材文件“任务 3.xlsx”，将工作表“零件尺寸”设置为当前工作表。

2）在 D3 单元格中输入函数，根据零件尺寸判断零件是否合格。

① 尺寸为 19.50～20.50 的，显示“零件合格”。

② 尺寸小于等于 19.50 或者大于等于 20.50 的，显示“零件不合格”。

3）利用自动填充功能在单元格区域 D4:D19 中输入函数，填写判断结果。

4）设置 D 列对齐方式为右对齐。

5）保存文件。

该练习完成效果如图 4-25 所示。

	A	B	C	D	E
1		零件尺寸统计表			
2		零件编号	尺寸	判断结果	
3		WG9981032222	20.56	不合格零件	
4		WG9981340009	19.45	不合格零件	
5		WG9981340113	20.01	合格零件	
6		AZ9114310126	20.34	合格零件	
7		WG9700410049	19.97	合格零件	
8		WG9725570300	19.32	不合格零件	
9		VG1560080016	20.11	合格零件	
10		VG1500040065	20.35	合格零件	
11		WG9925520366	20.35	合格零件	
12		WG9719240034	19.98	合格零件	
13		AZ2203250010	19.33	不合格零件	
14		WG9000360601	20.12	合格零件	
15		WG9100340057	20.56	不合格零件	
16		WG9231340917	20.01	合格零件	
17		VG1092110024	20.59	不合格零件	
18		AZ9981340223	19.48	不合格零件	
19		WG9981032222	20.04	合格零件	

图 4-25　练习 4 效果图

【练习 5】在“出勤情况”表中使用函数计算。

【操作步骤】

1）打开项目 4 素材文件“任务 3.xlsx”，将工作表“出勤情况”设置为当前工作表。

2）在 C2 单元格中输入函数，统计总人数。

3）在 C23 单元格中输入函数，统计出勤人数。

4）利用自动填充功能在单元格区域 D23:N23 中输入函数，填写出勤人数。

5）在 C24 单元格中输入函数，统计缺勤人数。

6）利用自动填充功能在单元格区域 D24:N24 中输入函数，填写缺勤人数。

7）保存文件。

该练习完成效果如图 4-26 所示。

2014级汽车试验班出勤情况表

总人数：	19											
姓名	1	2	3	4	5	6	7	8	9	10	11	12
张华		√				√	√				√	√
黄红	√					√	√	√	√		√	√
林森												
黄伟	√	√	√	√	√	√		√	√	√	√	√
刘洪												
陈海聪	√	√	√	√							√	√
吴汉平		√	√	√	√			√			√	√
张博	√		√		√						√	√
李明阳	√	√	√	√	√	√	√				√	√
付中华	√	√	√	√	√	√		√	√	√	√	√
陈全锋	√		√		√		√					√
吴永红			√	√	√		√	√		√	√	√
朱强	√	√	√									
任齐赠		√	√					√	√		√	√
丁生辉	√		√									
吴王你	√	√	√	√			√	√	√	√	√	√
黄文欢	√	√	√	√	√		√	√	√		√	√
王洪亚	√	√	√		√		√				√	
杨川		√		√	√			√	√	√	√	√
出勤人数	12	12	14	9	10	5	8	9	7	5	14	14
缺勤人数	7	7	5	10	9	14	11	10	12	14	5	5

填表说明：√表示出勤

图 4-26　练习 5 效果图

【练习 6】在“员工档案”表中使用函数计算。

【操作步骤】

1）打开项目 4 素材文件“任务 3.xlsx”，将工作表“员工档案” 设置为当前工作表。

2）在 D17:D19 单元格区域中输入函数，统计每个部门的人数。

3）在 G17:G19 单元格区域中输入函数，统计不同时间参加工作的人数。

4）在 D22:D24 单元格区域中输入函数，统计收入分布情况。

5）保存文件。

该练习完成效果如图 4-27 所示。

员工档案表

编号	姓名	性别	出生日期	所在部门	参加工作日期	实发工资
yg0011	杜永宁	女	1975年8月31日	生产部	2002年8月5日	¥ 2,808.00
yg0008	王传华	女	1974年9月10日	质检部	1997年8月29日	¥ 4,555.00
yg0002	殷　泳	女	1975年8月31日	技术部	2000年3月5日	¥ 5,003.00
yg0007	杨柳青	女	1963年12月10日	生产部	1984年10月31日	¥ 4,032.00
yg0012	段　楠	男	1973年8月15日	质检部	1998年8月16日	¥ 4,928.00
yg0001	刘朝阳	女	1966年12月21日	生产部	1988年9月10日	¥ 4,797.00
yg0006	王　雷	男	1958年3月11日	技术部	1989年10月1日	¥ 3,341.00
yg0009	褚彤彤	男	1963年2月19日	技术部	1984年12月3日	¥ 4,200.00
yg0005	陈勇强	女	1975年1月9日	技术部	2001年9月11日	¥ 4,517.00
yg0010	朱小梅	女	1968年12月21日	生产部	1994年2月4日	¥ 3,789.00
yg0004	于　洋	男	1959年1月20日	质检部	1981年8月22日	¥ 2,771.00
yg0003	赵玲玲	男	1973年8月15日	生产部	1997年4月5日	¥ 4,984.00

各部门人数统计：

生产部	5
质检部	3
技术部	4

参加工作时间统计：

2000年以前参加工作	9
2000年以后参加工作	3

工资收入统计

高于5000	1
低于3000	2
3000~5000之间	9

图 4-27　练习 6 效果图

【练习 7】在“绩效考核”表中使用函数计算。

【操作步骤】

1）打开项目 4 素材文件“任务 3.xlsx”，将工作表“绩效考核”设置为当前工作表。

2）在 I3 单元格中输入函数，计算绩效总分。

计算公式为

绩效总分＝考勤评定分数＋业务能力分数＋工作效率分数＋能力提升分数

3）利用自动填充功能在单元格区域 I4:I21 中输入函数，计算绩效总分。

4）在 J3 单元格中输入函数，计算绩效平均分。

5）利用自动填充功能在单元格区域 J4:J21 中输入函数，计算绩效平均分。

6）在 K3 单元格中输入函数，判断考核等级。

① 绩效平均分在 85 分以上的考核等级为“优”。

② 绩效平均分在 75～85 分的考核等级为“良”。

③ 绩效平均分在 60～75 分的考核等级为“合格”。

④ 绩效平均分不足 60 分的考核等级为“差”。

7）利用自动填充功能在单元格区域 K4:K21 中输入函数，计算考核等级。

8）保存文件。

该练习完成效果如图 4-28 所示。

	A	B	C	D	E	F	G	H	I	J	K
1	公司销售部绩效考核表										
2	员工编号	姓名	所属团队	考勤评定	业务能力	工作效率	能力提升	考核人	绩效总分	平均分	考核等级
3	020136001	林伊凡	团队1	70	85	80	90	刘琳	325	81.25	良
4	020136002	文可云	团队1	85	80	75	80	刘琳	320	80	良
5	020136003	陈诚	团队1	82	84	92	84	刘琳	342	85.5	优
6	020136004	雷湘香	团队1	75	70	70	80	刘琳	295	73.75	合格
7	020136005	李明	团队1	80	84	78	76	刘琳	318	79.5	良
8	020136006	张西文	团队1	70	72	82	86	刘琳	310	77.5	良
9	020136007	刘莉	团队2	86	85	80	90	谢晋	341	85.25	优
10	020136008	刁毅	团队2	95	80	76	85	谢晋	336	84	良
11	020136009	封明明	团队2	75	86	80	88	谢晋	329	82.25	良
12	020136010	李莉湘	团队2	85	70	78	80	谢晋	313	78.25	良
13	020136011	王君	团队2	80	80	84	86	谢晋	330	82.5	良
14	020136012	庞云	团队2	90	85	83	92	谢晋	350	87.5	优
15	020136013	杨娟	团队3	86	87	93	75	陈东	341	85.25	优
16	020136014	李聃	团队3	73	60	50	40	陈东	223	55.75	差
17	020136015	朱苗	团队3	95	83	95	85	陈东	358	89.5	优
18	020136016	薛敏	团队3	83	75	82	90	陈东	330	82.5	良
19	020136017	赵磊	团队3	70	60	87	83	陈东	300	75	合格
20	020136018	邓超	团队3	96	72	90	73	陈东	331	82.75	良
21	020136019	董天宝	团队3	75	86	83	81	陈东	325	81.25	良

图 4-28 练习 7 效果图

【练习 8】在“工资一览表”中使用函数计算。

【操作步骤】

1）打开项目 4 素材文件“任务 3.xlsx”，将工作表“工资一览表”设置为当前工作表。

2）在 G3 单元格中输入函数，计算应发工资。

计算公式：

① 满勤。

$$应发工资=1.1\times基本工资+奖金$$

② 未满勤。

$$应发工资=出勤率\times基本工资+奖金$$

$$出勤率=出勤天数\div满勤天数$$

3）利用自动填充功能在单元格区域 G4:G23 中输入函数，计算应发工资。

4）在 H3 单元格中输入函数，计算实发工资。

计算公式为

$$实发工资=应发工资-扣款$$

5）利用自动填充功能在单元格区域 H4:H23 中输入函数，计算实发工资。

6）将单元格区域 G3:H23 设置为货币格式，保留两位小数。

7）保存文件。

该练习完成效果如图 4-29 所示。

	A	B	C	D	E	F	G	H
1	工资一览表							
2	部门	姓名	基本工资	奖金	出勤天数	扣款	应发工资	实发工资
3	汽车检测与维修	魏文鼎	1500	1875	22	150	¥ 3,525.00	¥ 3,375.00
4	机电一体化	王更	1900	2250	19	0	¥ 3,890.91	¥ 3,890.91
5	数控技术	陈小华	1500	2025	22	0	¥ 3,675.00	¥ 3,675.00
6	物流	姚斌	3000	2700	21	0	¥ 5,563.64	¥ 5,563.64
7	汽车检测与维修	王迪	3600	2250	21	72	¥ 5,686.36	¥ 5,614.36
8	机电一体化	谢伟南	1900	2400	22	90	¥ 4,490.00	¥ 4,400.00
9	物流	谭时梅	2400	2100	20	0	¥ 4,281.82	¥ 4,281.82
10	汽车检测与维修	杨克刚	4400	2850	21	0	¥ 7,050.00	¥ 7,050.00
11	机电一体化	谭建颖	2400	2550	22	0	¥ 5,190.00	¥ 5,190.00
12	数控技术	苏伟明	3000	2925	22	0	¥ 6,225.00	¥ 6,225.00
13	机电一体化	黄佳	2400	2670	22	0	¥ 5,310.00	¥ 5,310.00
14	物流	朱泽艳	1900	1800	22	158	¥ 3,890.00	¥ 3,732.00
15	数控技术	钟尔慧	2400	2400	21	190	¥ 4,690.91	¥ 4,500.91
16	机电一体化	吴彩霞	3000	3000	22	104	¥ 6,300.00	¥ 6,196.00
17	数控技术	陈洁珊	3600	3075	18	0	¥ 6,020.45	¥ 6,020.45
18	汽车检测与维修	赵舰	2400	2250	22	0	¥ 4,890.00	¥ 4,890.00
19	汽车检测与维修	黄翼	3600	2550	20	96	¥ 5,822.73	¥ 5,726.73
20	汽车检测与维修	苏斌	4400	3750	22	0	¥ 8,590.00	¥ 8,590.00
21	物流	郗安	4400	3750	22	0	¥ 8,590.00	¥ 8,590.00
22	数控技术	杜艳玲	3600	2850	22	210	¥ 6,810.00	¥ 6,600.00
23	数控技术	王永勇	3000	2700	22	0	¥ 6,000.00	¥ 6,000.00
24								
25	满勤天数	22						

图 4-29 练习 8 效果图

【练习 9】在“基础课成绩表”中使用函数计算。

【操作步骤】

1）打开项目 4 素材文件“任务 3.xlsx”，将工作表“基础课成绩表”设置为当前工作表。

2）在单元格 F2 中输入函数，计算该名同学素质教育分数与本门课程平均分相差分数。

计算公式为

素质教育相差分数＝素质教育课程得分－素质教育课程平均分

素质教育课程平均分＝各学生素质教育课程得分之和÷总人数

3）利用自动填充功能在单元格区域 F3:F12 中输入函数，计算素质教育相差分数。

4）设置单元格区域 F2:F12 为数值格式，保留一位小数。

5）在单元格 G1 中输入内容“评价”，为单元格区域 G1:G12 加框线。

6）在单元格 G2 中输入函数，为该名同学素质教育课程添加评价。

评价依据：

① 相差分数为正：评价结果为“高于平均水平”；

② 相差分数为负：评价结果为“低于平均水平”；

③ 相差分数为零：评价结果为“持平”。

7）利用自动填充功能在单元格区域 G3:G12 中输入函数，填写评价列。

8）在单元格区域 E14:E17 中输入函数，统计满足条件的学生人数。

9）保存文件。

该练习完成效果如图 4-30 所示。

L26

	A	B	C	D	E	F	G
1	姓名	英语	计算机基础	高等数学	素质教育	素质教育相差分数	评价
2	陈全锋	69	88	70	85	7.0	高于平均水平
3	任齐赠	52	67	83	70	-8.0	低于平均水平
4	张金龙	77	82	79	67	-11.0	低于平均水平
5	赵洪亮	78	83	76	82	4.0	高于平均水平
6	何洪兴	86	90	94	81	3.0	高于平均水平
7	雷柱文	75	71	78	78	0.0	持平
8	马帅	61	91	87	75	-3.0	低于平均水平
9	荣冰洁	89	80	93	80	2.0	高于平均水平
10	徐盼	83	77	69	93	15.0	高于平均水平
11	安亚博	79	75	74	78	0.0	持平
12	刘庆强	70	67	81	69	-9.0	低于平均水平
13							
14		计算机基础80分以上人数（含80）			6		
15		英语诋于60分人数			1		
16		高等数学介于70~80之间人数			5		
17		素质教育与平均分持平人数			2		

图 4-30 练习 9 效果图

【练习 10】在“教师统计表”中使用函数计算。

【操作步骤】

1）打开项目 4 素材文件“任务 3.xlsx”，将工作表“教师统计表”设置为当前工作表。

2）在单元格 G2 中输入公式，计算该名教师课时占总课时比重。

计算公式为

课时所占比重＝课时÷总课时×100%

3）利用自动填充功能在单元格区域 G3:G22 中输入公式，计算课时所占比重。

4）设置单元格区域 G2:G22 为百分比格式，结果保留一位小数。

5）在单元格 H2 中输入公式，计算教师年龄。

6）利用自动填充功能在单元格区域 H3:H22 中输入公式，填写年龄列。

7）在单元格区域 E25:E31 中输入函数，统计相应数据。

8）保存文件。

该练习完成效果如图 4-31 所示。

	A	B	C	D	E	F	G	H
1	姓名	性别	出生年月	职称	课程名称	课时	课时所占比重	年龄
2	魏文鼎	女	1974/6/16	教授	英语	34	3.9%	42
3	王更	男	1987/1/2	助教	哲学	25	2.9%	29
4	陈小华	男	1980/8/19	副教授	线性代数	30	3.5%	36
5	姚斌	女	1988/2/19	讲师	微积分	21	2.4%	28
6	王迪	男	1975/7/19	未定	德育	26	3.0%	41
7	谢伟南	女	1988/6/17	教授	体育	71	8.2%	28
8	谭时梅	女	1981/3/27	助教	政经	71	8.2%	35
9	杨克刚	女	1990/11/14	副教授	离散数学	53	6.1%	26
10	谭建颖	男	1973/4/27	讲师	大学语文	63	7.3%	43
11	苏伟明	男	1990/4/5	未定	英语	45	5.2%	26
12	黄佳	男	1974/9/6	教授	哲学	54	6.2%	42
13	朱泽艳	女	1981/11/26	助教	线性代数	36	4.2%	35
14	钟尔慧	男	1989/3/21	副教授	微积分	46	5.3%	27
15	吴彩霞	男	1976/12/20	讲师	德育	28	3.2%	40
16	陈洁珊	女	1975/4/12	讲师	离散数学	39	4.5%	41
17	赵舰	男	1982/10/29	未定	大学语文	30	3.5%	34
18	黄翼	女	1981/6/15	教授	英语	35	4.0%	35
19	苏斌	女	1964/12/15	助教	哲学	26	3.0%	52
20	郗安	女	1976/5/14	副教授	线性代数	32	3.7%	40
21	杜艳玲	男	1969/4/13	讲师	微积分	76	8.8%	47
22	王永勇	男	1982/1/21	未定	离散数学	26	3.0%	34
23								
24								
25			总课时		867			
26			教授人数		4			
27			讲授哲学课教师人数		3			
28			女教师人数		10			
29			70年代出生的教师人数		7			
30			课时在50以上的人数（含50）		6			
31			35岁以下的人数（含35）		11			

图 4-31 练习 10 效果图

任务 4 页面设置

任务目的

通过本任务的练习，提高学生在 Excel 中打印工作表的技能，熟练掌握 Excel 中的页面设置功能，应用各种技巧实现多种打印需求。

任务内容

本任务完成在 Excel 工作表进行页面设置，对工作表进行打印预览及打印等操作，主要使用“页面布局”选项卡完成各项操作。

任务练习

【练习 1】在“汽车营销 1501 班成绩”表中完成页面设置。

【操作步骤】

1）打开项目 4 素材文件“任务 4.xlsx”，将工作表“汽车营销 1501 班成绩”设置为当前工作表。

2）设置纸张方向为横向，纸张大小为 A4。

3）将上下左右页边距设置为 2.0cm，页眉和页脚距页边为 1.5cm。

4）工作表中内容打印在页面中央（横向居中，纵向居中）。

5）页眉内容设置为表名。

6）页脚设置为“第××页”。

7）将第一行设置为打印标题行。

8）打印预览。

该练习完成后第 1 页预览效果如图 4-32 所示，第 2 页预览效果如图 4-33 所示。

汽车营销1501班成绩

姓名	英语	计算机基础	高等数学	大学物理	电路基础	力学	总分	平均分
王强	56	67	81	69	88	70	431	71.8
侯南	78	76	90	89	93	85	511	85.2
张玉	90	83	95	90	62	51	471	78.5
刘扬	57	69	90	52	67	83	418	69.7
杨易	88	89	87	77	82	79	502	83.7
李政	93	90	74	78	83	76	494	82.3
胡跃明	62	52	65	86	90	94	449	74.8
张博	67	78	80	75	71	78	449	74.8
李明阳	76	90	76	61	91	87	481	80.2
付中华	83	57	85	89	80	93	487	81.2
陈全锋	69	88	70	85	61	78	451	75.2
吴永红	89	93	85	83	77	69	496	82.7
朱强	90	62	51	79	75	74	431	71.8
任齐赠	52	67	83	70	67	81	420	70.0
张金龙	77	82	79	67	83	73	461	76.8
赵洪亮	78	83	76	82	91	85	495	82.5
何洪兴	86	90	94	81	69	82	502	83.7
雷柱文	75	71	78	79	81	63	447	74.5
马帅	61	91	87	73	79	81	472	78.7
荣冰洁	89	80	93	80	53	67	462	77.0
董志贵	85	61	78	67	66	72	429	71.5
徐盼	83	77	69	93	67	79	468	78.0
安亚博	79	75	74	78	82	56	444	74.0

第 1 页

图 4-32　练习 1 效果图 1

汽车营销1501班成绩

姓名	英语	计算机基础	高等数学	大学物理	电路基础	力学	总分	平均分
刘庆强	70	67	81	69	81	69	437	72.8
平均分	76.4	76.6	80.0	77.2	76.6	76.0	462.8	77.1
最高分	93.0	93.0	95.0	93.0	93.0	94.0	511	85.2
最低分	52.0	52.0	51.0	52.0	53.0	51.0	418	69.7

第 2 页

图 4-33 练习 1 效果图 2

【练习 2】在“汽制 2301 班成绩”表中完成页面设置。

【操作步骤】

1）打开项目 4 素材文件“任务 4.xlsx”，将工作表“汽制 2301 班成绩”设置为当前工作表。

2）设置纸张方向为纵向，纸张大小为 B5。

3）将上、下页边距设置为 4.0cm，页眉和页脚距页边为 1.5cm。

4）工作表中内容打印在页面中央（横向居中，纵向居中）。

5）页眉设置为“班主任：张立群”，字体为楷体，字号为 10 磅，对齐方式为靠右。

6）页脚设置为当前日期，对齐方式为靠右。

7）不打印总分列。

8）将所有学生成绩打印在一页内。

9）打印工作表的行号和列号。

10）打印预览。

该练习完成后预览效果如图 4-34 所示。

班主任：张立群

	A	B	C	D	E	F	H
1	2013级汽制2301班成绩单						
2	姓名	英语	计算机基础	大学物理	电路基础	力学	平均分
3	张金龙	77	82	67	83	73	76.4
4	赵洪亮	78	83	82	91	85	83.8
5	何洪兴	86	90	81	69	82	81.6
6	雷柱文	75	71	79	81	63	73.8
7	马帅	61	91	73	79	81	77.0
8	荣冰洁	89	80	80	53	67	73.8
9	董志贵	85	61	67	66	72	70.2
10	徐盼	83	77	93	67	79	79.8
11	安亚博	79	75	78	82	56	74.0
12	刘庆强	70	67	69	81	69	71.2
13	王允	67	83	74	79	81	76.8
14	李威	82	91	81	73	79	81.2
15	李洁	81	69	73	80	53	71.2
16	武晨曦	79	81	85	67	66	75.6
17	解迪	73	79	82	81	69	76.8
18	雷宇	80	53	63	79	81	71.2
19	左阳光	67	66	93	90	74	78.0
20	陈晓波	93	67	62	52	65	67.8
21	尹奇	78	82	67	78	80	77.0
22	张胜昕	69	81	76	90	76	78.4
23	逄博	74	79	83	57	85	75.6
24							
25	平均分	77.4	76.6	76.6	75.1	73.1	75.8
26	最高分	93.0	91.0	93.0	91.0	85.0	83.8
27	最低分	61.0	53.0	62.0	52.0	53.0	67.8

2016/2/22

图 4-34 练习 2 效果图

【练习 3】在“机电 1402 班成绩”表中完成页面设置。

【操作步骤】

1）打开项目 4 素材文件“任务 4.xlsx”，将工作表“机电 1402 班成绩”设置为当前工作表。

2）设置纸张方向为纵向，纸张大小为 B5。

3）上下左右页边距设置为 1.5cm，页眉和页脚距页边为 1.0cm。

4）将工作表中内容打印在页面中央（横向居中，纵向居中）。

5）设置页脚内容中间为“页码/总页数”，右边为“当前日期”，字体为宋体，字号为 10 磅。

6）将前两行设为打印标题行。

7）设置打印网格线。

8）设置每页打印 12 名学生的成绩。

9）将所有列调整为一页。

10）打印预览。

该练习完成后第 1 页预览效果如图 4-35 所示，第 2 页预览效果如图 4-36 所示。

2014级机电1402班成绩

姓名	英语	计算机基础	高等数学	大学物理	电路基础	力学	总分	平均分
赵洪亮	78	83	76	82	91	85	495	82.5
何洪兴	86	90	94	81	69	82	502	83.7
雷柱文	75	71	78	79	81	63	447	74.5
马帅	61	91	87	73	79	81	472	78.7
荣冰洁	89	80	93	80	53	67	462	77.0
董志贵	85	61	78	67	66	72	429	71.5
徐盼	83	77	69	93	67	79	468	78.0
安亚博	79	75	74	78	82	56	444	74.0
刘庆强	70	67	81	69	81	69	437	72.8
王允	67	83	73	74	79	81	457	76.2
李威	82	91	85	81	73	79	491	81.8
李浩	81	69	82	73	80	53	438	73.0

1/2　　　2016/3/5

图 4-35　练习 3 效果图 1

2014级机电1402班成绩

姓名	英语	计算机基础	高等数学	大学物理	电路基础	力学	总分	平均分
武晨曦	79	81	63	85	67	66	441	73.5
解迪	73	79	81	82	81	69	465	77.5
雷宇	80	53	67	63	79	81	423	70.5
左阳光	67	66	72	93	90	74	462	77.0
陈晓波	93	67	79	62	52	65	418	69.7
尹奇	78	82	56	67	78	80	441	73.5
张胜昕	69	81	69	76	90	76	461	76.8
逄博	74	79	81	83	57	85	459	76.5
王强	81	73	79	69	88	70	460	76.7
于壮	73	80	53	89	93	85	473	78.8
杨志伟	85	67	66	90	62	51	421	70.2
刑艳春	63	79	81	77	82	79	461	76.8

2/2　　2016/3/5

图 4-36　练习 3 效果图 2

【练习 4】在“电气 1503 班成绩”表中完成页面设置。

【操作步骤】

1）打开项目 4 素材文件“任务 4.xlsx”，将工作表“电气 1503 班成绩”设置为当前工作表。

2）设置纸张方向为纵向，纸张大小为 B5。

3）上下页边距设置为 3cm，页眉距页边为 1cm，页脚距页边 1cm。

4）打印内容设置为横向居中。

5）页眉设置为左边“第××页，共××页”，右边为“电气 1503 班成绩单”，字体为楷体，字号为 10 磅。

6）页脚设置为右边“制表人：李晓波　制表时间：系统当前时间”。

7）打印网格线。

8）将第二行设置为打印标题行。

9）设置打印行号和列标。

10）打印范围为黄色数据区域。

11）将所有列调整为一页。

12）打印预览。

该练习完成后第 1 页预览效果如图 4-37 所示，第 2 页预览效果如图 4-38 所示。

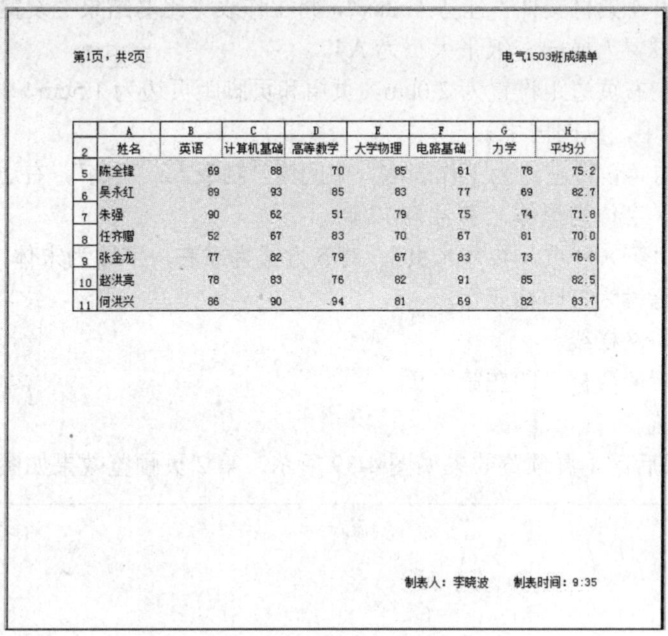

第1页，共2页　　　　电气1503班成绩单

	A	B	C	D	E	F	G	H
2	姓名	英语	计算机基础	高等数学	大学物理	电路基础	力学	平均分
5	陈全锋	69	88	70	85	61	78	75.2
6	吴永红	89	93	85	83	77	69	82.7
7	朱强	90	62	51	79	75	74	71.8
8	任齐赗	52	67	83	70	67	81	70.0
9	张金龙	77	82	79	67	83	73	76.8
10	赵洪亮	78	83	76	82	91	85	82.5
11	何洪兴	86	90	94	81	69	82	83.7

制表人：李晓波　　制表时间：9:35

图 4-37　练习 4 效果图 1

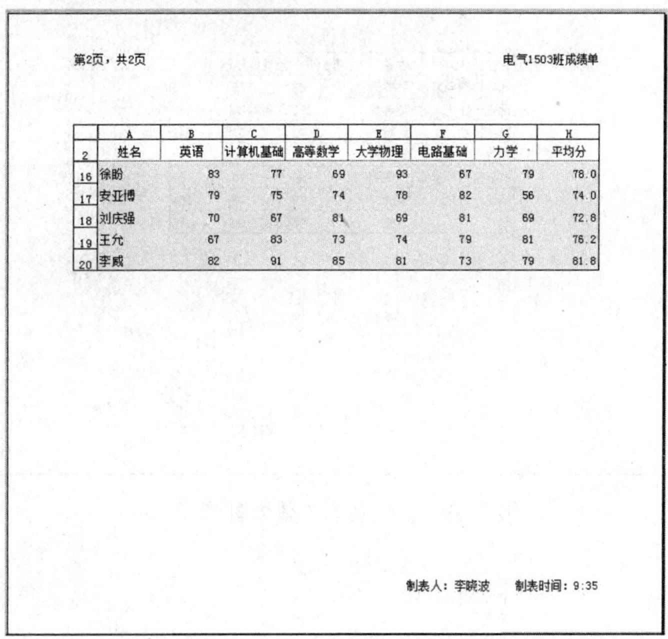

第2页，共2页　　　　电气1503班成绩单

	A	B	C	D	E	F	G	H
2	姓名	英语	计算机基础	高等数学	大学物理	电路基础	力学	平均分
16	徐盼	83	77	69	93	67	79	78.0
17	安亚博	79	75	74	78	82	56	74.0
18	刘庆强	70	67	81	69	81	69	72.8
19	王允	67	83	73	74	79	81	76.2
20	李威	82	91	85	81	73	79	81.8

制表人：李晓波　　制表时间：9:35

图 4-38　练习 4 效果图 2

【练习 5】在“比赛结果”表中完成页面设置。

【操作步骤】

1）打开项目 4 素材文件“任务 4.xlsx”，将工作表“比赛结果”设置为当前工作表。

2）将页面设置为横向，纸张大小为 A4。

3）将上下左右页边距设置为 2.0cm，页眉和页脚距页边为 1.5cm，将内容打印在页面中央（横向居中，纵向居中）。

4）将页眉内容设置左边为工作表名，中间为“制表人：王楠”，右边为“制表时间：系统当前日期”，字体为黑体，字号为 12 磅。

5）页脚为“第××页，共××页”，对齐方式为靠右，字体为宋体，字号为 10 磅。

6）将第一行设为打印标题行。

7）设置打印网格线。

8）第八行后的数据打印在第二页。

9）打印预览。

该练习完成后第 1 页预览效果如图 4-39 所示，第 2 页预览效果如图 4-40 所示。

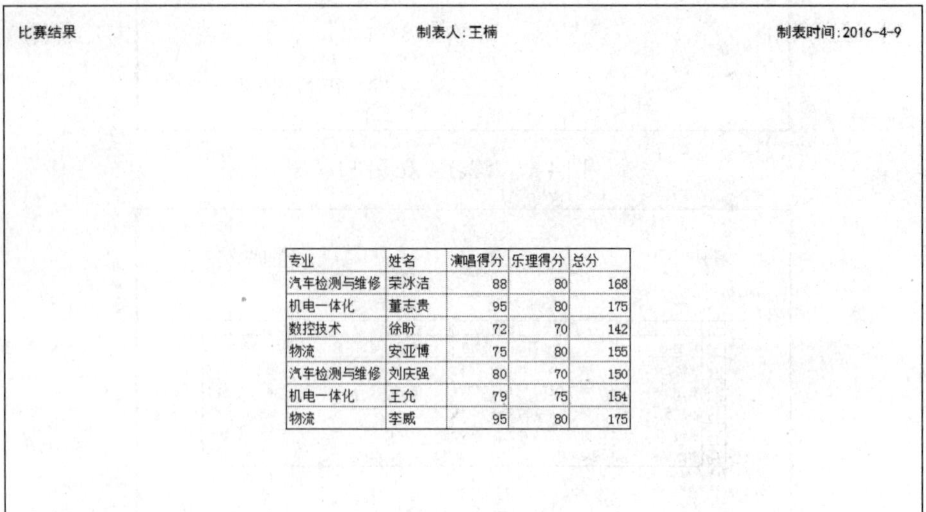

比赛结果　　　　制表人：王楠　　　　制表时间：2016-4-9

专业	姓名	演唱得分	乐理得分	总分
汽车检测与维修	荣冰洁	88	80	168
机电一体化	董志贵	95	80	175
数控技术	徐盼	72	70	142
物流	安亚博	75	80	155
汽车检测与维修	刘庆强	80	70	150
机电一体化	王允	79	75	154
物流	李威	95	80	175

第 1 页，共 2 页

图 4-39　练习 5 效果图 1

比赛结果　　　　制表人:王楠　　　　制表时间:2016-4-9

专业	姓名	演唱得分	乐理得分	总分
汽车检测与维修	李浩	81	80	161
机电一体化	武晨曦	85	75	160
数控技术	解迪	93	80	173
机电一体化	雷宇	89	75	164
物流	左阳光	95	75	170
数控技术	陈晓波	88	70	158
机电一体化	尹奇	90	75	165
数控技术	张胜昕	90	80	170

第 2 页，共 2 页

图 4-40　练习 5 效果图 2

任务 5　信 息 处 理

任务目的

通过本任务的练习，提高学生 Excel 数据处理的技能，熟练掌握数据排序、筛选、统计、创建图表及数据透视表和数据透视图等各项操作。

任务内容

本任务完成在 Excel 工作表中对数据进行排序、筛选、分类汇总、图表和数据透视表的创建等操作，排序、筛选、分类汇总操作主要使用“数据”选项卡完成，图表和数据透视表的创建和设置主要使用“插入”选项卡和“图表工具”等完成。

任务练习

【练习 1】在“基本信息”表中完成排序。

【操作步骤】

1）打开项目 4 素材文件“任务 5.xlsx”。

2）复制工作表“基本信息”，重命名为“基本信息-排序 1”，在该工作表中按照姓名的降序进行排序。

完成效果如图 4-41 所示。

3）复制工作表“基本信息”，重命名为“基本信息-排序 2”，在该工作表中先按性别排序，性别相同的按照年龄排序。

顺序为男性在前，女性在后，年龄从大到小。

完成效果如图 4-42 所示。

	A	B	C	D	E	F
1	基本信息表					
2	编号	姓名	性别	籍贯	出生日期	职称
3	39	赵玉	女	浙江上虞	1968/11/14	副教授
4	38	杨建军	男	上海	1975/7/19	助教
5	43	王静	男	山东省蓬莱县	1980/8/19	副教授
6	22	王成	女	浙江绍兴	1981/3/27	助教
7	44	曲玉华	男	江西南昌	1973/4/27	讲师
8	28	李菲菲	女	江苏省苏州	1964/2/19	讲师
9	30	高思	女	四川云阳县	1968/6/17	教授
10	49	付晋芳	男	江西高安	1970/4/5	助教
11	11	陈湛	女	辽宁省海城	1974/6/16	教授
12	26	陈依然	男	广东省顺德	1982/1/2	助教

图 4-41 基本信息-排序 1

	A	B	C	D	E	F
1	基本信息表					
2	编号	姓名	性别	籍贯	出生日期	职称
3	49	付晋芳	男	江西高安	1970/4/5	助教
4	44	曲玉华	男	江西南昌	1973/4/27	讲师
5	38	杨建军	男	上海	1975/7/19	助教
6	43	王静	男	山东省蓬莱县	1980/8/19	副教授
7	26	陈依然	男	广东省顺德	1982/1/2	助教
8	28	李菲菲	女	江苏省苏州	1964/2/19	讲师
9	30	高思	女	四川云阳县	1968/6/17	教授
10	39	赵玉	女	浙江上虞	1968/11/14	副教授
11	11	陈湛	女	辽宁省海城	1974/6/16	教授
12	22	王成	女	浙江绍兴	1981/3/27	助教

图 4-42 基本信息-排序 2

4）复制工作表“基本信息”，重命名为“基本信息-排序 3”，在该工作表中按照职称排序。

顺序为教授、副教授、讲师、助教。

完成效果如图 4-43 所示。

	A	B	C	D	E	F
1	基本信息表					
2	编号	姓名	性别	籍贯	出生日期	职称
3	30	高思	女	四川云阳县	1968/6/17	教授
4	11	陈湛	女	辽宁省海城	1974/6/16	教授
5	43	王静	男	山东省蓬莱县	1980/8/19	副教授
6	39	赵玉	女	浙江上虞	1968/11/14	副教授
7	44	曲玉华	男	江西南昌	1973/4/27	讲师
8	28	李菲菲	女	江苏省苏州	1964/2/19	讲师
9	49	付晋芳	男	江西高安	1970/4/5	助教
10	38	杨建军	男	上海	1975/7/19	助教
11	26	陈依然	男	广东省顺德	1982/1/2	助教
12	22	王成	女	浙江绍兴	1981/3/27	助教

图 4-43 基本信息-排序 3

【练习 2】在“2 月份工资”表中完成排序。

【操作步骤】

1）打开项目 4 素材文件“任务 5.xlsx”。

2）复制工作表“2 月份工资”，重命名为“2 月份工资-排序 1”，在该工作表中按照部门的升序进行排序。

完成效果如图 4-44 所示。

2月份工资表

序号	姓名	部门名称	基本工资	奖金	扣款	会费	实发工资
1	罗明	技术科	1300.5	¥ 750.00	¥ 235.00	¥ 6.50	¥ 1,809.00
3	胡小亮	技术科	1280.5	¥ 652.00	¥ 253.00	¥ 6.40	¥ 1,673.10
4	李从金	技术科	1535.7	¥ 805.00	¥ 332.50	¥ 15.36	¥ 1,992.84
11	罗蒙蒙	技术科	1560	¥ 750.00	¥ 235.00	¥ 15.60	¥ 2,059.40
13	何为民	技术科	1345	¥ 652.00	¥ 253.00	¥ 6.73	¥ 1,737.28
14	胡兵兵	技术科	1535.7	¥ 805.00	¥ 332.50	¥ 15.36	¥ 1,992.84
2	张广	生产科	1435	¥ 823.00	¥ 310.20	¥ 7.18	¥ 1,940.63
5	何利一	生产科	1556.7	¥ 711.00	¥ 180.30	¥ 15.57	¥ 2,071.83
6	朱广强	生产科	1800.5	¥ 664.00	¥ 258.00	¥ 18.01	¥ 2,188.50
9	马明军	生产科	1260.8	¥ 725.00	¥ 150.66	¥ 6.30	¥ 1,828.84
12	张进	生产科	1200	¥ 823.00	¥ 310.25	¥ 6.00	¥ 1,706.75
15	李名	生产科	1556.7	¥ 711.00	¥ 180.35	¥ 15.57	¥ 2,071.78
7	宁小燕	质检科	1250	¥ 580.00	¥ 65.20	¥ 6.25	¥ 1,758.55
8	刘同	质检科	1630.3	¥ 660.00	¥ 88.00	¥ 16.30	¥ 2,186.00
10	周子新	质检科	1700.4	¥ 700.00	¥ 250.78	¥ 17.00	¥ 2,132.62

图 4-44 2 月份工资-排序 1

3）复制工作表“2 月份工资”，重命名为“2 月份工资-排序 2”，在该工作表中按照实发工资由高到低排序。

完成效果如图 4-45 所示。

2月份工资表

序号	姓名	部门名称	基本工资	奖金	扣款	会费	实发工资
6	朱广强	生产科	1800.5	¥ 664.00	¥ 258.00	¥ 18.01	¥ 2,188.50
8	刘同	质检科	1630.3	¥ 660.00	¥ 88.00	¥ 16.30	¥ 2,186.00
10	周子新	质检科	1700.4	¥ 700.00	¥ 250.78	¥ 17.00	¥ 2,132.62
5	何利一	生产科	1556.7	¥ 711.00	¥ 180.30	¥ 15.57	¥ 2,071.83
15	李名	生产科	1556.7	¥ 711.00	¥ 180.35	¥ 15.57	¥ 2,071.78
11	罗蒙蒙	技术科	1560	¥ 750.00	¥ 235.00	¥ 15.60	¥ 2,059.40
4	李从金	技术科	1535.7	¥ 805.00	¥ 332.50	¥ 15.36	¥ 1,992.84
14	胡兵兵	技术科	1535.7	¥ 805.00	¥ 332.50	¥ 15.36	¥ 1,992.84
2	张广	生产科	1435	¥ 823.00	¥ 310.20	¥ 7.18	¥ 1,940.63
9	马明军	生产科	1260.8	¥ 725.00	¥ 150.66	¥ 6.30	¥ 1,828.84
1	罗明	技术科	1300.5	¥ 750.00	¥ 235.00	¥ 6.50	¥ 1,809.00
7	宁小燕	质检科	1250	¥ 580.00	¥ 65.20	¥ 6.25	¥ 1,758.55
13	何为民	技术科	1345	¥ 652.00	¥ 253.00	¥ 6.73	¥ 1,737.28
12	张进	生产科	1200	¥ 823.00	¥ 310.25	¥ 6.00	¥ 1,706.75
3	胡小亮	技术科	1280.5	¥ 652.00	¥ 253.00	¥ 6.40	¥ 1,673.10

图 4-45 2 月份工资-排序 2

4）复制工作表“2 月份工资”，重命名为“2 月份工资-排序 3”，在该工作表中先按部门排序，部门相同的按照姓名排序。

部门顺序为质检科、技术科、生产科。

完成效果如图 4-46 所示。

	A	B	C	D	E	F	G	H
1	2月份工资表							
2	序号	姓名	部门名称	基本工资	奖金	扣款	会费	实发工资
3	10	周子新	质检科	1700.4	¥ 700.00	¥ 250.78	¥ 17.00	¥ 2,132.62
4	7	宁小燕	质检科	1250	¥ 580.00	¥ 65.20	¥ 6.25	¥ 1,758.55
5	8	刘同	质检科	1630.3	¥ 660.00	¥ 88.00	¥ 16.30	¥ 2,186.00
6	1	罗明	技术科	1300.5	¥ 750.00	¥ 235.00	¥ 6.50	¥ 1,809.00
7	11	罗蒙蒙	技术科	1560	¥ 750.00	¥ 235.00	¥ 15.60	¥ 2,059.40
8	4	李从金	技术科	1535.7	¥ 805.00	¥ 332.50	¥ 15.36	¥ 1,992.84
9	3	胡小亮	技术科	1280.5	¥ 652.00	¥ 253.00	¥ 6.40	¥ 1,673.10
10	14	胡兵兵	技术科	1535.7	¥ 805.00	¥ 332.50	¥ 15.36	¥ 1,992.84
11	13	何为民	技术科	1345	¥ 652.00	¥ 253.00	¥ 6.73	¥ 1,737.28
12	6	朱广强	生产科	1800.5	¥ 664.00	¥ 258.00	¥ 18.01	¥ 2,188.50
13	12	张进	生产科	1200	¥ 823.00	¥ 310.25	¥ 6.00	¥ 1,706.75
14	2	张广	生产科	1435	¥ 823.00	¥ 310.20	¥ 7.18	¥ 1,940.63
15	9	马明军	生产科	1260.8	¥ 725.00	¥ 150.66	¥ 6.30	¥ 1,828.84
16	15	李名	生产科	1556.7	¥ 711.00	¥ 180.35	¥ 15.57	¥ 2,071.78
17	5	何利一	生产科	1556.7	¥ 711.00	¥ 180.30	¥ 15.57	¥ 2,071.83

图 4-46　2 月份工资-排序 3

【练习 3】在“基本信息”表中完成自动筛选。

【操作步骤】

1）打开项目 4 素材文件“任务 5.xlsx”。

2）复制工作表“基本信息”，重命名为“基本信息-自动筛选 1”，在该工作表中筛选出所有男职工。

完成效果如图 4-47 所示。

	A	B	C	D	E	F
1	基本信息表					
2	编号	姓名	性别	籍贯	出生日期	职称
4	26	陈依然	男	广东省顺德	1982/1/2	助教
5	43	王静	男	山东省蓬莱县	1980/8/19	副教授
7	38	杨建军	男	上海	1975/7/19	助教
11	44	曲玉华	男	江西南昌	1973/4/27	讲师
12	49	付晋芳	男	江西高安	1970/4/5	助教

图 4-47　基本信息-自动筛选 1

3）复制工作表“基本信息”，重命名为“基本信息-自动筛选 2”，在该工作表中筛选出所有姓“王”的职工。

完成效果如图 4-48 所示。

	A	B	C	D	E	F
1	基本信息表					
2	编号	姓名	性别	籍贯	出生日期	职称
5	43	王静	男	山东省蓬莱县	1980/8/19	副教授
9	22	王成	女	浙江绍兴	1981/3/27	助教

图 4-48　基本信息-自动筛选 2

4）复制工作表“基本信息”，重命名为“基本信息-自动筛选 3”，在该工作表中筛选出姓名只有两个字的员工。

完成效果如图 4-49 所示。

	A	B	C	D	E	F
1	基本信息表					
2	编号	姓名	性别	籍贯	出生日期	职称
3	11	陈湛	女	辽宁省海城	1974/6/16	教授
5	43	王静	男	山东省蓬莱县	1980/8/19	副教授
8	30	高思	女	四川云阳县	1968/6/17	教授
9	22	王成	女	浙江绍兴	1981/3/27	助教
10	39	赵玉	女	浙江上虞	1968/11/14	副教授

图 4-49　基本信息-自动筛选 3

5）复制工作表“基本信息”，重命名为“基本信息-自动筛选 4”，在该工作表中筛选出所有职称不是“助教”的职工。

完成效果如图 4-50 所示。

	A	B	C	D	E	F
1	基本信息表					
2	编号	姓名	性别	籍贯	出生日期	职称
3	11	陈湛	女	辽宁省海城	1974/6/16	教授
5	43	王静	男	山东省蓬莱县	1980/8/19	副教授
6	28	李菲菲	女	江苏省苏州	1964/2/19	讲师
8	30	高思	女	四川云阳县	1968/6/17	教授
10	39	赵玉	女	浙江上虞	1968/11/14	副教授
11	44	曲玉华	男	江西南昌	1973/4/27	讲师

图 4-50　基本信息-自动筛选 4

6）复制工作表“基本信息”，重命名为“基本信息-自动筛选 5”，在该工作表中筛选出所有职称是“助教”的男职工。

完成效果如图 4-51 所示。

	A	B	C	D	E	F
1	基本信息表					
2	编号	姓名	性别	籍贯	出生日期	职称
4	26	陈依然	男	广东省顺德	1982/1/2	助教
7	38	杨建军	男	上海	1975/7/19	助教
12	49	付晋芳	男	江西高安	1970/4/5	助教

图 4-51　基本信息-自动筛选 5

7）复制工作表“基本信息”，重命名为“基本信息-自动筛选 6”，在该工作表中筛选出所有 20 世纪 70 年代出生的员工。

完成效果如图 4-52 所示。

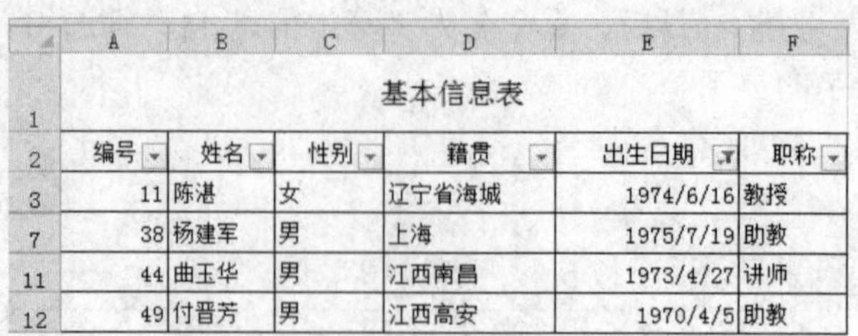

基本信息表

	编号	姓名	性别	籍贯	出生日期	职称
3	11	陈湛	女	辽宁省海城	1974/6/16	教授
7	38	杨建军	男	上海	1975/7/19	助教
11	44	曲玉华	男	江西南昌	1973/4/27	讲师
12	49	付晋芳	男	江西高安	1970/4/5	助教

图 4-52　基本信息-自动筛选 6

【练习 4】在“2 月份工资”表中完成自动筛选。

【操作步骤】

1）打开项目 4 素材文件“任务 5.xlsx”。

2）复制工作表“2 月份工资”，重命名为“2 月份工资-自动筛选 1”，在该工作表中筛选出所有技术科的职工。

完成效果如图 4-53 所示。

2月份工资表

	序号	姓名	部门名称	基本工资	奖金	扣款	会费	实发工资
3	1	罗明	技术科	1300.5	¥ 750.00	¥ 235.00	¥ 6.50	¥ 1,809.00
5	3	胡小亮	技术科	1280.5	¥ 652.00	¥ 253.00	¥ 6.40	¥ 1,673.10
6	4	李从金	技术科	1535.7	¥ 805.00	¥ 332.50	¥ 15.36	¥ 1,992.84
13	11	罗蒙蒙	技术科	1560	¥ 750.00	¥ 235.00	¥ 15.60	¥ 2,059.40
15	13	何为民	技术科	1345	¥ 652.00	¥ 253.00	¥ 6.73	¥ 1,737.28
16	14	胡兵兵	技术科	1535.7	¥ 805.00	¥ 332.50	¥ 15.36	¥ 1,992.84

图 4-53　2 月份工资-自动筛选 1

3）复制工作表“2 月份工资”，重命名为“2 月份工资-自动筛选 2”，在该工作表中筛选出所有姓“罗”或姓“何”的职工。

完成效果如图 4-54 所示。

2月份工资表

	序号	姓名	部门名称	基本工资	奖金	扣款	会费	实发工资
3	1	罗明	技术科	1300.5	¥ 750.00	¥ 235.00	¥ 6.50	¥ 1,809.00
7	5	何利一	生产科	1556.7	¥ 711.00	¥ 180.30	¥ 15.57	¥ 2,071.83
13	11	罗蒙蒙	技术科	1560	¥ 750.00	¥ 235.00	¥ 15.60	¥ 2,059.40
15	13	何为民	技术科	1345	¥ 652.00	¥ 253.00	¥ 6.73	¥ 1,737.28

图 4-54　2 月份工资-自动筛选 2

4）复制工作表“2 月份工资”，重命名为“2 月份工资-自动筛选 3”，在该工作表中筛选出姓名中含有“广”字的员工。

完成效果如图 4-55 所示。

	A	B	C	D	E	F	G	H
1	2月份工资表							
2	序号	姓名	部门名称	基本工资	奖金	扣款	会费	实发工资
4	2	张广	生产科	1435	¥ 823.00	¥ 310.20	¥ 7.18	¥ 1,940.63
8	6	朱广强	生产科	1800.5	¥ 664.00	¥ 258.00	¥ 18.01	¥ 2,188.50

图 4-55 2 月份工资-自动筛选 3

5）复制工作表“2 月份工资”，重命名为“2 月份工资-自动筛选 4”，在该工作表中筛选出所有基本工资低于 1500 元的职工。

完成效果如图 4-56 所示。

	A	B	C	D	E	F	G	H
1	2月份工资表							
2	序号	姓名	部门名称	基本工资	奖金	扣款	会费	实发工资
3	1	罗明	技术科	1300.5	¥ 750.00	¥ 235.00	¥ 6.50	¥ 1,809.00
4	2	张广	生产科	1435	¥ 823.00	¥ 310.20	¥ 7.18	¥ 1,940.63
5	3	胡小亮	技术科	1280.5	¥ 652.00	¥ 253.00	¥ 6.40	¥ 1,673.10
9	7	宁小燕	质检科	1250	¥ 580.00	¥ 65.20	¥ 6.25	¥ 1,758.55
11	9	马明军	生产科	1260.8	¥ 725.00	¥ 150.66	¥ 6.30	¥ 1,828.84
14	12	张进	生产科	1200	¥ 823.00	¥ 310.25	¥ 6.00	¥ 1,706.75
15	13	何为民	技术科	1345	¥ 652.00	¥ 253.00	¥ 6.73	¥ 1,737.28

图 4-56 2 月份工资-自动筛选 4

6）复制工作表“2 月份工资”，重命名为“2 月份工资-自动筛选 5”，在该工作表中筛选出所有实发工资为 1800～2000 元的职工。

完成效果如图 4-57 所示。

	A	B	C	D	E	F	G	H
1	2月份工资表							
2	序号	姓名	部门名称	基本工资	奖金	扣款	会费	实发工资
3	1	罗明	技术科	1300.5	¥ 750.00	¥ 235.00	¥ 6.50	¥ 1,809.00
4	2	张广	生产科	1435	¥ 823.00	¥ 310.20	¥ 7.18	¥ 1,940.63
6	4	李从金	技术科	1535.7	¥ 805.00	¥ 332.50	¥ 15.36	¥ 1,992.84
11	9	马明军	生产科	1260.8	¥ 725.00	¥ 150.66	¥ 6.30	¥ 1,828.84
16	14	胡兵兵	技术科	1535.7	¥ 805.00	¥ 332.50	¥ 15.36	¥ 1,992.84

图 4-57 2 月份工资-自动筛选 5

7）复制工作表“2 月份工资”，重命名为“2 月份工资-自动筛选 6”，在该工作表中筛选出所有实发工资低于 1800 元或高于 2100 元的职工。

完成效果如图 4-58 所示。

	A	B	C	D	E	F	G	H
1	2月份工资表							
2	序号	姓名	部门名称	基本工资	奖金	扣款	会费	实发工资
5	3	胡小亮	技术科	1280.5	¥ 652.00	¥ 253.00	¥ 6.40	¥ 1,673.10
8	6	朱广强	生产科	1800.5	¥ 664.00	¥ 258.00	¥ 18.01	¥ 2,188.50
9	7	宁小燕	质检科	1250	¥ 580.00	¥ 65.20	¥ 6.25	¥ 1,758.55
10	8	刘同	质检科	1630.3	¥ 660.00	¥ 88.00	¥ 16.30	¥ 2,186.00
12	10	周子新	质检科	1700.4	¥ 700.00	¥ 250.78	¥ 17.00	¥ 2,132.62
14	12	张进	生产科	1200	¥ 823.00	¥ 310.25	¥ 6.00	¥ 1,706.75
15	13	何为民	技术科	1345	¥ 652.00	¥ 253.00	¥ 6.73	¥ 1,737.28

图 4-58 2 月份工资-自动筛选 6

【练习 5】在“基本信息”表中完成高级筛选。

【操作步骤】

1）打开项目 4 素材文件“任务 5.xlsx”。

2）复制工作表“基本信息”，重命名为“基本信息-高级筛选 1”，在该工作表中筛选出所有女职工。

完成效果如图 4-59 所示。

	A	B	C	D	E	F
1	基本信息表					
2	编号	姓名	性别	籍贯	出生日期	职称
3	11	陈湛	女	辽宁省海城	1974/6/16	教授
6	28	李菲菲	女	江苏省苏州	1964/2/19	讲师
8	30	高思	女	四川云阳县	1968/6/17	教授
9	22	王成	女	浙江绍兴	1981/3/27	助教
10	39	赵玉	女	浙江上虞	1968/11/14	副教授

图 4-59 基本信息-高级筛选 1

3）复制工作表“基本信息”，重命名为“基本信息-高级筛选 2”，在该工作表中筛选出所有姓“王”的职工。

完成效果如图 4-60 所示。

	A	B	C	D	E	F
1	基本信息表					
2	编号	姓名	性别	籍贯	出生日期	职称
5	43	王静	男	山东省蓬莱县	1980/8/19	副教授
9	22	王成	女	浙江绍兴	1981/3/27	助教

图 4-60 基本信息-高级筛选 2

4）复制工作表“基本信息”，重命名为“基本信息-高级筛选 3”，在该工作表中筛选出姓名只有两个字的员工。

完成效果如图 4-61 所示。

	A	B	C	D	E	F
1	基本信息表					
2	编号	姓名	性别	籍贯	出生日期	职称
3	11	陈湛	女	辽宁省海城	1974/6/16	教授
5	43	王静	男	山东省蓬莱县	1980/8/19	副教授
8	30	高思	女	四川云阳县	1968/6/17	教授
9	22	王成	女	浙江绍兴	1981/3/27	助教
10	39	赵玉	女	浙江上虞	1968/11/14	副教授

图 4-61 基本信息-高级筛选 3

5）复制工作表“基本信息”，重命名为“基本信息-高级筛选 4”，在该工作表中筛选出所有职称不是“助教”的职工，筛选结果存放在 H2 开始的单元格。

完成效果如图 4-62 所示。

H	I	J	K	L	M
编号	姓名	性别	籍贯	出生日期	职称
11	陈湛	女	辽宁省海城	1974/6/16	教授
43	王静	男	山东省蓬莱县	1980/8/19	副教授
28	李菲菲	女	江苏省苏州	1964/2/19	讲师
30	高思	女	四川云阳县	1968/6/17	教授
39	赵玉	女	浙江上虞	1968/11/14	副教授
44	曲玉华	男	江西南昌	1973/4/27	讲师

图 4-62　基本信息-高级筛选 4

6）复制工作表“基本信息”，重命名为“基本信息-高级筛选 5”，在该工作表中筛选出所有职称是“助教”的男职工，筛选结果存放在 H2 开始的单元格。

完成效果如图 4-63 所示。

H	I	J	K	L	M
编号	姓名	性别	籍贯	出生日期	职称
26	陈依然	男	广东省顺德	1982/1/2	助教
38	杨建军	男	上海	1975/7/19	助教
49	付晋芳	男	江西高安	1970/4/5	助教

图 4-63　基本信息-高级筛选 5

7）复制工作表“基本信息”，重命名为“基本信息-高级筛选 6”，在该工作表中筛选出所有 20 世纪 60 年代或 80 年代出生的员工，筛选结果存放在 H2 开始的单元格。

完成效果如图 4-64 所示。

H	I	J	K	L	M
编号	姓名	性别	籍贯	出生日期	职称
26	陈依然	男	广东省顺德	1982/1/2	助教
43	王静	男	山东省蓬莱县	1980/8/19	副教授
28	李菲菲	女	江苏省苏州	1964/2/19	讲师
30	高思	女	四川云阳县	1968/6/17	教授
22	王成	女	浙江绍兴	1981/3/27	助教
39	赵玉	女	浙江上虞	1968/11/14	副教授

图 4-64　基本信息-高级筛选 6

8）复制工作表“基本信息”，重命名为“基本信息-高级筛选 7”，在该工作表中筛选出所有籍贯是浙江省或山东省的员工，筛选结果存放在 H2 开始的单元格。

完成效果如图 4-65 所示。

H	I	J	K	L	M
编号	姓名	性别	籍贯	出生日期	职称
43	王静	男	山东省蓬莱县	1980/8/19	副教授
22	王成	女	浙江绍兴	1981/3/27	助教
39	赵玉	女	浙江上虞	1968/11/14	副教授

图 4-65　基本信息-高级筛选 7

【练习 6】在“2 月份工资”表中完成高级筛选。

【操作步骤】

1）打开项目 4 素材文件“任务 5.xlsx”。

2）复制工作表“2 月份工资”，重命名为“2 月份工资-高级筛选 1”，在该工作表中筛选出技术科或质检科的职工。

完成效果如图 4-66 所示。

	A	B	C	D	E	F	G	H
1	2月份工资表							
2	序号	姓名	部门名称	基本工资	奖金	扣款	会费	实发工资
3	1	罗明	技术科	1300.5	¥ 750.00	¥ 235.00	¥ 6.50	¥ 1,809.00
5	3	胡小亮	技术科	1280.5	¥ 652.00	¥ 253.00	¥ 6.40	¥ 1,673.10
6	4	李从金	技术科	1535.7	¥ 805.00	¥ 332.50	¥ 15.36	¥ 1,992.84
9	7	宁小燕	质检科	1250	¥ 580.00	¥ 65.20	¥ 6.25	¥ 1,758.55
10	8	刘同	质检科	1630.3	¥ 660.00	¥ 88.00	¥ 16.30	¥ 2,186.00
12	10	周子新	质检科	1700.4	¥ 700.00	¥ 250.78	¥ 17.00	¥ 2,132.62
13	11	罗蒙蒙	技术科	1560	¥ 750.00	¥ 235.00	¥ 15.60	¥ 2,059.40
15	13	何为民	技术科	1345	¥ 652.00	¥ 253.00	¥ 6.73	¥ 1,737.28
16	14	胡兵兵	技术科	1535.7	¥ 805.00	¥ 332.50	¥ 15.36	¥ 1,992.84

图 4-66　2 月份工资-高级筛选 1

3）复制工作表“2 月份工资”，重命名为“2 月份工资-高级筛选 2”，在该工作表中筛选出所有姓“罗”或姓“何”的职工。

完成效果如图 4-67 所示。

	A	B	C	D	E	F	G	H
1	2月份工资表							
2	序号	姓名	部门名称	基本工资	奖金	扣款	会费	实发工资
3	1	罗明	技术科	1300.5	¥ 750.00	¥ 235.00	¥ 6.50	¥ 1,809.00
7	5	何利一	生产科	1556.7	¥ 711.00	¥ 180.30	¥ 15.57	¥ 2,071.83
13	11	罗蒙蒙	技术科	1560	¥ 750.00	¥ 235.00	¥ 15.60	¥ 2,059.40
15	13	何为民	技术科	1345	¥ 652.00	¥ 253.00	¥ 6.73	¥ 1,737.28

图 4-67　2 月份工资-高级筛选 2

4）复制工作表“2 月份工资”，重命名为“2 月份工资-高级筛选 3”，在该工作表中筛选出姓名中含有“广”字的员工。

完成效果如图 4-68 所示。

	A	B	C	D	E	F	G	H
1	2月份工资表							
2	序号	姓名	部门名称	基本工资	奖金	扣款	会费	实发工资
4	2	张广	生产科	1435	¥ 823.00	¥ 310.20	¥ 7.18	¥ 1,940.63
8	6	朱广强	生产科	1800.5	¥ 664.00	¥ 258.00	¥ 18.01	¥ 2,188.50

图 4-68　2 月份工资-高级筛选 3

5）复制工作表“2 月份工资”，重命名为“2 月份工资-高级筛选 4”，在该工作表中筛选出所有基本工资低于 1500 元的职工。

完成效果如图 4-69 所示。

	A	B	C	D	E	F	G	H
1	2月份工资表							
2	序号	姓名	部门名称	基本工资	奖金	扣款	会费	实发工资
3	1	罗明	技术科	1300.5	¥ 750.00	¥ 235.00	¥ 6.50	¥ 1,809.00
4	2	张广	生产科	1435	¥ 823.00	¥ 310.20	¥ 7.18	¥ 1,940.63
5	3	胡小亮	技术科	1280.5	¥ 652.00	¥ 253.00	¥ 6.40	¥ 1,673.10
9	7	宁小燕	质检科	1250	¥ 580.00	¥ 65.20	¥ 6.25	¥ 1,758.55
11	9	马明军	生产科	1260.8	¥ 725.00	¥ 150.66	¥ 6.30	¥ 1,828.84
14	12	张进	生产科	1200	¥ 823.00	¥ 310.25	¥ 6.00	¥ 1,706.75
15	13	何为民	技术科	1345	¥ 652.00	¥ 253.00	¥ 6.73	¥ 1,737.28

图 4-69 2 月份工资-高级筛选 4

6）复制工作表“2 月份工资”，重命名为“2 月份工资-高级筛选 5”，在该工作表中筛选出所有实发工资为 1800～2000 元的职工。

完成效果如图 4-70 所示。

	A	B	C	D	E	F	G	H
1	2月份工资表							
2	序号	姓名	部门名称	基本工资	奖金	扣款	会费	实发工资
3	1	罗明	技术科	1300.5	¥ 750.00	¥ 235.00	¥ 6.50	¥ 1,809.00
4	2	张广	生产科	1435	¥ 823.00	¥ 310.20	¥ 7.18	¥ 1,940.63
6	4	李从金	技术科	1535.7	¥ 805.00	¥ 332.50	¥ 15.36	¥ 1,992.84
11	9	马明军	生产科	1260.8	¥ 725.00	¥ 150.66	¥ 6.30	¥ 1,828.84
16	14	胡兵兵	技术科	1535.7	¥ 805.00	¥ 332.50	¥ 15.36	¥ 1,992.84

图 4-70 2 月份工资-高级筛选 5

7）复制工作表“2 月份工资”，重命名为“2 月份工资-高级筛选 6”，在该工作表中筛选出所有实发工资低于 1800 元或高于 2100 元的职工。

完成效果如图 4-71 所示。

	A	B	C	D	E	F	G	H
1	2月份工资表							
2	序号	姓名	部门名称	基本工资	奖金	扣款	会费	实发工资
5	3	胡小亮	技术科	1280.5	¥ 652.00	¥ 253.00	¥ 6.40	¥ 1,673.10
8	6	朱广强	生产科	1800.5	¥ 664.00	¥ 258.00	¥ 18.01	¥ 2,188.50
9	7	宁小燕	质检科	1250	¥ 580.00	¥ 65.20	¥ 6.25	¥ 1,758.55
10	8	刘同	质检科	1630.3	¥ 660.00	¥ 88.00	¥ 16.30	¥ 2,186.00
12	10	周子新	质检科	1700.4	¥ 700.00	¥ 250.78	¥ 17.00	¥ 2,132.62
14	12	张进	生产科	1200	¥ 823.00	¥ 310.25	¥ 6.00	¥ 1,706.75
15	13	何为民	技术科	1345	¥ 652.00	¥ 253.00	¥ 6.73	¥ 1,737.28

图 4-71 2 月份工资-高级筛选 6

8）复制工作表“2 月份工资”，重命名为“2 月份工资-高级筛选 7”，在该工作表中筛选出技术科实发工资低于 1800 元和生产科实发工资高于 2000 元的职工。

完成效果如图 4-72 所示。

	A	B	C	D	E	F	G	H
2	序号	姓名	部门名称	基本工资	奖金	扣款	会费	实发工资
5	3	胡小亮	技术科	1280.5	¥ 652.00	¥ 253.00	¥ 6.40	¥ 1,673.10
7	5	何利一	生产科	1556.7	¥ 711.00	¥ 180.30	¥ 15.57	¥ 2,071.83
8	6	朱广强	生产科	1800.5	¥ 664.00	¥ 258.00	¥ 18.01	¥ 2,188.50
15	13	何为民	技术科	1345	¥ 652.00	¥ 253.00	¥ 6.73	¥ 1,737.28
17	15	李名	生产科	1556.7	¥ 711.00	¥ 180.35	¥ 15.57	¥ 2,071.78

图 4-72 2 月份工资-高级筛选 7

【练习 7】在“基本信息”表中完成分类汇总。

【操作步骤】

1）打开项目 4 素材文件“任务 5.xlsx”。

2）复制工作表“基本信息”，重命名为“基本信息-分类汇总 1”，在该工作表中使用分类汇总统计出男、女职工人数。

完成效果如图 4-73 所示。

	A	B	C	D	E	F
1	基本信息表					
2	编号	姓名	性别	籍贯	出生日期	职称
3	43	王静	男	山东省蓬莱县	1980/8/19	副教授
4	44	曲玉华	男	江西南昌	1973/4/27	讲师
5	26	陈依然	男	广东省顺德	1982/1/2	助教
6	38	杨建军	男	上海	1975/7/19	助教
7	49	付晋芳	男	江西高安	1970/4/5	助教
8		5	**男 计数**			
9	11	陈湛	女	辽宁省海城	1974/6/16	教授
10	30	高思	女	四川云阳县	1968/6/17	教授
11	39	赵玉	女	浙江上虞	1968/11/14	副教授
12	28	李菲菲	女	江苏省苏州	1964/2/19	讲师
13	22	王成	女	浙江绍兴	1981/3/27	助教
14		5	**女 计数**			
15		10	**总计数**			

图 4-73 基本信息-分类汇总 1

3）复制工作表“基本信息”，重命名为“基本信息-分类汇总 2”，在该工作表中使用分类汇总统计出不同职称的职工人数。

完成效果如图 4-74 所示。

4）复制工作表“基本信息”，重命名为“基本信息-分类汇总 3”，在该工作表中使用分类汇总统计出男、女职工不同职称的人数。

完成效果如图 4-75 所示。

	A	B	C	D	E	F
1	基本信息表					
2	编号	姓名	性别	籍贯	出生日期	职称
3	11	陈湛	女	辽宁省海城	1974/6/16	教授
4	30	高思	女	四川云阳县	1968/6/17	教授
5		2				**教授 计数**
6	43	王静	男	山东省蓬莱县	1980/8/19	副教授
7	39	赵玉	女	浙江上虞	1968/11/14	副教授
8		2				**副教授 计数**
9	28	李菲菲	女	江苏省苏州	1964/2/19	讲师
10	44	曲玉华	男	江西南昌	1973/4/27	讲师
11		2				**讲师 计数**
12	26	陈依然	男	广东省顺德	1982/1/2	助教
13	38	杨建军	男	上海	1975/7/19	助教
14	22	王成	女	浙江绍兴	1981/3/27	助教
15	49	付晋芳	男	江西高安	1970/4/5	助教
16		4				**助教 计数**
17		10				**总计数**

图 4-74　基本信息-分类汇总 2

	A	B	C	D	E	F
1	基本信息表					
2	编号	姓名	性别	籍贯	出生日期	职称
3	43	王静	男	山东省蓬莱县	1980/8/19	副教授
4		1				**副教授 计数**
5	44	曲玉华	男	江西南昌	1973/4/27	讲师
6		1				**讲师 计数**
7	26	陈依然	男	广东省顺德	1982/1/2	助教
8	38	杨建军	男	上海	1975/7/19	助教
9	49	付晋芳	男	江西高安	1970/4/5	助教
10		3				**助教 计数**
11		5	**男 计数**			
12	11	陈湛	女	辽宁省海城	1974/6/16	教授
13	30	高思	女	四川云阳县	1968/6/17	教授
14		2				**教授 计数**
15	39	赵玉	女	浙江上虞	1968/11/14	副教授
16		1				**副教授 计数**
17	28	李菲菲	女	江苏省苏州	1964/2/19	讲师
18		1				**讲师 计数**
19	22	王成	女	浙江绍兴	1981/3/27	助教
20		1				**助教 计数**
21		5	**女 计数**			
22		10	**总计数**			

图 4-75　基本信息-分类汇总 3

【练习 8】在“2 月份工资”表中完成分类汇总。

【操作步骤】

1）打开项目 4 素材文件“任务 5.xlsx”。

2）复制工作表“2 月份工资”，重命名为“2 月份工资-分类汇总 1”，在该工作表中使用分类汇总统计出各部门职工人数。

完成效果如图 4-76 所示。

	A	B	C	D	E	F	G	H
1	2月份工资表							
2	序号	姓名	部门名称	基本工资	奖金	扣款	会费	实发工资
3	1	罗明	技术科	1300.5	¥ 750.00	¥ 235.00	¥ 6.50	¥ 1,809.00
4	11	罗蒙蒙	技术科	1560	¥ 750.00	¥ 235.00	¥ 15.60	¥ 2,059.40
5	4	李从金	技术科	1535.7	¥ 805.00	¥ 332.50	¥ 15.36	¥ 1,992.84
6	3	胡小亮	技术科	1280.5	¥ 652.00	¥ 253.00	¥ 6.40	¥ 1,673.10
7	14	胡兵兵	技术科	1535.7	¥ 805.00	¥ 332.50	¥ 15.36	¥ 1,992.84
8	13	何为民	技术科	1345	¥ 652.00	¥ 253.00	¥ 6.73	¥ 1,737.28
9		6	技术科 计数					
10	6	朱广强	生产科	1800.5	¥ 664.00	¥ 258.00	¥ 18.01	¥ 2,188.50
11	12	张进	生产科	1200	¥ 823.00	¥ 310.25	¥ 6.00	¥ 1,706.75
12	2	张广	生产科	1435	¥ 823.00	¥ 310.20	¥ 7.18	¥ 1,940.63
13	9	马明军	生产科	1260.8	¥ 725.00	¥ 150.66	¥ 6.30	¥ 1,828.84
14	15	李名	生产科	1556.7	¥ 711.00	¥ 180.35	¥ 15.57	¥ 2,071.78
15	5	何利一	生产科	1556.7	¥ 711.00	¥ 180.30	¥ 15.57	¥ 2,071.83
16		6	生产科 计数					
17	10	周子新	质检科	1700.4	¥ 700.00	¥ 250.78	¥ 17.00	¥ 2,132.62
18	7	宁小燕	质检科	1250	¥ 580.00	¥ 65.20	¥ 6.25	¥ 1,758.55
19	8	刘同	质检科	1630.3	¥ 660.00	¥ 88.00	¥ 16.30	¥ 2,186.00
20		3	质检科 计数					
21		15	总计数					

图 4-76 2 月份工资-分类汇总 1

3）复制工作表“2 月份工资”，重命名为“2 月份工资-分类汇总 2”，在该工作表中使用分类汇总统计出各部门的基本工资和奖金合计。

完成效果如图 4-77 所示。

	A	B	C	D	E	F	G	H
1	2月份工资表							
2	序号	姓名	部门名称	基本工资	奖金	扣款	会费	实发工资
3	1	罗明	技术科	1300.5	¥ 750.00	¥ 235.00	¥ 6.50	¥ 1,809.00
4	11	罗蒙蒙	技术科	1560	¥ 750.00	¥ 235.00	¥ 15.60	¥ 2,059.40
5	4	李从金	技术科	1535.7	¥ 805.00	¥ 332.50	¥ 15.36	¥ 1,992.84
6	3	胡小亮	技术科	1280.5	¥ 652.00	¥ 253.00	¥ 6.40	¥ 1,673.10
7	14	胡兵兵	技术科	1535.7	¥ 805.00	¥ 332.50	¥ 15.36	¥ 1,992.84
8	13	何为民	技术科	1345	¥ 652.00	¥ 253.00	¥ 6.73	¥ 1,737.28
9			技术科 汇总	8557.4	¥ 4,414.00			
10	6	朱广强	生产科	1800.5	¥ 664.00	¥ 258.00	¥ 18.01	¥ 2,188.50
11	12	张进	生产科	1200	¥ 823.00	¥ 310.25	¥ 6.00	¥ 1,706.75
12	2	张广	生产科	1435	¥ 823.00	¥ 310.20	¥ 7.18	¥ 1,940.63
13	9	马明军	生产科	1260.8	¥ 725.00	¥ 150.66	¥ 6.30	¥ 1,828.84
14	15	李名	生产科	1556.7	¥ 711.00	¥ 180.35	¥ 15.57	¥ 2,071.78
15	5	何利一	生产科	1556.7	¥ 711.00	¥ 180.30	¥ 15.57	¥ 2,071.83
16			生产科 汇总	8809.7	¥ 4,457.00			
17	10	周子新	质检科	1700.4	¥ 700.00	¥ 250.78	¥ 17.00	¥ 2,132.62
18	7	宁小燕	质检科	1250	¥ 580.00	¥ 65.20	¥ 6.25	¥ 1,758.55
19	8	刘同	质检科	1630.3	¥ 660.00	¥ 88.00	¥ 16.30	¥ 2,186.00
20			质检科 汇总	4580.7	¥ 1,940.00			
21			总计	21947.8	¥10,811.00			

图 4-77 2 月份工资-分类汇总 2

4）复制工作表“2 月份工资”，重命名为“2 月份工资-分类汇总 3”，在该工作表中使用分类汇总统计出各部门实发工资的平均值和总计。

完成效果如图 4-78 所示。

序号	姓名	部门名称	基本工资	奖金	扣款	会费	实发工资
1	罗明	技术科	1300.5	¥ 750.00	¥ 235.00	¥ 6.50	¥ 1,809.00
11	罗蒙蒙	技术科	1560	¥ 750.00	¥ 235.00	¥ 15.60	¥ 2,059.40
4	李从金	技术科	1535.7	¥ 805.00	¥ 332.50	¥ 15.36	¥ 1,992.84
3	胡小亮	技术科	1280.5	¥ 652.00	¥ 253.00	¥ 6.40	¥ 1,673.10
14	胡兵兵	技术科	1535.7	¥ 805.00	¥ 332.50	¥ 15.36	¥ 1,992.84
13	何为民	技术科	1345	¥ 652.00	¥ 253.00	¥ 6.73	¥ 1,737.28
		技术科 平均值					¥ 1,877.41
		技术科 汇总					¥ 11,264.46
6	朱广强	生产科	1800.5	¥ 664.00	¥ 258.00	¥ 18.01	¥ 2,188.50
12	张进	生产科	1200	¥ 823.00	¥ 310.25	¥ 6.00	¥ 1,706.75
2	张广	生产科	1435	¥ 823.00	¥ 310.20	¥ 7.18	¥ 1,940.63
9	马明军	生产科	1260.8	¥ 725.00	¥ 150.66	¥ 6.30	¥ 1,828.84
15	李名	生产科	1556.7	¥ 711.00	¥ 180.35	¥ 15.57	¥ 2,071.78
5	何利一	生产科	1556.7	¥ 711.00	¥ 180.30	¥ 15.57	¥ 2,071.83
		生产科 平均值					¥ 1,968.05
		生产科 汇总					¥ 11,808.32
10	周子新	质检科	1700.4	¥ 700.00	¥ 250.78	¥ 17.00	¥ 2,132.62
7	宁小燕	质检科	1250	¥ 580.00	¥ 65.20	¥ 6.25	¥ 1,758.55
8	刘同	质检科	1630.3	¥ 660.00	¥ 88.00	¥ 16.30	¥ 2,186.00
		质检科 平均值					¥ 2,025.72
		质检科 汇总					¥ 6,077.16
		总计平均值					¥ 1,943.33
		总计					¥ 29,149.94

图 4-78　2 月份工资-分类汇总 3

【练习 9】在“各专业招生统计”表中完成自动筛选。

【操作步骤】

1）打开项目 4 素材文件“任务 5.xlsx”。

2）复制工作表“各专业招生统计”，重命名为“各专业招生统计-自动筛选 1”，在该工作表中筛选出招生人数增加百分比为正的专业。

完成效果如图 4-79 所示。

长汽高专各专业招生人数情况表

专业名称	2014年人数	2015年人数	总人数	较上年增长百分比
保险	75	78	153	4%
机电一体化	400	580	980	45%
模具	100	200	300	100%
汽车检测与维修	500	600	1100	20%
数控技术	240	300	540	25%
物流	200	300	500	50%
新能源汽车	42	45	87	7%
营销	78	126	204	62%

图 4-79　各专业招生统计-自动筛选 1

3）复制工作表“各专业招生统计”，重命名为“各专业招生统计-自动筛选 2”，在该工作表中查看 2015 年招生人数为 100～300 人的专业。

完成效果如图 4-80 所示。

4）复制工作表“各专业招生统计”，重命名为“各专业招生统计-自动筛选 3”，在该工作表中筛选出两年招生总人数排在后五名的专业。

完成效果如图 4-81 所示。

	A	B	C	D	E
1	长沙高专各专业招生人数情况表				
2	专业名称	2014年人数	2015年人数	总人数	较上年增长百分比
6	模具	100	200	300	100%
8	数控技术	240	300	540	25%
9	物流	200	300	500	50%
11	营销	78	126	204	62%

图 4-80 各专业招生统计-自动筛选 2

	A	B	C	D	E
1	长沙高专各专业招生人数情况表				
2	专业名称	2014年人数	2015年人数	总人数	较上年增长百分比
3	保险	75	78	153	4%
4	工业机器人	41	40	81	-2%
6	模具	100	200	300	100%
10	新能源汽车	42	45	87	7%
11	营销	78	126	204	62%

图 4-81 各专业招生统计-自动筛选 3

【练习 10】在“绩效考核”表中完成分类汇总。

【操作步骤】

1）打开项目 4 素材文件“任务 5.xlsx”。

2）复制工作表“绩效考核”，重命名为“绩效考核-分类汇总 1”，在该工作表中使用分类汇总统计出各团队各项考核成绩的平均分。

完成效果如图 4-82 所示。

	A	B	C	D	E	F	G	H	I	J	K
1	公司销售部绩效考核表										
2	员工编号	姓名	所属团队	考勤评定	业务能力	工作效率	能力提升	考核人	绩效总分	平均分	考核等级
3	020136001	林伊凡	团队1	70	85	80	90	刘琳	325	81.25	良
4	020136002	文可云	团队1	85	80	75	80	刘琳	320	80	良
5	020136003	陈诚	团队1	82	84	92	84	刘琳	342	85.5	优
6	020136004	雷湘香	团队1	75	70	70	80	刘琳	295	73.75	合格
7	020136005	李明	团队1	80	84	78	76	刘琳	318	79.5	良
8	020136006	张西文	团队1	70	72	82	86	刘琳	310	77.5	良
9			团队1 平均值	77.0	79.2	79.5	82.7				
10	020136007	刘莉	团队2	86	85	80	90	谢晋	341	85.25	优
11	020136008	刁毅	团队2	95	80	76	85	谢晋	336	84	良
12	020136009	封明明	团队2	75	86	80	88	谢晋	329	82.25	良
13	020136010	李莉湘	团队2	85	70	78	80	谢晋	313	78.25	良
14	020136011	王君	团队2	80	80	84	86	谢晋	330	82.5	良
15	020136012	庞云	团队2	90	85	83	92	谢晋	350	87.5	优
16			团队2 平均值	85.2	81.0	80.2	86.8				
17	020136013	杨娟	团队3	86	87	93	75	陈东	341	85.25	优
18	020136014	李聃	团队3	73	60	50	40	陈东	223	55.75	差
19	020136015	朱苗	团队3	95	83	95	85	陈东	358	89.5	优
20	020136016	薛敏	团队3	83	75	82	90	陈东	330	82.5	良
21	020136017	赵磊	团队3	70	60	87	83	陈东	300	75	合格
22	020136018	邓超	团队3	96	72	90	73	陈东	331	82.75	良
23	020136019	董天宝	团队3	75	86	83	81	陈东	325	81.25	良
24			团队3 平均值	82.6	74.7	82.9	75.3				
25			总计平均值	81.6	78.1	80.9	81.3				

图 4-82 绩效考核-分类汇总 1

3）复制工作表“绩效考核”，重命名为“绩效考核-分类汇总 2”，在该工作表中使用分类汇总统计出各个考核等级的职工人数。

完成效果如图 4-83 所示。

	A	B	C	D	E	F	G	H	I	J	K
1	公司销售部绩效考核表										
2	员工编号	姓名	所属团队	考勤评定	业务能力	工作效率	能力提升	考核人	绩效总分	平均分	考核等级
3	020136003	陈诚	团队1	82	84	92	84	刘琳	342	85.5	优
4	020136007	刘莉	团队2	86	85	80	90	谢晋	341	85.25	优
5	020136012	庞云	团队2	90	85	83	92	谢晋	350	87.5	优
6	020136013	杨娟	团队3	86	87	93	75	陈东	341	85.25	优
7	020136015	朱苗	团队3	95	83	95	85	陈东	358	89.5	优
8										优 计数	5
9	020136001	林伊凡	团队1	70	85	80	90	刘琳	325	81.25	良
10	020136002	文可云	团队1	85	80	75	80	刘琳	320	80	良
11	020136005	李明	团队1	80	84	78	76	刘琳	318	79.5	良
12	020136006	张西文	团队1	70	72	82	86	刘琳	310	77.5	良
13	020136008	刁毅	团队2	95	80	76	85	谢晋	336	84	良
14	020136009	封明明	团队2	75	86	80	88	谢晋	329	82.25	良
15	020136010	李莉湘	团队2	85	70	78	80	谢晋	313	78.25	良
16	020136011	王君	团队2	80	80	84	86	谢晋	330	82.5	良
17	020136016	薛敏	团队3	83	75	82	90	陈东	330	82.5	良
18	020136018	邓超	团队3	96	72	90	73	陈东	331	82.75	良
19	020136019	董天宝	团队3	75	86	83	81	陈东	325	81.25	良
20										良 计数	11
21	020136004	雷湘香	团队1	75	70	70	80	刘琳	295	73.75	合格
22	020136017	赵磊	团队3	70	60	87	83	陈东	300	75	合格
23										合格 计数	2
24	020136014	李鹏	团队3	73	60	50	40	陈东	223	55.75	差
25										差 计数	1
26										总计数	19

图 4-83 绩效考核-分类汇总 2

4）复制工作表“绩效考核”，重命名为“绩效考核-分类汇总 3”，在该工作表中使用分类汇总统计出各团队的人数和绩效总分的平均值。

完成效果如图 4-84 所示。

	A	B	C	D	E	F	G	H	I	J	K
1	公司销售部绩效考核表										
2	员工编号	姓名	所属团队	考勤评定	业务能力	工作效率	能力提升	考核人	绩效总分	平均分	考核等级
3	020136001	林伊凡	团队1	70	85	80	90	刘琳	325	81.25	良
4	020136002	文可云	团队1	85	80	75	80	刘琳	320	80	良
5	020136003	陈诚	团队1	82	84	92	84	刘琳	342	85.5	优
6	020136004	雷湘香	团队1	75	70	70	80	刘琳	295	73.75	合格
7	020136005	李明	团队1	80	84	78	76	刘琳	318	79.5	良
8	020136006	张西文	团队1	70	72	82	86	刘琳	310	77.5	良
9			团队1 平均值						318.3		
10			团队1 计数	6							
11	020136007	刘莉	团队2	86	85	80	90	谢晋	341	85.25	优
12	020136008	刁毅	团队2	95	80	76	85	谢晋	336	84	良
13	020136009	封明明	团队2	75	86	80	88	谢晋	329	82.25	良
14	020136010	李莉湘	团队2	85	70	78	80	谢晋	313	78.25	良
15	020136011	王君	团队2	80	80	84	86	谢晋	330	82.5	良
16	020136012	庞云	团队2	90	85	83	92	谢晋	350	87.5	优
17			团队2 平均值						333.2		
18			团队2 计数	6							
19	020136013	杨娟	团队3	86	87	93	75	陈东	341	85.25	优
20	020136014	李鹏	团队3	73	60	50	40	陈东	223	55.75	差
21	020136015	朱苗	团队3	95	83	95	85	陈东	358	89.5	优
22	020136016	薛敏	团队3	83	75	82	90	陈东	330	82.5	良
23	020136017	赵磊	团队3	70	60	87	83	陈东	300	75	合格
24	020136018	邓超	团队3	96	72	90	73	陈东	331	82.75	良
25	020136019	董天宝	团队3	75	86	83	81	陈东	325	81.25	良
26			团队3 平均值						315.4		
27			团队3 计数	7							
28			总计平均值						321.9		
29			总计数	19							

图 4-84 绩效考核-分类汇总 3

【练习 11】利用“2 月份工资”表中数据创建图表。

【操作步骤】

1）打开项目 4 素材文件“任务 5.xlsx”。

2）复制工作表“2 月份工资”，重命名为“2 月份工资-图表”。

3）利用表中数据创建二维簇状柱形图，参照效果图完成下列操作。

① 添加图表标题，设置字体为方正舒体，字号为 18 磅。

② 为图表添加坐标轴标题，设置格式：字体为宋体，字号为 10 磅，文字加粗。

③ 设置坐标轴格式。

④ 图表区：填充效果为纹理中的新闻纸。

完成效果如图 4-85 所示。

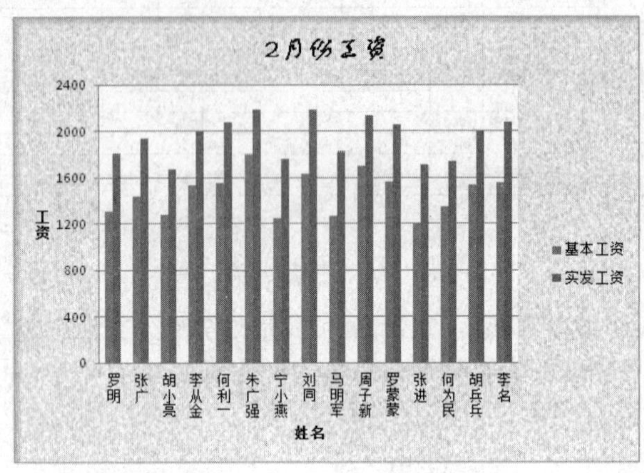

图 4-85 练习 11 二维簇状柱形图

4）利用表中数据创建二维簇状条形图，参照效果图完成下列操作。

① 添加图表标题，设置字体为楷体，字号为 18 磅，文字颜色为蓝色。

② 图例位置：靠上。

③ 数据系列：基本工资修改为绿色填充，显示数据标签。

④ 图表区：填充效果为纹理中的花束。

完成效果如图 4-86 所示。

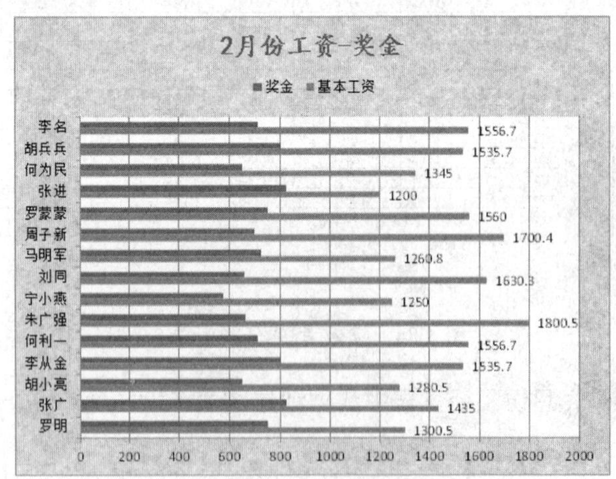

图 4-86 练习 11 二维簇状条形图

【练习 12】利用“各专业招生统计”表中数据创建图表。

【操作步骤】

1）打开项目 4 素材文件“任务 5.xlsx”。

2）复制工作表“各专业招生统计”，重命名为“各专业招生统计-图表”。

3）利用表中数据创建折线图，参照效果图完成下列操作。

① 添加图表标题，设置字体为隶书，字号 20 磅。

② 图表样式：样式 12。

③ 数据标签：上方。

④ 绘图区：填充效果为渐变→预设（心如止水）。

完成效果如图 4-87 所示。

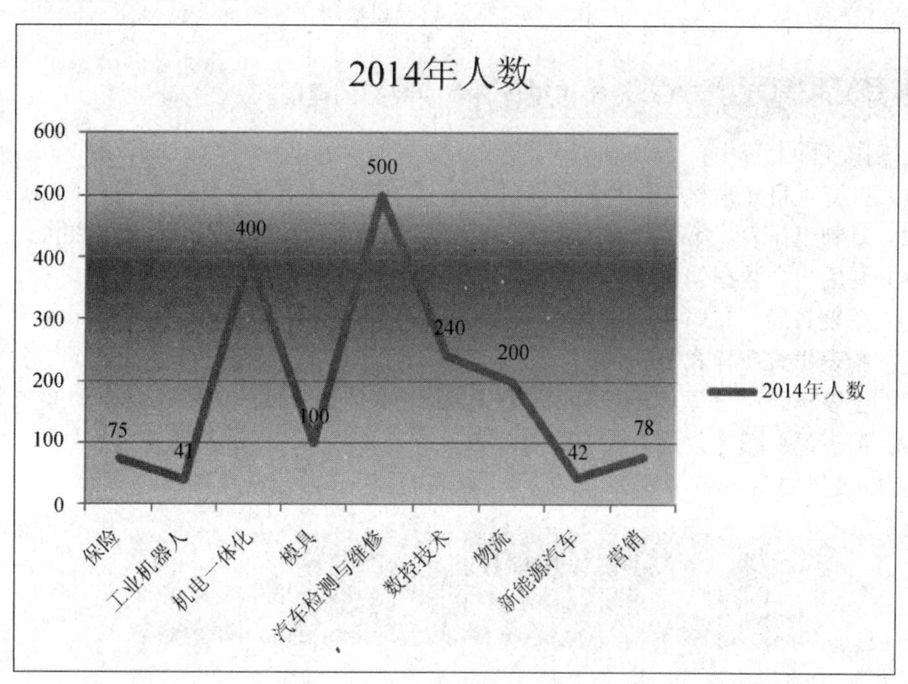

图 4-87　练习 12 折线图

4）利用表中数据创建三维饼图，参照效果图完成下列操作。

① 添加图表标题，设置字体为楷体，字号为 18 磅，文字颜色为蓝色。

② 图例位置：底部。

③ 数据标签：内部。

④ 图表区：填充效果为纹理中的“羊皮纸”。

完成效果如图 4-88 所示。

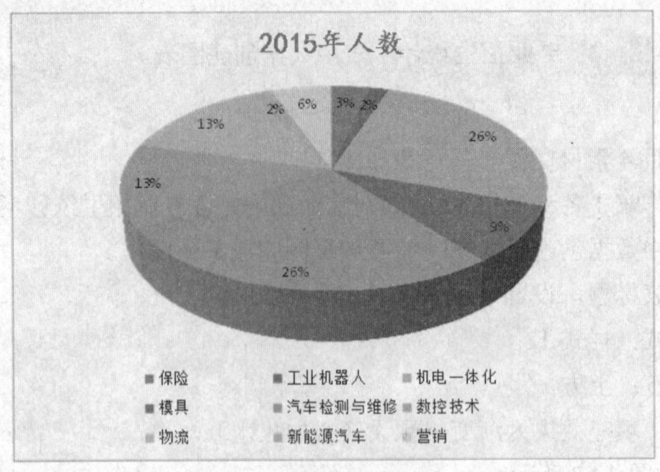

图 4-88 练习 12 三维饼图

【练习 13】利用“第 3 季度销售统计”表中数据创建图表。

【操作步骤】

1）打开项目 4 素材文件“任务 5.xlsx”。

2）复制工作表“第 3 季度销售统计”，重命名为“第 3 季度销售统计-图表”。

3）利用表中数据创建簇状柱形图，参照效果图完成下列操作。

① 图表布局：布局 2。

② 图表样式：样式 10。

③ 图表标题：“3 季度电视机销售统计图”，字体为宋体，字号为 18 磅，文字加粗。

④ 图表区：填充效果为纹理中的画布。

完成效果如图 4-89 所示。

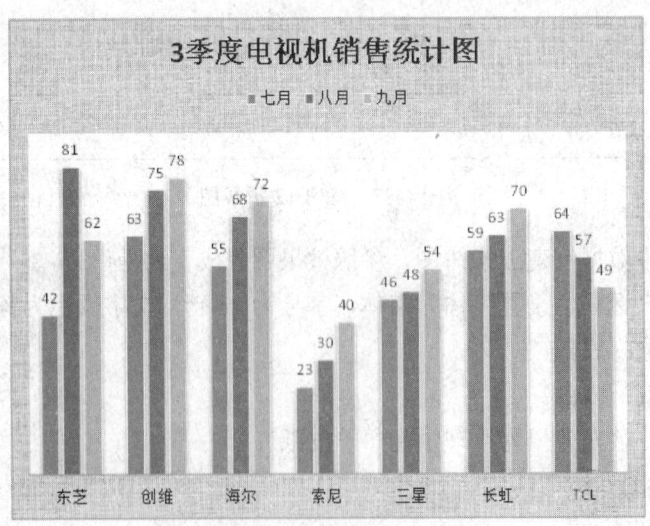

图 4-89 练习 13 簇状柱形图

4）利用表中数据创建分离型三维饼图，参照效果图完成下列操作。

① 添加图表标题："3 季度电视机销售额"。

② 图表布局：布局 2。

③ 图标样式：样式 18。

④ 图表区：填充效果为渐变→预设（薄雾浓云）。

完成效果如图 4-90 所示。

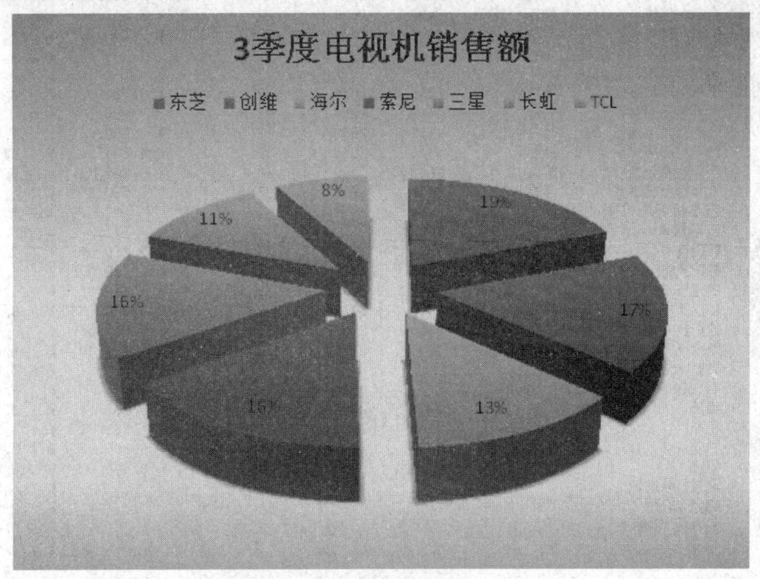

图 4-90　练习 13 分离型三维饼图

【练习 14】利用"工资一览表"表中数据完成分类汇总并创建图表。

【操作步骤】

1）打开项目 4 素材文件"任务 5.xlsx"。

2）复制工作表"工资一览表"，重命名为"工资一览表-分类汇总 1"，在表中统计出各个部门的平均实发工资和实发工资总计。

完成效果如图 4-91 所示。

3）复制工作表"工资一览表"，重命名为"工资一览表-分类汇总 2"，在表中统计出各个部门的平均实发工资和平均出勤天数。

完成效果如图 4-92 所示。

4）复制工作表"工资一览表-分类汇总 2"，重命名为"工资一览表-图表"，利用表中数据创建簇状条形图，参照效果图完成下列操作。

① 添加图表标题："各部门工资情况"，字体为华文彩云，字号为 20 磅，文字颜色为紫色。

② 图表布局：布局 9。

③ 参照效果图设置水平坐标轴格式。

④ 图表区：填充纹理中的“花束”。

完成效果如图 4-93 所示。

	A	B	C	D	E	F	G	H
1				工资一览表				
2	部门	姓名	基本工资	奖金	出勤天数	扣款	应发工资	实发工资
3	机电一体化	王更	1900	2250	19	0	¥ 3,890.91	¥ 3,890.91
4	机电一体化	谢伟南	1900	2400	22	90	¥ 4,490.00	¥ 4,400.00
5	机电一体化	谭建颖	2400	2550	22	0	¥ 5,190.00	¥ 5,190.00
6	机电一体化	黄佳	2400	2670	22	0	¥ 5,310.00	¥ 5,310.00
7	机电一体化	吴彩霞	3000	3000	22	104	¥ 6,300.00	¥ 6,196.00
8	**机电一体化 平均值**							¥ 4,997.38
9	**机电一体化 汇总**							¥ 24,986.91
10	汽车检测与维修	魏文鼎	1500	1875	22	150	¥ 3,525.00	¥ 3,375.00
11	汽车检测与维修	王迪	3600	2250	21	72	¥ 5,686.36	¥ 5,614.36
12	汽车检测与维修	杨克刚	4400	2850	21	0	¥ 7,050.00	¥ 7,050.00
13	汽车检测与维修	赵舰	2400	2250	22	0	¥ 4,890.00	¥ 4,890.00
14	汽车检测与维修	黄翼	3600	2550	20	96	¥ 5,822.73	¥ 5,726.73
15	汽车检测与维修	苏斌	4400	3750	22	0	¥ 8,590.00	¥ 8,590.00
16	**汽车检测与维修 平均值**							¥ 5,874.35
17	**汽车检测与维修 汇总**							¥ 35,246.09
18	数控技术	陈小华	1500	2025	22	0	¥ 3,675.00	¥ 3,675.00
19	数控技术	苏伟明	3000	2925	22	0	¥ 6,225.00	¥ 6,225.00
20	数控技术	钟尔慧	2400	2400	21	190	¥ 4,690.91	¥ 4,500.91
21	数控技术	陈洁珊	3600	3075	18	0	¥ 6,020.45	¥ 6,020.45
22	数控技术	杜艳玲	3600	2850	22	210	¥ 6,810.00	¥ 6,600.00
23	数控技术	王永勇	3000	2700	22	0	¥ 6,000.00	¥ 6,000.00
24	**数控技术 平均值**							¥ 5,503.56
25	**数控技术 汇总**							¥ 33,021.36
26	物流	姚斌	3000	2700	21	0	¥ 5,563.64	¥ 5,563.64
27	物流	谭时梅	2400	2100	20	0	¥ 4,281.82	¥ 4,281.82
28	物流	朱泽艳	1900	1800	22	158	¥ 3,890.00	¥ 3,732.00
29	物流	郁安	4400	3750	22	0	¥ 8,590.00	¥ 8,590.00
30	**物流 平均值**							¥ 5,541.86
31	**物流 汇总**							¥ 22,167.45
32	**总计平均值**							¥ 5,496.28
33	**总计**							¥ 115,421.82

图 4-91　工资一览表-分类汇总 1

	A	B	C	D	E	F	G	H
1				工资一览表				
2	部门	姓名	基本工资	奖金	出勤天数	扣款	应发工资	实发工资
3	机电一体化	王更	1900	2250	19	0	¥ 3,890.91	¥ 3,890.91
4	机电一体化	谢伟南	1900	2400	22	90	¥ 4,490.00	¥ 4,400.00
5	机电一体化	谭建颖	2400	2550	22	0	¥ 5,190.00	¥ 5,190.00
6	机电一体化	黄佳	2400	2670	22	0	¥ 5,310.00	¥ 5,310.00
7	机电一体化	吴彩霞	3000	3000	22	104	¥ 6,300.00	¥ 6,196.00
8	**机电一体化 平均值**				21.4			¥ 4,997.38
9	汽车检测与维修	魏文鼎	1500	1875	22	150	¥ 3,525.00	¥ 3,375.00
10	汽车检测与维修	王迪	3600	2250	21	72	¥ 5,686.36	¥ 5,614.36
11	汽车检测与维修	杨克刚	4400	2850	21	0	¥ 7,050.00	¥ 7,050.00
12	汽车检测与维修	赵舰	2400	2250	22	0	¥ 4,890.00	¥ 4,890.00
13	汽车检测与维修	黄翼	3600	2550	20	96	¥ 5,822.73	¥ 5,726.73
14	汽车检测与维修	苏斌	4400	3750	22	0	¥ 8,590.00	¥ 8,590.00
15	**汽车检测与维修 平均值**				21.33333			¥ 5,874.35
16	数控技术	陈小华	1500	2025	22	0	¥ 3,675.00	¥ 3,675.00
17	数控技术	苏伟明	3000	2925	22	0	¥ 6,225.00	¥ 6,225.00
18	数控技术	钟尔慧	2400	2400	21	190	¥ 4,690.91	¥ 4,500.91
19	数控技术	陈洁珊	3600	3075	18	0	¥ 6,020.45	¥ 6,020.45
20	数控技术	杜艳玲	3600	2850	22	210	¥ 6,810.00	¥ 6,600.00
21	数控技术	王永勇	3000	2700	22	0	¥ 6,000.00	¥ 6,000.00
22	**数控技术 平均值**				21.16667			¥ 5,503.56
23	物流	姚斌	3000	2700	21	0	¥ 5,563.64	¥ 5,563.64
24	物流	谭时梅	2400	2100	20	0	¥ 4,281.82	¥ 4,281.82
25	物流	朱泽艳	1900	1800	22	158	¥ 3,890.00	¥ 3,732.00
26	物流	郁安	4400	3750	22	0	¥ 8,590.00	¥ 8,590.00
27	**物流 平均值**				21.25			¥ 5,541.86
28	**总计平均值**				21.28571			¥ 5,496.28

图 4-92　工资一览表-分类汇总 2

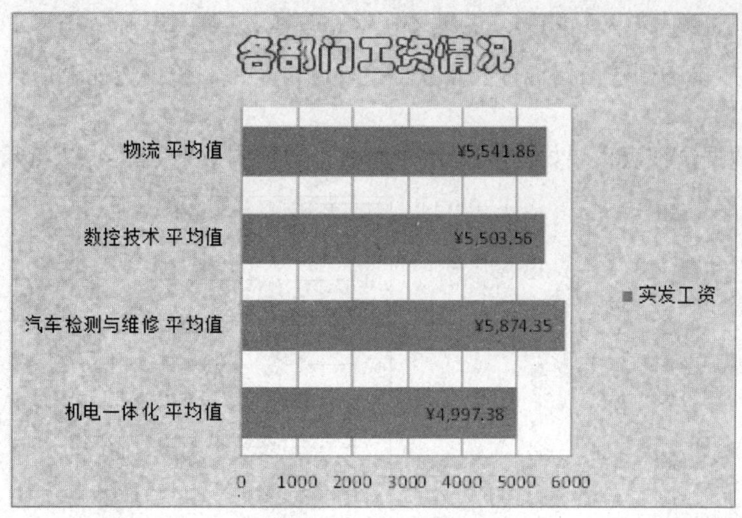

图 4-93　工资一览表-图表

【练习 15】利用“绩效考核”表中数据创建数据透视表和数据透视图。

【操作步骤】

1）打开项目 4 素材文件“任务 5.xlsx”。

2）复制工作表“绩效考核”，重命名为“绩效考核-数据透视 1”。

3）参照效果图创建数据透视表和数据透视图，其中，数据透视表存放在 A25 开始的单元格中。

完成的数据透视表效果如图 4-94 所示，数据透视图效果如图 4-95 所示。

	行标签	平均值项:平均分
25	行标签	平均值项:平均分
26	团队1	79.6
27	团队2	83.3
28	团队3	78.9
29	**总计**	**80.5**

图 4-94　“绩效考核-数据透视 1”透视表效果

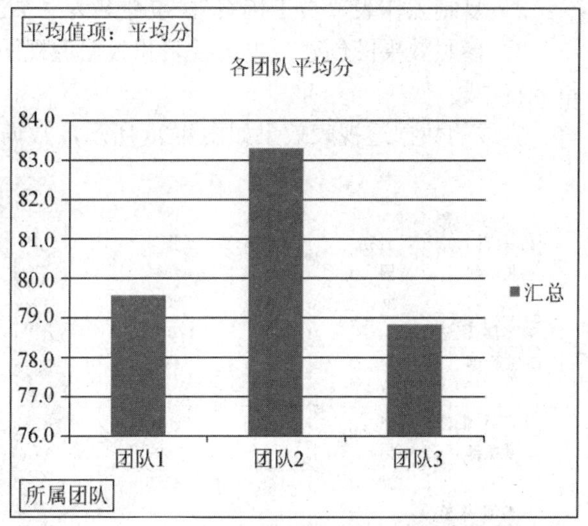

图 4-95　“绩效考核-数据透视 1”透视图效果

4）复制工作表“绩效考核”，重命名为“绩效考核-数据透视 2”。

5）参照效果图创建数据透视表和数据透视图，其中，数据透视表存放在 M2 开始的单元格中。

完成的数据透视表效果如图 4-96 所示，数据透视图效果如图 4-97 所示。

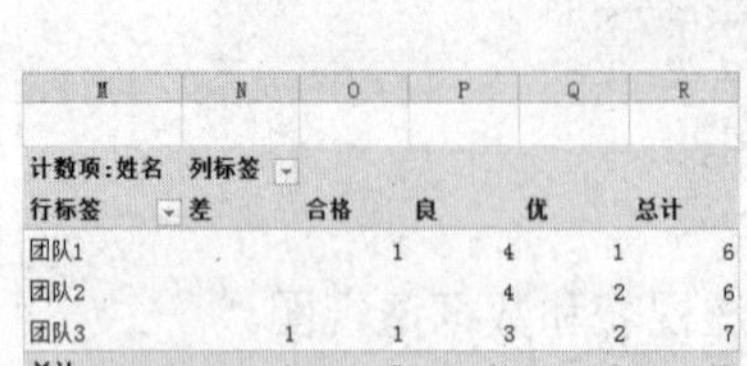

M	N	O	P	Q	R
计数项:姓名	列标签				
行标签	差	合格	良	优	总计
团队1		1	4	1	6
团队2			4	2	6
团队3	1	1	3	2	7
总计	1	2	11	5	19

图 4-96 “绩效考核-数据透视 2”透视表效果

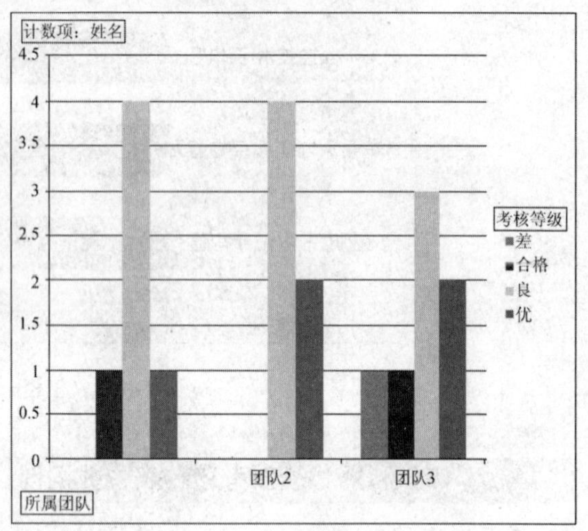

图 4-97 “绩效考核-数据透视 2”透视图效果

【练习 16】利用“员工档案”表中数据创建数据透视表和数据透视图。

【操作步骤】

1）打开项目 4 素材文件“任务 5.xlsx”。

2）复制工作表“员工档案”，重命名为“员工档案-数据透视 1”。

3）参照效果图创建数据透视表和数据透视图，其中，数据透视表存放在 I2 开始的单元格中。

完成的数据透视表效果如图 4-98 所示，数据透视图效果如图 4-99 所示。

I	J	K
所在部门	性别	求和项:实发工资
⊟技术部	男	7541
	女	9520
技术部 汇总		17061
⊟生产部	男	4984
	女	15426
生产部 汇总		20410
⊟质检部	男	8699
	女	4555
质检部 汇总		13254
总计		50725

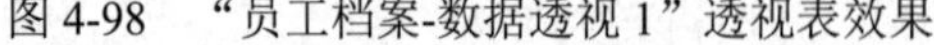

图 4-98 “员工档案-数据透视 1”透视表效果

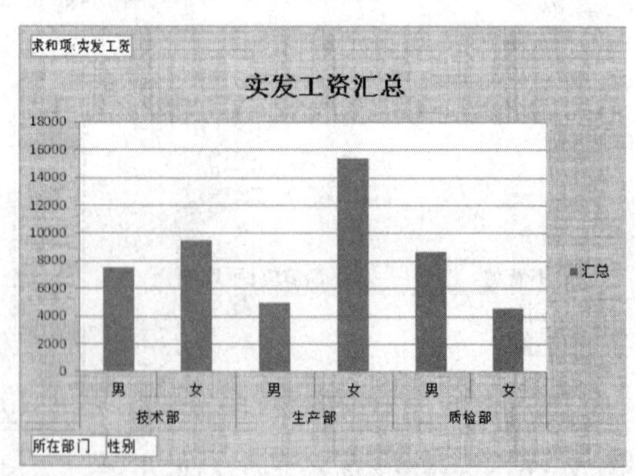

图 4-99 “员工档案-数据透视 1”透视图效果

4）复制工作表“员工档案”，重命名为“员工档案-数据透视 2”。

5）参照效果图创建数据透视表和数据透视图，其中，数据透视表存放在 I2 开始的单元格中。

完成的数据透视表效果如图 4-100 所示，数据透视图效果如图 4-101 所示。

I	J
行标签	**计数项:姓名**
技术部	4
生产部	5
质检部	3
总计	**12**

图 4-100 “员工档案-数据透视 2”透视表效果

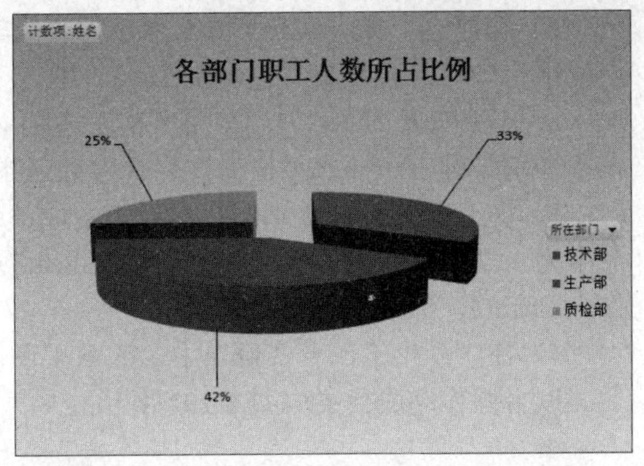

图 4-101 “员工档案-数据透视 2”透视图效果

6）复制工作表“员工档案”，重命名为“员工档案-数据透视 3”。

7）参照效果图创建数据透视表和数据透视图，其中，数据透视表存放在 I2 开始的单元格中。

完成的数据透视表效果如图 4-102 所示，数据透视图效果如图 4-103 所示。

I	J	K	L
求和项:实发工资	**列标签**		
行标签	**男**	**女**	**总计**
⊟技术部	**7541**	**9520**	**17061**
陈勇强		4517	4517
楮彤彤	4200		4200
王　雷	3341		3341
殷　泳		5003	5003
⊟生产部	**4984**	**15426**	**20410**
杜永宁		2808	2808
刘朝阳		4797	4797
杨柳青		4032	4032
赵玲玲	4984		4984
朱小梅		3789	3789
⊟质检部	**8699**	**4555**	**13254**
段　楠	4928		4928
王传华		4555	4555
于　洋	3771		3771
总计	**21224**	**29501**	**50725**

图 4-102 “员工档案-数据透视 3”透视表效果

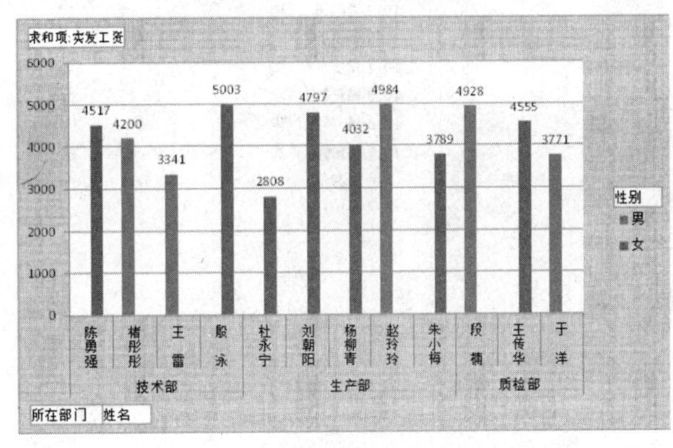

图 4-103 “员工档案-数据透视 3”透视图效果

综合练习 4

1．打开项目 4 素材文件“综合练习题 4.xlsx”，利用工作表“一班成绩”完成下列各项操作。

1）新建一个 Excel 工作簿文件，保存为“综合练习题第一题.xlsx”，将工作表“一班成绩”中的内容复制到工作表 Sheet1 中。

2）在工作表 Sheet1 中“姓名”列左边插入“学号”列，输入学号“1001”～“1017”。在“性别”列右边插入“捐款”列，参照效果图输入数据。

3）将工作表 Sheet1 重命名为“学生成绩表”，复制该工作表，放在该工作簿最后并命名为“学生工作表备份”。在工作表 Sheet3 前插入新工作表 Sheet4 和 Sheet5，删除工作表 Sheet2，隐藏工作表 Sheet3。

4）在“学生工作表备份”中参照效果图冻结拆分工作表窗格。

以上操作完成效果如图 4-104 所示。

	A	B	C	D	E	F	G	H	I
1	学号	姓名	性别	捐款	高等数学	大学英语	计算机基础	总分	总评
2	1001	杨柳青	男	150	88	87	89		
3	1002	段　楠	男	320	65	71	87		
4	1003	刘朝阳	女	220	66	87	72		
5	1004	王　雷	男	200	83	56	48		
6	1005	楮彤彤	女	170	72	90	34		
7	1006	陈勇强	女	100	96	72	48		
8	1007	朱小梅	男	300	57	86	83		
9	1008	于　洋	男	220	83	56	49		
10	1009	赵玲玲	女	300	82	36	92		
11	1010	冯　刚	女	220	59	81	68		
12	1011	郑　丽	男	210	68	87	72		
13	1012	孟晓姗	男	190	87	72	83		
14	1013	杨子健	男	200	69	68	86		
15	1014	廖　东	女	290	49	96	85		
16	1015	臧天歆	女	170	56	92	56		
17	1016	施　敏	男	260	92	84	83		
18	1017	明章静	女	340	84	87	68		
19		最高分							
20		平均分							

学生成绩表　Sheet4　Sheet5　学生工作表备份

图 4-104　习题 1 效果图 1

5）在“学生成绩表”中使用公式或函数计算。

① 计算总分、最高分、平均分。

② 计算总评，将总分为 230 分以上的评为“优秀”。

③ 在单元格 H21 中输入文字“优秀率”，在单元格 I21 中计算优秀率，设置为百分数，结果保留两位小数。

6）参照效果图对工作表“学生成绩表”格式化。

① 第一行前插入一行，输入文字“计算机 1 班成绩表”，设置文字颜色为蓝色，字体为楷体，文字加粗，字号为 16 磅，文字双下画线，将单元格区域 A1:I1 合并居中。

② 第二行前插入一行，输入文字“制表日期：2016-5-1”，设置字体为隶书，文字倾斜，将单元格区域 A2:I2 合并，右对齐。

③ 设置工作表列标题行为加粗、水平居中、垂直居中。

④ 表格外框为粗实线，内框为细实线，“最高分”行上框线与标题行下框线添加细双实线。

⑤ 标题行、最高分、平均分单元格的填充图案颜色设为“白色　背景 1　深色 50%”，图案样式为“细　逆对角线　条纹”。

⑥ 优秀率单元格填充颜色设为标准颜色中的“浅绿”；平均分保留两位小数；捐款列为货币格式。

⑦ 设置总分列所有 240 分以上的分数填充颜色为标准颜色中的“浅蓝”，文字加粗、倾斜；总分列低于 200 分的分数为红色、加粗、倾斜。

⑧ 标题行行高 20 磅，其他各行为“自动调整行高”；“总评”列宽为 7.8 磅，其他各列宽度设置为“自动调整列宽”。

以上操作完成效果如图 4-105 所示。

	A	B	C	D	E	F	G	H	I
1	计算机1班成绩表								
2	制表日期：2016-5-1								
3	学号	姓名	性别	捐款	高等数学	大学英语	计算机基础	总分	总评
4	1001	杨柳青	男	¥ 150	88	87	89	264	优秀
5	1002	段　楠	男	¥ 320	65	71	87	223	
6	1003	刘朝阳	女	¥ 220	66	87	72	225	
7	1004	王　雷	男	¥ 200	83	56	48	187	
8	1005	楮彤彤	女	¥ 170	72	90	34	196	
9	1006	陈勇强	女	¥ 100	96	72	48	216	
10	1007	朱小梅	男	¥ 300	57	86	83	226	
11	1008	于　洋	男	¥ 220	83	56	49	188	
12	1009	赵玲玲	女	¥ 300	82	36	92	210	
13	1010	冯　刚	女	¥ 220	59	81	68	208	
14	1011	郑　丽	男	¥ 210	68	87	72	227	
15	1012	孟晓姗	男	¥ 190	87	72	83	242	优秀
16	1013	杨子健	男	¥ 200	69	68	86	223	
17	1014	廖　东	女	¥ 290	49	96	85	230	优秀
18	1015	臧天歆	女	¥ 170	56	92	56	204	
19	1016	施　敏	男	¥ 260	92	84	83	259	优秀
20	1017	明章静	女	¥ 340	84	87	68	239	
21		最高分			96	96	92	264	
22		平均分			73.88	76.94	70.76	221.59	
23								优秀率	23.53%

图 4-105　习题 1 效果图 2

7）在工作表“学生成绩表”中，设置纸张大小为 A4，横向打印；上下页边距为 3 厘米，水平居中；页眉文字为“学生成绩报表”，字体为隶书，文字加粗，字号为 16 磅，对齐方式为居中；页脚为“第 1 页”，对齐方式为居中。

打印预览效果如图 4-106 所示。

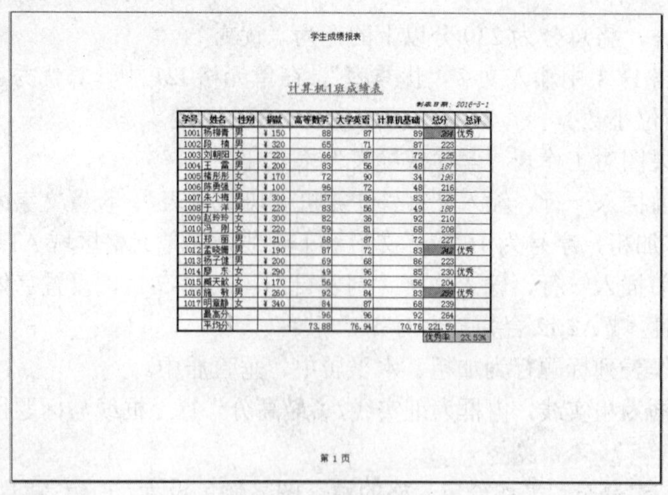

学生成绩报表

计算机1班成绩表

制表日期：2016-5-1

学号	姓名	性别	捐款	高等数学	大学英语	计算机基础	总分	总评
1001	杨柳青	男	¥ 150	88	87	89	264	优秀
1002	段　楠	男	¥ 320	65	71	87	223	
1003	刘朝阳	女	¥ 220	66	87	72	225	
1004	王　雷	男	¥ 200	83	56	48	187	
1005	楮彤彤	女	¥ 170	72	90	34	196	
1006	陈勇强	女	¥ 100	96	72	48	216	
1007	朱小梅	男	¥ 300	57	86	83	226	
1008	于　洋	男	¥ 220	83	56	49	188	
1009	赵玲玲	女	¥ 300	82	36	92	210	
1010	冯　刚	女	¥ 220	59	81	68	208	
1011	郑　丽	男	¥ 210	68	87	72	227	
1012	孟晓姗	男	¥ 190	87	72	83	242	优秀
1013	杨子健	男	¥ 200	69	68	86	223	
1014	廖　东	女	¥ 290	49	96	85	230	优秀
1015	臧天歆	女	¥ 170	56	92	56	204	
1016	施　敏	男	¥ 260	92	84	83	259	优秀
1017	明章静	女	¥ 340	84	87	68	239	
	最高分			96	96	92	264	
	平均分			73.88	76.94	70.76	221.59	
							优秀率	23.53%

第1页

图 4-106　习题 1 效果图 3

8）在工作表“学生成绩表”中选定刘朝阳和朱小梅的各科成绩、总分、总评及其对应标题行单元格，参照效果图将数据复制到工作表 Sheet4 中，清除原有格式。

以上操作完成效果如图 4-107 所示。

	A	B	C
1	姓名	刘朝阳	朱小梅
2	高等数学	66	57
3	大学英语	87	86
4	计算机基础	72	83
5	总分	225	226
6	总评		

图 4-107　习题 1 效果图 4

9）在工作表“学生成绩表”中选定第 3～20 行数据，复制到工作表 Sheet5 中，清除条件格式，参照效果图完成下列操作。

① 利用表中数据绘制“高等数学”和“计算机基础”成绩的折线图。

② 添加图表标题和坐标轴标题。

③ 为“高等数学”数据系列添加数据标签。

④ 设置坐标轴和图例格式。

⑤ 设置图表区填充为纹理“画布”。完成效果如图 4-108 所示。

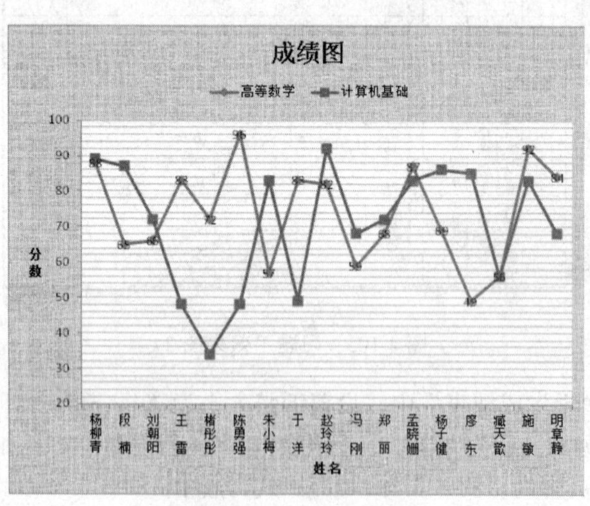

图 4-108　习题 1 效果图 5

⑥ 在表中筛选出任意科目有不及格（低于60分）的学生。完成效果如图4-109所示。

	A	B	C	D	E	F	G	H	I
1	学号	姓名	性别	捐款	高等数学	大学英语	计算机基础	总分	总评
5	1004	王 雷	男	¥ 200	83	56	48	187	
6	1005	褚彤彤	女	¥ 170	72	90	34	196	
7	1006	陈勇强	女	¥ 100	96	72	48	216	
8	1007	朱小梅	男	¥ 300	57	86	83	226	
9	1008	于 洋	男	¥ 220	83	56	49	188	
10	1009	赵玲玲	女	¥ 300	82	36	92	210	
11	1010	冯 刚	女	¥ 220	59	81	68	208	
15	1014	廖 东	女	¥ 290	49	96	85	230	优秀
16	1015	臧天歆	女	¥ 170	56	92	56	204	
19									

图4-109 习题1效果图6

2．打开项目4素材文件“综合练习题4.xlsx”，在工作表“销售业绩”中完成下列各项操作。

1）在“上半年销售合计”列中使用公式计算每个职工上半年的销售合计。

2）在“销售业绩等级”列中使用公式评定每个职工的销售业绩等级，评定依据为“上半年销售合计”的值；在“奖金”列中使用公式计算每个职工的奖金，奖金的标准为“销售业绩等级”对应的值。

具体如表4-1所示。

表4-1 销售业绩等级与奖金的评定

上半年销售合计（万元）	销售业绩等级	奖金（元）
≥60	优异	20000
48～60（含48）	优秀	10000
36～48（含36）	良好	6000
24～36（含24）	合格	2000
<24	不合格	无

3）在“特别奖”列中使用公式填写每个职工的特别奖，特别奖的发放标准为“上半年销售合计”值最高的销售人员奖励5000元，其余人员不奖励。

4）在“上半年奖金”列中使用公式计算每个职工的上半年奖金。

计算公式为

上半年奖金＝奖金＋特别奖

5）将表中所有数值数据设置为保留一位小数，对齐方式为右对齐。

6）将表中月销售额在8.5万元以上的数值显示为红色，将月销售额在4万元以下的数值显示为绿色。

7）在单元格区域D17:L17和D18:L18中使用公式分别计算上面对应各项数据的平均值及最高值。

8）将“分部门”所在列的宽度设置为10，将每月销售额所在列的宽度设置为自动调整列宽。

9）参照效果图在单元格区域D2:I2下面添加销售单位“(万元)”。

完成效果如图4-110所示。

	A	B	C	D	E	F	G	H	I	J	K	L	M	N
1	2015年上半年阳光公司员工销售情况一览表													
2	职工编号	姓名	分部门	1月	2月	3月	4月	5月	6月	上半年销售合计（万元）	奖金（元）	上半年奖金（元）	销售业绩	特别奖（元）
3				（万元）										
4	9010	陈湛	一部	4.5	5.1	9.0	3.9	6.2	7.5	36.2	6000.0	6000.0	良好	0.0
5	9001	陈依然	一部	4.5	5.0	6.8	4.2	3.9	6.6	31.0	2000.0	2000.0	合格	0.0
6	9011	王静	二部	3.1	8.6	7.1	8.3	7.3	5.6	40.0	6000.0	6000.0	良好	0.0
7	9012	李菲菲	二部	8.5	14.7	9.6	12.6	15.8	8.2	69.4	20000.0	20000.0	优异	0.0
8	9013	杨建军	一部	3.6	4.9	4.5	3.6	2.9	3.8	23.3	0.0	0.0	不合格	0.0
9	9014	高思	三部	9.2	8.2	7.8	5.1	10.2	82.0	122.5	20000.0	25000.0	优异	5000.0
10	9002	王成	二部	3.1	4.6	8.7	8.3	7.3	5.6	37.6	6000.0	6000.0	良好	0.0
11	9003	赵玉	三部	5.2	5.1	3.7	6.8	8.6	7.5	36.9	6000.0	6000.0	良好	0.0
12	9004	曲玉华	一部	8.8	8.1	9.5	8.5	6.9	9.3	51.1	10000.0	10000.0	优秀	0.0
13	9005	付晋芳	三部	4.2	3.6	3.7	4.5	5.6	6.8	28.4	2000.0	2000.0	合格	0.0
14	9006	王海珍	二部	4.5	5.1	6.8	3.9	4.0	7.5	31.8	2000.0	2000.0	合格	0.0
15	9059	王洋	一部	7.9	7.2	8.1	10.6	8.4	8.1	50.3	10000.0	10000.0	优秀	0.0
16	9060	张胜利	三部	5.2	4.6	8.5	5.1	4.8	9.5	37.7	6000.0	6000.0	良好	0.0
17	平均值			5.6	6.5	7.2	6.6	7.1	12.9	45.9	7384.6	7769.2		
18	最高值			9.2	14.7	9.6	12.6	15.8	82.0	122.5	20000.0	25000.0		

图 4-110　习题 2 效果图 1

10）绘制上半年每个月平均销量走势图。

① 图表类型为“带数据标记的折线图”。

② 设置图表布局为“布局 9”，图表样式为“样式 20”。

③ 添加图表标题，标题文字的字体为楷体，字号为 20 磅，文字颜色为红色。

完成效果如图 4-111 所示。

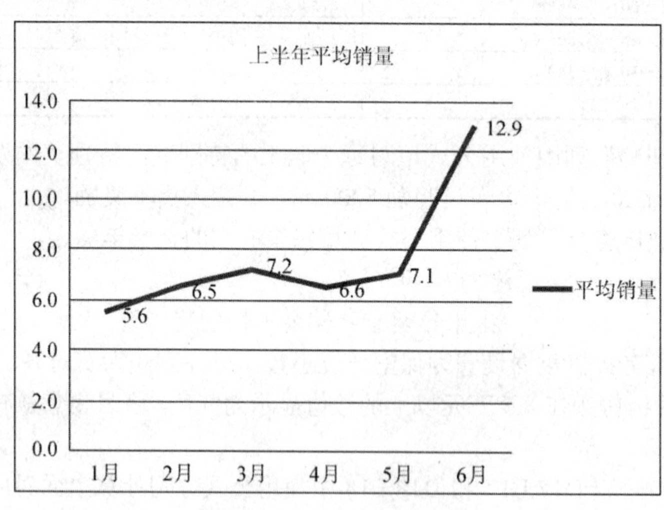

图 4-111　习题 2 效果图 2

3．打开项目 4 素材文件“综合练习题 4.xlsx”，在工作表“高一期末成绩”中完成下列各项操作。

1）在“化学”列右侧增加“总分”列，在该列输入公式计算每名学生的总分。

2）在第一列前插入“学号”列，填写学号“20150301”～“20150335”。

3）合并单元格区域 A37:C37，在其中输入“平均分”，在单元格区域 D37:I37 输入公式求出所有学生各科目的平均分及平均总分，均保留两位小数。

4）在第一行前插入一行，在单元格 A1 中输入“高一期末成绩表”，合并单元格区域 A1:I1，格式设置为黑体、加粗、绿色、18 磅、居中。

5）为工作表添加边框（不包括工作表第一行）：黑色细实线。

完成效果如图 4-112 所示。

	A	B	C	D	E	F	G	H	I
1	高一期末成绩表								
2	学号	姓名	班级	语文	数学	英语	物理	化学	总分
3	20150301	魏文鼎	高一1班	122	140	84	139	145	630
4	20150302	王更	高一1班	134	137	91	142	98	602
5	20150303	陈小华	高一2班	133	106	98	146	148	631
6	20150304	姚斌	高一3班	78	118	56	106	89	447
7	20150305	王迪	高一1班	78	87	84	137	139	525
8	20150306	谢伟南	高一1班	142	134	91	99	139	605
9	20150307	谭时梅	高一2班	83	136	84	137	142	582
10	20150308	杨克刚	高一3班	133	106	91	106	142	578
11	20150309	谭建颖	高一1班	102	118	98	118	140	576
12	20150310	苏伟明	高一1班	123	135	65	118	140	581
13	20150311	黄佳	高一2班	146	122	98	122	140	628
14	20150312	朱泽艳	高一3班	106	142	87	134	137	606
15	20150313	钟尔慧	高一3班	118	137	84	136	135	610
16	20150314	吴彩霞	高一1班	82	86	91	137	148	544
17	20150315	陈洁珊	高一1班	134	99	58	139	136	566
18	20150316	赵舰	高一2班	85	133	87	142	136	583
19	20150317	黄翼	高一1班	102	118	84	146	146	596
20	20150318	苏斌	高一2班	137	122	91	106	131	587
21	20150319	郗安	高一3班	119	118	98	136	138	609
22	20150320	杜艳玲	高一1班	127	120	87	79	138	551
23	20150321	王永勇	高一1班	133	106	133	106	89	567
24	20150322	刘鑫玫	高一2班	99	146	88	137	139	609
25	20150323	夏萌	高一3班	115	121	137	139	142	654
26	20150324	李赞	高一1班	109	131	86	142	146	614
27	20150325	牛玉国	高一1班	133	106	99	146	134	618
28	20150326	鲍虹达	高一2班	102	118	52	106	133	511
29	20150327	于娇	高一3班	137	122	85	131	135	610
30	20150328	李灿	高一1班	138	137	139	137	127	678
31	20150329	徐杭	高一1班	132	86	142	121	137	618
32	20150330	曹行	高一2班	120	99	51	122	78	470
33	20150331	董鹏	高一3班	111	133	49	142	142	577
34	20150332	蒋若薇	高一1班	105	102	68	140	140	555
35	20150333	李家稳	高一2班	116	137	122	140	139	654
36	20150334	王号	高一3班	107	138	76	137	142	600
37	20150335	乔正	高一1班	107	136	133	106	142	624
38	平均分			115.66	120.91	90.49	127.91	133.49	588.46

图 4-112　习题 3 效果图 1

6）复制工作表“高一期末成绩”，命名为“高一期末成绩-排序”，先依据班级升序排列，班级内部依据总分由高到低排序。

完成效果如图 4-113 所示。

7）复制工作表“高一期末成绩”，命名为“高一期末成绩-筛选 1”，筛选出总分为 590～620 分的学生。

完成效果如图 4-114 所示。

8）复制工作表“高一期末成绩”，命名为“高一期末成绩-筛选 2”，筛选出高一 1 班物理分数在 120 分以上的学生。

完成效果如图 4-115 所示。

9）利用工作表“高一期末成绩-筛选 2”中的数据绘制图表。

① 图表类型为簇状柱形图。

	A	B	C	D	E	F	G	H	I
1	高一期末成绩表								
2	学号	姓名	班级	语文	数学	英语	物理	化学	总分
3	20150328	李灿	高一1班	138	137	139	137	127	678
4	20150301	魏文鼎	高一1班	122	140	84	139	145	630
5	20150335	乔正	高一1班	107	136	133	106	142	624
6	20150325	牛玉国	高一1班	133	106	99	146	134	618
7	20150329	徐杭	高一1班	132	86	142	121	137	618
8	20150324	李赞	高一1班	109	131	86	142	146	614
9	20150306	谢伟南	高一1班	142	134	91	99	139	605
10	20150302	王更	高一1班	134	137	91	142	98	602
11	20150317	黄翼	高一1班	102	118	84	146	146	596
12	20150310	苏伟明	高一1班	123	135	65	118	140	581
13	20150309	谭建颖	高一1班	102	118	98	118	140	576
14	20150321	王永勇	高一1班	133	106	133	106	89	567
15	20150315	陈洁珊	高一1班	134	99	58	139	136	566
16	20150332	蒋若薇	高一1班	105	102	68	140	140	555
17	20150320	杜艳玲	高一1班	127	120	87	79	138	551
18	20150314	吴彩霞	高一1班	82	86	91	137	148	544
19	20150305	王迪	高一1班	78	87	84	137	139	525
20	20150333	李家稳	高一2班	116	137	122	140	139	654
21	20150303	陈小华	高一2班	133	106	98	146	148	631
22	20150311	黄佳	高一2班	146	122	98	122	140	628
23	20150322	刘鑫玫	高一2班	99	146	88	137	139	609
24	20150318	苏斌	高一2班	137	122	91	106	131	587
25	20150316	赵舰	高一2班	85	133	87	142	136	583
26	20150307	谭时梅	高一2班	83	136	84	137	142	582
27	20150326	鲍虹达	高一2班	102	118	52	106	133	511
28	20150330	曹行	高一2班	120	99	51	122	78	470
29	20150323	夏萌	高一3班	115	121	137	139	142	654
30	20150313	钟尔慧	高一3班	118	137	84	136	135	610
31	20150327	于娇	高一3班	137	122	85	131	135	610
32	20150319	郗安	高一3班	119	118	98	136	138	609
33	20150312	朱泽艳	高一3班	106	142	87	134	137	606
34	20150334	王号	高一3班	107	138	76	137	142	600
35	20150308	杨克刚	高一3班	133	106	91	106	142	578
36	20150331	董鹏	高一3班	111	133	49	142	142	577
37	20150304	姚斌	高一3班	78	118	56	106	89	447
38	平均分			115.66	120.91	90.49	127.91	133.49	588.46

图 4-113　习题 3 效果图 2

	A	B	C	D	E	F	G	H	I
1	高一期末成绩表								
2	学号	姓名	班级	语文	数学	英语	物理	化学	总分
4	20150302	王更	高一1班	134	137	91	142	98	602
8	20150306	谢伟南	高一1班	142	134	91	99	139	605
14	20150312	朱泽艳	高一3班	106	142	87	134	137	606
15	20150313	钟尔慧	高一3班	118	137	84	136	135	610
19	20150317	黄翼	高一1班	102	118	84	146	146	596
21	20150319	郗安	高一3班	119	118	98	136	138	609
24	20150322	刘鑫玫	高一2班	99	146	88	137	139	609
26	20150324	李赞	高一1班	109	131	86	142	146	614
27	20150325	牛玉国	高一1班	133	106	99	146	134	618
29	20150327	于娇	高一3班	137	122	85	131	135	610
31	20150329	徐杭	高一1班	132	86	142	121	137	618
36	20150334	王号	高一3班	107	138	76	137	142	600

图 4-114　习题 3 效果图 3

	A	B	C	D	E	F	G	H	I
1	高一期末成绩表								
2	学号	姓名	班级	语文	数学	英语	物理	化学	总分
3	20150301	魏文鼎	高一1班	122	140	84	139	145	630
4	20150302	王更	高一1班	134	137	91	142	98	602
7	20150305	王迪	高一1班	78	87	84	137	139	525
16	20150314	吴彩霞	高一1班	82	86	91	137	148	544
17	20150315	陈洁珊	高一1班	134	99	58	139	136	566
19	20150317	黄翼	高一1班	102	118	84	146	146	596
26	20150324	李赞	高一1班	109	131	86	142	146	614
27	20150325	牛玉国	高一1班	133	106	99	146	134	618
30	20150328	李灿	高一1班	138	137	139	137	127	678
31	20150329	徐杭	高一1班	132	86	142	121	137	618
34	20150332	蒋若薇	高一1班	105	102	68	140	140	555

图 4-115　习题 3 效果图 4

② 图表样式设置为“样式 29”。

③ 参照效果图设置标题及坐标轴。

④ 参照效果添加数据标签。

⑤ 删除图例。

完成效果如图 4-116 所示。

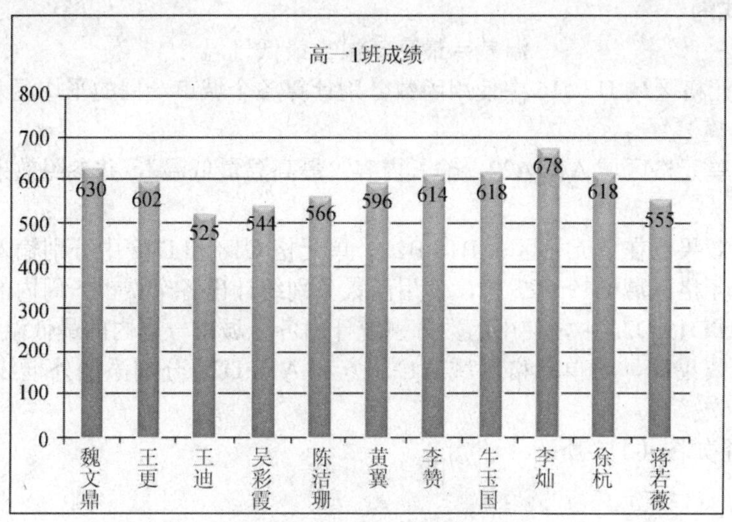

图 4-116 习题 3 效果图 5

10）复制工作表“高一期末成绩”，命名为“高一期末成绩-分类汇总”，删除第 38 行，利用分类汇总计算每个班各科的平均分及总平均分。

完成效果如图 4-117 所示。

	A	B	C	D	E	F	G	H	I
1	高一期末成绩表								
2	学号	姓名	班级	语文	数学	英语	物理	化学	总分
3	20150301	魏文鼎	高一1班	122	140	84	139	145	630
4	20150302	王更	高一1班	134	137	91	142	98	602
5	20150305	王迪	高一1班	78	87	84	137	139	525
6	20150306	谢伟南	高一1班	142	134	91	99	139	605
7	20150309	谭建颖	高一1班	102	118	98	118	140	576
8	20150310	苏伟明	高一1班	123	135	65	118	140	581
9	20150314	吴彩霞	高一1班	82	86	91	137	148	544
10	20150315	陈洁珊	高一1班	134	99	58	139	136	566
11	20150317	黄翼	高一1班	102	118	84	146	146	596
12	20150320	杜艳玲	高一1班	127	120	87	79	138	551
13	20150321	王永勇	高一1班	133	106	133	106	89	567
14	20150324	李赞	高一1班	109	131	86	142	146	614
15	20150325	牛玉国	高一1班	133	106	99	146	134	618
16	20150328	李灿	高一1班	138	137	139	137	127	678
17	20150329	徐杭	高一1班	132	86	142	121	137	618
18	20150332	蒋若薇	高一1班	105	102	68	140	140	555
19	20150335	乔正	高一1班	107	136	133	106	142	624
20			**高一1班 平均**	117.8	116.4	96.1	126.6	134.4	591.2
21	20150303	陈小华	高一2班	133	106	98	146	148	631
22	20150307	谭时梅	高一2班	83	136	84	137	142	582
23	20150311	黄佳	高一2班	146	122	98	122	140	628
24	20150316	赵舰	高一2班	85	133	87	142	136	583
25	20150318	苏斌	高一2班	137	122	91	106	131	587
26	20150322	刘鑫玫	高一2班	99	146	88	137	139	609
27	20150326	鲍虹达	高一2班	102	118	52	106	133	511
28	20150330	曹行	高一2班	120	99	51	122	78	470
29	20150333	李家稳	高一2班	116	137	122	140	139	654
30			**高一2班 平均**	113.4	124.3	85.7	128.7	131.8	583.9
31	20150304	姚斌	高一3班	78	118	56	106	89	447
32	20150308	杨克刚	高一3班	133	106	91	106	142	578
33	20150312	朱泽艳	高一3班	106	142	87	134	137	606
34	20150313	钟尔慧	高一3班	118	137	84	136	135	610
35	20150319	郗安	高一3班	119	118	98	136	138	609
36	20150323	夏萌	高一3班	115	121	137	139	142	654
37	20150327	于娇	高一3班	137	122	85	131	135	610
38	20150331	董鹏	高一3班	111	133	49	142	142	577
39	20150334	王号	高一3班	107	138	76	137	142	600
40			**高一3班 平均**	113.8	126.1	84.8	129.7	133.6	587.9
41			**总计平均值**	115.7	120.9	90.5	127.9	133.5	588.5

图 4-117 习题 3 效果图 6

4. 打开项目 4 素材文件“综合练习题 4.xlsx”，在工作表“一周气温统计”中完成下列各项操作。

1）合并单元格区域 A12:A16，并在其中输入内容“温度差”。

2）参照效果图在单元格区域 B12:B16 和 C12:J12 中分别输入内容。

3）在 C13:I16 区域的单元格中使用公式分别计算每个城市每天的温差。

计算公式为

温差＝最高气温－最低气温

4）在单元格区域 J13:J16 中使用函数分别计算各个城市一周的平均温差，结果保留一位小数。

5）合并单元格区域 A18:A22，输入内容“最高温最低温”，并参照效果图将内容分两行显示。

6）参照效果图在单元格区域 B18:B22、单元格 C18 和 D18 中分别输入内容。

7）在单元格区域 C19:C22 中，使用函数分别统计出各个城市一周内的最高温度，在单元格区域 D19:D22 中，使用函数分别统计出各个城市一周内的最低温度。

8）依据效果图，为单元格区域 A12:J16 和 A18:D22 分别添加外框线：红色，粗实线。

完成效果如图 4-118 所示。

	A	B	C	D	E	F	G	H	I	J
1	一周气温统计									
2	城市	统计项	星期一	星期二	星期三	星期四	星期五	星期六	星期日	
3	天津	最高温度	25	26	30	29	25	24	24	
4	天津	最低温度	10	9	12	14	12	9	10	
5	苏州	最高温度	23	21	20	18	20	20	18	
6	苏州	最低温度	16	15	12	13	15	12	11	
7	无锡	最高温度	23	22	27	25	28	24	22	
8	无锡	最低温度	15	14	13	13	15	12	10	
9	杭州	最高温度	24	23	27	27	26	25	22	
10	杭州	最低温度	15	14	14	14	16	13	11	
11										
12	温度差	城市	星期一	星期二	星期三	星期四	星期五	星期六	星期日	平均温差
13		天津	15	17	18	15	13	15	14	15.3
14		苏州	7	6	8	5	5	8	7	6.6
15		无锡	8	8	14	12	13	12	12	11.3
16		杭州	9	9	13	13	10	12	11	11.0
17										
18	最高温 最低温	城市	最高温度	最低温度						
19		天津	30	9						
20		苏州	23	11						
21		无锡	28	10						
22		杭州	27	11						

图 4-118　习题 4 效果图 1

9）复制工作表“一周气温统计”，命名为“一周气温统计-筛选 1”，将单元格区域 A2:I10 中的统计项为“最低温度”的数据筛选出来。

完成效果如图 4-119 所示。

	A	B	C	D	E	F	G	H	I
1	一周气温统计								
2	城市	统计项	星期一	星期二	星期三	星期四	星期五	星期六	星期日
4	天津	最低温度	10	9	12	14	12	9	10
6	苏州	最低温度	16	15	12	13	15	12	11
8	无锡	最低温度	15	14	13	13	15	12	10
10	杭州	最低温度	15	14	14	14	16	13	11

图 4-119　习题 4 效果图 2

10）利用工作表中的数据绘制图表。

① 图表类型为带数据标记的折线图。

② 图表布局为布局 9。

③ 图表样式为样式 10。

④ 图表标题为“各个城市一周温差走势图”，字体为隶书，字号为 24 磅，文字颜色为蓝色。

完成效果如图 4-120 所示。

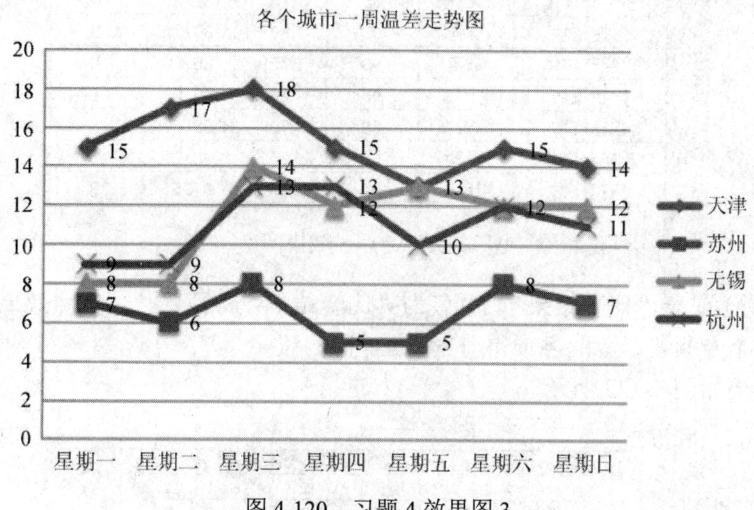

图 4-120　习题 4 效果图 3

5．打开项目 4 素材文件“综合练习题 4.xlsx”，在工作表“比赛结果”中完成下列各项操作。

1）在“总分”列输入公式，计算每个参赛者的总分，结果保留两位小数。

计算公式为

$$总分=演唱得分\times75\%+乐理得分\times25\%$$

2）在单元格 F1 中输入内容“等级”，在单元格区域 F2:F16 中使用函数计算每个参赛者的等级。

评价依据：

① 总分 90 分以上（含 90 分）为 A。

② 85 分以上（含 85 分）或 90 分以下为 B。

③ 其他为 C。

3）为单元格区域 A1:F16 设置红色双实线外边框，蓝色细实线内部边框，所有数据居中对齐，并设置单元格区域 A1:F1 填充颜色为标准颜色的浅绿。

完成效果如图 4-121 所示。

	A	B	C	D	E	F
1	专业	姓名	演唱得分	乐理得分	总分	等级
2	汽车检测与维修	荣冰洁	88	80	86.00	B
3	机电一体化	董志贵	95	80	91.25	A
4	数控技术	徐盼	72	70	71.50	C
5	物流	安亚博	75	80	76.25	C
6	汽车检测与维修	刘庆强	80	70	77.50	C
7	机电一体化	王允	79	75	78.00	C
8	物流	李威	95	80	91.25	A
9	汽车检测与维修	李浩	81	80	80.75	C
10	机电一体化	武晨曦	85	75	82.50	C
11	数控技术	解迪	93	80	89.75	B
12	机电一体化	雷宇	89	75	85.50	B
13	物流	左阳光	95	75	90.00	A
14	数控技术	陈晓波	88	70	83.50	C
15	机电一体化	尹奇	90	75	86.25	B
16	数控技术	张胜昕	90	80	87.50	B

图 4-121 习题 5 效果图 1

4）复制工作表“比赛结果”，命名为“比赛结果-分类汇总”，参照效果图使用分类汇总统计各个专业参赛者的各项得分的平均值。

完成效果如图 4-122 所示。

	A	B	C	D	E	F
1	专业	姓名	演唱得分	乐理得分	总分	等级
2	机电一体化	董志贵	95	80	91.25	A
3	机电一体化	王允	79	75	78.00	C
4	机电一体化	武晨曦	85	75	82.50	C
5	机电一体化	雷宇	89	75	85.50	B
6	机电一体化	尹奇	90	75	86.25	B
7	**机电一体化 平均值**		87.6	76	84.70	
8	汽车检测与维修	荣冰洁	88	80	86.00	B
9	汽车检测与维修	刘庆强	80	70	77.50	C
10	汽车检测与维修	李浩	81	80	80.75	C
11	**汽车检测与维修 平均值**		83	76.66667	81.42	
12	数控技术	徐盼	72	70	71.50	C
13	数控技术	解迪	93	80	89.75	B
14	数控技术	陈晓波	88	70	83.50	C
15	数控技术	张胜昕	90	80	87.50	B
16	**数控技术 平均值**		85.75	75	83.06	
17	物流	安亚博	75	80	76.25	C
18	物流	李威	95	80	91.25	A
19	物流	左阳光	95	75	90.00	A
20	**物流 平均值**		88.33333	78.33333	85.83	
21	**总计平均值**		86.33333	76.33333	83.83	

图 4-122 习题 5 效果图 2

5）复制工作表“比赛结果-分类汇总”，命名为“比赛结果-图表”，利用表中数据参照效果图绘制图表。

① 图表类型为三维簇状柱形图。

② 图表布局为布局 3。

③ 图表样式为样式 26。

④ 图表标题为“各个专业平均分”，字体为华文琥珀，字号为 20 磅，文字颜色为红色。

⑤ 图表区为填充为纹理中的画布。

完成效果如图 4-123 所示。

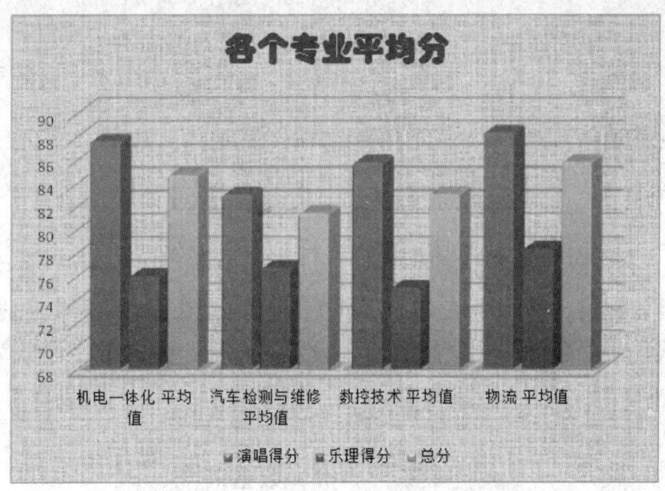

图 4-123 习题 5 效果图 3

考 核 4

1．打开项目 4 素材文件“考核 4.xlsx”，在工作表“出口情况”中完成下列各项操作。

1）参照如图 4-124 所示的样图对工作表进行格式设置。

① 将单元格区域 B4:E17 图案样式设置为“细 对角线 剖面线”，图案颜色设置为标准色的橙色，并将该区域的单元格水平对齐方式设置为居中。

② 将单元格区域 B19:D20 的外边框设置为标准色中深红的粗实线（线条样式中第六行第二列），内部框线设置为黑色细实线。

③ 将“同比±%”列中为负数的单元格格式设置为“绿填充色深绿色文本”。

2）在工作表中完成下列计算。

① 在单元格 D19 中使用函数统计出“累计出口总值”。

② 在单元格 D20 中使用函数统计出“累计出口最大值”。

3）复制工作表，命名为“出口情况-排序”，在工作表中完成数据排序：将表中的数据以“出口态势”为主要关键字进行升序排序，以“累计出口”为次要关键字进行降序排序。

4）复制工作表，命名为“出口情况-筛选”，在工作表中完成数据筛选：筛选出“累计出口”大于 400000 的记录。

5）保存文件。

出口情况

（金额单位：万美元）

城市	累计出口	同比±%	出口态势
A城市	1721602	38.14	上涨
B城市	2474583	11.69	上涨
C城市	1157063	30.78	上涨
D城市	9340337	11.96	上涨
E城市	323244	34.3	上涨
F城市	1012303	22.92	上涨
G城市	411974	-4.6	下跌
H城市	436306	33.55	上涨
I城市	193470	34.23	上涨
J城市	225634	16.08	上涨
K城市	105335	-2.7	下跌
L城市	160831	24.14	上涨
M城市	86895	98.67	上涨

累计出口总值	
累计出口最大值	

图 4-124　考核 1 样图

2．打开项目 4 素材文件“考核 4.xlsx”，在工作表“图书库存”中完成下列各项操作。

1）使用公式，对“金额”列进行计算，设置“金额”列的数字格式为“会计专用”，小数位数保留一位。

计算公式为

金额＝单价×数量

2）参照如图 4-125 所示的样图对工作表进行格式化。

① 将单元格区域 B2:F2 合并后居中，合并后的单元格字号为 18 磅，填充颜色为标准颜色中的橙色。

② 设置列标题行区域 B3:F3 的格式：字体为黑体，字号为 14 磅，字体颜色为标准颜色中的蓝色，下框线设置为双细实线。

③ 表格框线为单细实线。

④ 设置第 4～10 行的行高为 16。

图书库存统计

书名	出版日期	单价	数量	金额
C语言程序设计	2001/4/13	20	35	¥ 700.0
数据库原理及应用	2006/12/14	25	60	¥ 1,500.0
哲学原理	2009/9/13	12	220	¥ 2,640.0
现代汉语	1998/12/14	11	80	¥ 880.0
高等数学	1996/4/13	12	30	¥ 360.0
英语听力教材	2011/12/15	15	20	¥ 300.0
艺术摄影	2012/12/14	65	10	¥ 650.0

图 4-125　考核 2 样图 1

3）参照如图 4-126 所示的样图在工作表中创建图表。

① 图表类型为“三维簇状柱形图”。

② 图表样式为“样式 8”。

③ 设置图表标题及坐标轴标题。

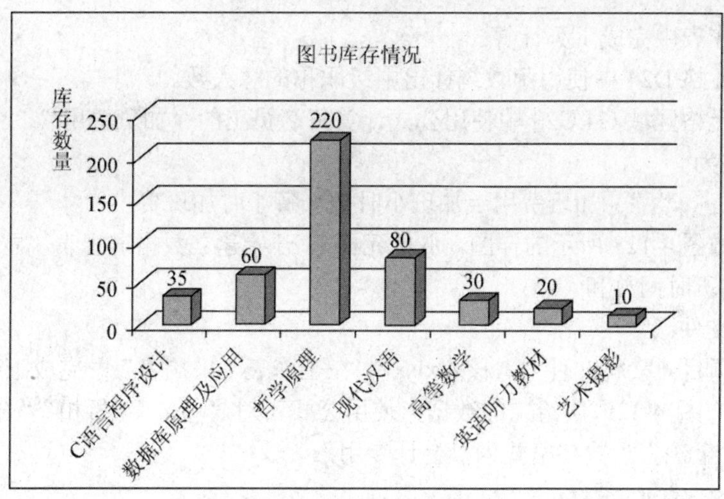

图 4-126 考核 2 样图 2

4）复制工作表，命名为“图书库存-筛选”，筛选出单价为 50 元以上，或数量为 100 本以上，或出版日期为 2000 年之前的库存图书。

5）保存文件。

3．打开项目 4 素材文件“考核 4.xlsx”，在工作表“加班记录”中完成下列各项操作。

1）参照如图 4-127 所示的样图对工作表进行格式设置。

① 将单元格区域 B2:G2 合并后居中，合并单元格区域的图案颜色设置为标准色中的“深红”，图案样式设置为“25%灰色”。

② 将单元格区域 F4:F23 的数字格式设置为“会计专用”，保留一位小数，货币符号为“￥”。

③ 设置单元格 B3 的文本方向为“竖向”。

④ 第三行的行高为“30”。

	A	B	C	D	E	F	G
1							
2		加班记录表					
3		序号	加班人	职称	加班小时数	每小时加班费	加班费用
4		1	王克南	初级	7.5	¥ 45.0	
5		2	钟尔慧	中级	7.5	¥ 65.0	
6		3	卢植茵	初级	7.5	¥ 45.0	
7		4	林寻	初级	7.5	¥ 65.0	
8		5	李禄	中级	7.5	¥ 45.0	
9		6	吴心	初级	7.5	¥ 90.0	
10		7	李伯仁	中级	6	¥ 65.0	
11		8	陈醉	高级	6	¥ 45.0	
12		9	马甫仁	初级	6	¥ 45.0	
13		10	夏雪	中级	6	¥ 65.0	
14		11	钟成梦	初级	6	¥ 45.0	
15		12	王晓宁	中级	5.5	¥ 65.0	
16		13	魏文鼎	高级	5.5	¥ 90.0	
17		14	宋成城	初级	5.5	¥ 45.0	
18		15	李文如	中级	5.5	¥ 65.0	
19		16	伍宁	高级	5	¥ 90.0	
20		17	古琴	中级	5	¥ 65.0	
21		18	高展翔	中级	5	¥ 65.0	
22		19	石惊	中级	5	¥ 65.0	
23		20	张越	高级	5	¥ 90.0	
24		中级职称总人数					

图 4-127 考核 3 样图 1

2）在工作表中完成下列计算。

① 在单元格 D24 中使用函数统计出中级职称的总人数。

② 在单元格区域 G4:G23 中使用公式计算每名员工的“加班费用”。

计算公式为

加班费用＝加班小时数×每小时加班费

3）参照如图 4-128 所示的样图，从单元格 I3 开始建立数据透视表，显示出“初级”职称员工的加班时间总和。

4）保存文件。

4．打开项目 4 素材文件“考核 4.xlsx”，在工作表“采购表”中完成下列各项操作。

1）根据如图 4-129 所给定的数据，使用公式，对“单价”“折扣”“金额”列进行计算，设置“金额”列数字格式为“会计专用”。

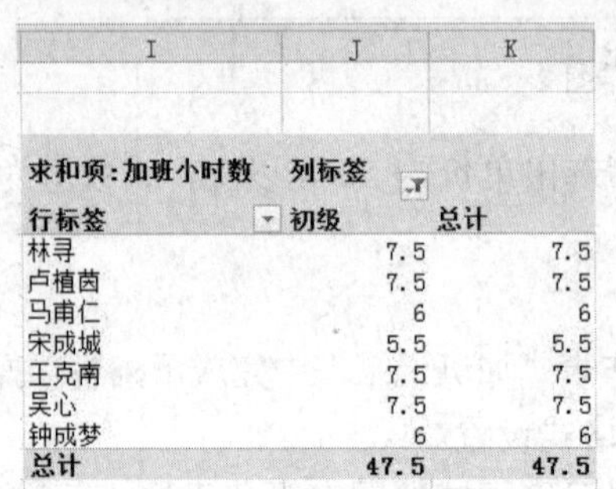

求和项:加班小时数	列标签	
行标签	初级	总计
林寻	7.5	7.5
卢植茵	7.5	7.5
马甫仁	6	6
宋成城	5.5	5.5
王克南	7.5	7.5
吴心	7.5	7.5
钟成梦	6	6
总计	47.5	47.5

图 4-128　考核 3 样图 2

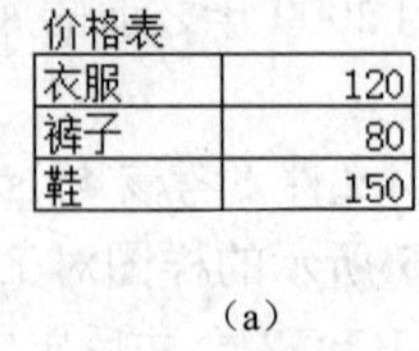

价格表

衣服	120
裤子	80
鞋	150

（a）

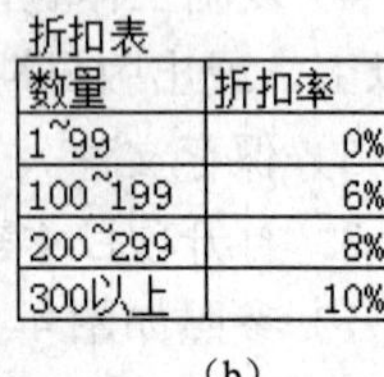

折扣表

数量	折扣率
1~99	0%
100~199	6%
200~299	8%
300以上	10%

（b）

图 4-129　考核 4 数据

2）参照如图 4-130 所示的样图对工作表进行格式化。

	A	B	C	D	E	F
1	采购表					
2	项目	采购数量	采购时间	单价	折扣	金额
3	衣服	20	2014/11/16	120	0%	¥ -
4	裤子	145	2014/11/16	80	6%	¥ 696.00
5	鞋	70	2014/11/16	150	0%	¥ -
6	裤子	185	2014/12/10	80	6%	¥ 888.00
7	鞋	140	2014/12/10	150	6%	¥ 1,260.00
8	衣服	225	2015/1/17	120	8%	¥ 2,160.00
9	鞋	260	2015/1/17	150	8%	¥ 3,120.00
10	衣服	385	2015/3/5	120	10%	¥ 4,620.00
11	裤子	280	2015/3/5	80	8%	¥ 1,792.00
12	鞋	315	2015/3/5	150	10%	¥ 4,725.00
13	衣服	25	2015/3/20	120	0%	¥ -
14	鞋	340	2015/3/20	150	10%	¥ 5,100.00
15	衣服	265	2015/4/29	120	8%	¥ 2,544.00
16	裤子	125	2015/4/29	80	6%	¥ 600.00
17	鞋	100	2015/4/29	150	6%	¥ 900.00
18	衣服	320	2015/5/15	120	10%	¥ 3,840.00
19	裤子	80	2015/5/15	80	0%	¥ -
20	裤子	275	2015/6/24	80	8%	¥ 1,760.00
21	鞋	240	2015/6/24	150	8%	¥ 2,880.00
22	衣服	360	2015/8/2	120	10%	¥ 4,320.00
23	鞋	120	2015/8/2	150	6%	¥ 1,080.00
24	衣服	295	2015/8/29	120	8%	¥ 2,832.00
25	裤子	155	2015/8/29	80	6%	¥ 744.00
26	衣服	395	2015/9/9	120	10%	¥ 4,740.00
27	裤子	160	2015/9/9	80	6%	¥ 768.00
28	鞋	275	2015/9/9	150	8%	¥ 3,300.00

图 4-130　考核 4 样图 1

① 在工作表第 1 行前插入空行，输入文字“采购表”，文字颜色设为红色，字体为隶书，文字加粗，字号为 18 磅，文字双下画线，单元格区域 A1:F1 合并后居中。

② 列标题行单元格的填充图案颜色设为“白色 背景 1 深色 50%”，图案样式为“细对角线 条纹”。

③ 表格外框为粗单实线，内框为细单实线。

3）对工作表中数据按照如图 4-131 所示的样图进行分类汇总。

	A	B	C	D	E	F
1	采购表					
2	项目	采购数量	采购时间	单价	折扣	金额
3	裤子	145	2014/11/16	80	6%	¥ 696.00
4	裤子	185	2014/12/10	80	6%	¥ 888.00
5	裤子	280	2015/3/5	80	8%	¥ 1,792.00
6	裤子	125	2015/4/29	80	6%	¥ 600.00
7	裤子	80	2015/5/15	80	0%	¥ -
8	裤子	275	2015/6/24	80	8%	¥ 1,760.00
9	裤子	155	2015/8/29	80	6%	¥ 744.00
10	裤子	160	2015/9/9	80	6%	¥ 768.00
11	**裤子 汇总**	1405				¥ 7,248.00
12	鞋	70	2014/11/16	150	0%	¥ -
13	鞋	140	2014/12/10	150	6%	¥ 1,260.00
14	鞋	260	2015/1/17	150	8%	¥ 3,120.00
15	鞋	315	2015/3/5	150	10%	¥ 4,725.00
16	鞋	340	2015/3/20	150	10%	¥ 5,100.00
17	鞋	100	2015/4/29	150	6%	¥ 900.00
18	鞋	240	2015/6/24	150	8%	¥ 2,880.00
19	鞋	120	2015/8/2	150	6%	¥ 1,080.00
20	鞋	275	2015/9/9	150	8%	¥ 3,300.00
21	**鞋 汇总**	1860				¥ 22,365.00
22	衣服	20	2014/11/16	120	0%	¥ -
23	衣服	225	2015/1/17	120	8%	¥ 2,160.00
24	衣服	385	2015/3/5	120	10%	¥ 4,620.00
25	衣服	25	2015/3/20	120	0%	¥ -
26	衣服	265	2015/4/29	120	8%	¥ 2,544.00
27	衣服	320	2015/5/15	120	10%	¥ 3,840.00
28	衣服	360	2015/8/2	120	10%	¥ 4,320.00
29	衣服	295	2015/8/29	120	8%	¥ 2,832.00
30	衣服	395	2015/9/9	120	10%	¥ 4,740.00
31	**衣服 汇总**	2290				¥ 25,056.00
32	**总计**	5555				¥ 54,669.00

图 4-131 考核 4 样图 2

4）保存文件。

5. 打开项目 4 素材文件“考核 4.xlsx”，在工作表“5 月温度对比”中完成下列各项操作。

1）使用公式，对“温度较高的城市”列进行计算。

2）使用公式，填写表中“相差温度值”列，计算两城市温差（取正值）。

3）利用函数或公式，根据表中数据，在单元格区域 C19:C22 中统计符合以下条件的数据。

① 长春这半个月以来的最高气温和最低气温。

② 吉林这半个月以来的最高气温和最低气温。

4）将工作表复制，命名为“5 月温度对比-高级筛选”，在表中依据给定条件进行高级筛选操作。

筛选条件为“长春市平均气温”20℃以上并且“吉林市平均气温”低于 20℃。

城市	天数
吉林市	4
长春市	11
总计	**15**

图 4-132 考核 5 样图 1

5）根据工作表“5 月温度对比”中的数据，创建如图 4-132

所示的数据透视表，统计长春气温高于吉林气温的天数和吉林气温高于长春气温的天数。

6）根据工作表“5 月温度对比”中的数据，创建如图 4-133 所示的温度变化折线图。

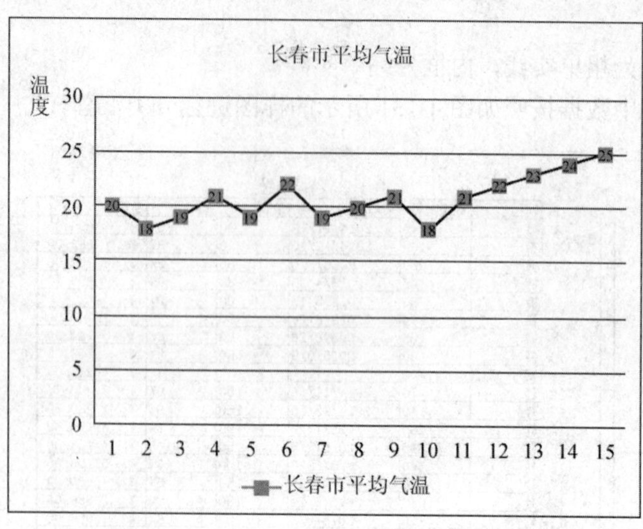

图 4-133　考核 5 样图 2

7）保存文件。

6．打开项目 4 素材文件“考核 4.xlsx”，在工作表“员工考勤情况”中完成下列各项操作。

1）参照如图 4-134 所示的样图对工作表进行格式设置。

① 将单元格区域 B2:H26 的左右框线删除。

② 将 B、C、D 三列列宽均设置为“10”。

③ 将单元格区域 G4:H26 的数字格式设置为“会计专用”，货币符号为“￥”，不保留小数。

④ 将“满勤奖”等于 200 元的单元格格式设置为“浅红填充色深红色文本”。

2）在工作表中完成计算。

① 在单元格区域 G4:G26 中使用公式统计出“请假扣款”，病假扣款为 50 元/天、事假扣款为 100 元/天。

计算公式为

$$请假扣款=病假天数\times50+事假天数\times100$$

② 在单元格 D29 中使用函数统计出员工总人数。

3）复制工作表，命名为“员工考勤情况-汇总”，参照如图 4-135 所示的样图，在工作表中完成数据分类汇总，汇总出各部门员工扣款的总和。

	A	B	C	D	E	F	G	H
1		某月考勤统计表						
2		职员信息			请假记录(天)		奖惩金额（元）	
3		编号	姓名	所属部门	病假	事假	请假扣款	满勤奖
4		FW_1043	张金龙	服务中心	2	0		¥ -
5		FW_1030	赵洪亮	销售部	8	0		¥ -
6		FW_1028	何洪兴	研发部	0	0		¥ 200
7		FW_1031	雷柱文	销售部	0	1		¥ -
8		FW_1026	马帅	研发部	0	3		¥ -
9		FW_1025	荣冰洁	研发部	1	0		¥ -
10		FW_1033	董志贵	销售部	0	0		¥ 200
11		FW_1046	徐盼	财务部	1	0		¥ -
12		FW_1045	安亚博	服务中心	0	0		¥ 200
13		FW_1037	刘庆强	网络部	0	1		¥ -
14		FW_1039	王允	人事部	0	0		¥ 200
15		FW_1035	李威	网络部	1	1		¥ -
16		FW_1034	李浩	销售部	0	0		¥ 200
17		FW_1032	武晨曦	销售部	0	1		¥ -
18		FW_1044	解迪	服务中心	0	1		¥ -
19		FW_1036	雷宇	网络部	0	0		¥ 200
20		FW_1047	左阳光	财务部	0	1		¥ -
21		FW_1029	陈晓波	销售部	0	0		¥ 200
22		FW_1038	尹奇	人事部	1	0		¥ -
23		FW_1027	张胜昕	研发部	0	1		¥ -
24		FW_1041	逢博	企划部	0	0		¥ 200
25		FW_1042	赵中华	企划部	0	0		¥ 200
26		FW_1040	朱 进	企划部	2	1		¥ -
27								
28								
29		员工总人数:						

图 4-134　考核 6 样图 1

	A	B	C	D	E	F	G	H
1		某月考勤统计表						
2		职员信息			请假记录(天)		奖惩金额（元）	
3		编号	姓名	所属部门	病假	事假	请假扣款	满勤奖
6				**财务部 汇总**			¥ 150	
10				**服务中心 汇总**			¥ 200	
14				**企划部 汇总**			¥ 200	
17				**人事部 汇总**			¥ 50	
21				**网络部 汇总**			¥ 250	
28				**销售部 汇总**			¥ 600	
33				**研发部 汇总**			¥ 450	
34				**总计**			¥1,900	

图 4-135　考核 6 样图 2

4）保存文件。

项目 5　PowerPoint 2010 的应用

本项目要求学生掌握演示文稿的制作方法和步骤。通过练习，使学生掌握 Microsoft PowerPoint 2010（以下简称 PowerPoint 2010）的基本知识和操作技巧，了解它的界面和各种功能；能熟练地创建幻灯片、美化幻灯片、为幻灯片设置动画效果等。

任务 1　演示文稿、幻灯片的制作

任务目的

熟练掌握演示文稿的创建和保存方法，熟悉演示文稿中对象的插入方法。

任务内容

练习“文件”菜单和“插入”选项卡、“幻灯片放映”选项卡里的命令。“插入”选项卡如图 5-1 所示。

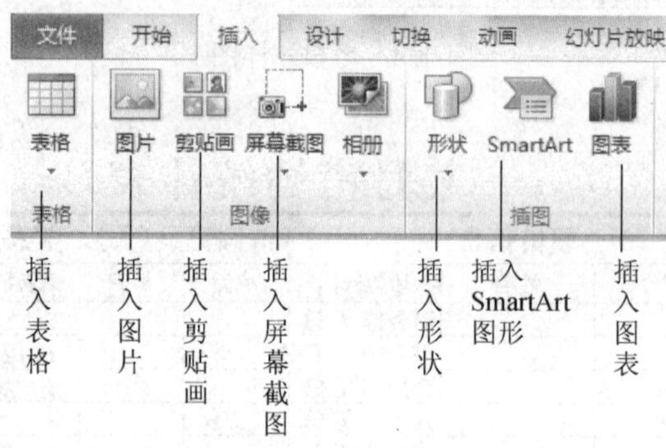

图 5-1　“插入”选项卡

任务练习

【练习 1】创建“康博公司.pptx”演示文稿。

1. 输入标题内容

1）启动 PowerPoint 2010 程序，如图 5-2 所示。

2）在占位符内部单击，输入标题“康博公司”，副标题“我们的成功策略”。

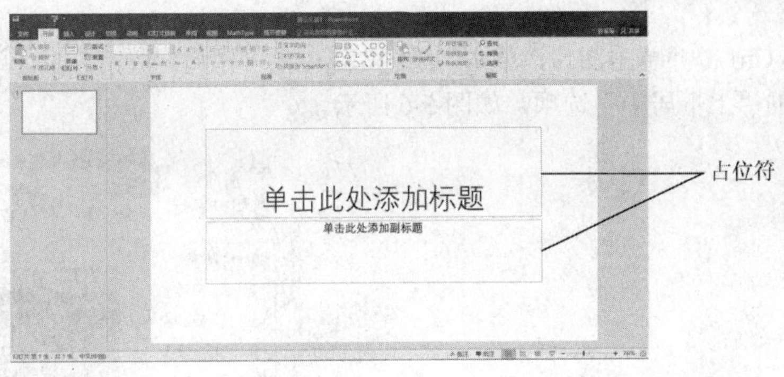

图 5-2 第一张幻灯片（标题幻灯片）

2. 插入新幻灯片

单击“开始”选项卡，再单击“幻灯片”组中的“新建幻灯片”按钮，如图 5-3 所示。在第二张幻灯片中添加标题“核心价值”，以项目符号的形式添加文本“以人为本 团队合作 不断学习”。

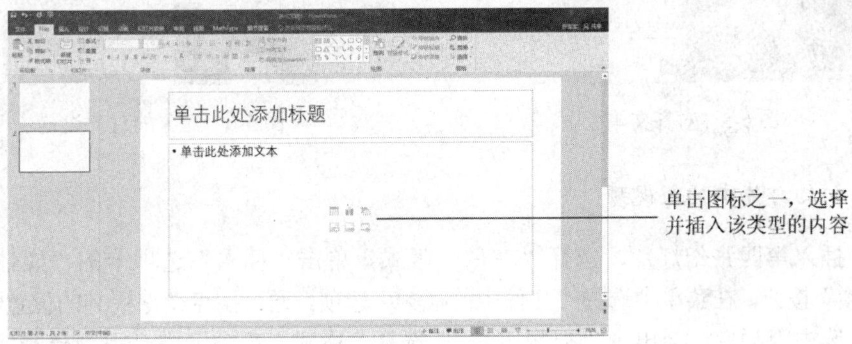

图 5-3 第二张幻灯片（标题内容幻灯片）

3. 设置幻灯片的版式

1）再添加一张幻灯片。单击“开始”选项卡中“幻灯片”组中的“版式”按钮，在版式库中选择“两栏内容”版式，如图 5-4 所示。

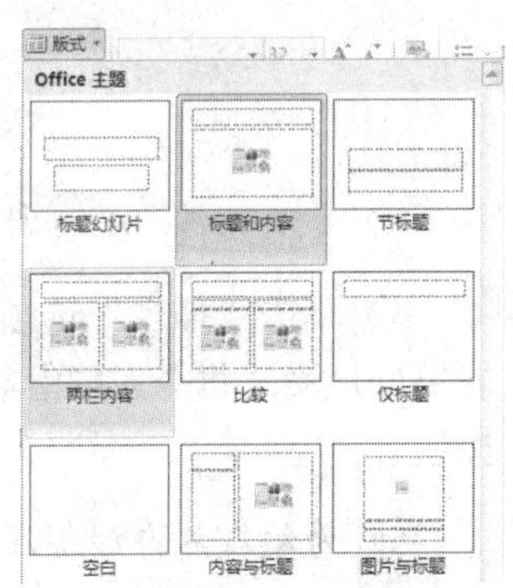

图 5-4 版式库

2）在第三张幻灯片中输入标题“我们如何做到以人为本”，左栏以项目符号的形式添加“关注每一个人的心理健康 以员工为中心做决策 致力于员工与企业的共同发展”。

3）在第三张幻灯片右栏单击“插入图片”按钮，插入一张图片。

4）单击“设计”选项卡，为幻灯片选择“茅草”主题。

5）单击左栏占位符，单击“开始”选项卡中“段落”组中的“对齐文本”按钮，选择“中部对齐”选项，如

图 5-5 所示。

6）按住 Ctrl 键并单击图片，单击“绘图”组中的“排列”按钮，在菜单中选择“对齐”选项中的“上下居中”选项，如图 5-6 所示。

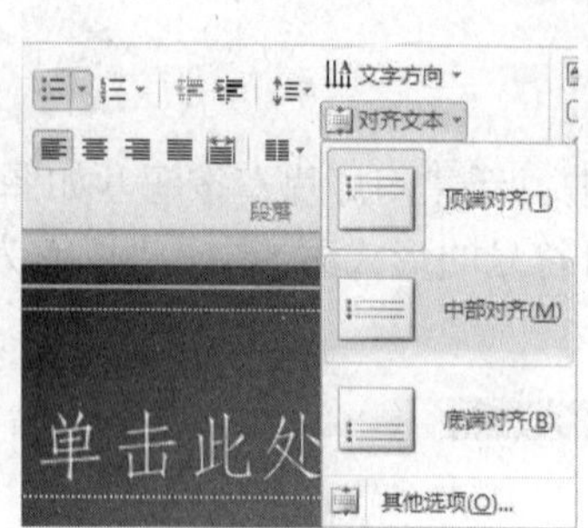

图 5-5 对齐文本

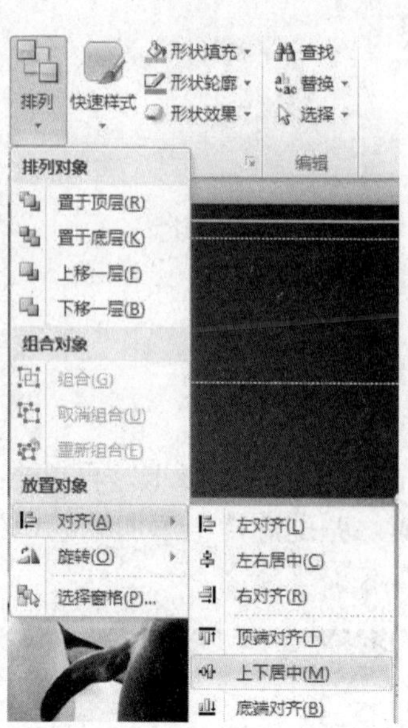

图 5-6 对象的对齐设置

4. 向幻灯片中插入视频

1）插入第四张幻灯片，选择“空白”版式，单击“插入”选项卡的“媒体”组中的“视频”按钮，在菜单中选择“文件中的视频”选项。通过控点调整视频的位置和大小。

2）选中视频后，会出现“视频工具”，选择“格式”选项卡中“视频样式”组中的“斜面棱台矩形”样式；单击“播放”选项卡，设置“自动”开始，如图 5-7 所示。

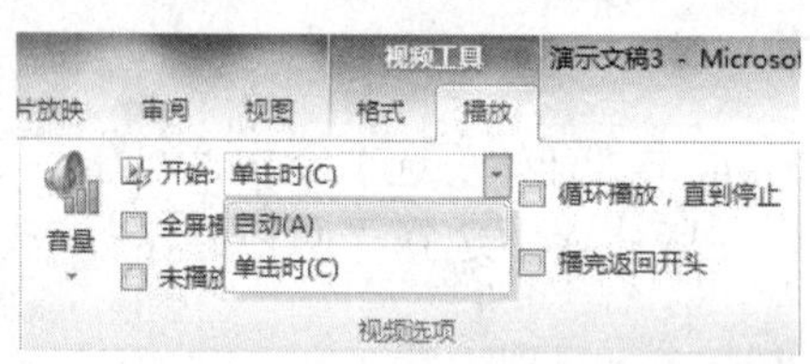

图 5-7 “播放”选项卡中的“视频选项”组

3）单击“插入”选项卡，在视频下方插入文本框，在文本框中输入“以人为本才能更好地激发每个人的潜能”，调整文本字号以显示一行，单击“段落”组中的“居中”按钮。

5. 为幻灯片添加备注

为第四张幻灯片添加备注“以人为本的真正含义是什么？讲述我们在实际中的应用案例。”并为其设置项目编号，如图 5-8 所示。

用鼠标拖动可改变
备注窗格的大小

图 5-8　添加备注

6. 放映幻灯片

单击“幻灯片放映”选项卡，再单击“开始放映幻灯片”组中的“从头开始”按钮，观看幻灯片放映效果，单击跳到下一页，按 Esc 键退出放映状态。

7. 压缩文件

选择“文件”菜单中的“信息”选项，单击“压缩媒体”按钮，选择“演示文稿质量”选项，如图 5-9 所示。打开的“压缩媒体”对话框如图 5-10 所示。

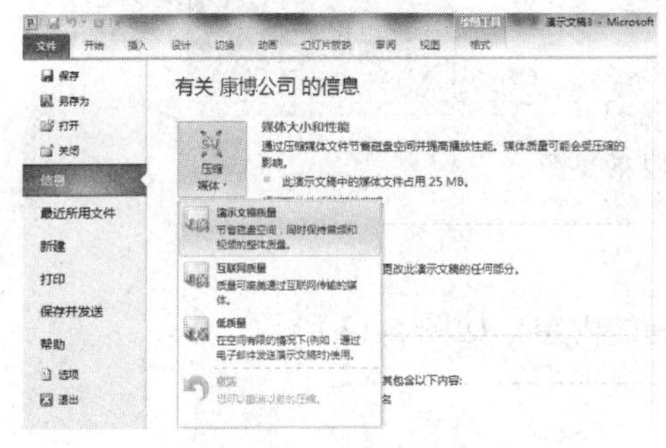

图 5-9　压缩媒体

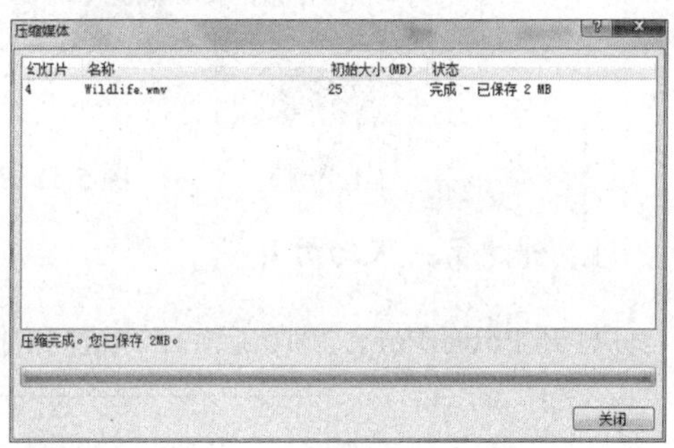

图 5-10　“压缩媒体”对话框

8. 保存幻灯片

单击快速访问工具栏上的“保存”按钮，文件名为“康博公司”，保存文件。

9. 打印预览

选择“文件”菜单中的“打印”选项，设置每页三张幻灯片，如图 5-11 所示。

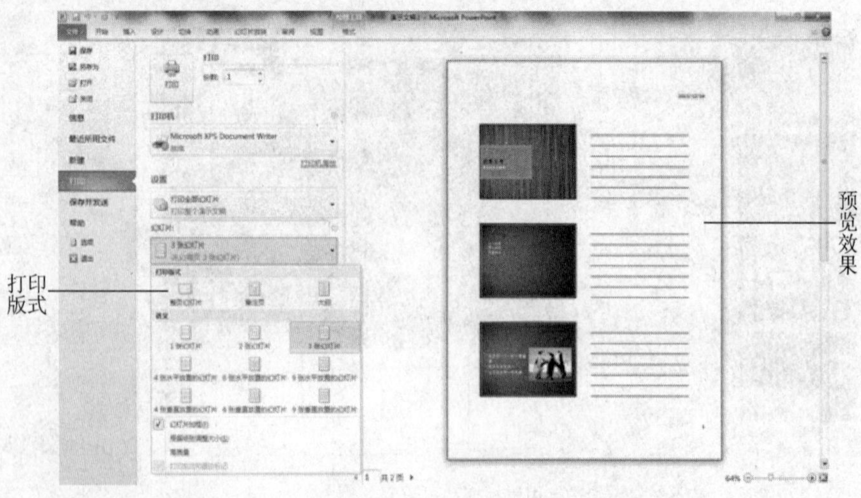

图 5-11　打印窗口

【练习 2】创建一个带有图形元素的幻灯片，如图 5-12 所示。图片在“素材”文件夹。

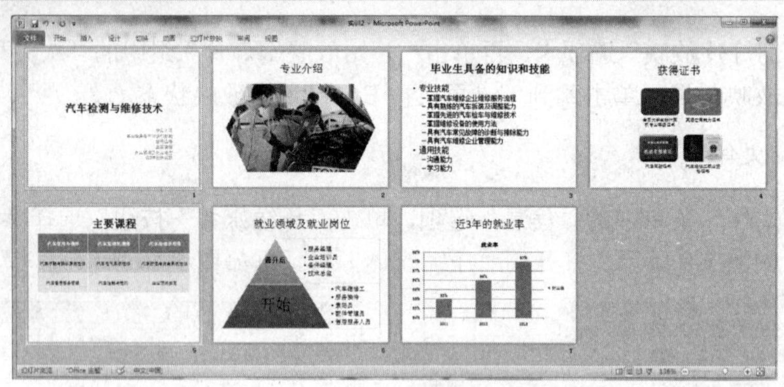

图 5-12　练习 2 效果图

1. 创建第一张幻灯片

打开 PowerPoint 2010 后输入标题和副标题的内容，如图 5-13 所示。

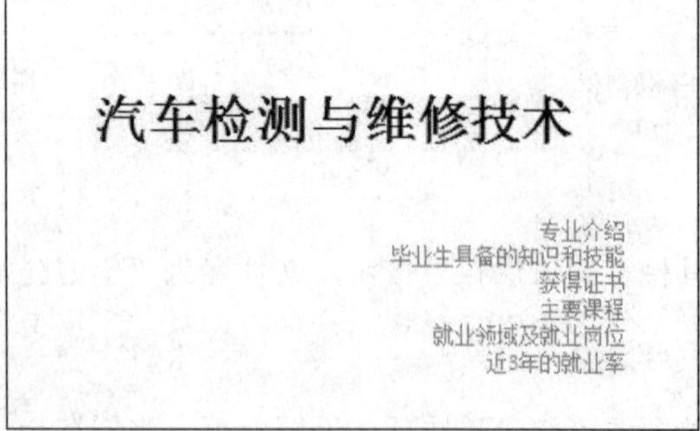

图 5-13　输入标题和副标题

2. 插入第二张幻灯片

1）输入标题，单击“插入来自文件的图片”按钮，如图 5-14 所示。

2）打开“插入图片”对话框，选择图片“专业介绍”，单击“插入”按钮，如图 5-15 所示。

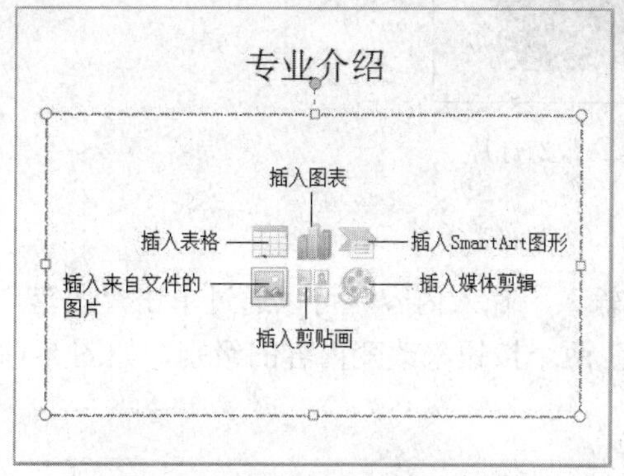

图 5-14　插入图片

图 5-15　“插入图片”对话框

3）插入的图片可以通过“图片工具”选项卡里的命令进行修改，如把图片裁剪成六边形，如图 5-16 所示。

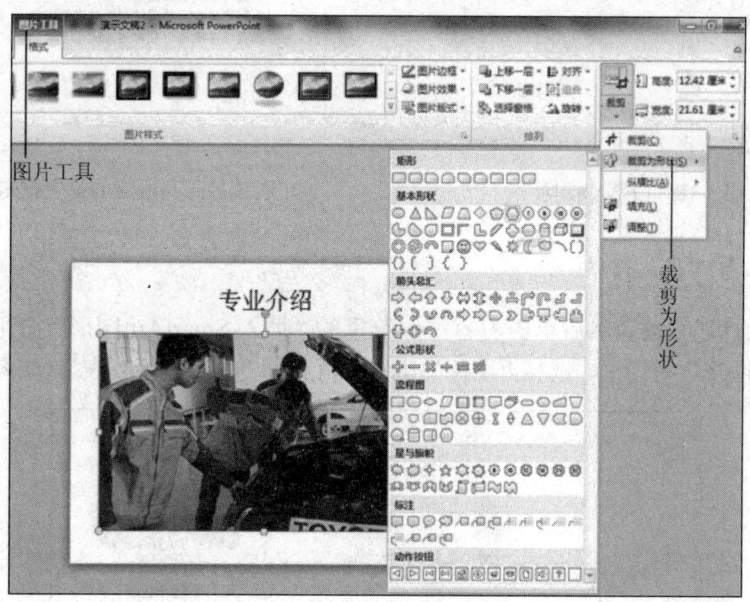

图 5-16　把图片裁剪为形状

完成的第二张幻灯片如图 5-17 所示。

图 5-17 完成的第二张幻灯片

3. 插入第三张幻灯片

输入标题和内容。内容以项目符号的形式输入。输入内容时可以通过单击“段落”功能区的“降低列表级别”和“提高列表级别”两个按钮来改变内容的级别，如图 5-18 所示。输入完成后如图 5-19 所示。

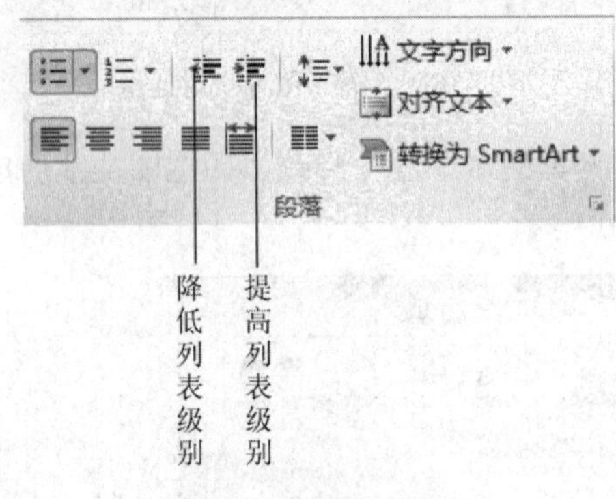

图 5-18 段落功能区

毕业生具备的知识和技能

- 专业技能
  - 掌握汽车维修企业维修服务流程
  - 具有熟练的汽车拆装及调整能力
  - 掌握先进的汽车检车与维修技术
  - 掌握维修设备的使用方法
  - 具有汽车常见故障的诊断与排除能力
  - 具有汽车维修企业管理能力
- 通用技能
  - 沟通能力
  - 学习能力

图 5-19 完成后的第三张幻灯片

4. 插入第四张幻灯片

1）输入标题内容，然后单击内容占位符里的“插入 SmartArt 图形”按钮，打开“选择 SmartArt 图形”对话框，选择“图片”类别，再选择“图片题注列表”，如图 5-20 所示。

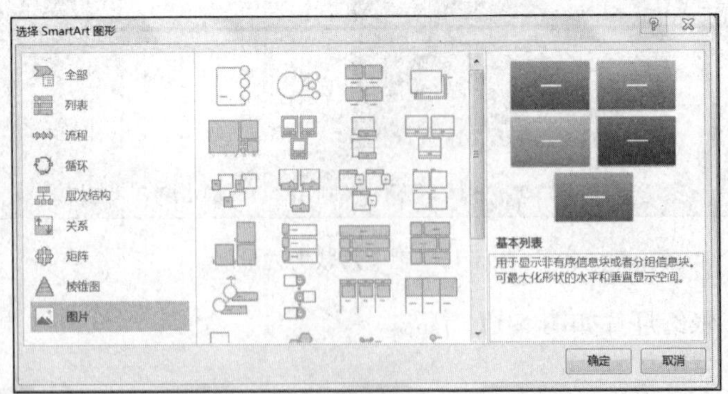

图 5-20 “选择 SmartArt 图形”对话框

2）在第一个文本里输入“全国大学生非计算机专业等级证书”，如图 5-21 所示。

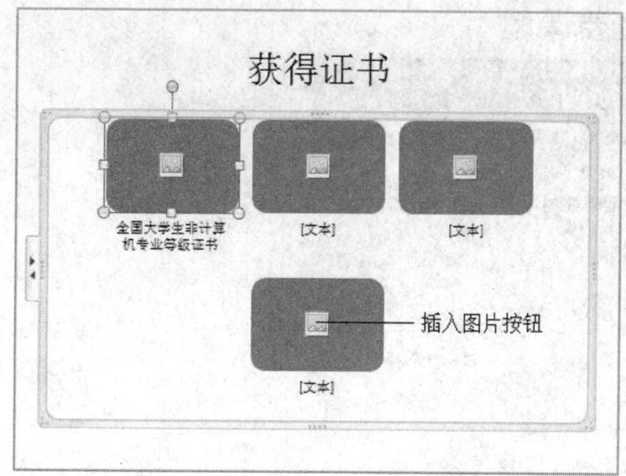

图 5-21　编辑 SmartArt 图形

3）单击与之对应的插入图片按钮，在打开的“插入图片”对话框中选择证书对应的图片。单击“插入”按钮，如图 5-22 所示。

4）用同样的方法输入剩下的文本、插入其余的证书图片，用鼠标指针调整图形大小，最终的效果如图 5-23 所示。

图 5-22　“插入图片”对话框

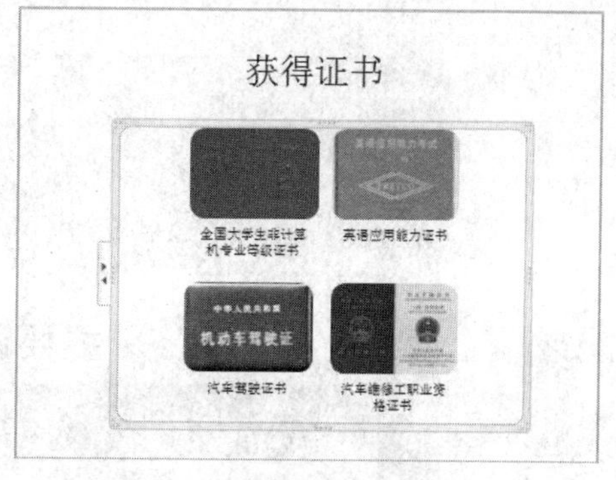

图 5-23　完成后的第四张幻灯片

5. 插入第五张幻灯片

1）输入标题，单击“插入表格”按钮，在打开的“插入表格”对话框中输入行和列的数字，单击“确定”按钮，如图 5-24 所示。输入表格内容如图 5-25 所示。

2）选中表格，单击“表格工具”的“布局”选项卡，在“对齐方式”组中单击“居中”和“垂直居中”按钮，如图 5-26 所示。这样是设置表格中文字相对于表格的对齐。

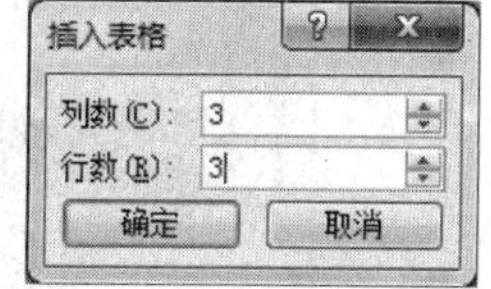

图 5-24　“插入表格”对话框

主要课程

汽车使用与保养	汽车发动机维修	汽车传动系检修
汽车行驶与操纵系统检修	汽车电气系统检修	汽车舒适与安全系统检修
汽车售后服务管理	汽车性能与检测	企业顶岗实习

图 5-25　输入表格内容

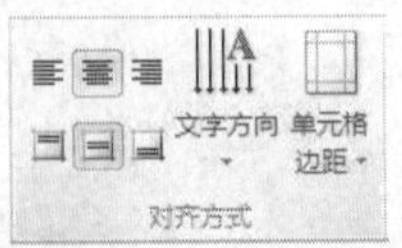

图 5-26　“对齐方式”功能区

3）接下来设置表格相对于幻灯片的对齐，单击“开始”选项卡，再单击“绘图”组的“排列”按钮，分别设置“放置对象”的对齐方式为“左右居中”和“上下居中”，如图 5-27 所示。完成的幻灯片如图 5-28 所示。

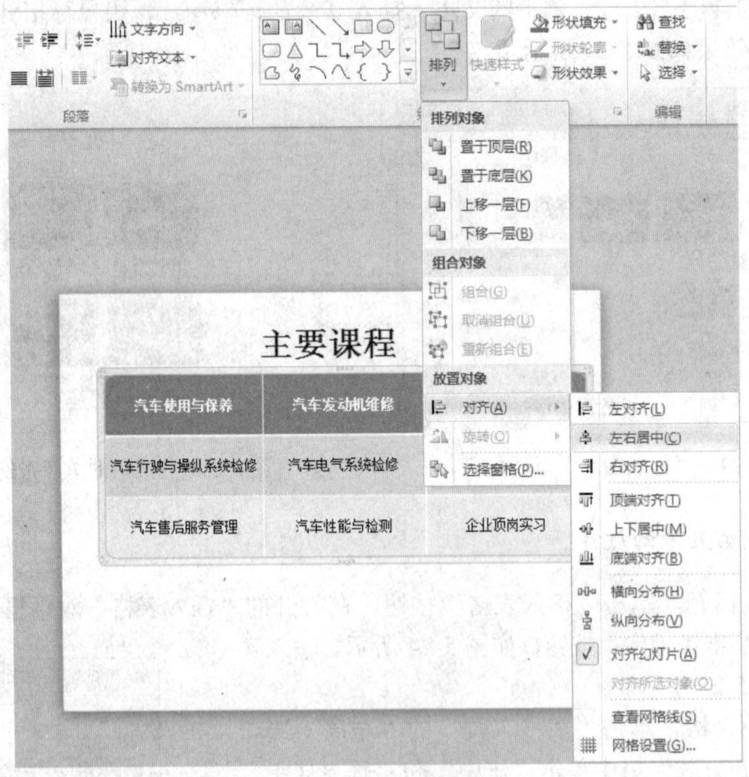

图 5-27　设置表格居中对齐

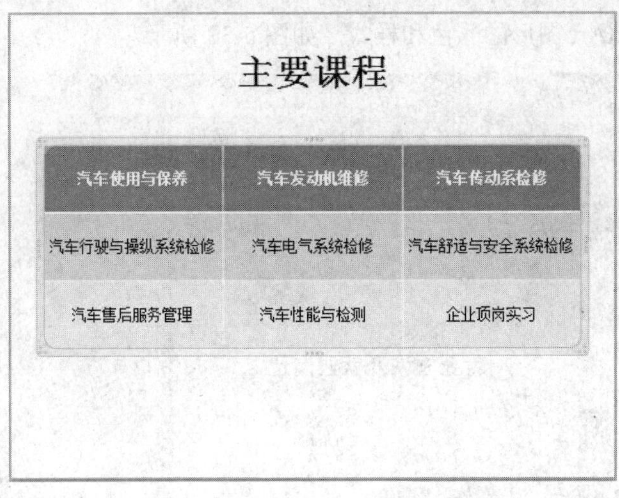

图5-28 完成的第五张幻灯片

6. 插入第六张幻灯片

1）输入标题，在“插图”组中单击“插入SmartArt图形”按钮，选择“棱锥图”中的“基本棱锥图”选项，单击“确定”按钮，如图5-29所示。

2）单击图形左边的展开按钮，如图5-30所示。

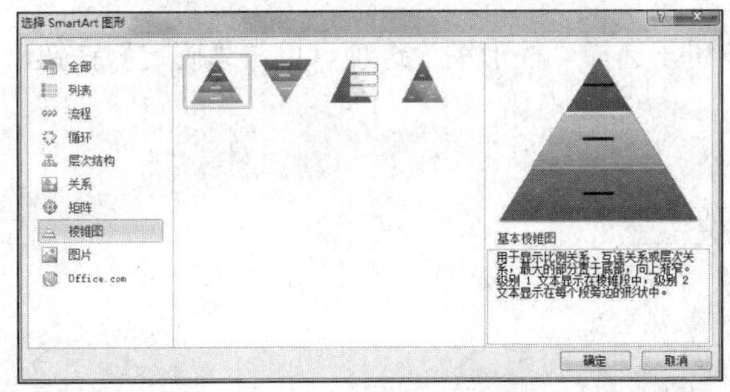

图5-29 “选择SmartArt图形”对话框

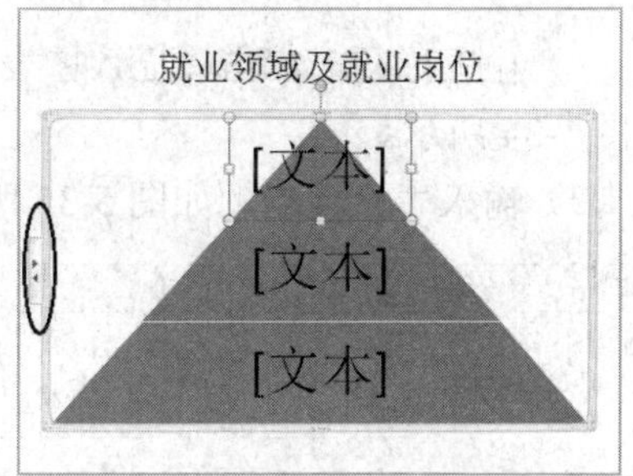

图5-30 生成的SmartArt图形

3）输入文字内容如图5-31所示。输入文字后，通过单击“升级”（或Shift+Tab组合键）“降级”（或Tab）按钮调整项目符号级别，如图5-32所示。

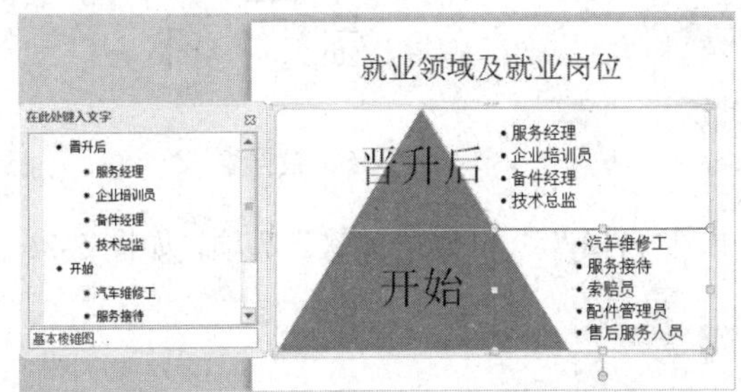

图5-31 编辑SmartArt图形

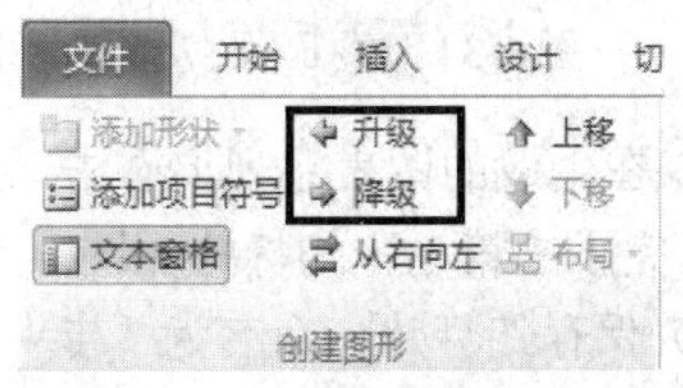

图5-32 “升级”“降级”按钮

4）设置 SmartArt 图形的颜色和样式，如图 5-33 所示。

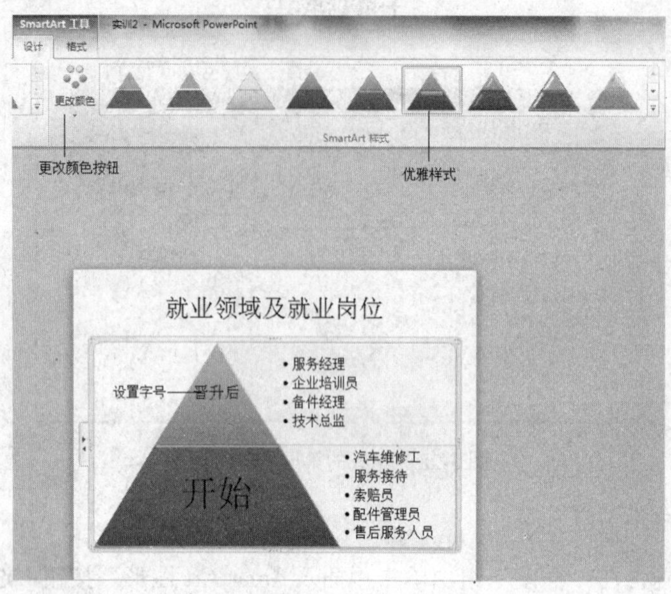

图 5-33　设置颜色和样式

7. 插入第七张幻灯片

1）输入标题，单击“插入图表”按钮，选择“柱形图”选项，单击“确定”按钮，如图 5-34 所示。

2）输入表格数据，如图 5-35 所示。

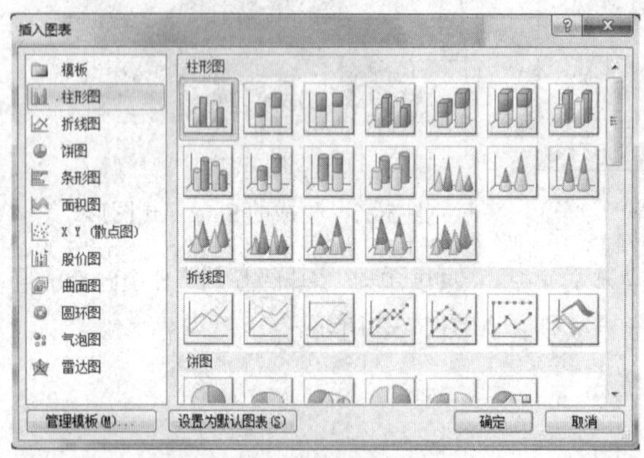

图 5-34　“插入图表”对话框

	A	B
1		就业率
2	2011	95%
3	2012	96%
4	2013	97%

图 5-35　数据表

3）在生成的图表系列上右击，在快捷菜单中选择“添加数据标签”选项，如图 5-36 所示。完成的第七张幻灯片如图 5-37 所示。

4）保存幻灯片，命名为“专业介绍”。

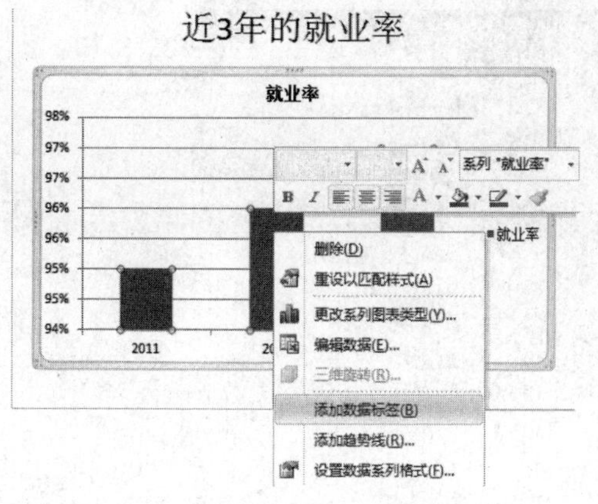

图5-36　为表格添加数据标签

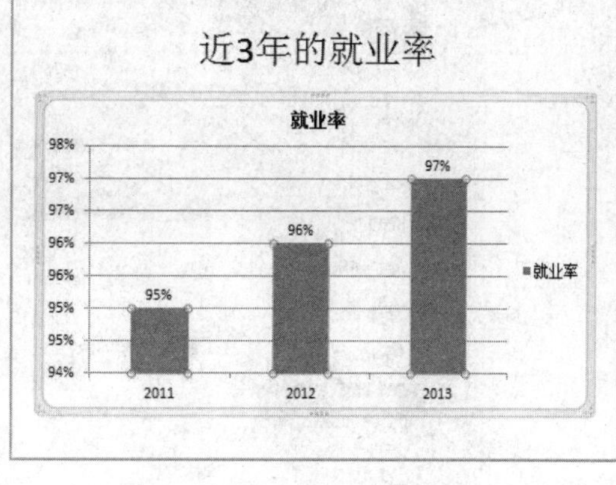

图5-37　完成的第七张幻灯片

8. 设置放映

1）单击“幻灯片放映”选项卡，单击“设置”组中的“排练计时”按钮，用鼠标控制幻灯片播放，幻灯片播放完后，打开如图5-38所示的对话框，单击“是”按钮。

图5-38　“Microsoft PowerPoint”对话框

2）单击“幻灯片放映”选项卡，单击“设置”组中的“设置幻灯片放映”按钮，设置“放映选项”为“循环放映，按ESC键终止”；换片方式为“如果存在排练时间，则使用它”，单击“确定”按钮，如图5-39所示。

3）按F5键放映幻灯片，观看自动循环播放效果。单击“保存”按钮可以保存设置。

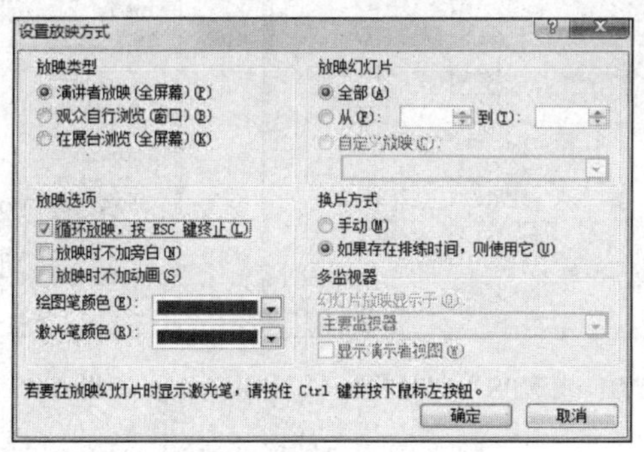

图5-39　“设置放映方式”对话框

9. 把演示文稿转化为PDF文件类型

1）单击“文件”菜单中的“保存并发送”选项卡；文件类型选择“创建PDF/XPS文档”；单击“创建PDF/XPS文档”按钮，如图5-40所示。

图 5-40 创建 PDF/XPS 文档

2）在打开的“发布为 PDF 或 XPS”对话框里输入文件名“专业介绍”，如图 5-41 所示。

3）单击“发布为 PDF 或 XPS”对话框中的“选项”按钮，打开“选项”对话框，如图 5-42 所示。在该对话框中可以设置“范围”和“发布选项”等信息。

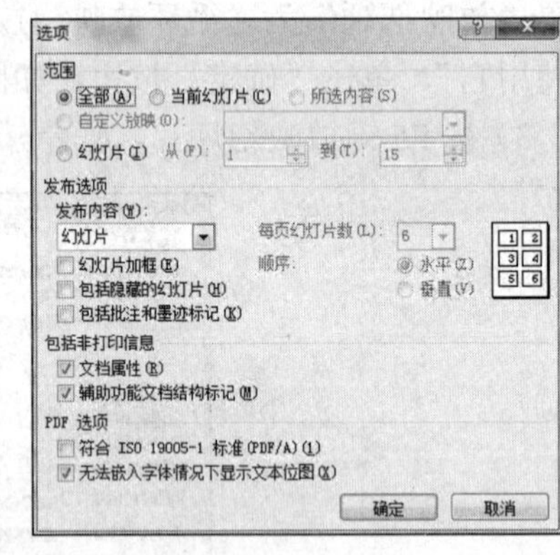

图 5-41 “发布为 PDF 或 XPS”对话框

图 5-42 “选项”对话框

10. 打包演示文稿

1）在“保存并发送”选项卡中，单击“将演示文稿打包成 CD”选项卡下的“打包成 CD”按钮，如图 5-43 所示。

图 5-43　“将演示文稿打包成 CD”选项卡

2）打开“打包成 CD”对话框，如图 5-44 所示，单击“选项”按钮。

3）在打开的“选项”对话框中输入打开密码和修改密码，单击“确定”按钮，如图 5-45 所示。

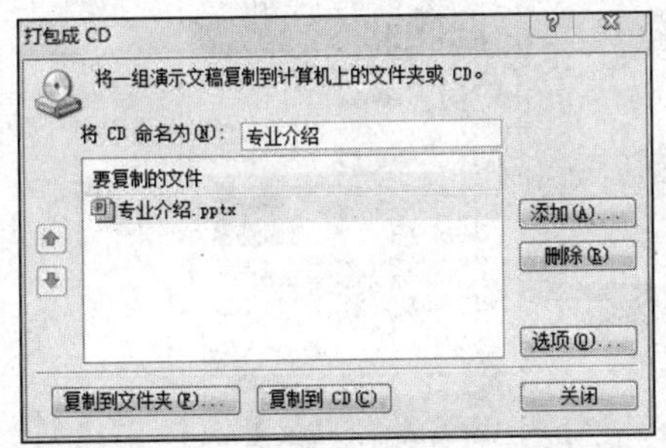

图 5-44　“打包成 CD”对话框

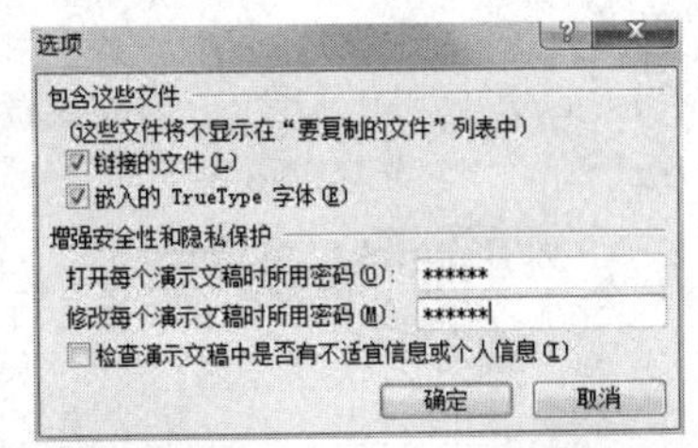

图 5-45　“选项”对话框

4）再次输入确认密码，如图 5-46 所示。

5）单击“打包成 CD”对话框中的“复制到文件夹”按钮，打开“复制到文件夹”对话框，如图 5-47 所示。设置文件的名称和位置，单击“确定”按钮。在打开的提示对话框中单击“是”按钮。

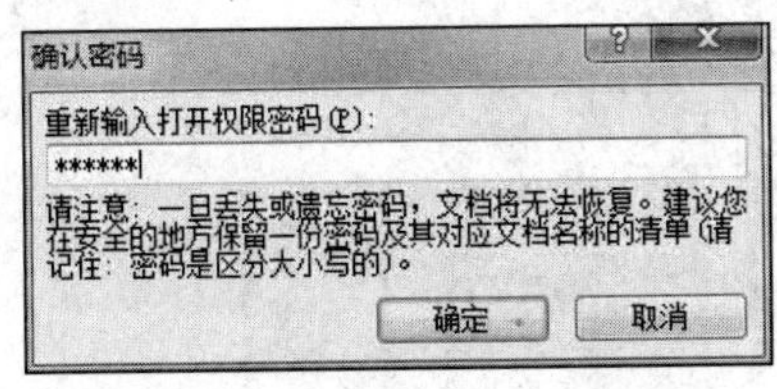

图 5-46　“确认密码”对话框

图 5-47　“复制到文件夹”对话框

6）在打包演示文稿的同时，生成的压缩包文件中有一个网页文件，打开该网页文

件，下载 PowerPoint Viewer 查看器，并在计算机中安装后，PPT 格式的文件在该查看器中即可打开。将演示文稿加密打包后的打包文件效果如图 5-48 所示。

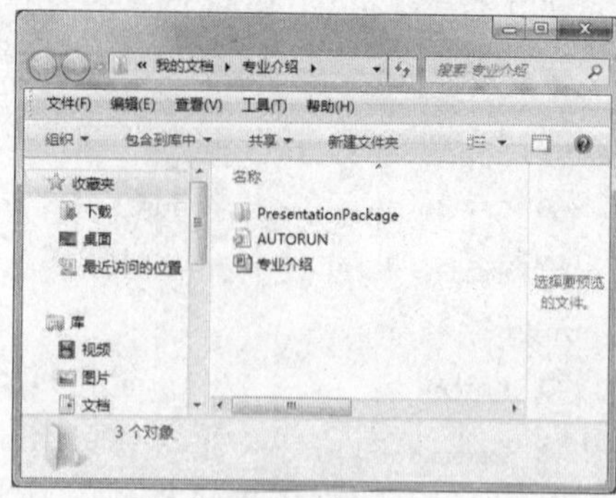

图 5-48　将演示文稿加密打包后的打包文件效果

【练习 3】创建一个带有图形元素的幻灯片，然后将第八张和第九张幻灯片创建为自定义放映，观看自定义放映的效果，如图 5-49～图 5-51 所示。文字和图片在“素材”文件夹中。

图 5-49　春节习俗（1）

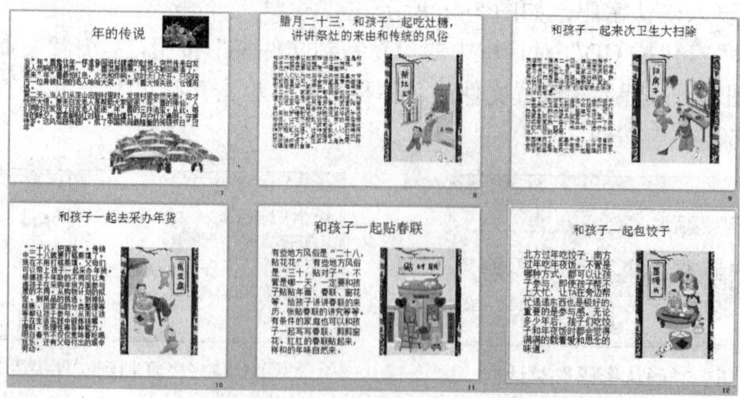

图 5-50　春节习俗（2）

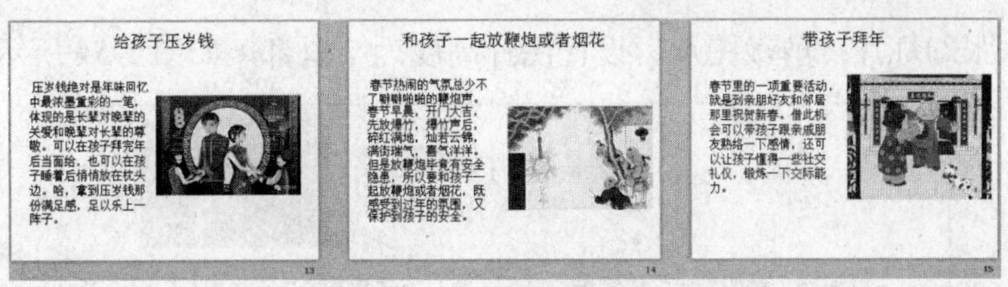

图 5-51 春节习俗（3）

1. 创建幻灯片

1）第二张幻灯片：图片颜色设置为“重新着色”的“冲蚀”效果，图片置于文字下方，如图 5-52 所示。

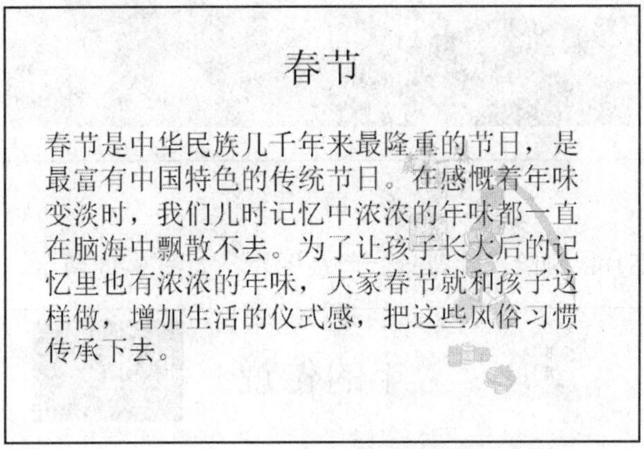

春节

春节是中华民族几千年来最隆重的节日，是最富有中国特色的传统节日。在感慨着年味变淡时，我们儿时记忆中浓浓的年味都一直在脑海中飘散不去。为了让孩子长大后的记忆里也有浓浓的年味，大家春节就和孩子这样做，增加生活的仪式感，把这些风俗习惯传承下去。

图 5-52 第二张幻灯片

2）第五张幻灯片：两栏版式、图片高度为 8 厘米，如图 5-53 所示。

图 5-53 第五张幻灯片

3）第六张幻灯片：剪裁图片、设置图片高度为 7 厘米，如图 5-54 所示。

图 5-54　第六张幻灯片

4）第七张幻灯片：删除图片背景、剪裁图片，如图 5-55 所示。

图 5-55　第七张幻灯片

5）第 8～12 张幻灯片：两栏版式、图片高度为 12 厘米，如图 5-50 所示。

6）第 13～15 张幻灯片：两栏版式、图片宽度为 12 厘米，如图 5-51 所示。

2. 创建自定义幻灯片放映

1）单击“幻灯片放映”选项卡，单击“开始放映幻灯片”组中的“自定义放映”按钮，打开如图 5-56 所示的对话框。

2）单击“新建”按钮，打开“定义自定义放映”对话框。输入幻灯片放映名称“春节里和孩子一起做的事情”，如图 5-57 所示。

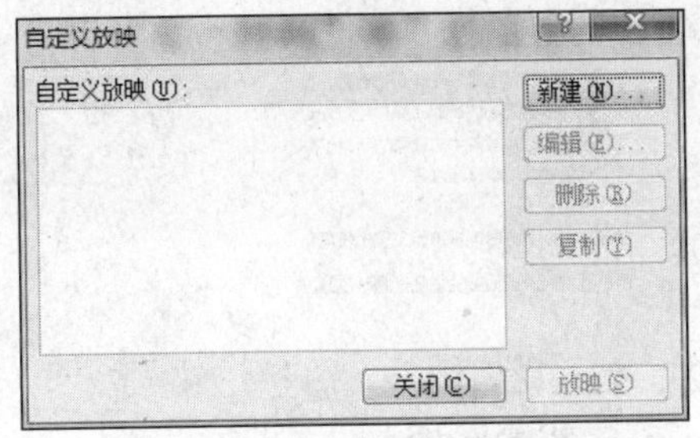

图 5-56　“自定义放映”对话框

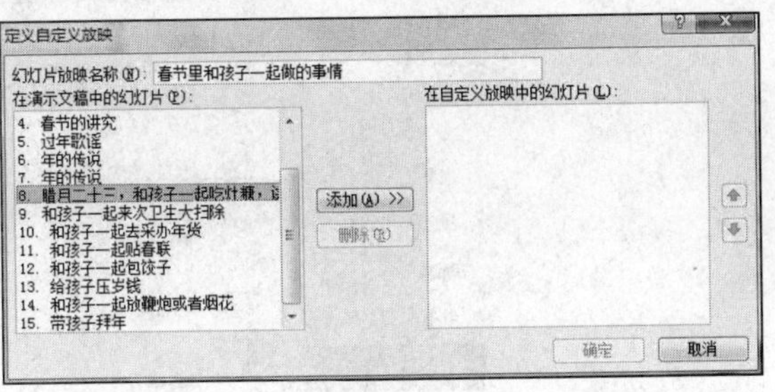

图 5-57　“定义自定义放映”对话框（1）

3）依次选择第 8～15 张幻灯片，添加到“在自定义放映中的幻灯片”列表框中，如图 5-58 所示。单击“确定”按钮，关闭“自定义放映”对话框。

4）单击“幻灯片放映”选项卡，单击“开始放映幻灯片”组中的“自定义幻灯片放映”按钮，选择“春节里和孩子一起做的事情”选项，如图 5-59 所示。这样可以观看自定义放映的效果。

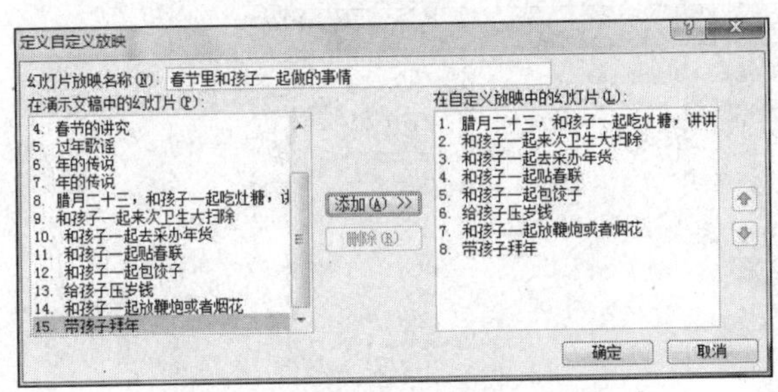

图 5-58　“定义自定义放映”对话框（2）

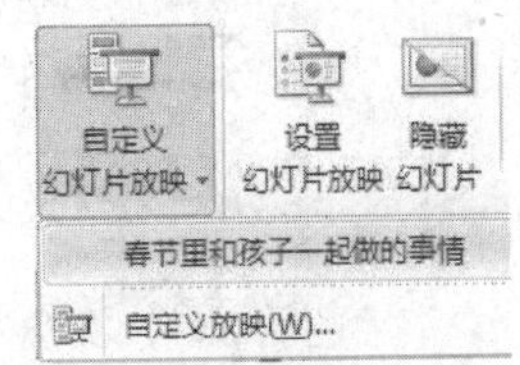

图 5-59　选择自定义放映

3. 将演示文稿转化为视频

1）转化为视频之前先把自定义放映删除，否则不能转化。单击“幻灯片放映”选项卡，单击“开始放映幻灯片”组中的“自定义幻灯片放映”按钮，在菜单中选择“自定义放映”选项，在打开的“自定义放映”对话框中，选择要删除的自定义视频，单击“删除”按钮。

2）单击“文件”菜单中的“保存并发送”选项卡，再单击“文件类型”中的“创建视频”选项卡，设置放映每张幻灯片的秒数为三秒，单击“创建视频”按钮，如图 5-60 所示。

3）在打开的“另存为”对话框的地址栏中设置转化的视频文件的保存路径，保持默认的名称，单击“保存”按钮开始转化，如图 5-61 所示。

4）PPT 自动开始执行转化操作，并且在状态栏中可以查看相关的制作视频的信息和制作进度，如图 5-62 所示。

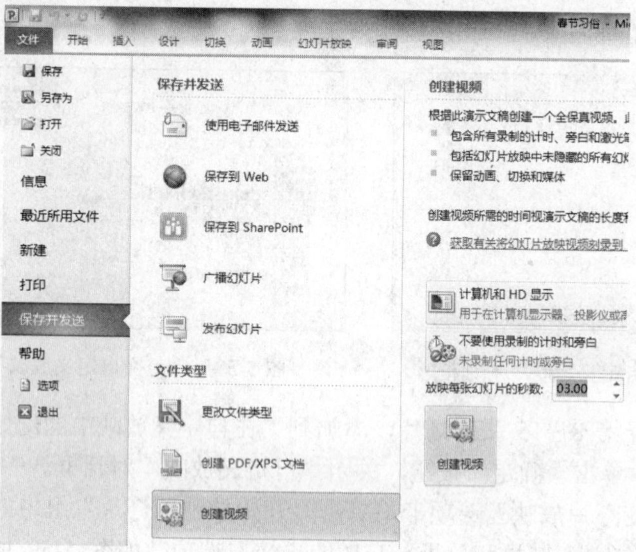

图 5-60　“创建视频”选项

图 5-61　“另存为”对话框

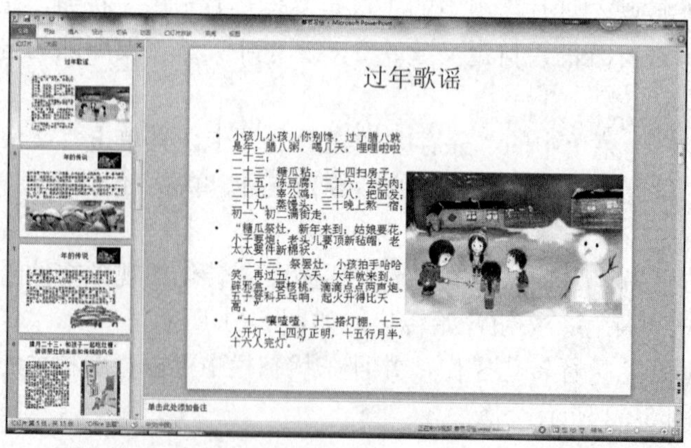

图 5-62　状态栏中制作视频的信息和制作进度

任务 2　幻灯片个性化设置

任务目的

掌握设置幻灯片格式的方法，熟悉项目符号的修改和删除方法。

任务内容

设置文本字体格式和段落格式，添加项目符号和编号，幻灯片内容的编辑。

任务练习

【练习 1】制作“新员工培训课程”幻灯片。

1．在演示文稿中设置项目符号和编号

1）打开“素材\任务 2 练习 1\新员工培训课程.pptx”演示文稿，切换到第三张幻灯片中，选择所有正文文本，在“开始”选项卡的“段落”组中的“项目符号”下拉菜单中选择“箭头”项目符号，如图 5-63 所示。

2）切换到第四张幻灯片中，选择所有正文文本，在“段落”组中单击“编号”图标右侧的下拉按钮，然后选择如图 5-64 所示的项目编号即可。

3）切换到第五张幻灯片中，选择正文文本，在“项目符号”下拉菜单中选择“项目符号和编号”选项，如图 5-65 所示。

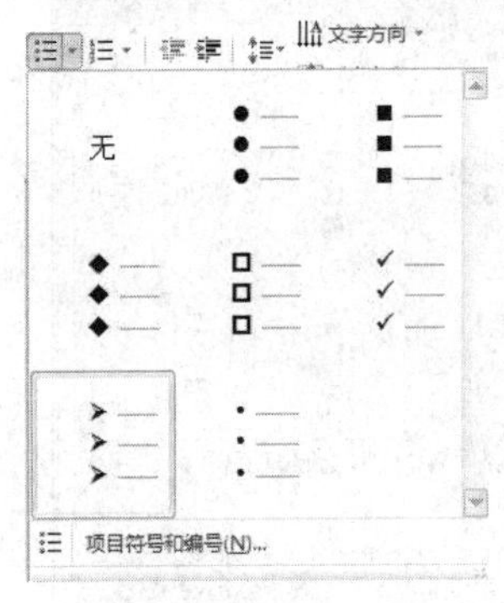

图 5-63　项目符号选项 1

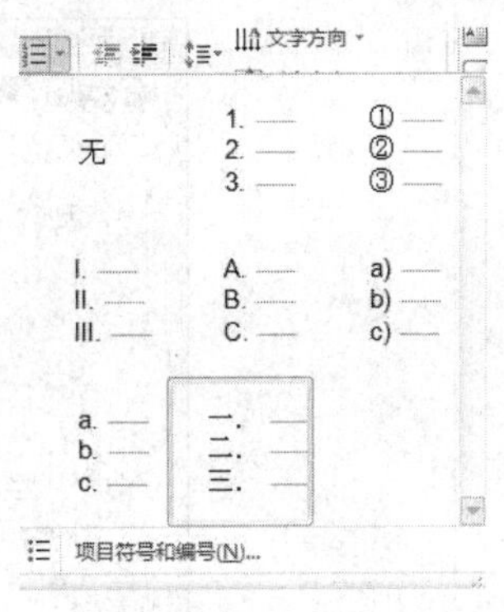

图 5-64　项目编号选项 2

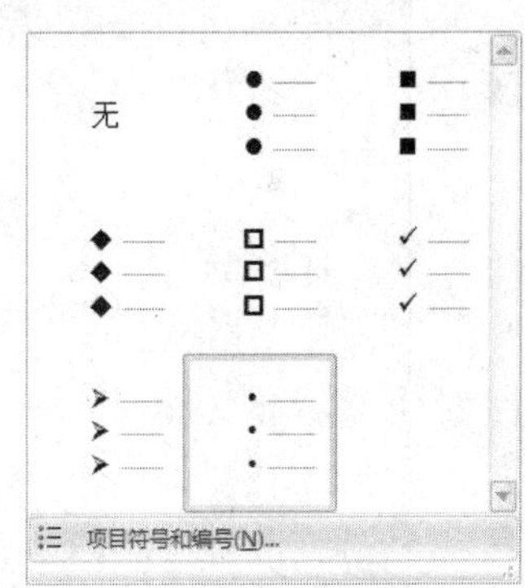

图 5-65　“项目符号和编号”选项

4）在“项目符号和编号”对话框中单击“自定义”按钮，然后在打开的“符号”对话框中的“子集”下拉列表框中选择“拉丁语-1 增补”选项，在中间的列表框中选择一种合适的符号后单击“确定”按钮，如图 5-66 所示。

5）在返回的对话框中单击“颜色”按钮，选择一种合适的颜色后单击“确定”按钮可改变项目符号的颜色，如图 5-67 所示。

图 5-66 “符号”对话框

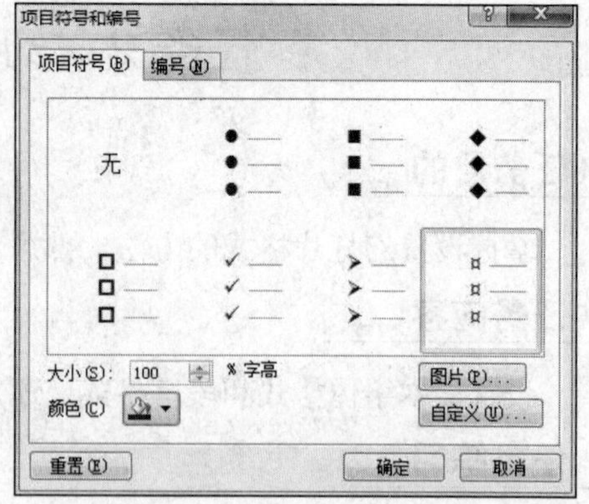

图 5-67 “项目符号和编号”对话框（1）

6）切换到第六张幻灯片中，选择所有正文文本，打开“项目符号和编号”对话框，单击“图片”按钮，打开“图片项目符号”对话框，如图 5-68 所示。

7）在打开的对话框中选择一种满意的图片项目符号，然后单击“确定”按钮返回工作界面。

8）切换到第八张幻灯片，为“部门职责”文本添加一种合适的编号，再选择“岗位设置”文本，在“编号”下拉菜单中选择“项目符号和编号”选项。

9）在“项目符号和编号”对话框中选择与“部门职责”文本所用相同的编号，并将起始编号设置为“2”，然后单击“确定”按钮，如图 5-69 所示。

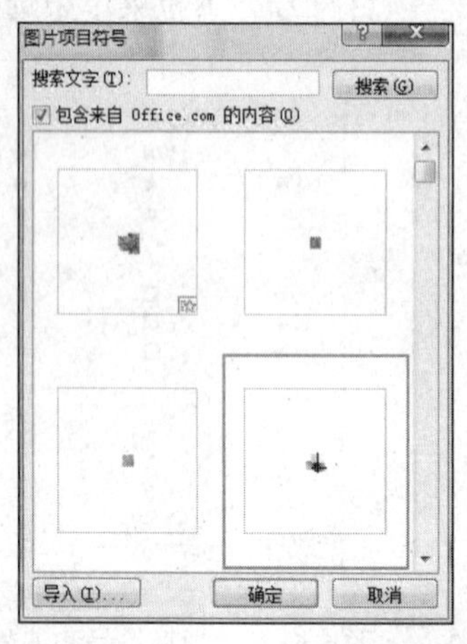

图 5-68 “图片项目符号”对话框

图 5-69 “项目符号和编号”对话框（2）

10）适当调整“部门职责”和“岗位设置”文本的字体格式，使其与下一级正文有一定的差异。

2. 给幻灯片设置主题

单击“设计”选项卡，再单击“凤舞九天”主题，如图 5-70 所示。

3. 插入“剪贴画”

1）在“插入”选项卡中单击“剪贴画”按钮，在右侧的“剪贴画”窗格中输入搜索关键字后单击“搜索”按钮，然后选择一张合适的剪贴画即可进行插入，如图 5-71 所示。

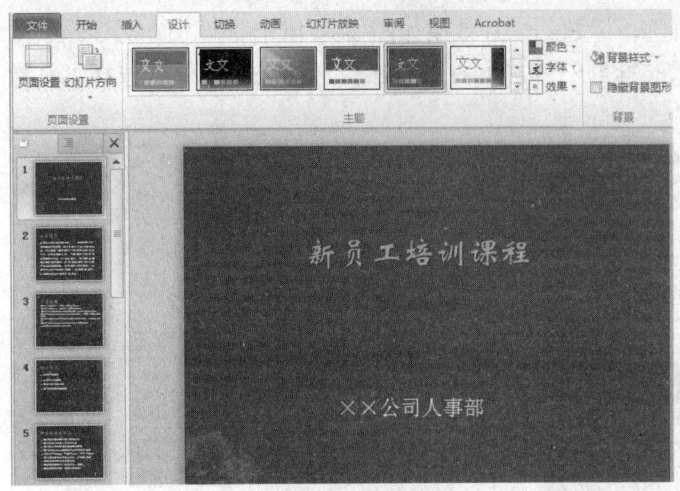

图 5-70 设置主题

图 5-71 插入剪贴画

2）按住 Shift 键拖动图片周边的控制点，等比例缩小图片，并将其移动到合适的位置，然后在“图片工具 格式”选项卡的“图片样式”组中为其设置一种合适的外观样式即可。

【练习 2】制作“工作流程”幻灯片。图片在“素材”文件夹中。

1. 创建幻灯片

1）启动 PowerPoint 2010 程序，在标题中输入“人力资源工作流程”，在“开始”选项卡的“字体”组中设置标题字体为“方正兰亭黑简体”，字号为 50 号，文字为斜体；在“段落”组中设置对齐方式为左对齐，如图 5-72 所示。

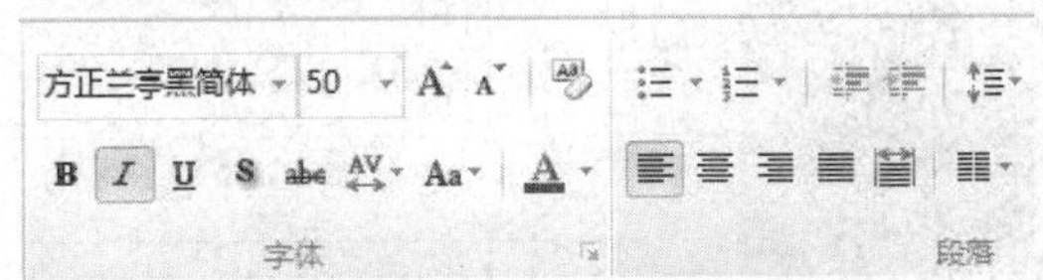

图 5-72 标题的格式设置

2）输入副标题“科技人力资源部”，字体为微软雅黑，字号为 20，文字颜色为绿色，对齐方式为左对齐。

3）插入素材中的图片 3，选择“图片工具 格式”中的“置于底层”选项，如图 5-73 所示。

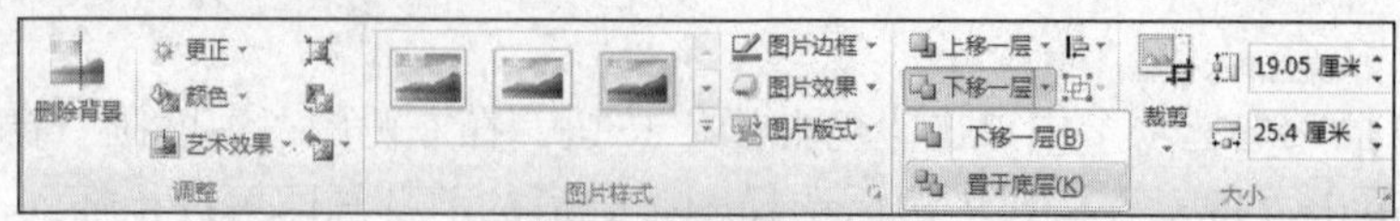

图 5-73 设置图片格式

4）设置标题字体颜色为白色，标题幻灯片效果如图 5-74 所示。

5）在左侧幻灯片窗格显示的标题幻灯片上右击，在打开的快捷菜单上选择“复制幻灯片”选项，如图 5-75 所示。

图 5-74 标题幻灯片效果图

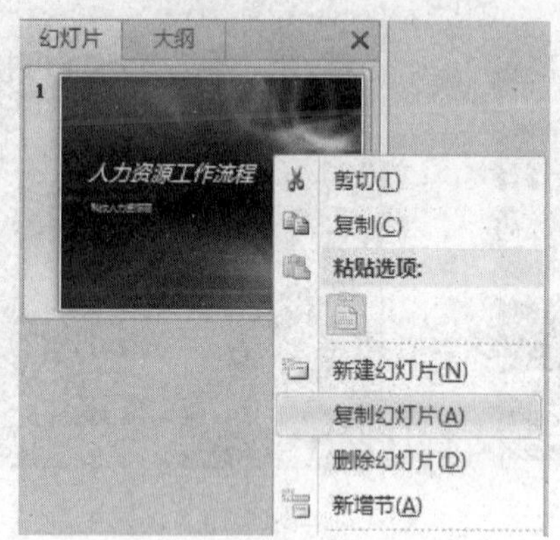

图 5-75 打开的快捷菜单

6）选中第二张幻灯片，单击“开始”选项卡，再单击“幻灯片”→“版式”按钮，在版式库中选择“仅标题”选项，如图 5-76 所示。

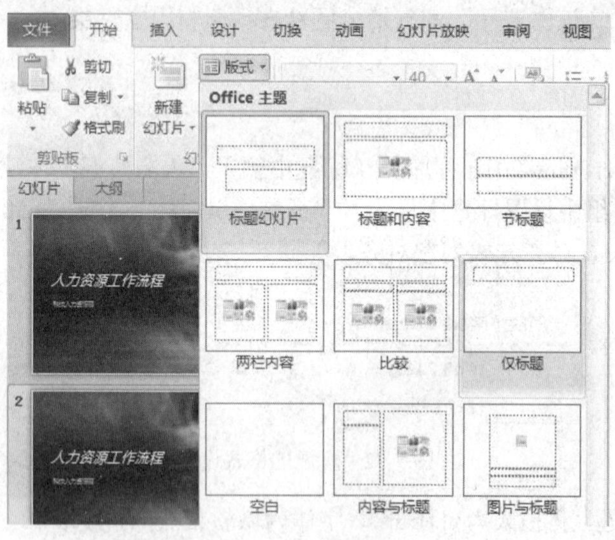

图 5-76 版式的选取

7）标题改为“总的工作流程”，去掉斜体设置，字号为 40 号。选中下面的文本框，按 Delete 键删除，如图 5-77 所示。

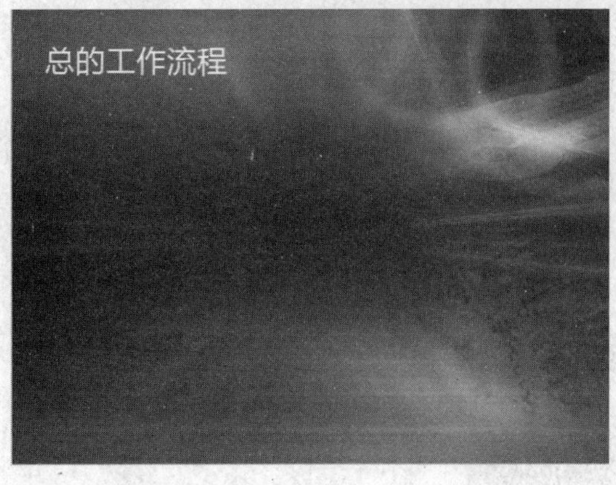

图 5-77 “仅标题”版式

2. 在幻灯片中绘制形状

1）在“插入”选项卡的“插图”组中单击“形状”按钮，选择“椭圆”形状选项，如图 5-78 所示。

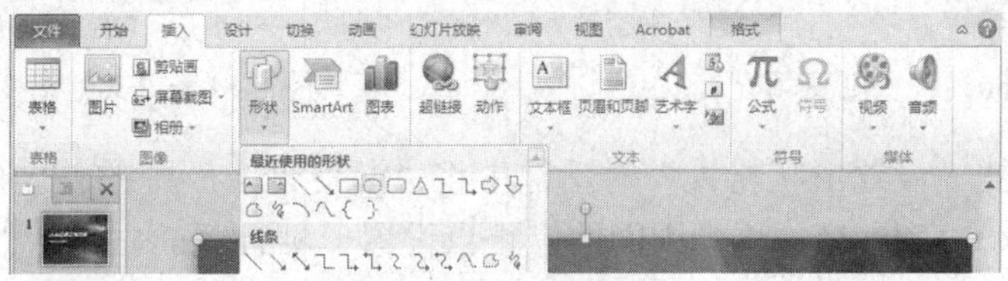

图 5-78 插入形状

2）在幻灯片的底端中部绘制一个椭圆形，然后在“绘图工具”→“格式”选项卡的“形状样式”组中单击“形状填充”按钮，选择一种合适的填充颜色，如图 5-79 所示。

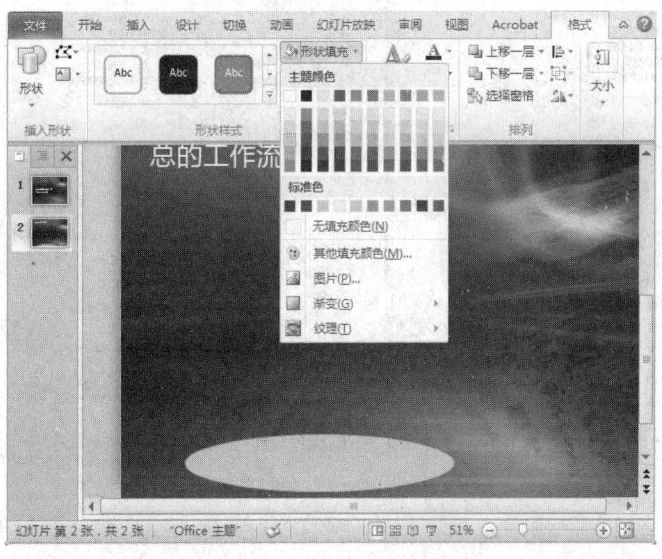

图 5-79 设置形状填充颜色

3）再次展开“形状填充”下拉菜单，在“渐变”子菜单的“浅色变体”栏中选择“线性对角-右上到左下”，如图 5-80 所示。

4）向下复制该形状，然后在“形状填充”下拉菜单中的“渐变”子菜单中选择“其他渐变”选项，如图 5-81 所示。

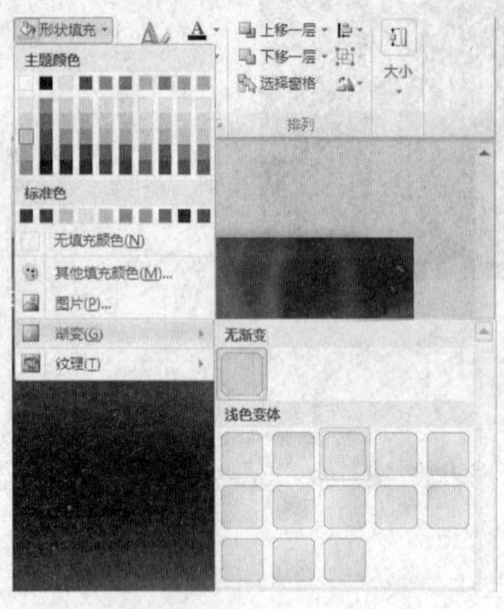

图 5-80 设置渐变填充

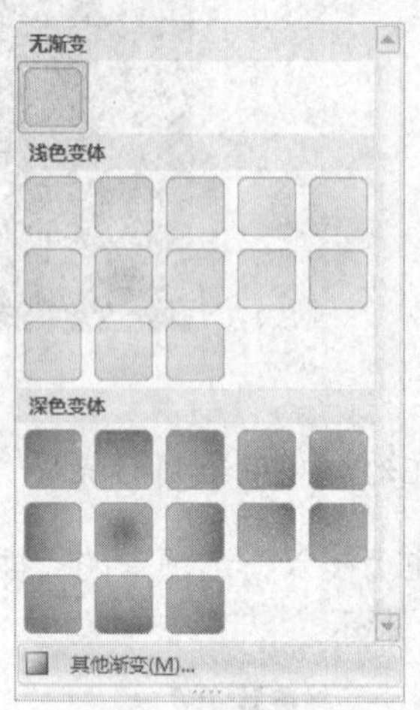

图 5-81 “其他渐变”选项

5）在打开的“设置形状格式”对话框中将“渐变光圈”中的首尾停止点的颜色设置为“灰色-50%，背景 2”，再为中间的停止点设置一种合适的白色，如图 5-82 所示。

6）在“角度”数值框中适当调整渐变颜色的角度值，此时设置为 120，然后单击“关闭”按钮，如图 5-83 所示。

图 5-82 “设置形状格式”对话框

图 5-83 “设置形状格式”对话框

7）在“绘图工具 格式”选项卡的“排列”组中选择“下移一层”选项，如图 5-84 所示。

8）分别拖动两个形状周边的控制点调整形状的大小，然后移动底层的形状，使其呈现出一种立体效果，如图 5-85 所示。

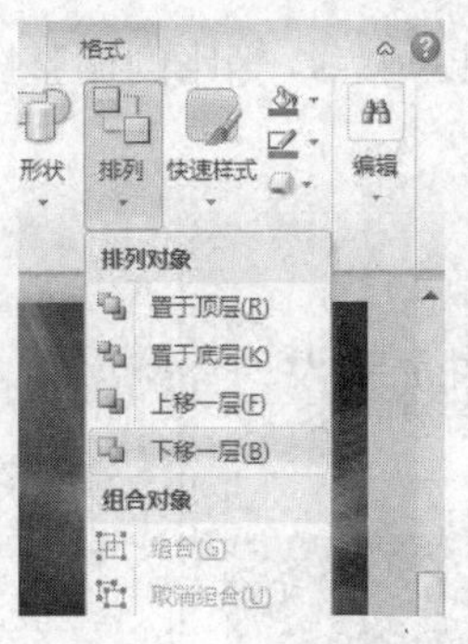

图 5-84　排列对象

图 5-85　图形的立体效果

9）保持底层形状的选择状态，然后在“格式”选项卡的“绘图”组中单击“形状效果”按钮，在“阴影”子菜单中选择“向下偏移”选项，如图 5-86 所示。

10）单击上层的图形，按住 Ctrl 键同时再单击下层的图形，此时两个图形都被选中。在“绘图”组中单击“排列”按钮，在下拉菜单中选择“组合”选项，将两个图形进行组合，如图 5-87 所示。

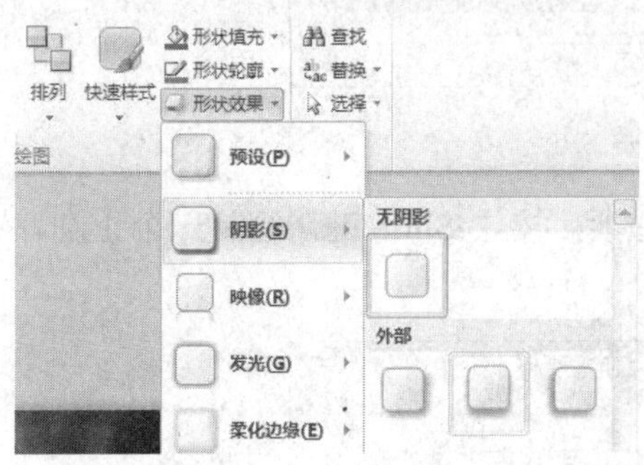

图 5-86　设置阴影效果

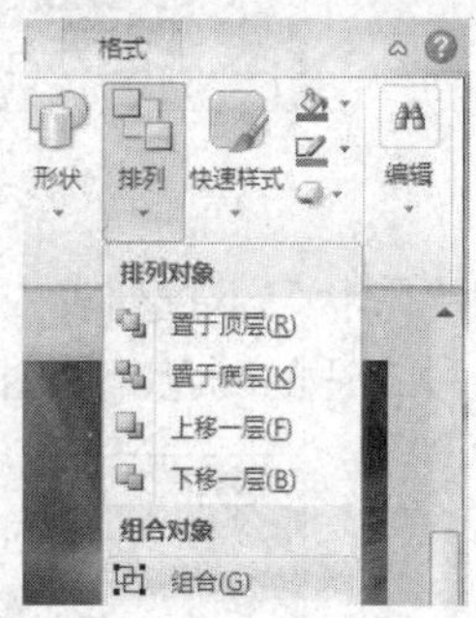

图 5-87　组合图形

11）切换到“插入”选项卡，在“图像”组中单击“图片”按钮，然后在打开的对话框中选择“图片 1”素材图片进行插入，如图 5-88 所示。

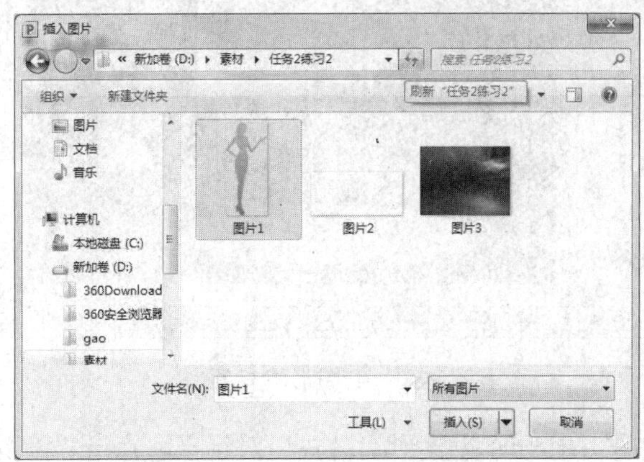

图 5-88　插入图片

12）按住 Shift 键，使用鼠标指针拖动图片四周的控制点，等比例调整图片大小，并将其放置在合适的位置，如图 5-89 所示。

图 5-89 调整图片大小

13）在“形状”下拉列表中选择“椭圆”选项，按住 Shift 键，绘制一个正圆，并为其填充一种合适的颜色，如图 5-90 所示。

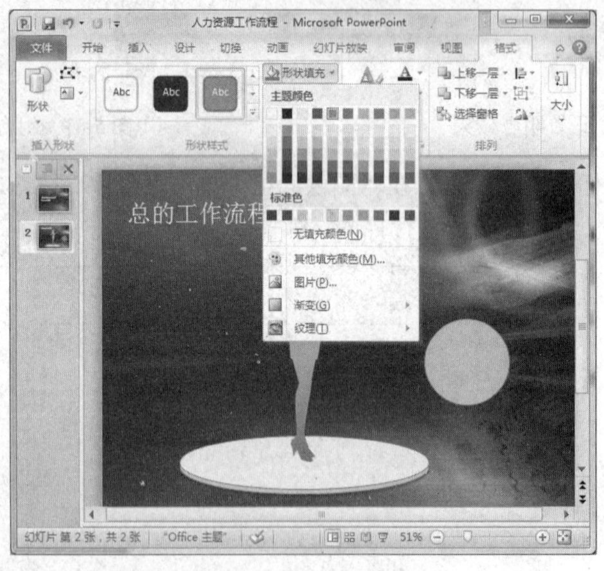

图 5-90 给图形填充颜色

14）在图形上右击，打开“设置形状格式”对话框，点选“渐变填充”单选按钮，并适当调整渐变光圈停止点的颜色、位置以及角度，单击“关闭”按钮，如图 5-91 所示。

15）切换到“插入”选项卡，在“图像”组中单击“图片”按钮，然后插入“图片 2”素材图片，如图 5-92 所示。

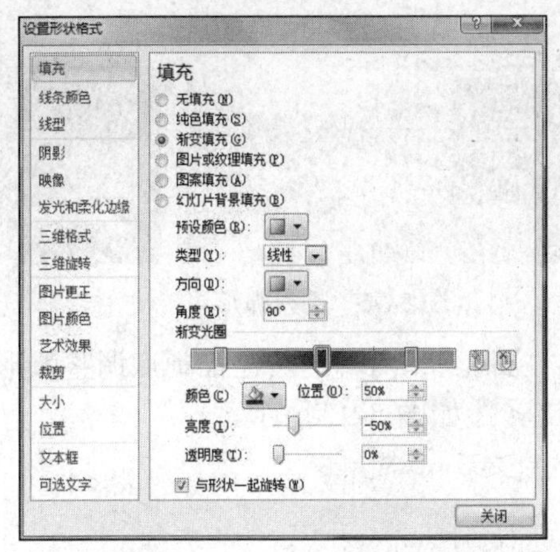

图 5-91　“设置形状格式”对话框

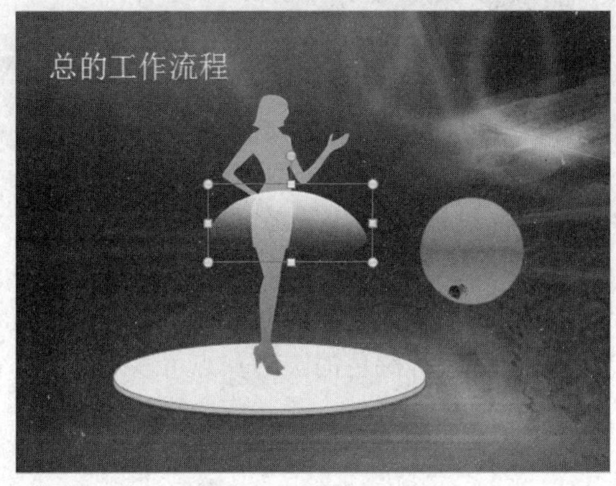

图 5-92　插入“图片 2”

16）适当调整“图片 2”素材图片的大小和位置，使其呈现出高光效果，然后将正圆形状与该素材图片进行组合，如图 5-93 所示。

17）复制该组合图形，将其设置成灰色渐变效果，并适当调整其大小和位置，如图 5-94 所示。

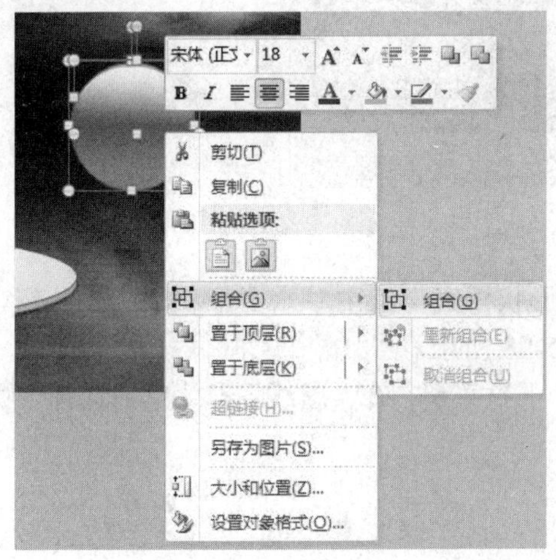

图 5-93　组合图形

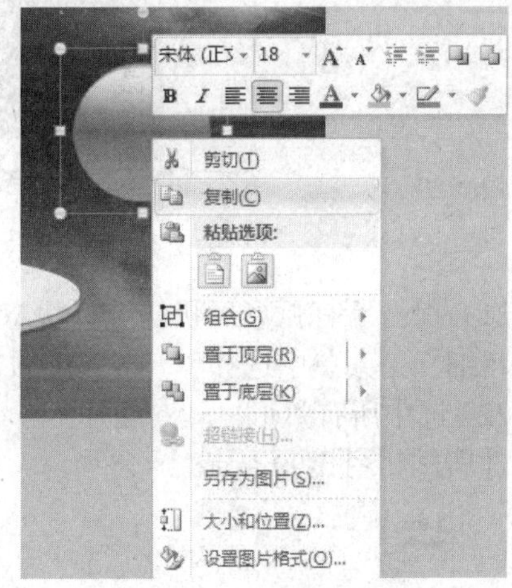

图 5-94　复制图形

18）再次复制并修改组合形状中的渐变颜色，其中三个较大的形状填充彩色渐变，其余的小形状填充灰色渐变即可，如图 5-95 所示。

19）在“插入”选项卡的“插图”组中单击“形状”按钮，选择“弧形”形状选项，在两个正圆之间绘制弧形，如图 5-96 所示。

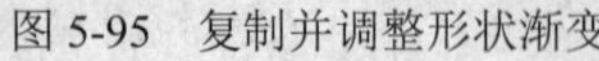
图 5-95 复制并调整形状渐变

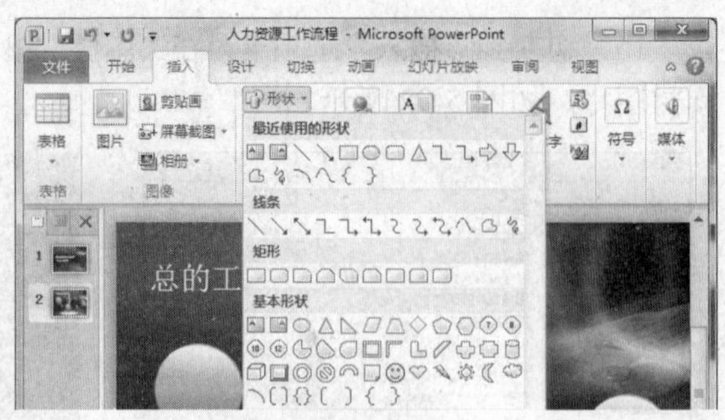

图 5-96 插入弧形

20）将弧形设置为白色，通过拖动弧形周边的控制点和两端的黄色控制点调整弧形的长度和弧度。绿色的圆形控点可以对弧形进行旋转，如图 5-97 所示。

图 5-97 调整弧形

21）保持所有弧形形状的选择状态，在“形状样式”组中单击“形状轮廓”按钮，在“粗细”子菜单中选择“1 磅”选项，如图 5-98 所示。

22）选中所有弧形，再次展开“形状轮廓”下拉菜单，在“虚线”子菜单中选择“圆点”选项，如图 5-99 所示。

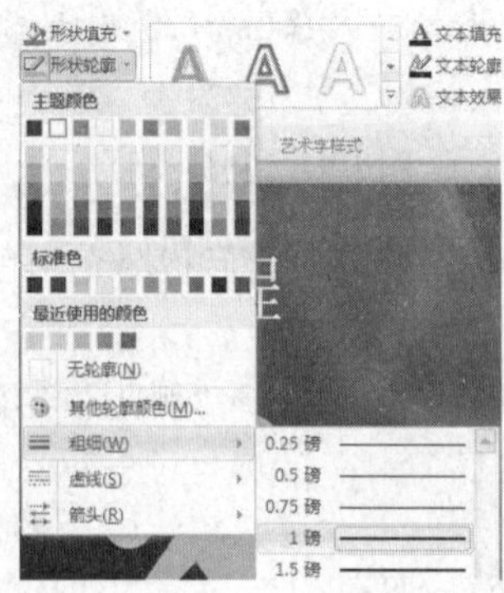

图 5-98 设置形状的粗细

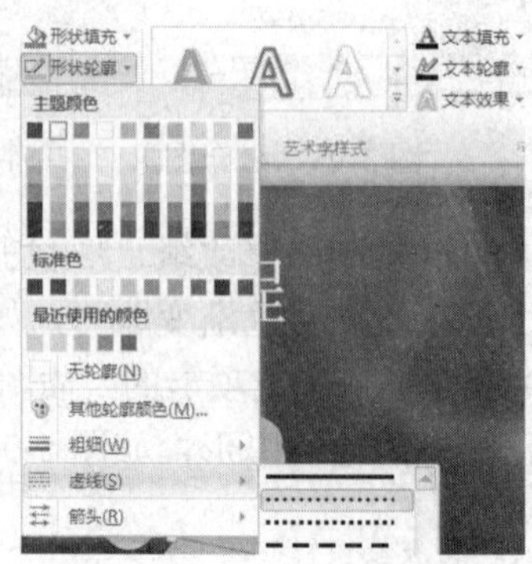

图 5-99 设置虚线线条

23）保持所有弧形形状的选择状态，在“形状轮廓”下拉菜单的“箭头”子菜单中选择“箭头样式 5”选项，如图 5-100 所示。设置完的效果如图 5-101 所示。

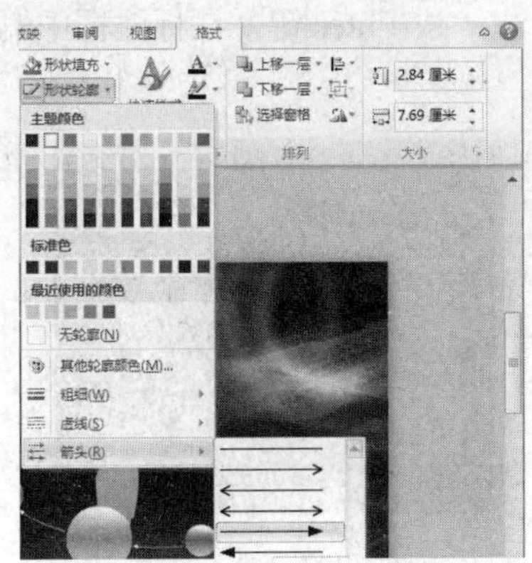

图 5-100　设置箭头效果

图 5-101　图形效果

24）选择人物图像上的箭头，在“排列”组中选择“下移一层”选项。

25）基本框架搭建好后便可以在其中输入文本了，此处选择通过“线形标注 2（带强调线）”标注进行文本输入，如图 5-102 所示。

26）在彩色正圆旁边绘制标注，将其轮廓颜色设置为白色、无形状填充颜色、粗细为 1 磅，并适当调整该标注的大小和位置，如图 5-103 所示。

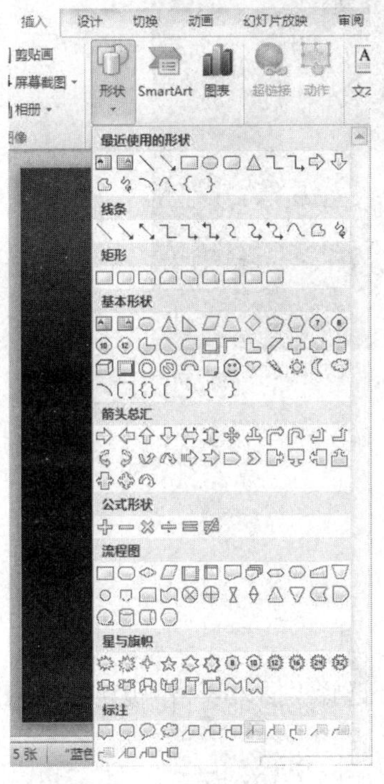

图 5-102　插入标注

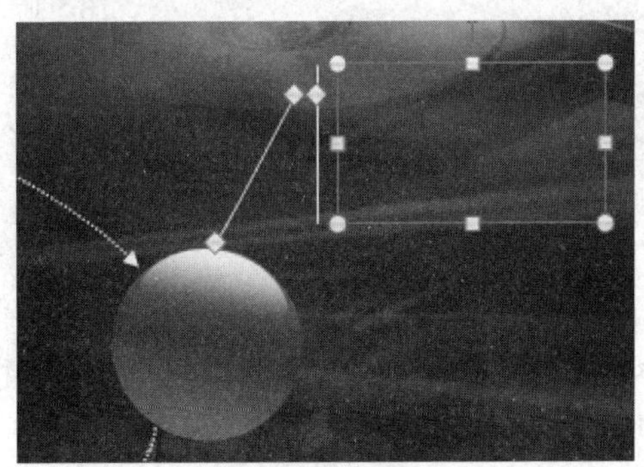

图 5-103　绘制标注

27）在“格式”选项卡的“文本框”下拉列表中选择“横排文本框”选项，然后在彩色正圆上绘制文本框，如图 5-104 所示。

28）在文本框中输入合适的文本，然后选择标注，按 Enter 键，在标注框中输入合适的文本内容并设置其字体格式，如图 5-105 所示。

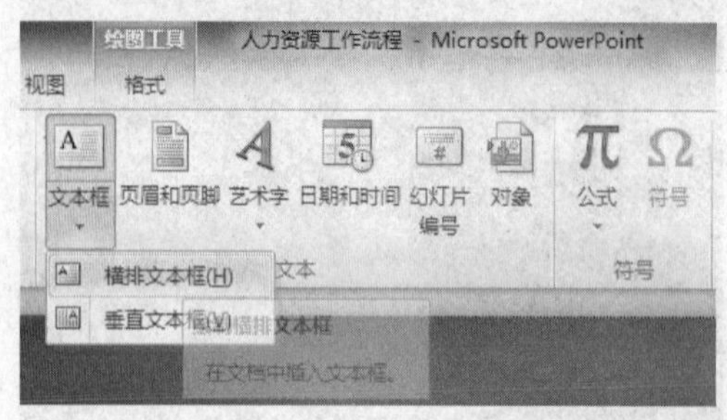

图 5-104　绘制文本框

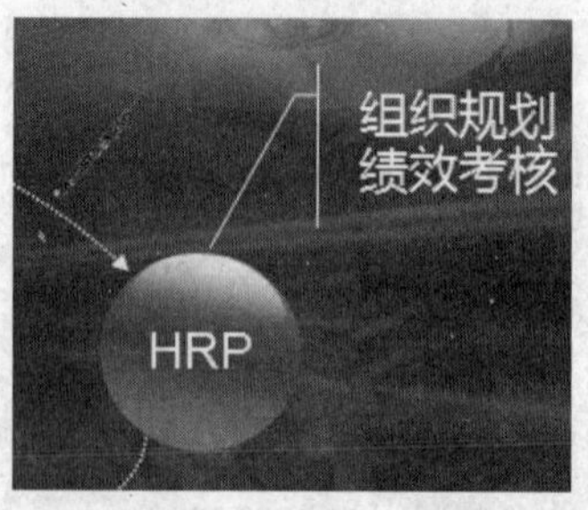

图 5-105　输入文本

29）用相同的方法为其他两个彩色正圆添加文本和标注，完成本次案例的最后操作，如图 5-106 所示。

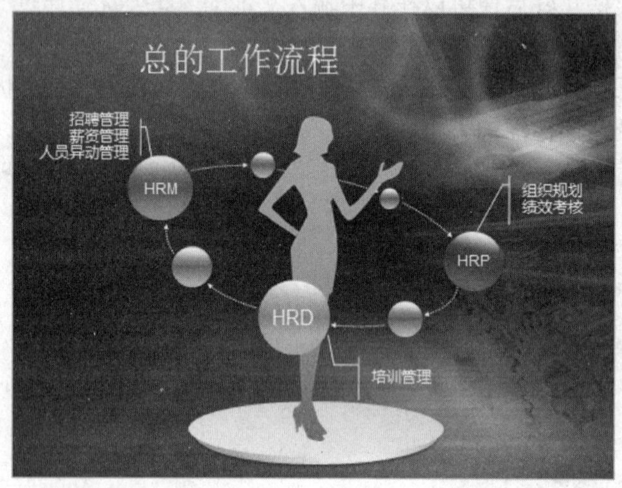

图 5-106　最终效果

【练习 3】制作“产品介绍与展示”幻灯片。

1. 制作表格

1）打开“设备介绍.pptx”文件。

2）单击“插入”选项卡，再单击“表格”按钮，选择“插入表格”选项，如图 5-107 所示。

3）打开“插入表格”对话框，输入 3 列 8 行，如图 5-108 所示。

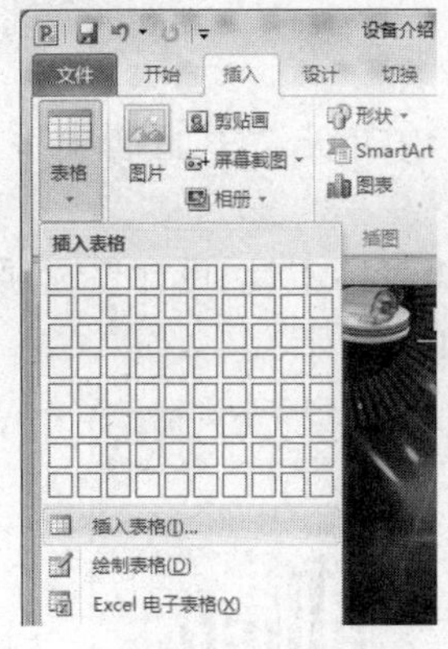

图 5-107　插入表格

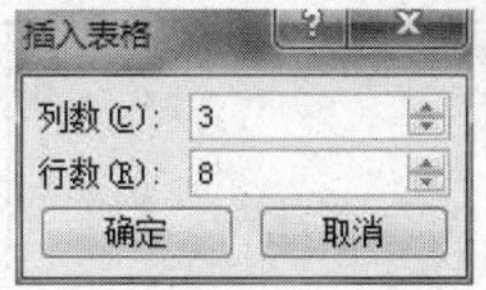

图 5-108　“插入表格”对话框

4）通过拖动表格边框的方法适当调整表格的高度和宽度并将其移动到合适的位置，如图 5-109 所示。

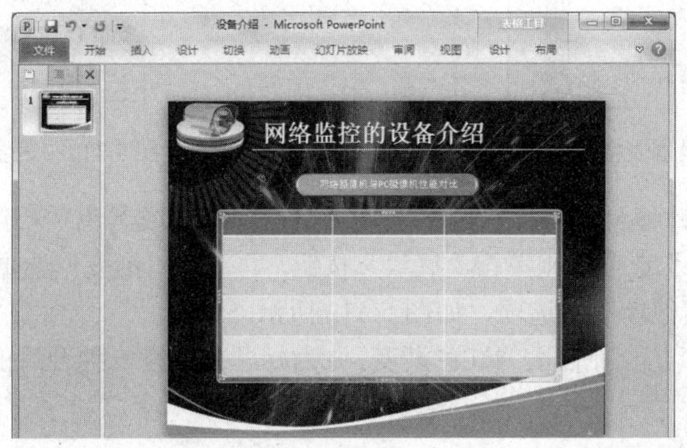

图 5-109　插入表格效果

5）在表格中输入相应的文本内容，并根据内容适当调整表格的行宽。将表格中的标题文本字体格式设置为方正大黑简体、16，正文文本字体格式设置为方正大黑简体、14，并适当调整文本对齐方式，如图 5-110 所示。

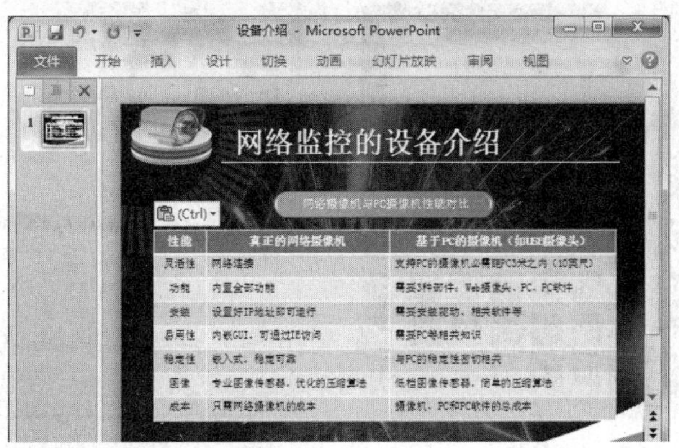

图 5-110　输入文本

2. 调整表格布局和外观效果

1）选中表格，在“表格工具”→“布局”选项卡中单击“垂直居中”按钮，如图 5-111 所示。

2）选择除标题行和标题列以外的单元格，切换到“表格工具 设计”选项卡中，在“底纹”下拉菜单中选择“无填充颜色”选项，如图 5-112 所示。

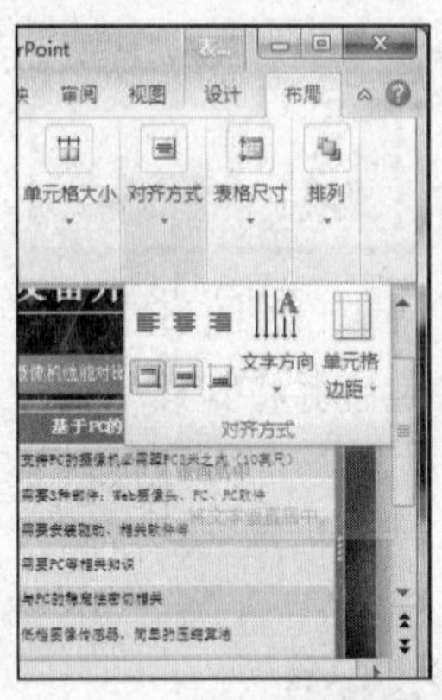

图 5-111 设置表格的对齐方式

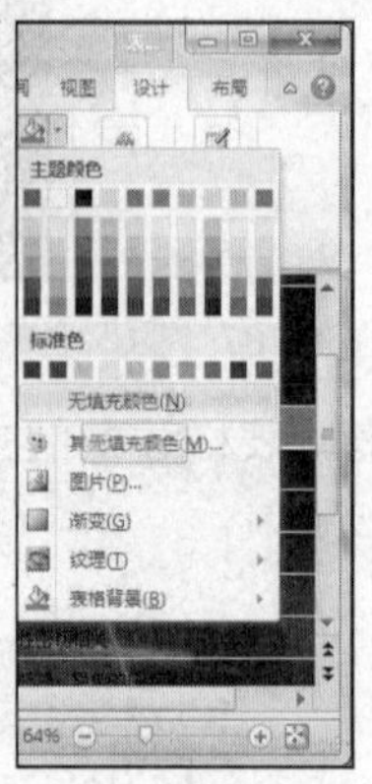

图 5-112 设置底纹

3）将鼠标指针移至表格行标题左侧，当鼠标指针变成黑色实心箭头时，单击选中行标题。在“设计”选项卡中单击“底纹”按钮，再选择“渐变”选项，然后在“渐变”子菜单中选择“其他渐变”选项，如图 5-113 所示。

4）为标题行填充一种合适的红色渐变，并为标题列填充一种合适的蓝色，如图 5-114 所示。

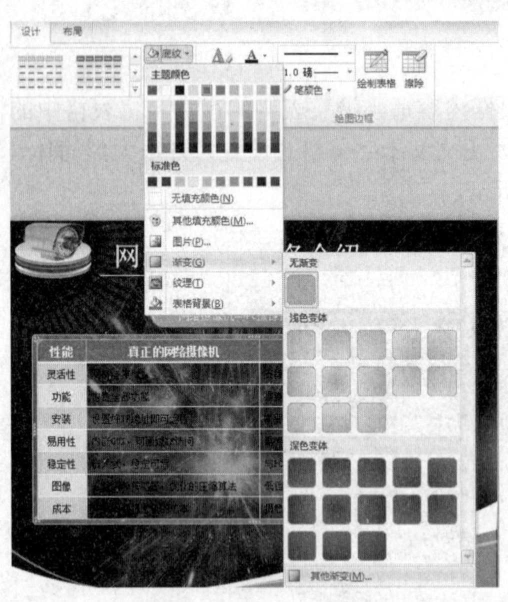

图 5-113 设置渐变效果

图 5-114 设置标题行的红色渐变效果

5）选择表格中的文本，在“艺术字样式”组中单击“文本填充”按钮，将字体颜色设置为“白色，文字 1”，如图 5-115 所示。

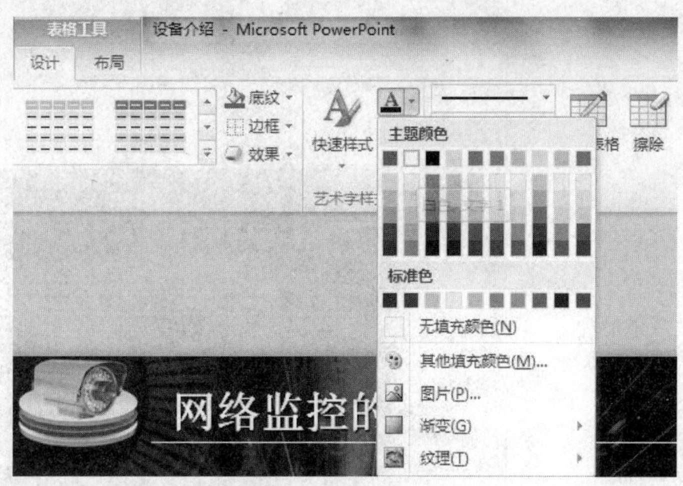

图 5-115　设置标题字体颜色

6）选择表格，在“绘图边框”组中单击“笔画粗细”列表框，选择“3.0 磅”选项，如图 5-116 所示。

7）保持表格的选择状态，在“表格样式”组中单击“边框”按钮右侧的下拉按钮，选择“外侧框线”选项，如图 5-117 所示。

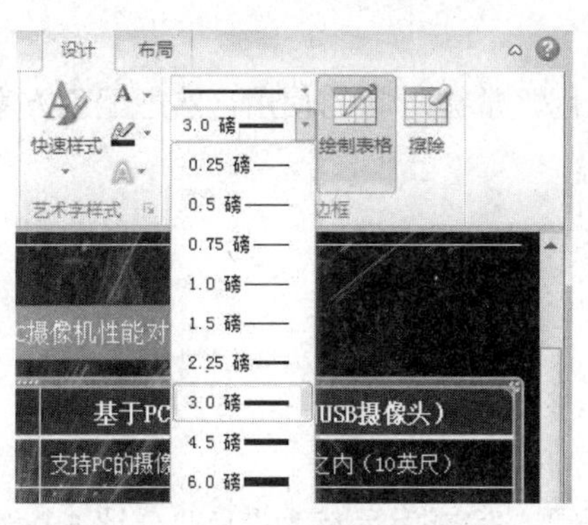

图 5-116　设置笔画粗细

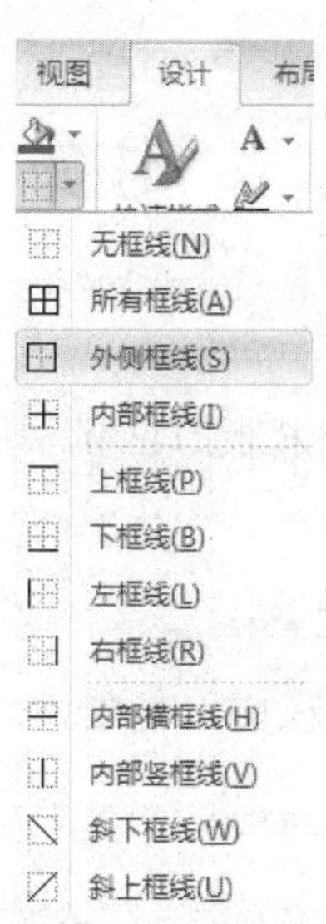

图 5-117　设置外边框

8）为了迎合背景图片效果，可以在“表格工具 布局”选项卡的“单元格大小”组中将高度调整到“1 厘米”，减小整个表格的高度，如图 5-118（a）所示。最终效果如

图 5-118（b）所示。

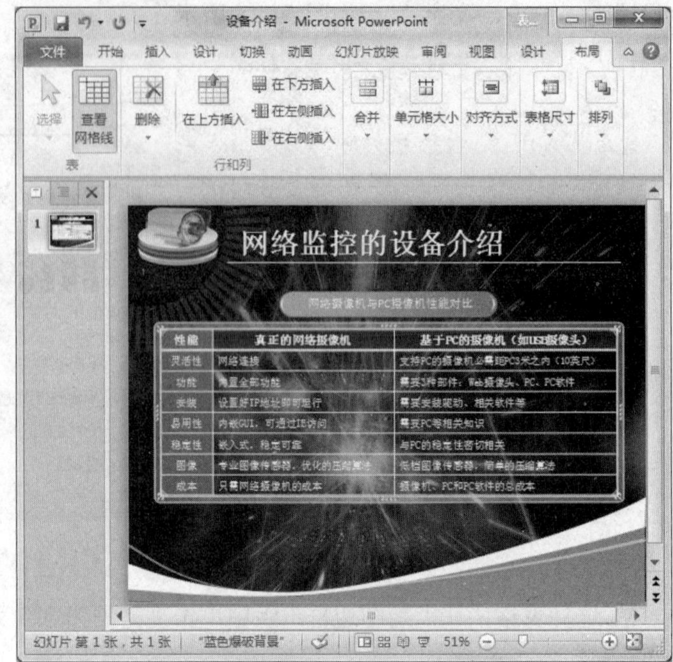

（a）设置表格高度　　　　（b）表格最终效果

图 5-118　表格高度的设置方法及最终效果

任务 3　演示文稿的整体设置

任务目的

掌握设计模板的应用，掌握幻灯片版式的应用，掌握母版的使用，熟悉配色方案和背景的使用。

任务内容

设置母版幻灯片的版式，更换幻灯片主题。

任务练习

【练习 1】将“专业介绍.pptx”文件进行外观设置，完成后另存为“专业介绍 1.pptx”，效果如图 5-119 所示。

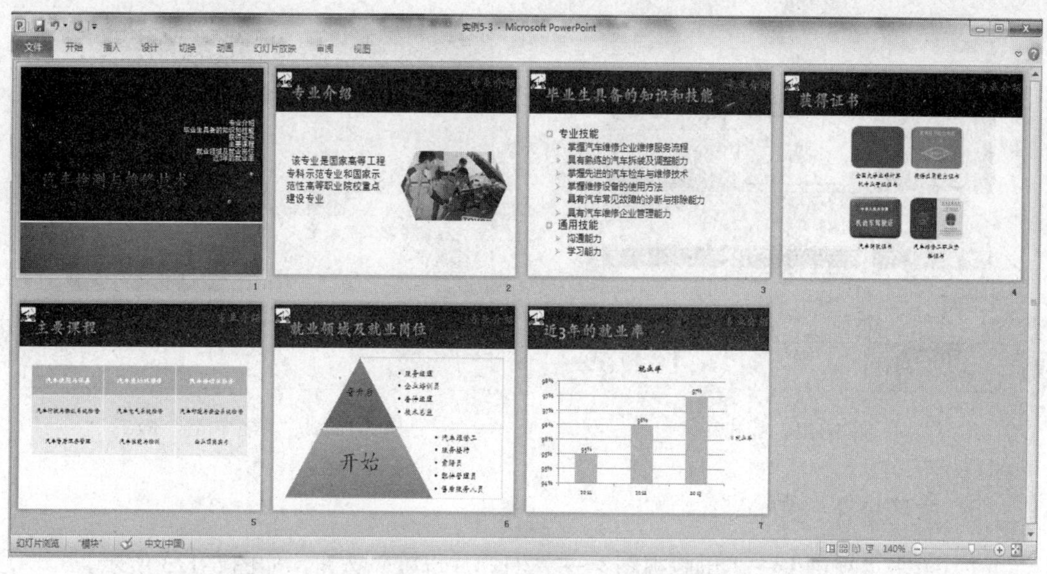

图 5-119　专业介绍 1 效果图

1. 设置幻灯片主题

单击“设计”选项卡，选择“模块”主题，如图 5-120 所示。

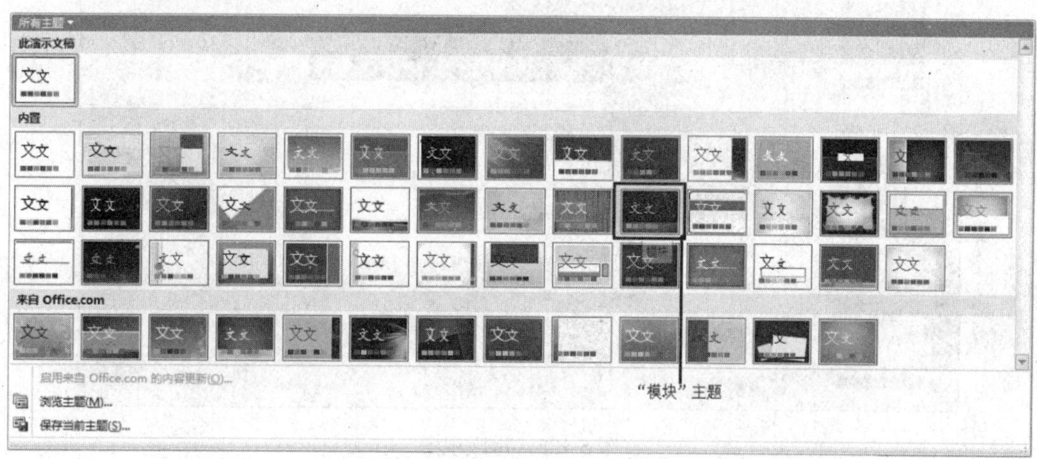

图 5-120　应用“模块”主题

2. 设置幻灯片版式

1）选定第二张幻灯片。单击“开始”→“幻灯片”→“版式”按钮，选择“两栏内容”选项，如图 5-121 所示。

2）删除项目符号输入文字内容，然后用鼠标指针调整占位符的大小和位置，如图 5-122 所示。

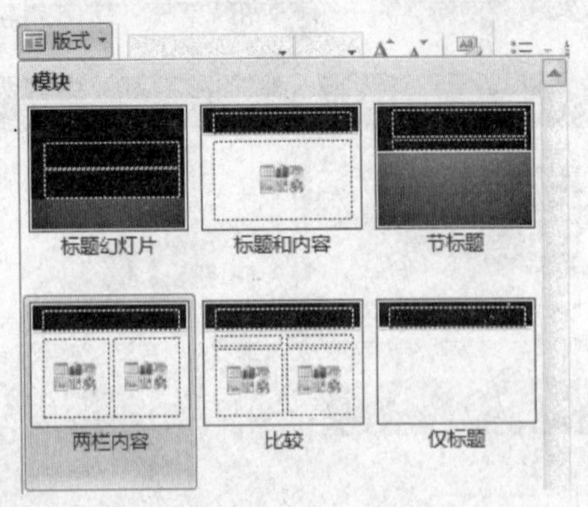

图 5-121 版式库

图 5-122 “两栏内容”版式

3. 修改幻灯片母版

1）单击“视图”→“母版视图”→“幻灯片母版”按钮，如图 5-123 所示。

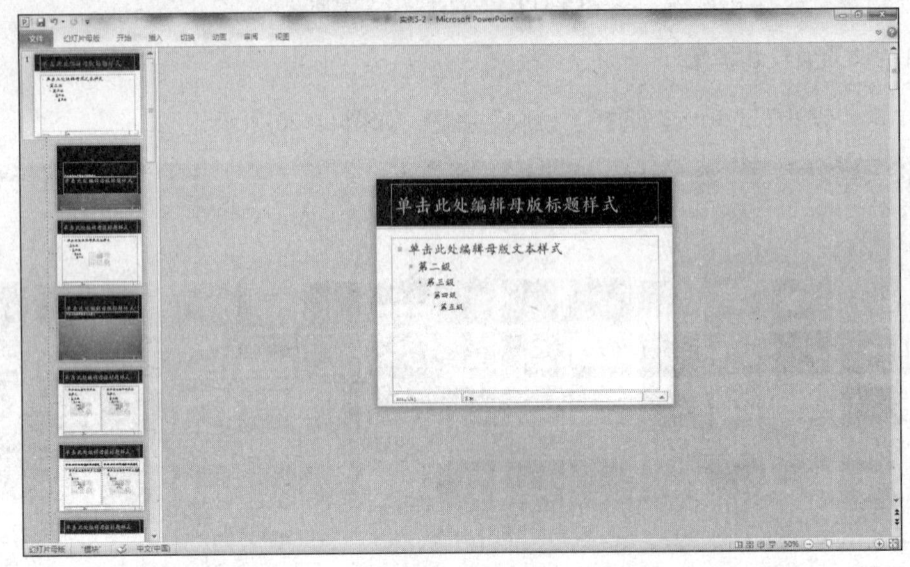

图 5-123 母版视图

2）选择最第一张母版，单击“插入”→“文本”→“文本框”按钮，选择“横排文本框”选项，如图 5-124 所示。拖动鼠标指针绘制文本框，输入文字“专业介绍”，选中文字，设置文字的字号为 32，文字颜色为红色。

3）单击“插入”→“图像”→“剪贴画”按钮，如图 5-125 所示，打开“剪贴画”窗格。

4）在“剪贴画”窗格中输入“auto”，单击“搜索”按钮。显示三个剪贴画，选择第三个，如图 5-126 所示。用鼠标指针把剪贴画拖动到母版幻灯片的左上角，并调整剪贴画的大小使得标题能显示出来。

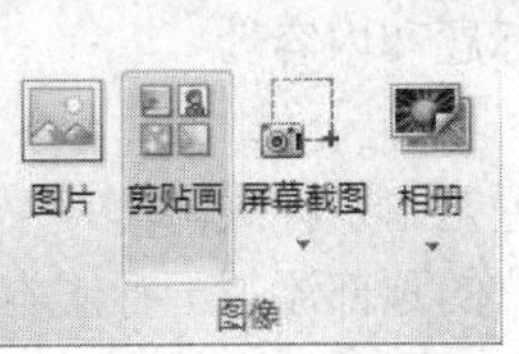

图 5-124　插入文本框　　图 5-125　插入剪贴画　　图 5-126　“剪贴画”窗格

5）删除第一级项目符号，单击“开始”→“段落”→“项目符号”按钮，选择一种项目符号，使用同样的方法修改第二级项目符号。选中文字修改字体。

6）选择标题，单击“绘图工具”中的“格式”选项卡，通过“艺术字样式”组中的命令设置标题的格式，如图 5-127 所示。设置完成的母版如图 5-128 所示。

图 5-127　“艺术字样式”组

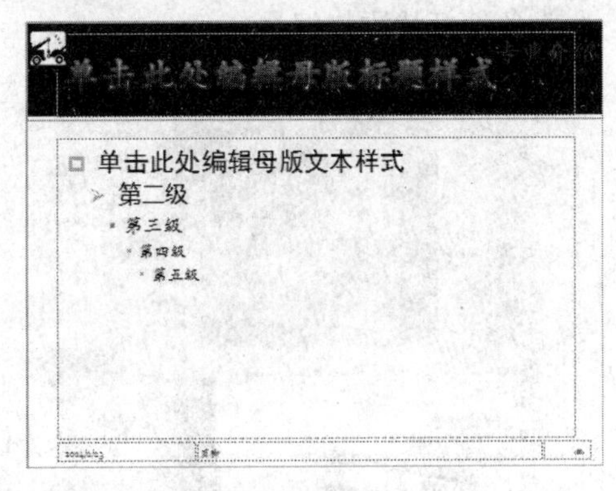

图 5-128　设置格式的母版

7）单击“视图”→“演示文稿视图”→“普通视图”按钮，如图 5-129 所示。

图 5-129　“演示文稿视图”组

8）选择“文件”选项卡中的“另存为”选项，在打开的“另存为“对话框中输入文件名“专业介绍 1”，单击“保存”按钮。

【练习 2】制作一份个人简历，按照图 5-130 所示的样式进行外观设计。

要求如下：

（1）包含六张幻灯片

第一张幻灯片的主标题为“淘淘的个人简历”，副标题为“基本资料我的目标技能特长社会实践自我评价”。

（2）应用主题

将整份幻灯片应用“华丽”主题。

（3）应用幻灯片版式

1）将第一张和第三张幻灯片的版式设计为“标题幻灯片”。

2）将第二张幻灯片的版式设计为“两栏内容”，并插入一幅你喜欢的图片。

3）其余为默认版式，即“标题和内容”。

（4）修改幻灯片母版

1）为所有幻灯片的标题设置艺术字样式。

2）在第一张和第三张幻灯片的顶部添加一行文本“个人简历制作案例”。

（5）文本转换

将第四张幻灯片的文本转换为SmartArt图形，调整其大小并设置格式。

（6）改变背景

1）将第五张幻灯片的背景设置为一幅图片。

2）将第六张幻灯片的背景设置为填充预设“红日西斜、矩形”。

（7）添加幻灯片编号

为各幻灯片添加编号。

图 5-130　演示文稿的外观设计案例

（8）保存文件

将文件命名为“个人简历.pptx”保存。

【练习 3】为“新员工培训课程.pptx”设置母版。

1．设置背景颜色

1）启动 PowerPoint 2010 程序，将其保存为“新员工培训课程”演示文稿。切换到“视图”选项卡，单击“母版视图”组中的“幻灯片母版”按钮，如图 5-131 所示。

2）在幻灯片窗格中选择主题母版幻灯片缩略图，然后在幻灯片的任意空白位置右击，在快捷菜单中选择“设置背景格式”选项，如图 5-132 所示。

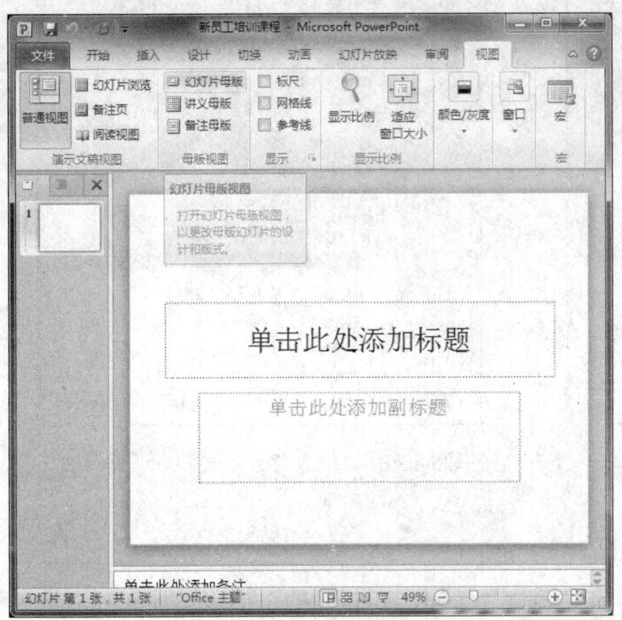

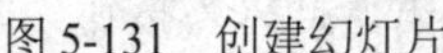
图 5-131　创建幻灯片

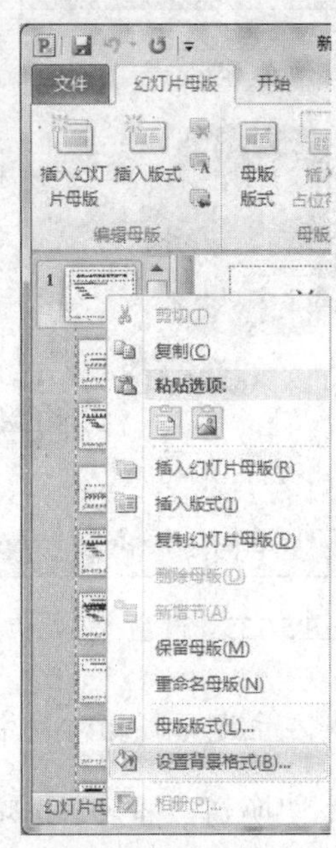

图 5-132　主题幻灯片

3）在“设置背景格式”对话框中点选“渐变填充”单选按钮，然后单击“颜色”按钮，选择“其他颜色”选项，如图 5-133 所示。

4）在打开的“颜色”对话框中将“红色”“绿色”“蓝色”的数值分别设置为“0”“77”“77”，然后单击“确定”按钮，如图 5-134 所示。

5）在返回的“设置背景格式”对话框中单击“停止点”滑块，打开“颜色”对话框，选择一种合适的颜色后单击“确定”按钮，如图 5-135 所示。

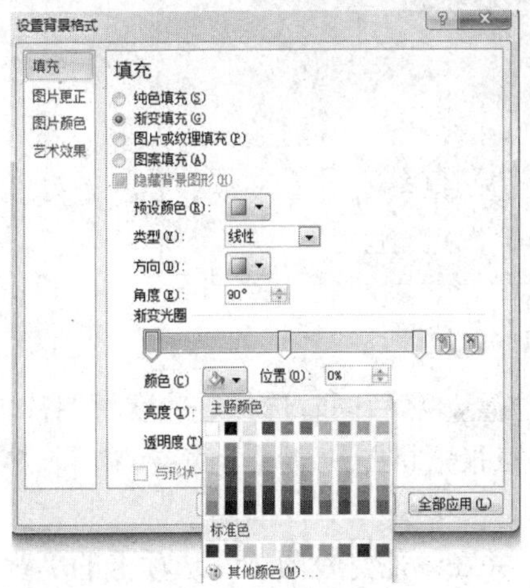

图 5-133　“设置背景格式”对话框（1）

图 5-134　“颜色”对话框

6）在返回的对话框中单击“全部应用”按钮，然后关闭该对话框，如图 5-136 所示。

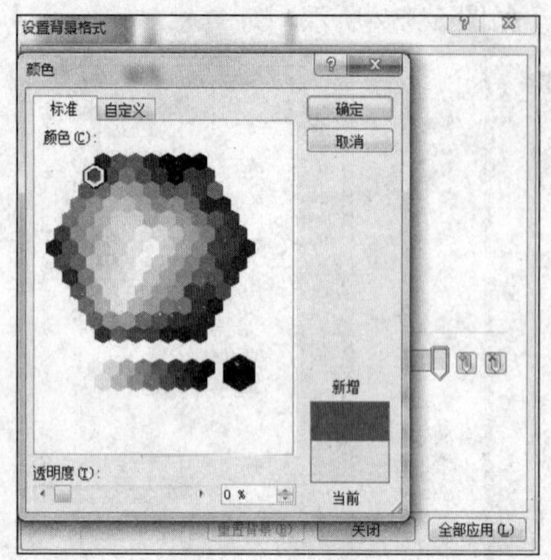

图 5-135　设置“停止点”的颜色

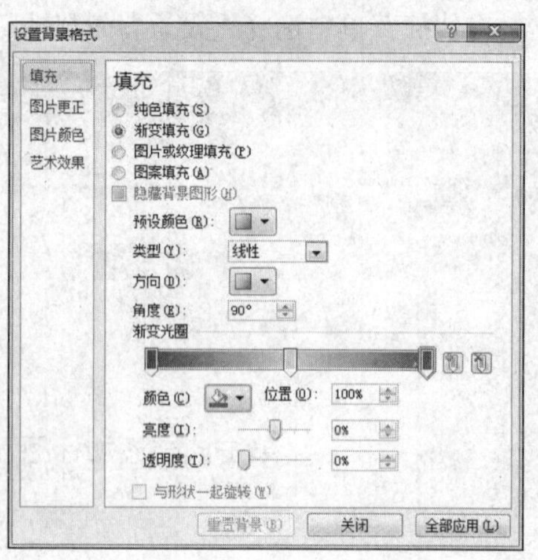

图 5-136　“设置背景格式”对话框（2）

2. 在主题母版幻灯片中插入图片

1）切换到“插入”选项卡，单击“图片”按钮，在打开的“插入图片”对话框中选择“图片 3”“图片 4”“图片 5”三张图片，然后单击“插入”按钮，如图 5-137 所示。

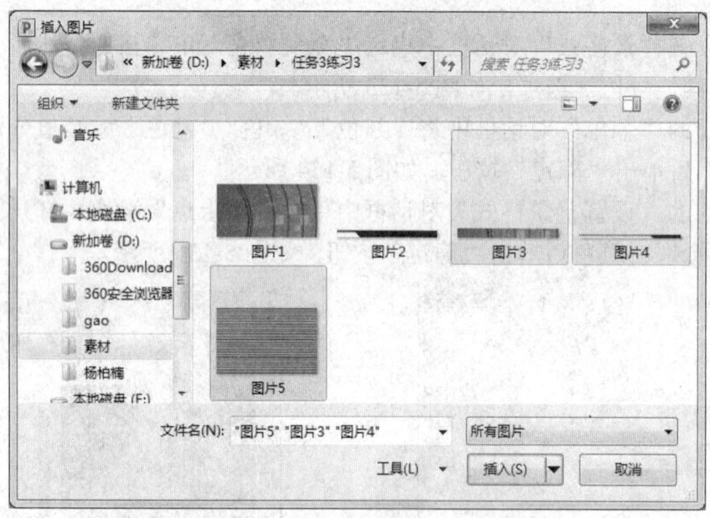

图 5-137　“插入图片”对话框

2）将三张素材图片放置在幻灯片中的合适位置，然后同时选择这些素材图片，右击，在快捷菜单中选择“置于底层”选项，将这三张素材图片都置于底层，如图 5-138 所示。

3）在幻灯片窗格中选择标题幻灯片缩略图，并在“幻灯片母版”选项卡的“背景”组中勾选“隐藏背景图形”复选框，如图 5-139 所示。

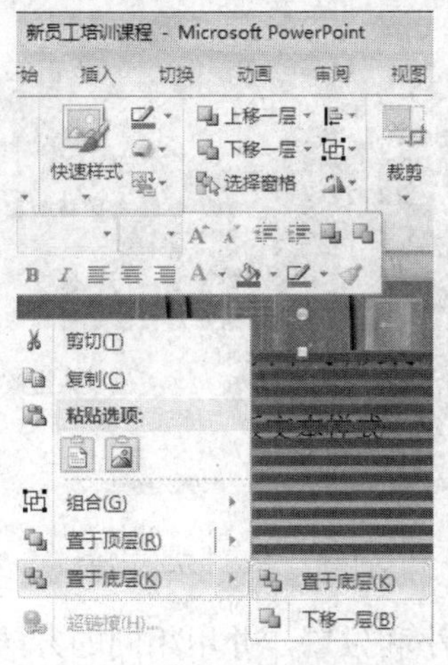

图 5-138 设置图片置于底层

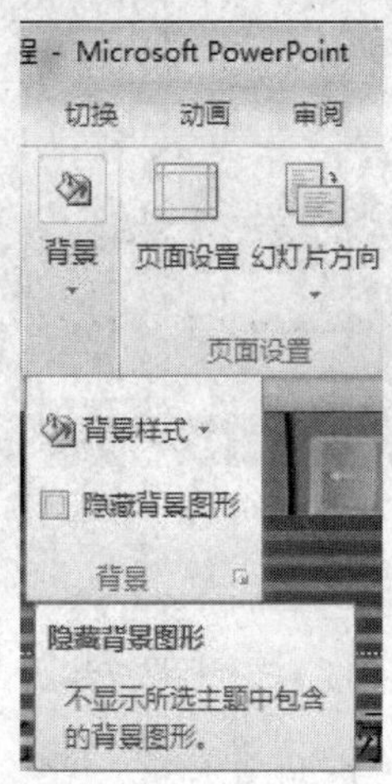

图 5-139 隐藏背景

4）在“背景样式”下拉菜单中选择“设置背景格式”选项，在渐变光圈中添加一个停止点，如图 5-140 所示。

5）打开“颜色”对话框，将“红色”“绿色”“蓝色”的数值分别设置为“93”“158”“158”，单击“确定”按钮，如图 5-141 所示。

6）关闭“设置背景格式”对话框，插入“图片 1”“图片 2”素材图片。适当调整素材图片的位置，并同时选择这两张素材图片，将其置于底层，如图 5-142 所示。

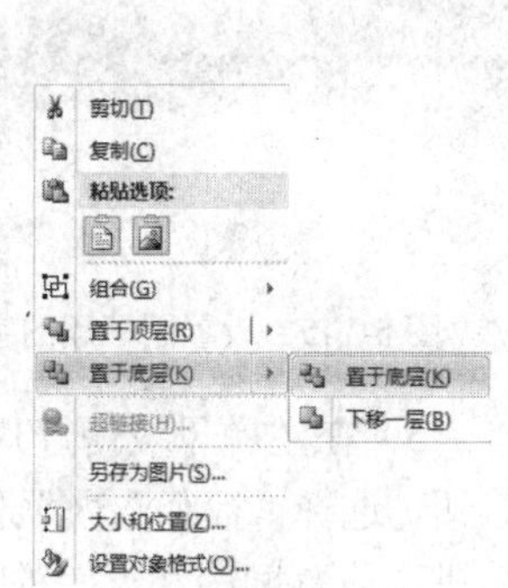

图 5-140 “设置背景格式”对话框（3） 图 5-141 “颜色”对话框 图 5-142 插入图片并置于底层

3. 在母版幻灯片中设置字体格式和段落格式

1）选择标题幻灯片中的标题文本占位符内容，如图 5-143 所示。

2）在显示的浮动工具栏中将其字体格式设置为黑体、54 号，字体颜色为“白色，背景 1”，并将其加粗，如图 5-144 所示。

图 5-143 选择标题文本占位符

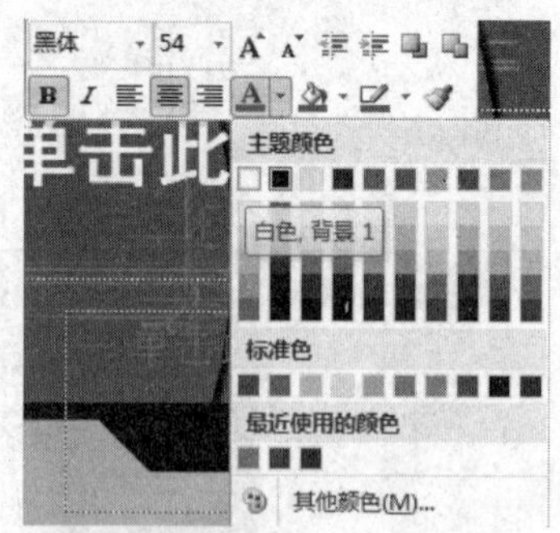

图 5-144 设置标题字体格式

3）通过拖动文本框，调整标题文本占位符的大小和位置，并用相同的方法设置副标题文本占位符的文本格式和位置，如图 5-145 所示。

4）切换到主题母版幻灯片中，在“开始”选项卡的“字体”组中适当调整标题占位符文本的字体格式为黑体、44 号、加粗、白色；正文字体颜色为白色，如图 5-146 所示。

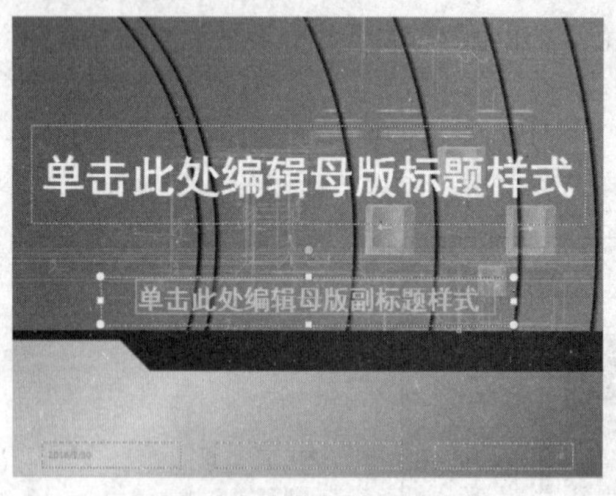

图 5-145 设置副标题的字体格式和位置

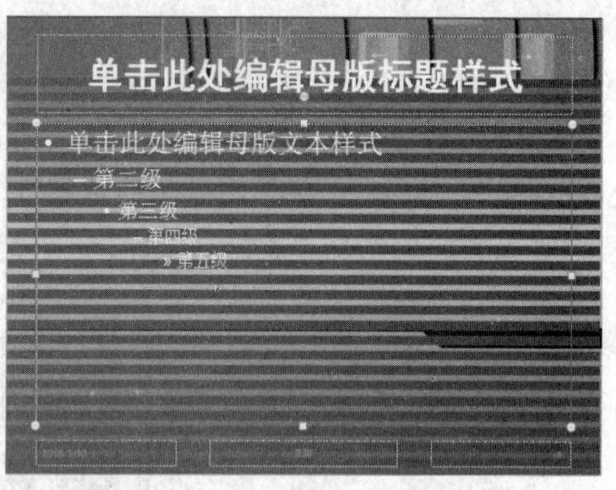

图 5-146 设置主题母版幻灯片格式

5）在主题母版幻灯片中选择正文占位符文本，选择“开始”→“段落”→“行距”按钮，选择“行距选项”选项，在打开的“段落”对话框中对选择的文本进行对齐方式、缩进、段落间距和行距的设置，完成后单击“确定”按钮即可，如图 5-147 所示。

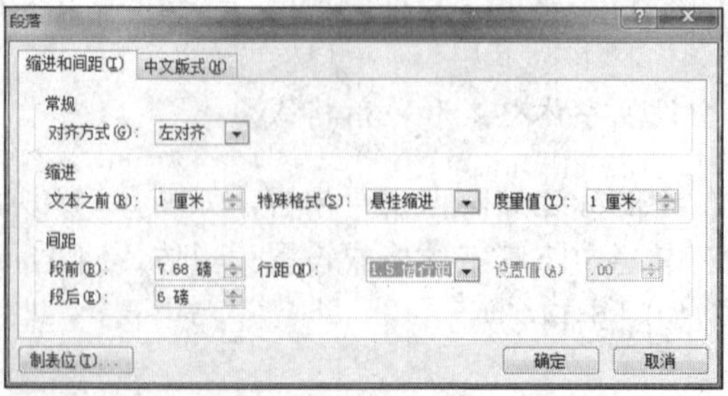

图 5-147 “段落”对话框

任务4 动 画 设 计

任务目的

掌握预设动画和自定义动画的方法，掌握设置幻灯片切换效果的方法，掌握幻灯片放映方式的设置，熟悉演示文稿打包的方法。

任务内容

设计幻灯片的动画效果，放映幻灯片，设置幻灯片的切换效果，设置幻灯片的放映时间，设置幻灯片的放映方式，打包演示文稿，运行打包的演示文稿。

任务练习

【练习 1】对“专业介绍 1.pptx”文件进行动画设计及放映设置。

1．设置动画

1）选中第一张幻灯片的标题。单击“动画”选项卡的“高级动画”组中的“添加动画”按钮，选择“进入”里的“弹跳”效果，如图 5-148 所示。

2）可以在“计时”组中设置动画何时开始，这里选择默认值“单击时”，如图 5-149 所示。

3）单击“动画”组右下角的对话框启动器，打开“弹跳”对话框，如图 5-150 所示。

图 5-148 设置动画效果

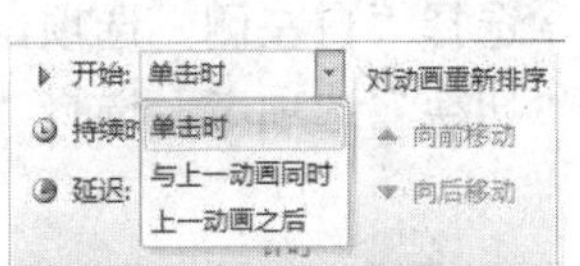

图 5-149 “计时”组

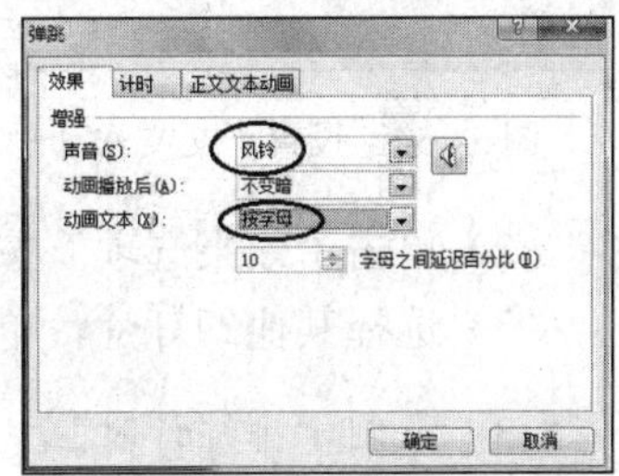

图 5-150 “弹跳”对话框

4）按图 5-150 所示设置“声音”和“动画文本”，单击“确定”按钮。

5）选中第一张幻灯片的副标题。单击“添加动画”按钮，选择“更多进入效果”选项，打开“添加进入效果”对话框，如图 5-151 所示。设置“切入”效果，方向为“自左侧”。

6）单击“动画”组中的“效果选项”按钮，选择方向为“自左侧”，序列为“按段落”，如图 5-152 所示。

7）单击“动画”组右下角的对话框启动器，显示“效果选项”对话框。设置“计时”选项卡中的选项，如图 5-153 所示。

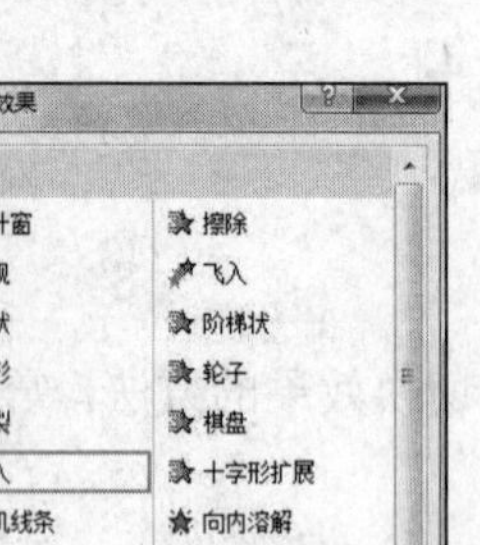

图 5-151 “添加进入效果”对话框

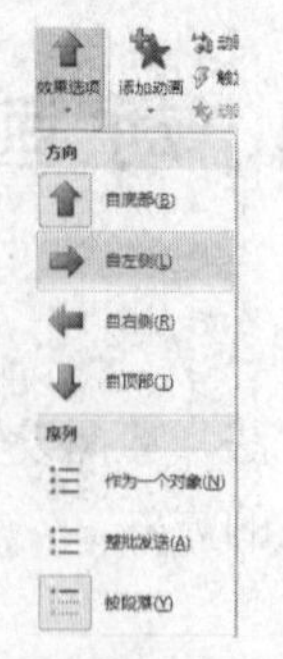

图 5-152 效果选项

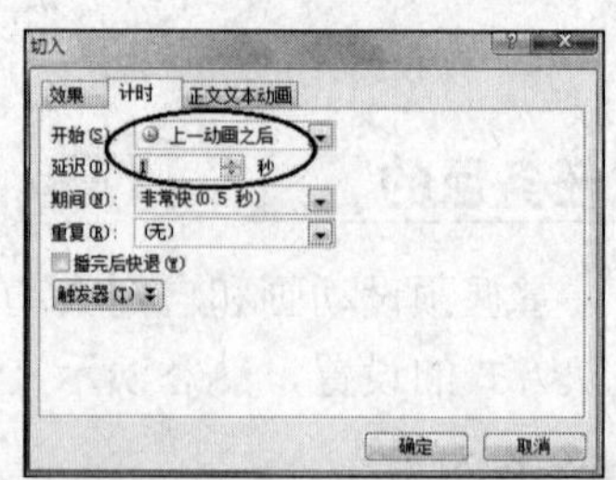

图 5-153 设置切入动画的时间

8）设置“正文文本动画”选项卡中的选项，如图 5-154 所示。单击“确定”按钮完成设置。

2. 设置幻灯片的切换效果

1）选中第二张幻灯片，单击“切换”选项卡，选择“轨道”选项，如图 5-155 所示。

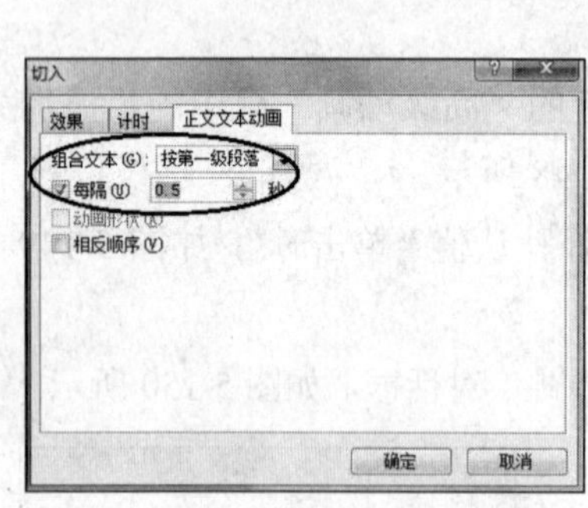

图 5-154 设置正文文本动画

图 5-155 设置切换效果

2）单击“效果选项”按钮，选择“自左侧”选项，如图 5-156 所示。

3）选择其他幻灯片，单击“切换”选项卡，选择“百叶窗”选项。

3. 录制“排练计时”

1）单击“幻灯片放映”→“设置”→“排练计时”按钮，如图 5-157 所示。

图 5-156 设置“自左侧”

图 5-157 录制“排练计时”

2）进入幻灯片放映状态，用鼠标控制幻灯片的播放，屏幕会出现“录制”对话框，如图5-158（a）所示，播放完成打开图5-158（b）所示的对话框。

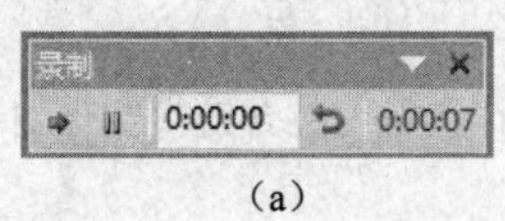

（a）

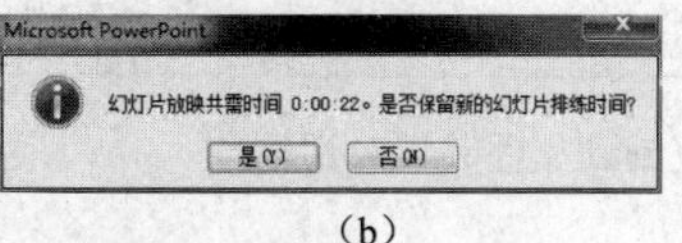

（b）

图5-158 排练计时

4. 将幻灯片的放映方式设置为“展台浏览”

单击“幻灯片放映”→“设置”→“设置幻灯片放映”按钮，如图5-159所示。打开“设置放映方式”对话框，如图5-160所示。设置放映类型和换片方式。

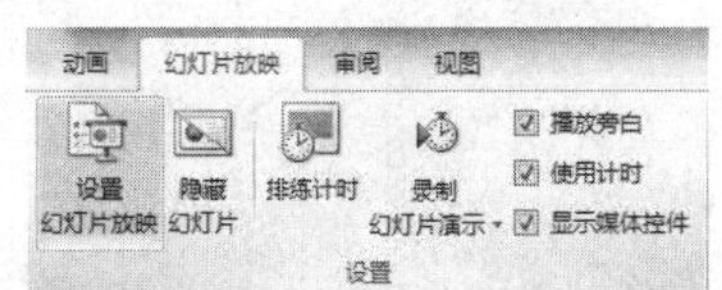

图5-159 “设置幻灯片放映”按钮

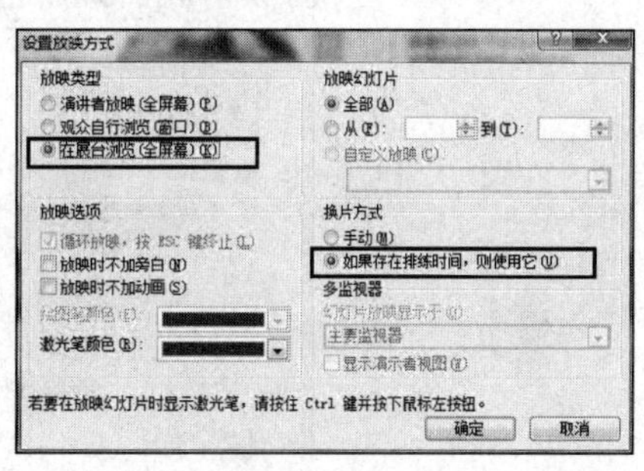

图5-160 “设置放映方式”对话框

5. 将演示文稿打包

1）单击“文件”菜单，选择“保存并发送”→“将演示文稿打包成CD”→“打包成CD”选项，如图5-161所示。

2）在“打包成CD”对话框中单击“复制到文件夹”按钮，如图5-162所示。打开的“复制到文件夹”对话框如图5-163所示。

3）设置复制后的名称和位置，单击“确定”按钮，打开如图5-164所示的对话框。

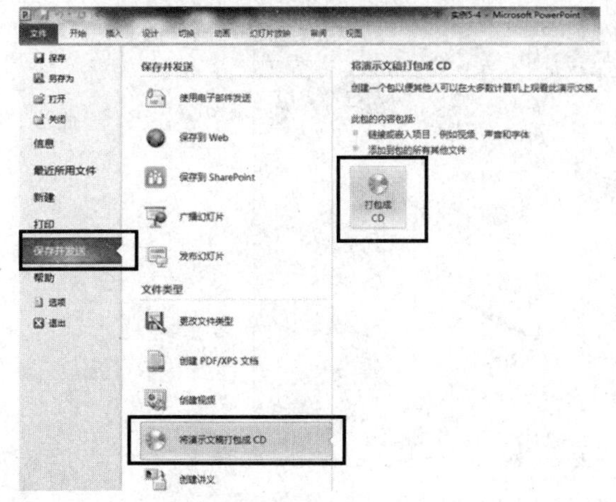

图5-161 演示文稿打包

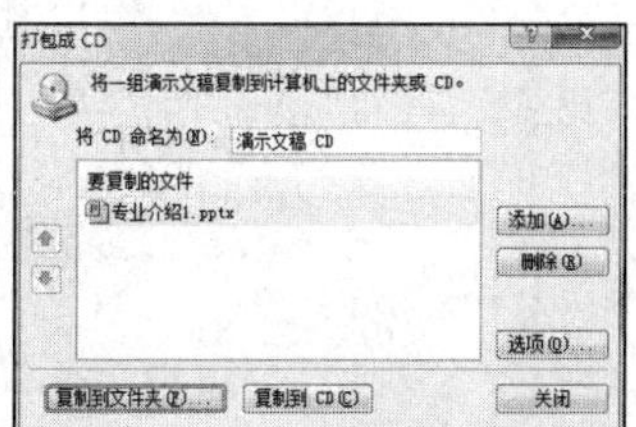

图5-162 “打包成CD”对话框

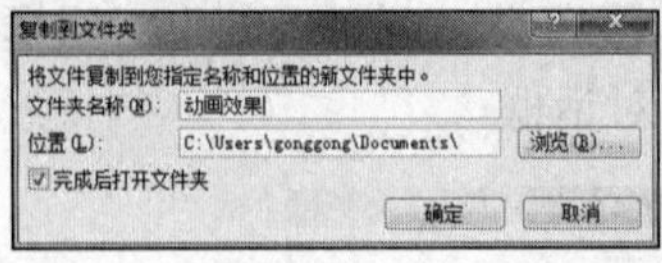

图 5-163 “复制到文件夹”对话框

图 5-164 确认打包是否包含链接文件对话框

4）单击“是”按钮，完成打包。

5）打包生成三个文件，如图 5-165 所示。“AUTORUN”文件是自动播放文件，如果是打包到光盘上，则可以自动播放。

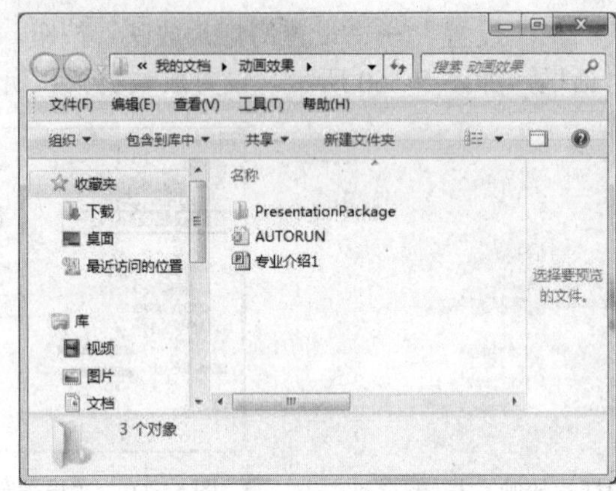

图 5-165 打包生成的文件

【练习 2】制作楼盘推广策划片头。

1. 插入图片

1）打开“楼盘推广策划”素材文件，单击“插入”→“图像”→“图片”按钮，按住 Shift 键选中“图片 1”和“图片 9”素材图片，单击“插入”按钮，如图 5-166 所示。

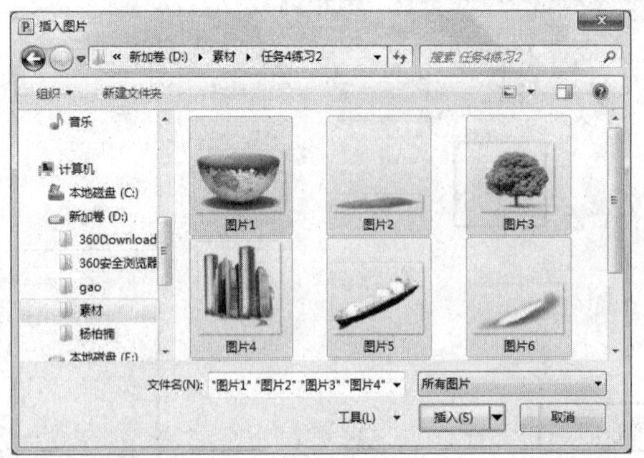

图 5-166 “插入图片”对话框

2）将“图片 1”素材图片移动到右下角的海面背景上，适当调整其大小，并将“图片 2”～“图片 4”素材图片依次移动到“图片 1”素材图片的合适位置上，如图 5-167 所示。

3）适当调整“图片 7”素材图片的大小和位置，使其刚好环绕着“图片 1”素材图片，并将“图片 6”素材图片移动到合适位置，如图 5-168 所示。

图 5-167 “图片 1”～“图片 4”的位置

图 5-168 “图片 6”和“图片 7”的位置

4）选中“图片 5”“图片 8”“图片 9”素材图片，将其移动到幻灯片以外的空白位置，如图 5-169 所示。

2. 设置图片的动画效果

1）在“动画”选项卡的“高级动画”组中单击“动画窗格”按钮，打开动画窗格，如图 5-170 所示。

图 5-169 “图片 5”“图片 8”“图片 9”的位置

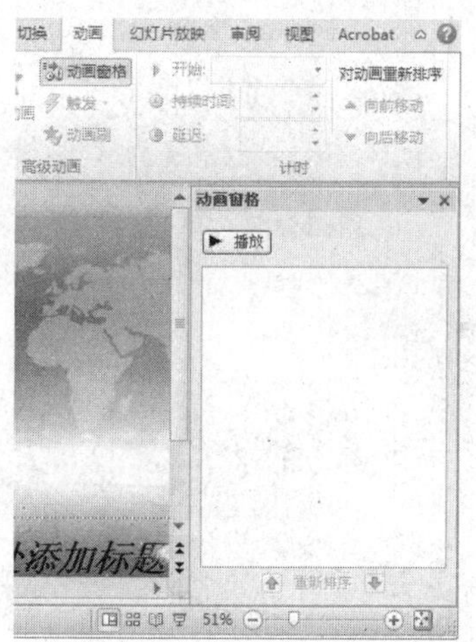

图 5-170 打开“动画窗格”

2）选择“图片 1”（地球）素材图片，在“动画”组中为其添加“浮入”效果进入动画，如图 5-171 所示。

3）在“计时”组中单击“开始”列表框右侧的下拉按钮，选择“与上一动画同时”选项，即将“图片 1”素材图片的进入动画开始方式设置为“与上一动画同时”，如图 5-172 所示。

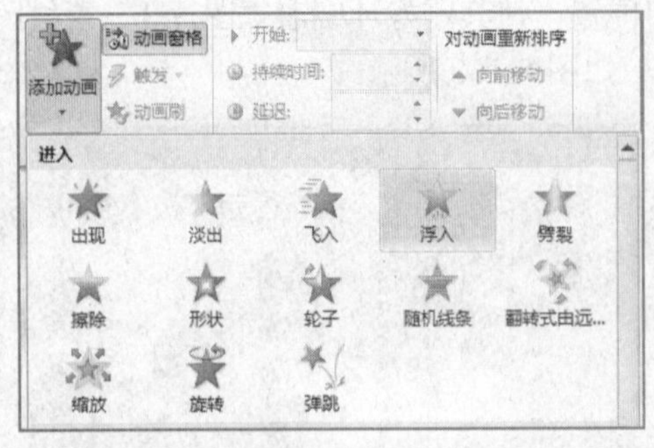

图 5-171　设置“进入”动画效果

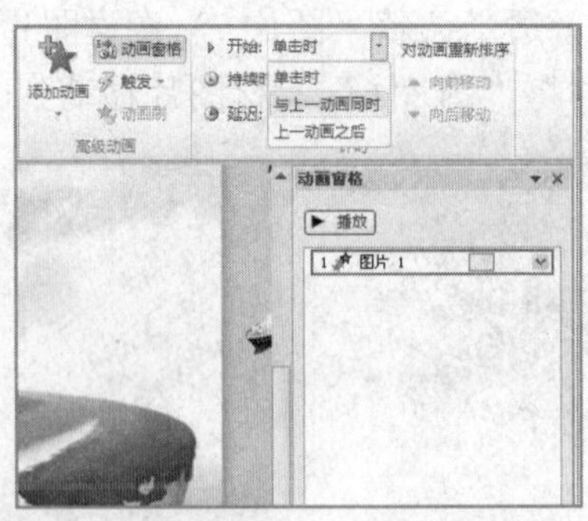

图 5-172　设置“与上一动画同时”

4）选择“图片 2”（楼房下面的绿地）素材图片，为其添加“淡出”效果进入动画，然后在“计时”组中将开始方式设置为“上一动画之后”，持续时间设置为“1.50”秒，如图 5-173 所示。

5）为“图片 5”（树）、“图片 6”（楼房）、“图片 9”素材图片添加合适的进入动画并将其开始方式都设置为“上一动画之后”，再适当调整其持续时间，如图 5-174 所示。

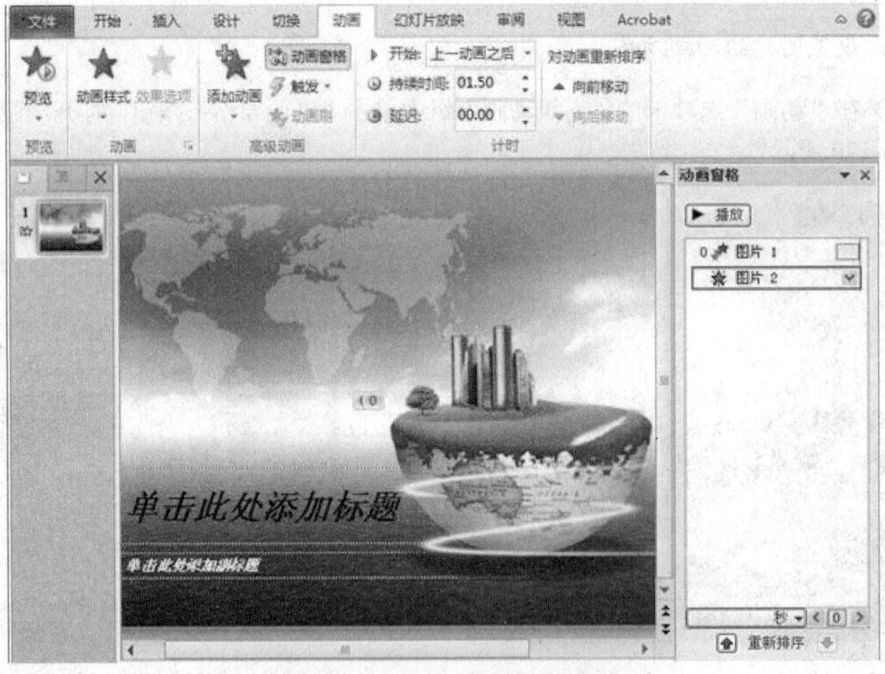

图 5-173　给“图片 2”添加动画效果

图 5-174　添加进入动画

6）选择“图片 7”素材图片（游轮图片），在“动画”组的预设动画库中选择“直线”动作路径选项，如图 5-175 所示。

7）选择直线动作路径的红色终点，将其移动至“图片 8”素材图片上，然后将其开始方式设置为“上一动画之后”，如图 5-176 所示。

图 5-175　“直线”动作路径　　　　图 5-176　设置路径终点

8）选择“图片 8”素材图片，为其添加“擦除”进入动画，然后将其开始方式设置为“与上一动画同时”，延迟为“1.50”秒，如图 5-177 所示。

9）在预览效果的时候会发现“图片 7”素材图片在“图片 8”素材图片的下方，不符合逻辑，所以要将“图片 7”素材图片基于顶层。选择“图片 7”，右击，在打开的快捷菜单上选择“置于顶层”选项，如图 5-178 所示。

图 5-177 为“图片 8”添加动画

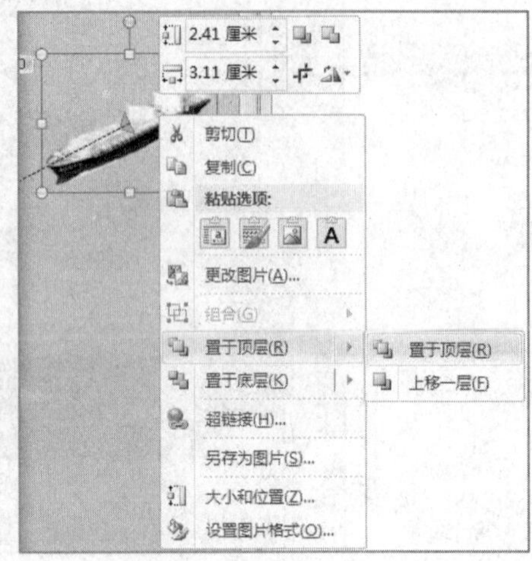

图 5-178 设置“置于顶层”

10）选择“图片 10”素材图片，并为其添加自定义路径动画效果，然后将其开始方式设置为“上一动画之后”，如图 5-179 所示。

11）为“图片 11”素材图片添加自定义动作路径动画，将其开始方式设置为“与上一动画同时”，持续时间为“2.00”秒，延迟为“0.75”秒，如图 5-180 所示。

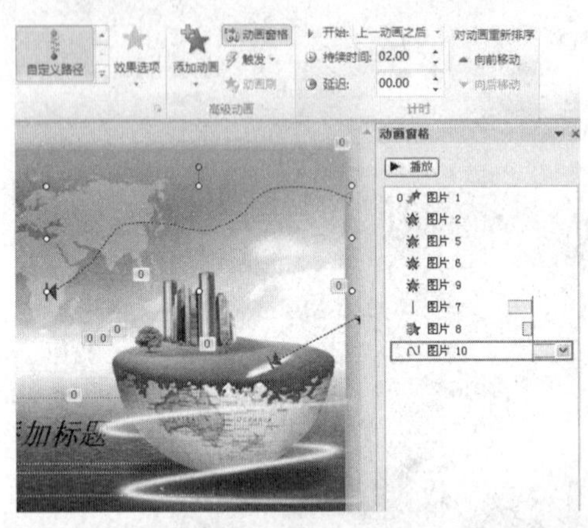

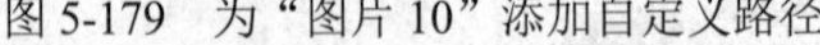

图 5-179 为“图片 10”添加自定义路径

图 5-180 为“图片 11”添加自定义路径

12）在文本占位符中输入合适的文本内容，并设置字体格式，同时选择这两个文本框，为其统一添加“擦除”进入动画，并将其开始方式设置为“上一动画之后”，持续时间为“0.5”秒，如图 5-181 所示。

13）保持两个文本框的选择状态，在“动画”组中单击“效果选项”按钮，选择“自左侧”选项，如图 5-182 所示。

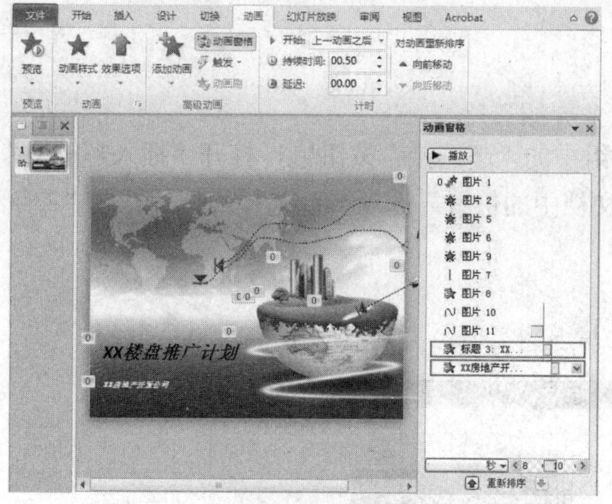

图 5-181　为标题添加动画效果

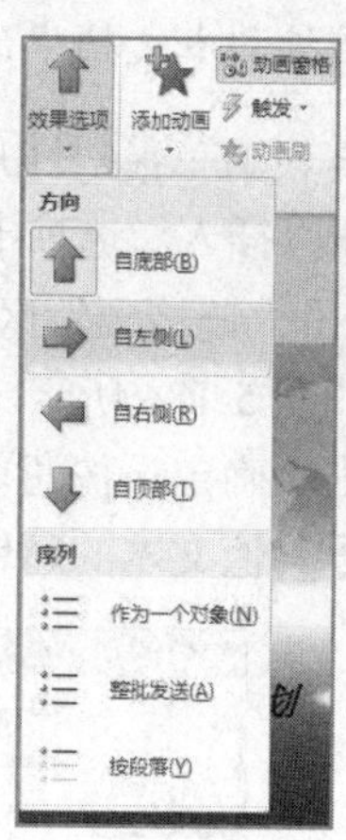

图 5-182　设置方向

任务 5　创建交互式演示文稿

任务目的

掌握超链接的使用，掌握动作按钮的使用。

任务内容

超链接到本文档中的其他幻灯片，超链接到其他文件或 Web 页，超链接到电子邮件，在幻灯片中添加动作按钮。

任务练习

【练习】为“专业介绍 2.pptx”文件设置超链接。

首先看一下交互式演示文稿设计示例，如图 5-183 所示。

图 5-183　交互式演示文稿设计示例

1. 超链接到本文档中的其他幻灯片

1）切换到第一张幻灯片，选中“专业介绍”。

2）单击“插入”选项卡的“链接”组中的“超链接”按钮，打开“插入超链接”对话框，单击“链接到”区域中的“本文档中的位置”选项卡，选择幻灯片标题“2.专业介绍”，如图 5-184 所示。

3）单击“确定”按钮。

4）设置其他文本的超链接，其方法与上述类似。

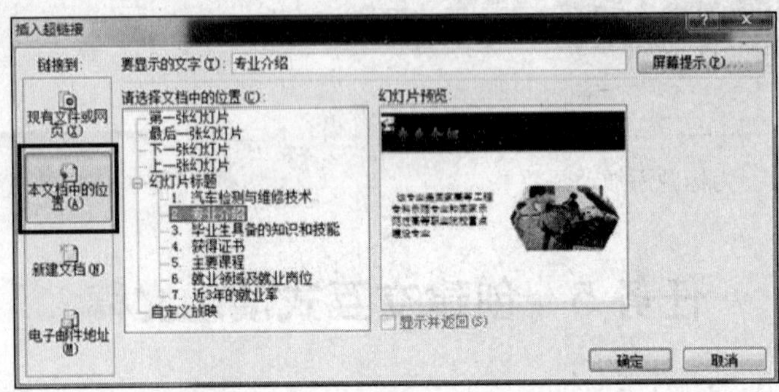

图 5-184 “插入超链接”对话框（1）

2. 超链接到其他文件或 Web 页

1）选中最后一张幻灯片。

2）单击“开始”选项卡的“幻灯片”组中的“新建”按钮，插入一张新幻灯片。

3）在新幻灯片中，输入标题和文本，如图 5-185 所示。

4）选中“点击进入官网”文本。右击选中的文本，在快捷菜单中选择“超链接”选项。

5）在打开的“插入超链接”对话框中，单击“链接到”区域中的“原有文件或网页”选项卡，在地址栏里输入网址 http://caii.edu.cn/，如图 5-186 所示。

6）单击“确定”按钮。

图 5-185 第八张幻灯片

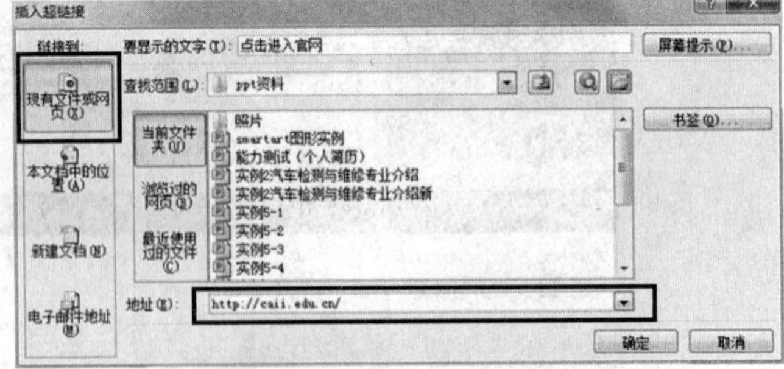

图 5-186 “插入超链接”对话框（2）

3. 超链接到电子邮件（无下画线效果）

1）在文本“qcgcxy@163.com”上绘制一个透明矩形框：单击“插入”选项卡的“插图”组中的“形状”按钮，选择“矩形”选项；在“qcgcxy@163.com”文本上方绘制一个矩形；选中该矩形，单击“格式”选项卡中的“形状填充”按钮，如图5-187所示，选择“无填充颜色”选项，如图5-188所示。再单击“形状轮廓”按钮，选择“无轮廓”选项，如图5-189所示。

2）右击透明矩形框，在快捷菜单中选择“超链接”选项，如图5-190所示。

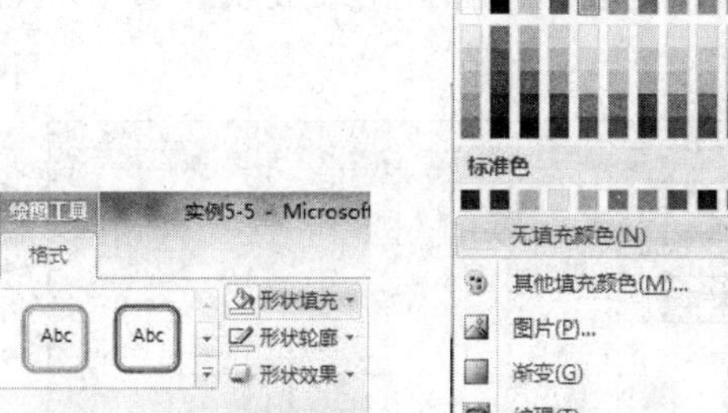

图5-187 设置“形状填充”

图5-188 设置“无填充颜色”

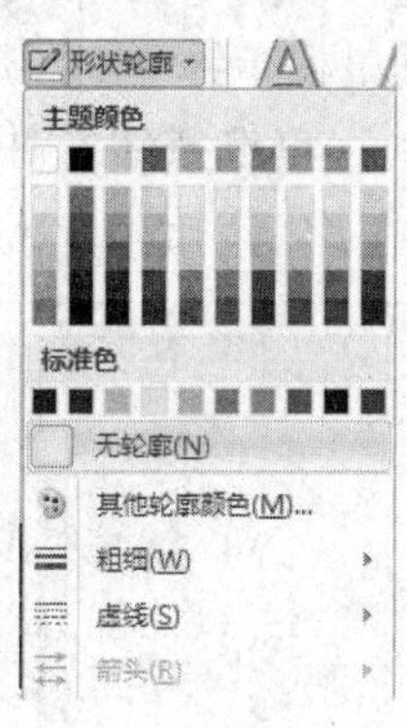

图5-189 设置无轮廓

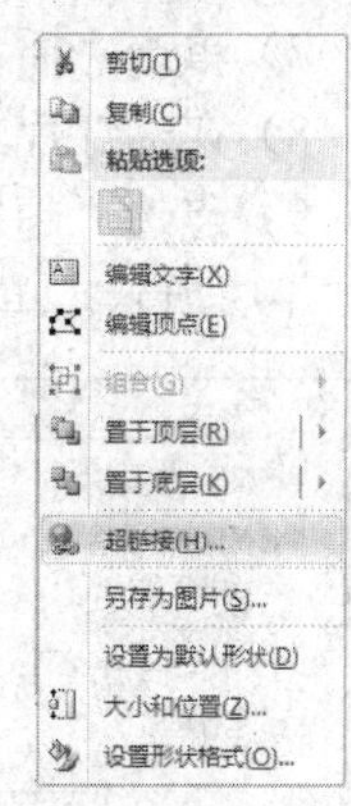

图5-190 通过快捷菜单设置超链接

3）在打开的“插入超链接”对话框中选择“链接到”区域中的“电子邮件地址”选项，如图5-191所示。

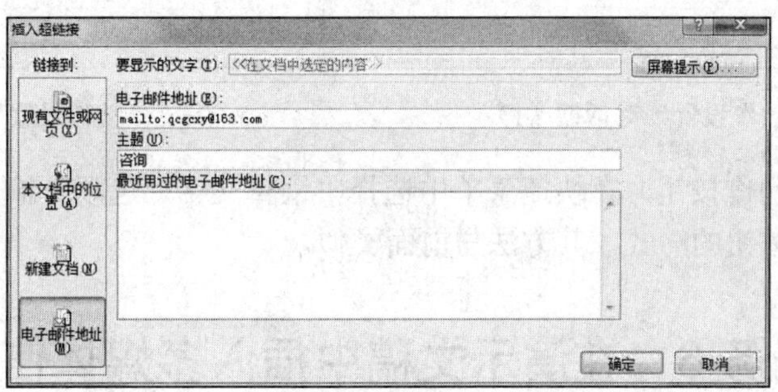

图5-191 “插入超链接”对话框（3）

4）在“电子邮件地址”文本框中输入电子邮件地址。

5）在“主题”文本框中输入主题，单击“确定”按钮。

4. 添加动作按钮

1）单击“视图”选项卡的“母版视图”组中的“幻灯片母版”按钮，进入“幻灯片母版”视图。

2）单击“插入”选项卡的“插图”组中的“形状”按钮，选择“动作按钮”▷后鼠标指针变为“+”形状。

3）在幻灯片母版上拖动鼠标指针绘制图形，打开“动作设置”对话框，如图 5-192 所示。

4）设置动作按钮的超链接（这里可采用默认），单击“确定”按钮。

5）选中动作按钮，在“格式”选项卡中的“大小”组中，分别设置“形状高度”和“形状宽度”为 1 厘米。

6）用同样的方法添加◁和⌂按钮。

7）单击“插入”选项卡的“插图”组中的“形状”，选择“动作按钮”□。

8）在幻灯片上拖动鼠标指针绘制图形，打开“动作设置”对话框。

9）点选“超链接到”单选按钮，并在其下拉列表中选择“结束放映”选项，如图 5-193 所示。单击“确定”按钮结束本次设置。

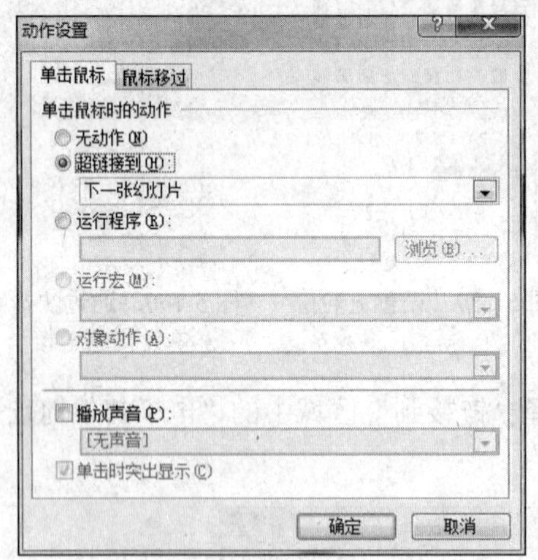

图 5-192 “动作设置”对话框（1）

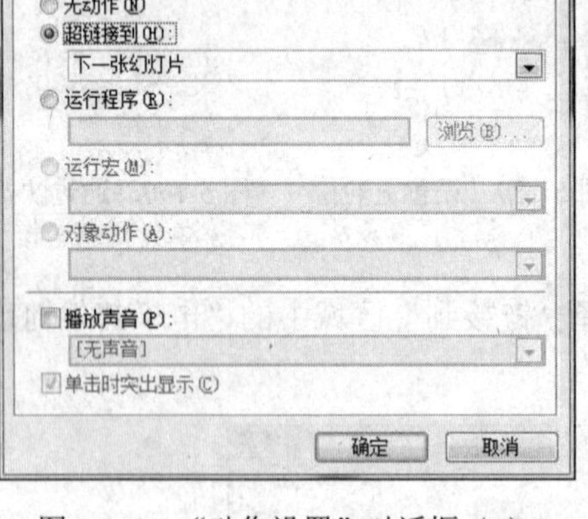

图 5-193 “动作设置”对话框（2）

10）右击该动作按钮，在快捷菜单中选择“编辑文字”选项，输入文本“exit”。

11）设置该按钮的样式，其方法与前面类似。

任务 6　在演示文稿中插入多媒体信息

任务目的

熟悉在演示文稿中插入和控制声音的方法，熟悉在演示文稿中插入和控制视频的方法，了解在演示文稿中插入和控制 Flash 动画的方法。

任务内容

创建相册，添加声音，设置在多张幻灯片中播放声音，预览声音，插入 Flash 动画，设置 Flash 控件属性，添加影片，设置全屏播放影片。

任务练习

【练习】制作音乐相册。

1. 创建及编辑相册

图 5-194　“新建相册”选项

1）在“插入”选项卡的“图像”组中，单击“相册”按钮下的箭头，在打开的菜单中选择“新建相册”选项，如图 5-194 所示。

2）打开“相册”对话框，在对话框中单击“文件/磁盘”按钮，打开“插入新图片”对话框。

3）在该对话框中选择要插入的图片，单击“插入”按钮。设置各项参数值，如图 5-195 所示

4）单击“创建”按钮。

5）单击“相册”按钮下的箭头，选择“编辑相册”选项，在打开的“编辑相册”对话框里修改“图片版式”为“2 张图片”；主题为“Composite”，如图 5-196 所示。

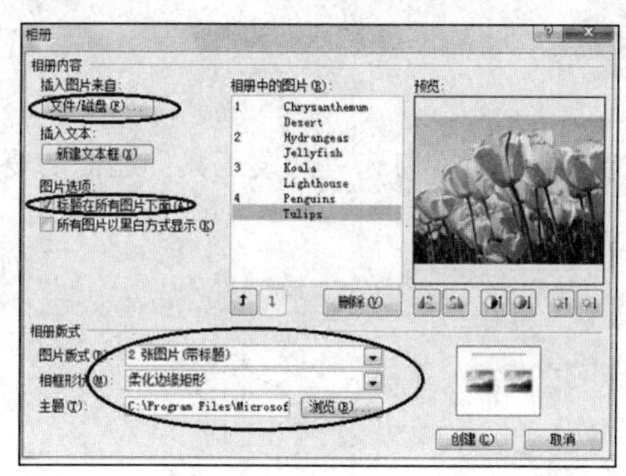

图 5-195　“相册”对话框

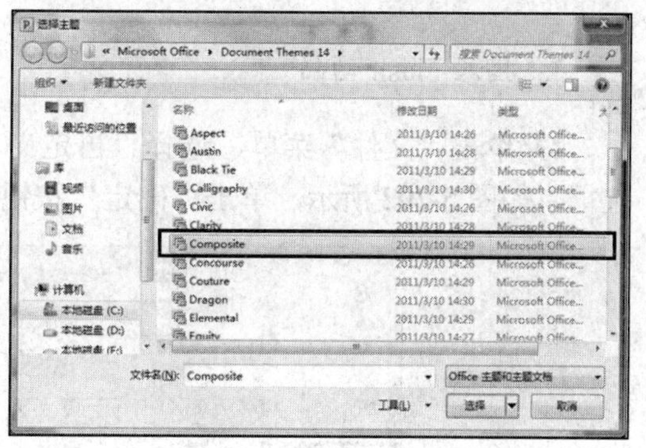

图 5-196　“选择主题”对话框

2. 添加声音

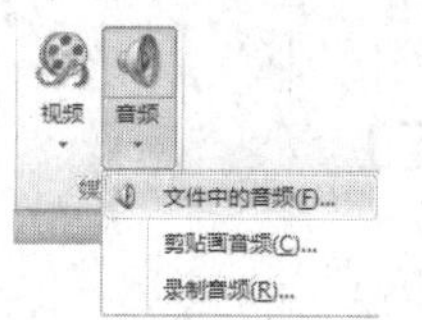

图 5-197　插入文件中的音频

1）单击第一张幻灯片，在“插入”选项卡的“媒体”组中，单击“音频”按钮下的箭头，选择“文件中的音频”选项，如图 5-197 所示。

2）在打开的“插入音频”对话框中选择一个声音文件，然后单击“插入”按钮，如图 5-198 所示。

3）插入音频后，会在幻灯片上显示声音图标，如图 5-199 所示。单击“播放”按钮可以预览声音。

4）选中声音图标后在标题栏上会显示“音频工具”，单击“播放”选项卡，选择开始的方式为“跨幻灯片播放”，如图 5-200 所示。设置放映时隐藏声音图标，如图 5-201 所示。

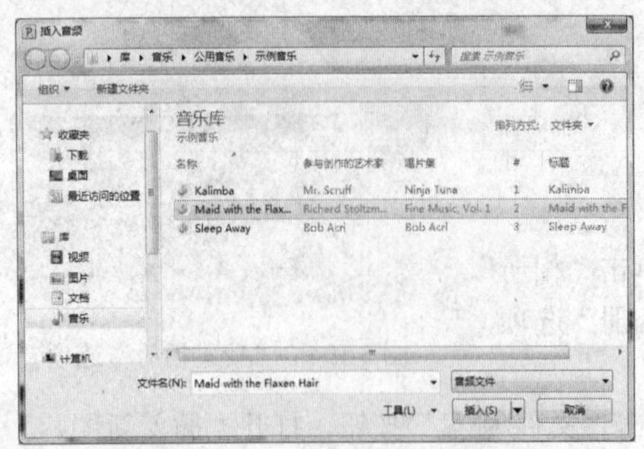

图 5-198 “插入音频”对话框

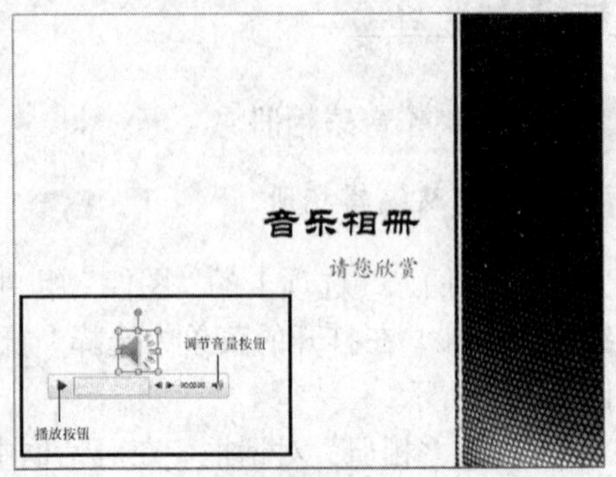

图 5-199 声音图标

图 5-200 设置“跨幻灯片播放”

图 5-201 放映时隐藏声音图标

3. 插入 Flash 动画

1）单击“文件”菜单，选择“自定义功能区”选项，勾选“开发工具”左侧的复选框，如图 5-202 所示，单击“确定”按钮。

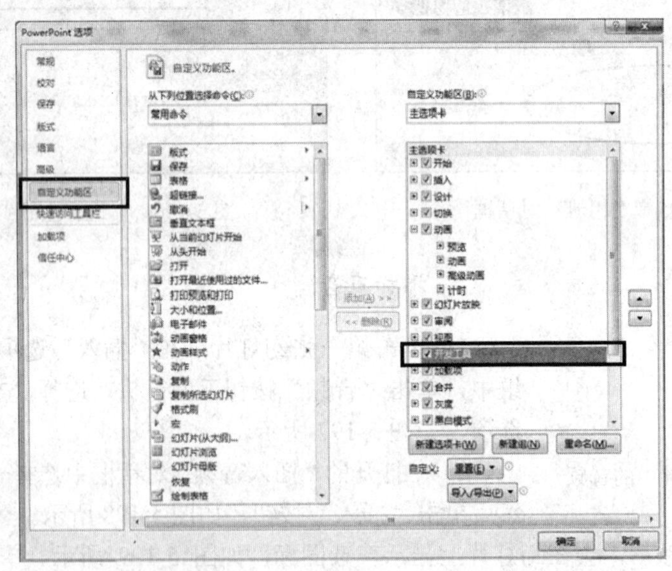

图 5-202 “PowerPoint 选项”对话框

2）插入第六张幻灯片，插入“横排文本框”，输入标题“Flash 动画欣赏：飘落的梅花”。

3）单击“开发工具”选项卡的“控件”组中的“其他控件”按钮，如图 5-203 所示。

图 5-203 “开发工具”选项卡

4）打开“其他控件”对话框，如图 5-204 所示。在控件列表中选择“Shockwave Flash Object”选项，单击“确定”按钮。

5）在幻灯片上拖动“+”指针绘制控件。拖动控点调整控件大小，如图 5-205 所示。

6）右击 Flash 控件，单击“属性”按钮，打开“属性”对话框。

7）设置 Movie 属性为“飘落的梅花.swf”（此处是相对路径，因为该文件与演示文稿在同一文件中）；Playing 属性为“False”，如图 5-206 所示。

8）关闭“属性”对话框，在幻灯片放映时会自动播放插入的 Flash 动画。

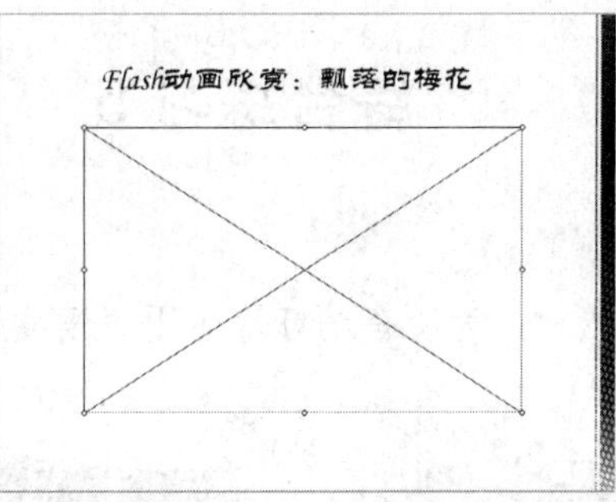

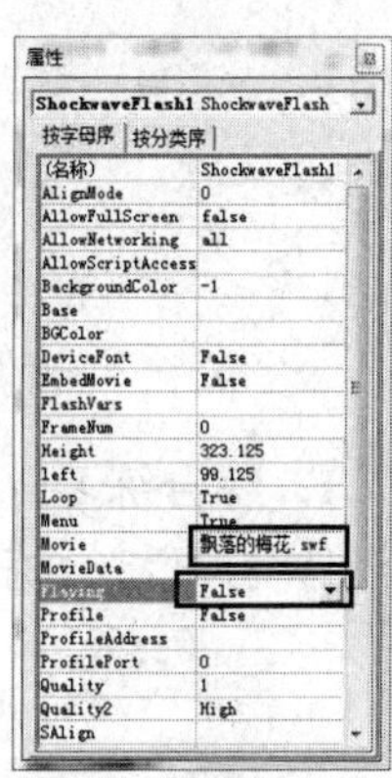

图 5-204 “其他控件”对话框 图 5-205 在幻灯片中绘制 Flash 控件 图 5-206 “属性”对话框

4. 添加视频

1）插入第七张幻灯片，输入标题“视频欣赏：动物世界”。

2）在“插入”选项卡的“媒体”组中单击“视频”按钮下的箭头，选择“文件中的视频”选项。

3）在打开的对话框中找到并双击要添加的视频文件，这样就在幻灯片中插入了一个视频（显示为黑色框），如图 5-207 所示。

4）拖动视频框的控点，调整影片的大小。

5）单击“播放”按钮可以预览视频，如图 5-208 所示。

6）在放映幻灯片时，单击视频可播放，再次单击可暂停视频播放；也可通过视频下方的工具栏控制播放。

7）在“视频工具”→“播放”选项卡中进行播放设置，如图 5-209 所示。

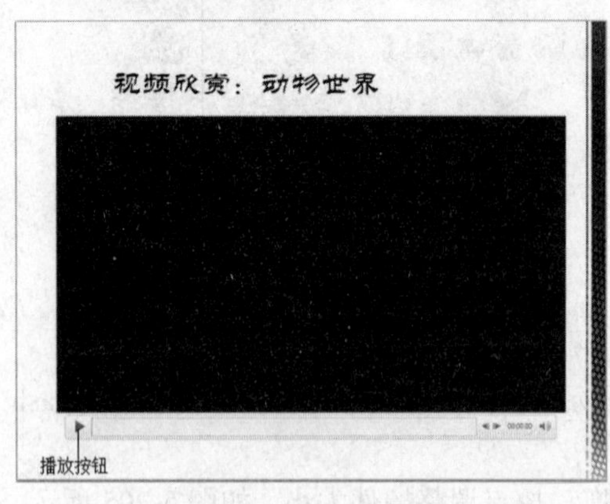

图 5-207 插入视频

图 5-208 播放视频

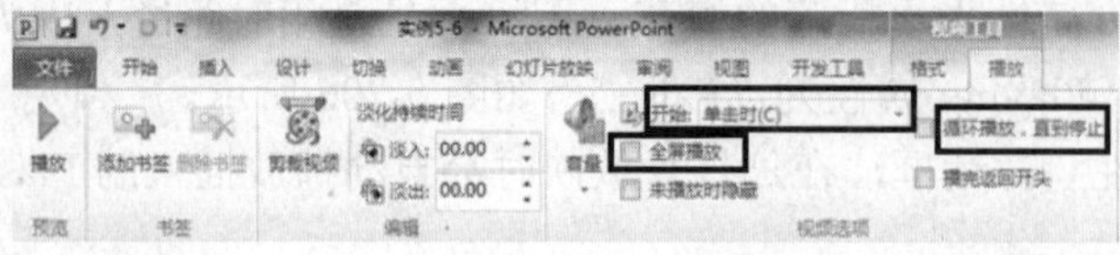

图 5-209 “视频工具”→“播放”选项卡

综合练习 5

1．综合练习一。

1）打开综合练习一素材，为所有幻灯片应用“角度”的主题，如图 5-210 所示。

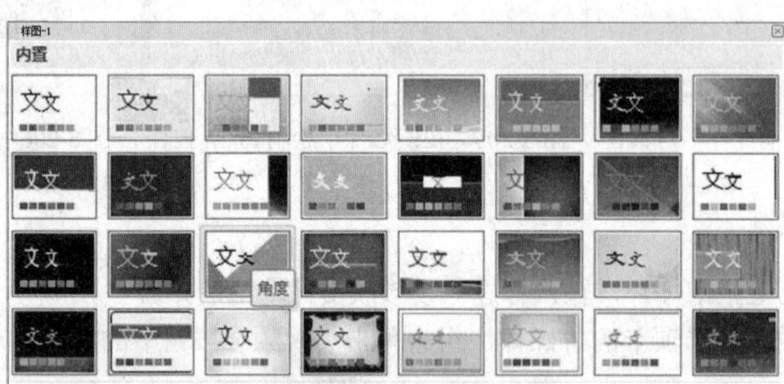

图 5-210 主题

2）编辑第一张幻灯片，最终效果如图 5-211 所示。

① 幻灯片的版式修改为“节标题”。

② 插入“形状”→“基本形状”→“太阳形”，太阳形状的填充颜色为标准色中的浅蓝色，为太阳形状插入动作为单击时超链接到“结束放映”，并设置“单击时突出显示”。

③ 设置标题字号为 60，标题的“进入”动画效果为“更多进入效果”→“华丽型”→

“下拉”，开始方式为“与上一动画同时”。

④ 插入当前试题文件夹中的图片素材“电影.png”，设置图片高度为 10 厘米，设置图片效果为“三维旋转”→“透视”→“左向对比透视”，如图 5-212 所示。适当调整图片位置。

图 5-211　幻灯片效果

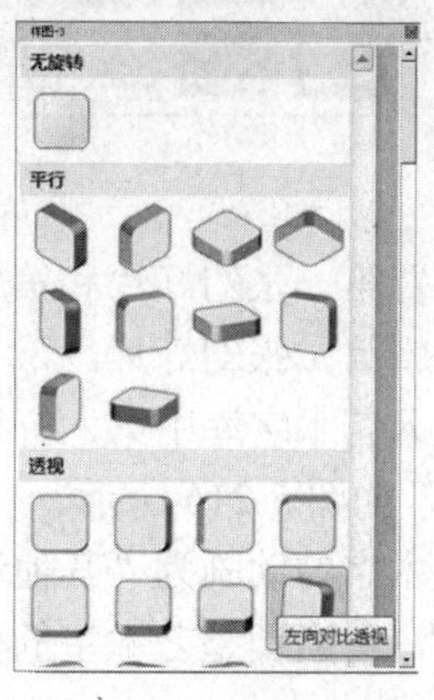

图 5-212　设置图片效果

3）编辑第二张幻灯片。

① 幻灯片的版式修改为“标题和内容”。

② 设置标题的“强调”动画效果为“波浪形”。

③ 为文本占位符应用“细微效果-橙色，强调颜色 2”的形状样式，如图 5-213 所示。

④ 设置占位符的文本字体为方正舒体，字号为 28，添加如图 5-214 所示的箭头项目符号。

图 5-213　形状样式

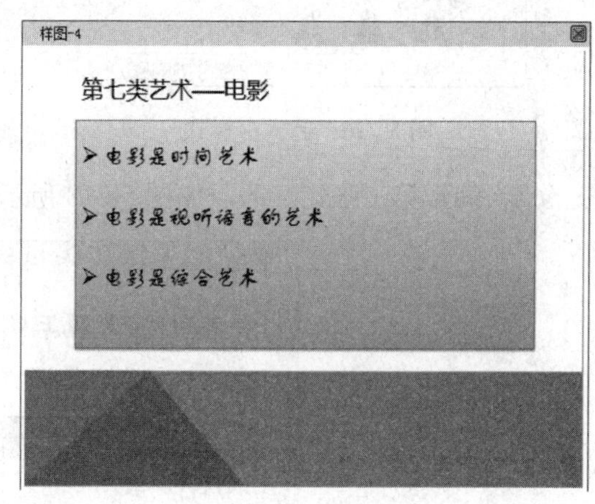

图 5-214　项目符号样式

4）保存演示文稿文件。

2．综合练习二。

1）打开综合练习二素材，为所有幻灯片应用设计中的“聚合”主题，并设置第一和第三张幻灯片隐藏背景图形，如图 5-215 所示。

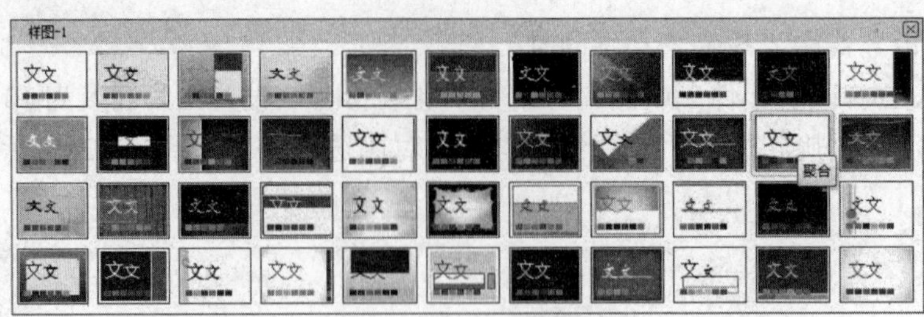

图 5-215　主题

2）设置第一张幻灯片和第二张幻灯片的版式均为“空白”。

3）编辑第二张幻灯片。

① 插入艺术字库中第六行第三列的艺术字，内容为“最强大脑”，字体为华文行楷、字号为 80，如图 5-216 所示。

② 艺术字的动画为“其他动作路径”→“基本”→“心形”，开始方式为“与上一动画同时”，适当调整艺术字的位置，如图 5-217 所示。

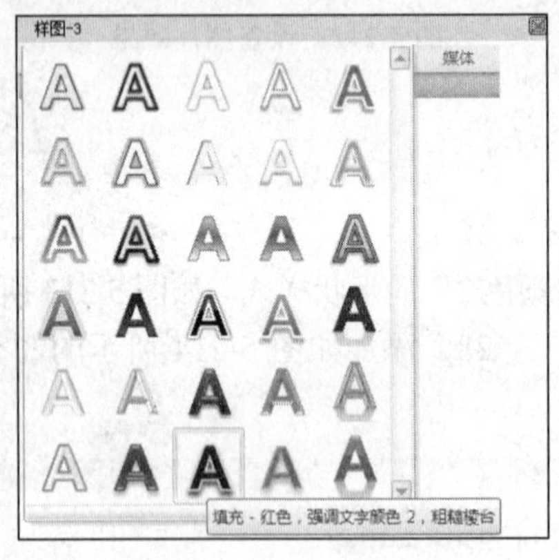

图 5-216　艺术字样式

图 5-217　幻灯片效果图

4）编辑第三张幻灯片，如图 5-218 所示。

样图-4

全网收视省级卫视 “TOP10”

排名	栏目名称	频道	全网指数
1	《我是歌手第三季》	湖南卫视	2.5716
2	《最强大脑第二季》	江苏卫视	2.0600
3	北京卫视	湖南卫视	0.9800
4	《非诚勿扰》	江苏卫视	0.9419
5	《造梦者》	北京卫视	0.9096

返回

图 5-218　幻灯片效果图

① 设置标题动画的“进入”效果为“更多进入效果”→“华丽型”→“挥鞭式”。

② 在幻灯片右下角插入“动作按钮：自定义”，动作设置为超链接到“第一张幻灯片”，在按钮上添加文本“返回”。

5）设置幻灯片的切换效果为“揭开”，将该切换效果应用于全部幻灯片。

6）保存演示文稿文件。

3．综合练习三。

1）打开综合练习三素材，为第一张幻灯片应用设计中的“波形”主题，如图 5-219 所示。为第二张幻灯片应用“流畅”主题，如图 5-220 所示。

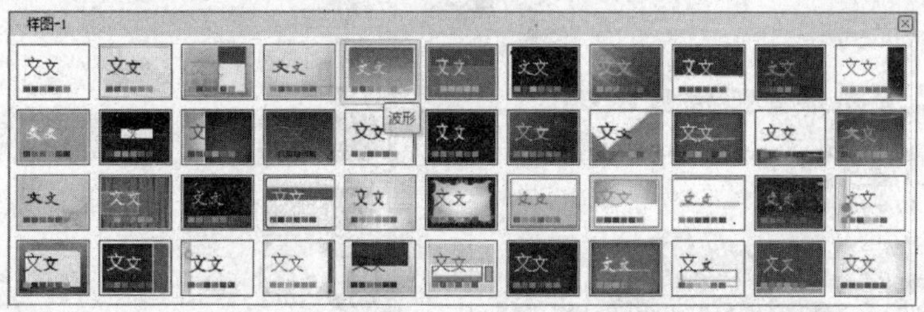

图 5-219 为第一张幻灯片设置主题

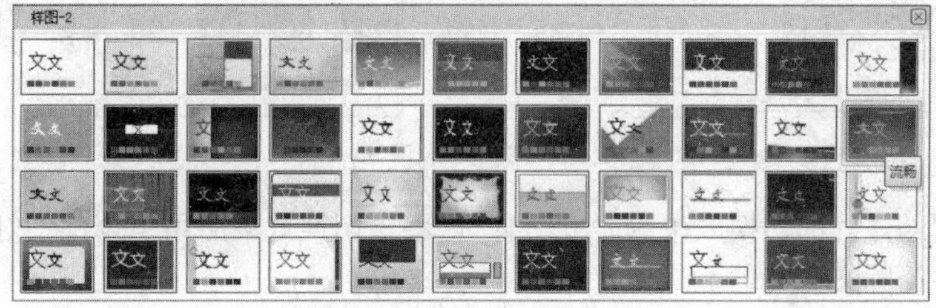

图 5-220 为第二张幻灯片设置主题

2）参照效果图，编辑第一张幻灯片，如图 5-221 所示。

图 5-221 幻灯片效果图

① 幻灯片的版式修改为“仅标题”。

② 将标题字体设置为华文彩云，字号为48，字形为加粗，并设置文字阴影。

③ 设置图片的动画“进入”效果为“弹跳”，开始方式为“上一动画之后”。

④ 在当前幻灯片右下角，插入“形状”→“箭头总汇”→“右箭头”，添加文字“下一页”，并设置该形状超链接到“最后一张幻灯片”。

3）参照效果图，编辑第二张幻灯片，如图5-222所示。

① 在幻灯片中插入考生目录中的图片“浙江卫视.jpg”。

② 将文本占位符的形状样式应用为“细微效果-青绿，强调颜色2”，如图5-223所示。

图5-222 效果图

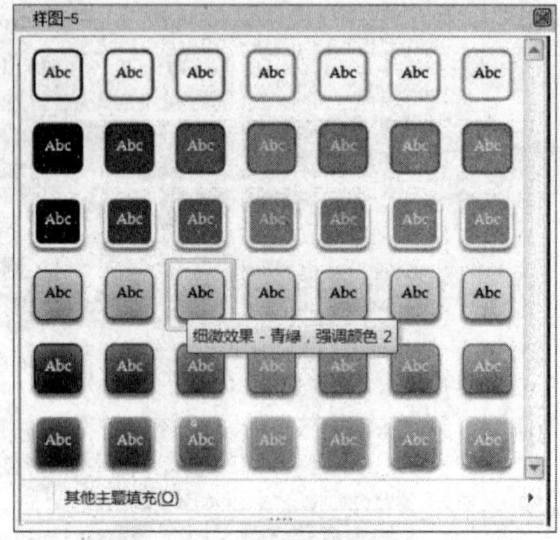

图5-223 形状样式

4）设置幻灯片的切换效果为“立方体”，将该切换效果应用于全部幻灯片。

5）保存演示文稿文件。

考 核 5

1．制作一个明星影集，具体要求如下。

1）演示文稿中应包含必要的文字说明信息。

2）演示文稿中应包含影集的封面、目录、结束字幕幻灯片和若干张图片内容幻灯片。

3）能通过目录有选择地播放想看的内容（建立超链接）。

4）演示文稿中应包含多媒体信息（音乐、视频等）。

2．制作一份个人简历，按照图5-224所示的样式进行外观设计，具体要求如下。

1）包含六张幻灯片。第一张幻灯片的主标题为“淘淘的个人简历”，副标题为“基本资料 我的目标 技能特长 社会实践 自我评价”。

2）应用主题。将整份幻灯片应用“华丽”主题。

3）应用幻灯片版式。

① 将第一张和第三张幻灯片的版式设计为“标题幻灯片”。

② 将第二张幻灯片的版式设计为“两栏内容”，并插入一幅你喜欢的图片。

③ 其余为默认版式，即“标题和内容”。

4）修改幻灯片母版。

① 为所有幻灯片的标题设置艺术字样式。

② 在第一张和第三张幻灯片的顶部添加一行文本“个人简历制作案例”。

5）将第四张幻灯片的文本转换为 SmartArt 图形，调整其大小并设置格式。

6）改变背景。

① 将第五张幻灯片的背景设置为一幅图片。

② 将第六张幻灯片的背景设置为填充预设“红日西斜、矩形”。

7）添加幻灯片编号。

图 5-224　演示文稿的外观设计案例

8）设计动画。

① 将第一张幻灯片标题的动画设置为“单击鼠标时 弹跳”，慢速，添加“风铃”声音，动画文本“按字母”发送。副标题的动画设置为“在前一事件后 1 秒 右侧 切入”，“按段落”组合文本。

② 自定义其他幻灯片上各对象的动画效果。

9）设置幻灯片切换效果。

① 将第一张和第三张幻灯片的切换效果设置为“新闻快报”，慢速。

② 其他幻灯片的切换效果设置为“溶解”。

10）设置幻灯片的放映时间。

① 第一张和第三张幻灯片的放映时间设置为“20 秒”。

② 其他幻灯片的放映时间自定。

11）将幻灯片的放映方式设置为“展台浏览”。

12）分别为第一张幻灯片的五项副标题创建超链接。

13）分别在标题母版和幻灯片母版中添加“上一页”“下一页”“首页”和“退出”动作按钮。

14）将文件命名为“个人简历.pptx”保存。

项目 6 网络的使用

任务 1 浏 览 网 页

任务目的

通过本任务的练习，提高学生对浏览器的使用技能，熟练掌握使用浏览器浏览网页、网页的保存以及从 Internet 上获取信息的基本方法。

任务内容

本任务完成 TCP/IP 协议的设置、IE 浏览器的启动与关闭、网页浏览、网页上的操作、收藏夹管理、主页设置、Internet 选项的设置等。

任务练习

【练习 1】TCP/IP 协议的设置。

TCP/IP 协议现在已成为 Internet 的标准协议，如果要访问局域网中的计算机，或通过局域网访问 Internet，都要加载该协议。对于 TCP/IP 协议，加载之后还要进行相关设置才能正常使用。

【操作步骤】

1）打开“网络和共享中心”窗口。

2）打开“本地连接状态”窗口。

3）查看本地连接属性。

4）查看 Internet 协议（TCP/IP）的属性。

5）设置使用固定 IP 地址，查看本地连接详细信息。

说明：在局域网中设置固定 IP 地址时，需要与系统管理员联系确定。

6）设置 IP 地址使用动态分配，查看本地连接详细信息。

7）练习使用 ipconfig 命令查看网络配置信息。

【练习 2】浏览长春汽车工业高等专科学校网站。

【操作步骤】

1）打开 IE 浏览器。

2）在地址栏中输入学校网址：http://www.caii.edu.cn，打开长春汽车工业高等专科学校主页。

3）在主页上方导航栏中单击“教学院部”选项卡，打开链接，查看网页上内容，并将该页面保存到D盘“学校”文件夹中（先在D盘下创建“学校”文件夹），命名为“教学院部”，保存类型为“网页，仅HTML（*.htm;*.html）”。

4）单击窗口上方的后退按钮，返回学校主页，单击主页上方的“网站地图”，打开链接的网页查看并保存网页上内容到D盘“学校”文件夹中，保存类型为“文本文件（*.txt）”。保存后关闭该窗口，返回学校主页。

5）将主页上方的图片保存到D盘“学校”文件夹中，命名为“学校主页图片”，保存类型为“PNG（*.png）”，在资源管理器中查看该图片。

6）保存学校主页到D盘“学校”文件夹中，命名为“学校主页”，保存类型为“网页，全部HTML（*.htm;*.html）”，在资源管理器中查看保存的内容。

7）整理收藏夹，在收藏夹中创建“高校”文件夹，把学校主页添加到“高校”文件夹中。

8）关闭所有打开的浏览器窗口。

9）重新打开IE浏览器，利用收藏夹打开学校主页。

10）设置浏览器主页为学校主页 http://www.caii.edu.cn。

11）关闭浏览器后重新启动，查看打开的网页。

【练习3】浏览清华大学网站。

【操作步骤】

1）打开浏览器，在地址栏中输入“清华大学”网址：http://www.tsinghua.edu.cn，打开清华大学主页。

2）将该网页添加到收藏夹中“高校”文件夹下。

3）利用收藏夹查看“清华大学”主页。

4）浏览“清华大学环境学院”网站，打开学院概况页面，将该页上的学院图片另存到本地的D盘“Paper”文件夹中（先在D盘下建立“Paper”文件夹），文件名为“清华环境学院”，保存类型为“GIF（*.gif）”。

5）浏览“清华大学环境学院”网站，打开“学院简介”页面，将该页另存到本地的D盘“Paper”文件夹中，文件命名为“清华大学环境学院-学院简介”，保存类型为“文本文件（*.txt）”。

6）浏览“清华大学环境学院”网站，打开“机构设置”页面，将该页面另存到本地的D盘“Paper”文件夹中，文件名为“清华大学环境学院-机构设置”，保存类型为“网页，仅HTML（*.htm;*.html）”。

7）设置浏览器的主页为“清华大学信息科学技术学院”。

8）关闭所有打开的浏览器窗口，重新打开浏览器查看打开的网页。

【练习4】设置Internet选项。

【操作步骤】

1）设置显示网页时，网页字体使用宋体，纯文本字体使用隶书。

2）设置浏览网页时文字为黑色，背景为白色。

3）设置在查看当前网页中访问过的链接为红色，未访问过的链接为蓝色。

4）将受信任站点的安全级别设置为“中”。

5）设置浏览器主页为http://www.sina.com.cn。

6）设置浏览过的网页保存在历史记录中的天数为15天。

【练习5】设置Internet高级选项。

【操作步骤】

1）将浏览器设置成浏览时“播放网页中的动画”状态。

2）将浏览器设置成当文件下载完后发出通知。

3）设置浏览器使得浏览Internet网页时禁止脚本调试。

4）设置浏览器使得浏览Internet网页时不显示友好HTTP错误信息。

5）设置浏览器使得浏览Internet网页时不播放声音。

【练习6】浏览学术网站——知网。

【操作步骤】

1）打开浏览器，输入网址http://www.cnki.net，打开知网主页。

2）搜索一本与你所学专业有关的期刊，将该期刊信息页面保存到本地的D盘“学术网站”文件夹中（先在D盘下建立“学术网站”文件夹），文件名为“我的专业期刊”，保存类型为“网页，仅HTML（*.htm;*.html）”。

3）查看与你所学专业有关的学术论文一篇，将其中的作者、机构、摘要、关键词各项内容存放到Word文档中，保存到本地的D盘“学术网站”文件夹中，文件名为“学术论文”。

4）查看你感兴趣的作者文献并将打开的网页保存到本地的D盘“学术网站”文件夹中，文件名为“作者文献”，保存类型为“网页，全部HTML（*.htm;*.html）”。

【练习7】浏览学信网。

【操作步骤】

1）打开浏览器，进入“学信网”，其网址为http://www.chsi.com.cn/，并设置该主页能脱机查看。

2）在“收藏夹”中建立一个名为“常用”的文件夹。

3）将学信网主页以“学信网”为名添加到收藏夹中的“常用”文件夹中。

4）设置网页保存在历史纪录中的天数为十天。

5）注册一个学信网账号并登录。

6）查询学籍信息。

【练习8】浏览中华英才网。

【操作步骤】

1）打开浏览器，进入“中华英才网”，其网址为http://www.chinahr.com。

2）将中华英才网主页以“求职”为名添加到收藏夹中的“常用”文件夹中。

3）在网站中搜索自己感兴趣的职位。

4）查看搜索到的职位。

5）选择两个职位，打开查看详细信息并将网页保存到本地的D盘“求职招聘”文件夹中，保存类型为“网页，全部HTML（*.htm;*.html）”。

6）在网站上注册用户，生成简历。

7）发布求职信息。

任务2　信息查询

任务目的

通过本任务的练习，提高学生使用网络资源的技能，熟练掌握常用搜索引擎的使用、申请免费邮箱、使用免费邮箱收发邮件、使用博客发表文章的方法。

任务内容

本任务完成利用搜索引擎查找需要的网络资源、获取和下载所需数据、申请免费邮箱、收发邮件、使用博客等操作。

任务练习

【练习1】熟悉常用的搜索引擎。

【操作步骤】

1）常用搜索引擎有以下几种。

① http://www.baidu.com。

② http://www.sogou.com。

③ http://search.cnki.net。

④ http://www.yahoo.cn。

⑤ http://www.google.com。

2）依次选择上述的每个搜索引擎，打开该搜索主页，查找该搜索引擎的使用帮助。

3）详细阅读使用说明，练习搜索设置，学会用各种方法检索所需要的信息。

4）在浏览器收藏夹下新建一个文件夹“搜索引擎”，将上述搜索引擎分别添加到该文件夹中。

5）使用上面任一搜索引擎，搜索网络上提供的其他搜索引擎，并练习使用。

【练习2】利用搜索引擎查找相关的文章。

【操作步骤】

1）打开浏览器，选择一种搜索引擎，输入网址进入搜索界面。

2）输入搜索内容的关键字“桂林旅游攻略”。

3）查阅搜索到的结果页。

4）摘取所需文字素材，保存到 Word 文档“桂林旅游攻略.docx”中，存放到 D 盘下的“搜索资料”文件夹中。

【练习 3】利用搜索引擎查看网页。

【操作步骤】

1）打开浏览器，选择一种搜索引擎，输入网址进入搜索界面。

2）输入搜索关键字“新华日报”。

3）查阅搜索到的结果页，阅读当日报纸新闻。

4）选择当日重要新闻两篇，保存到 Word 文档“重要新闻-1.docx”和“重要新闻-2.docx”中，存放到 D 盘下的“搜索资料”文件夹中。

【练习 4】利用搜索引擎查找软件。

【操作步骤】

1）打开浏览器，选择一种搜索引擎，输入网址进入搜索界面。

2）搜索“迅雷”下载软件，存放到 D 盘下的“搜索资料”文件夹中。

3）下载迅雷软件。

4）解压缩并安装该软件。

5）使用迅雷软件下载暴风影音视频播放软件，存放到 D 盘下的“搜索资料”文件夹中。

【练习 5】搜索全国计算机等级考试信息。

【操作步骤】

1）打开浏览器，选择一种搜索引擎，输入网址进入搜索界面，输入关键字“全国计算机等级考试”。

2）打开全国计算机等级考试网站，查看全国计算机二级 C 语言考试大纲并保存到 Word 文档中，存放到 D 盘的“等级考试”文件夹中，命名为“计算机二级 C 语言考试大纲”。

3）查看全国计算机等级考试报名工作的通知，将页面存放到 D 盘的“等级考试”文件夹中，命名为“报名”，保存类型为“网页，仅 HTML”。

4）增加新的收藏夹，命名为“My favorite”。

5）将等级考试网站添加到收藏夹“My favorite”中，命名为“djks”。

6）下载一套二级 C 语言最新考试真题，存放到 D 盘的“等级考试”文件夹中，命名为“C 语言最新真题”。

【练习 6】将搜索结果添加到收藏夹。

【操作步骤】

1）打开浏览器，选择一种搜索引擎，输入网址进入搜索界面。

2）在搜索栏内输入关键字：NBA 赛事。

3）单击“搜索”按钮进行查找。

4）在搜索的结果页中，打开搜索到的第一个网站，以“NBA”为名称添加到浏览器收藏夹“My favorite”中。

【练习7】搜索免费邮箱。

【操作步骤】

1）打开浏览器，选择一种搜索引擎，输入网址进入搜索界面，输入搜索关键字“免费电子邮箱”。

2）查看提供免费电子邮箱服务的网站。

国内提供免费电子信箱的网站有网易（163 免费电子邮箱）、搜狐（sohu 免费电子邮箱）、新浪（sina 免费电子邮箱）等。

国外进入中国提供免费中文电子信箱服务的网站有GMAIL、微软（hotmail 免费电子邮箱）、雅虎（yahoo 免费电子邮箱）等。

3）选择几个免费电子邮箱服务网站，查看其服务条款和使用帮助。

4）在浏览器收藏夹下新建一个文件夹“免费邮箱”，将上述免费电子邮箱服务网站分别添加到该文件夹中。

【练习8】申请网易邮箱。

【操作步骤】

1）打开浏览器，访问网易首页。

2）进入免费邮箱注册页面。

3）填写个人资料，注册邮箱。

4）邮箱注册成功后登录邮箱。

5）写一封信，发往自己的邮箱，邮件主题为“文字信息”，并检查发送的内容是否正确。

【练习9】申请新浪邮箱。

【操作步骤】

1）打开浏览器，访问新浪网主页。

2）打开免费邮箱注册网页。

3）在注册网页中填写所需的内容进行注册。

4）邮箱注册成功后登录邮箱。

5）在邮箱中打开“写信”链接。

6）在“写邮件”网页中输入主题、收件人、信件内容。

7）上传一张图片附件。

8）发送信件到自己的另一个邮箱并登录邮箱查看。

【练习10】申请搜狐邮箱。

【操作步骤】

1）打开浏览器，访问搜狐主页。

2）注册免费邮件，输入个人的详细资料信息。

3）邮箱注册成功后登录邮箱。

4）给多个人发送带附件的邮件，附件包含一首歌曲和一个 Word 文档。

5）在地址簿中建立自己的通信组，然后给组中的所有成员发送邮件。

6）设置自动回复信息，当你不在网上有人发来邮件时自动回复。

7）设置自动回复内容，在每封邮件的最后加上固定的信息。

【练习 11】使用博客。

【操作步骤】

1）打开浏览器，访问新浪网主页。

2）进入新浪博客主页。

3）开通新浪博客。

4）进入自己的博客页面。

5）打开管理博客页面进行个性化设置。

6）撰写和发表文章。

任务 3　即时通信工具

任务目的

通过本任务的练习，提高学生使用即时通信工具——QQ 的技能，熟练掌握 QQ 提供的各种功能和使用方法。

任务内容

本任务使用即时通信工具——QQ 完成聊天、添加好友、传送文件、发送和接收邮件、QQ 群共享资源等操作。

任务练习

【练习 1】注册并使用 QQ。

【操作步骤】

1）打开腾讯网主页。

2）进入 QQ 注册页面。

3）注册 QQ 账号。

4）下载 QQ 客户端软件并安装。

5）使用所注册的 QQ 账号登录。

6）修改个人资料。

7）更换头像。

8）设置开机自动启动 QQ。

9）查找并添加好友。

10）给好友发送信息。

① 发送文字消息。

② 发送语音消息。

③ 发送表情。

④ 发送图片。

11）查看消息记录。

【练习2】使用QQ的其他功能。

【操作步骤】

1）登录QQ，改变当前状态为“隐身”。

2）发起语音通话。

3）发起视频通话。

4）传送文件。

5）使用QQ邮箱发送和接收邮件。

【练习3】创建QQ群。

【操作步骤】

1）登录QQ。

2）创建QQ群。

3）管理群成员。

4）在群内聊天。

5）上传群共享文件。

6）删除群共享文件。

【练习4】加入QQ群。

【操作步骤】

1）登录QQ。

2）查找QQ群并加入。

3）修改群名片。

4）在群内聊天。

5）下载群内共享资源。

任务4 移动即时通信工具

任务目的

通过本任务的练习，提高学生使用移动即时通信工具——微信的技能，熟练掌握微信提供的各种功能和使用方法。

任务内容

本任务使用移动即时通信工具——微信完成聊天、添加好友、共享资源、朋友圈、关注公众号等操作。

任务练习

【练习 1】使用微信。

【操作步骤】

1）注册微信，然后登录微信。

2）依次查看微信主界面：微信、通讯录、发现、我。

3）设置头像和昵称。

4）添加好友。

5）发送信息。

① 发送文字消息。

② 发送语音消息。

③ 发送表情。

④ 发送图片。

⑤ 发送视频。

6）转发消息。

【练习 2】使用微信群聊。

【操作步骤】

1）建立群聊/发起群聊。

2）修改群名片。

3）邀请朋友进群。

4）添加群友为好友。

【练习 3】使用微信朋友圈。

【操作步骤】

1）进入朋友圈。

2）在朋友圈发布信息。

① 发布文字。

② 发布图片。

③ 发布视频。

3）将资讯分享到朋友圈。

4）在朋友圈点赞与评论。

【练习 4】关注微信公众号。

【操作步骤】

1）关注“湖南卫视”微信公众号。

2）将公众号推送的消息发送给好友。

3）将公众号推送的消息分享到朋友圈。

综合练习 6

1．Internet 应用一。

操作要求：

1）在 IE 浏览器中打开新浪主页，其网址为 http://www.sina.com.cn/。

2）将该网页添加到收藏夹，取名为“新浪主页”。

3）打开 www.hao123.com，在常用软件中，下载歌曲播放软件“千千静听”，保存到 D 盘“综合练习”文件夹中。

4）使用百度搜索引擎检索“大学生心理健康论文”资料，并将该检索网页以“大学生心理健康论文.htm”保存到 D 盘“综合练习”文件夹中。

5）水立方夜景流光溢彩，魅力无穷，搜索相关的图片，选择自己喜欢的一幅图片以“水立方”命名保存该图片到 D 盘“综合练习”文件夹中。

6）设置 Internet 临时文件中“检查所存网页的较新版本”为“每次访问此页时检查”，“使用的磁盘空间”为 200MB。

2．Internet 应用二。

操作要求：

1）在 IE 浏览器中打开网页 http://www.sohu.com，将搜狐图标以“sohu.jpg”为名保存该图片到 D 盘“综合练习”文件夹中。

2）将浏览器主页更改为当前网页。

3）在搜狐网站中搜索关于禽流感的资料。

4）进入相关网站，找到我国针对禽流感所采取的防范措施，以“禽流感.htm”为名保存网页到 D 盘“综合练习”文件夹中。

5）使用搜索引擎检索 foxmail 软件。

6）将 foxmail 软件下载到 D 盘“综合练习”文件夹中。

7）使用搜索引擎检索“列车时刻表”。

8）登录搜索到的相关网站，查询“长春”到“北京”的列车时刻表，将查询结果保存到 Word 文档中，命名为“长春~北京列车时刻表.docx”，存放到 D 盘“综合练习”文件夹下。

3．百度搜索引擎的使用。

操作要求：

1）启动浏览器，进入百度搜索网站。

2）保存百度主页上的标志性图片到D盘“综合练习”文件夹中。

3）保存网页中的文字。只保存网页中的文字信息到文本文档，取名为“文字信息”，存放在D盘“综合练习”文件夹中。

4）搜索有关自己所学专业的学术文章两篇。在记事本文档中列出文章标题、文章出处、发表时间、文章摘要等信息并以“学术文章信息”为名保存在D盘“综合练习”文件夹中。

5）保存整个网页。将上面4）中所查找到的网页信息以“学术信息”为名把全部的网页内容保存到D盘“综合练习”文件夹中。

6）软件下载。使用百度搜索引擎查找一款解压缩软件，并把该软件下载到D盘“综合练习”文件夹中。

7）将百度搜索引擎主页设置为浏览器主页。

4．使用126免费邮箱。

操作要求：

两个同学为一组，相互间收发邮件。

1）在126.com上申请个人免费邮箱。

2）创建一封邮件，正文为“水立方图片欣赏！”，附件为“水立方.jpg”，发送邮件给同组同学。

3）接收邮件，并将附件保存到D盘“综合练习”文件夹中。

4）将对方的邮件地址添加到通讯录中。

5）回复对方的邮件，正文为“邮件已收到，非常感谢！”，并选用“美好回忆”信纸（或其他自己喜欢的信纸）。

6）根据自己的喜好，修改上述信件的字体，加入图片和表情，再发送给对方。

考　核　6

1．打开IE浏览器，利用百度搜索引擎，搜索含有“英语口语和听力”的页面，打开搜索到的第一个网页，将网页上的内容以文本文件的格式保存到D盘“考核”文件夹下，命名为“英语口语和听力”。

2．某网站的主页地址是http://www.sohu.com，在IE浏览器中打开此主页，通过对IE浏览器参数进行设置，使其成为IE浏览器的主页。

3．设置在IE浏览器中浏览过的网页在历史记录中保存20天。

4．某网站的主页地址是http://www.20cn.net/，在IE浏览器中打开此主页，浏览“计算机病毒”页面，并将该页面的内容以文本文件的格式保存到D盘“考核”文件夹下，命名为“计算机病毒”。

5．某网站的主页地址是http://www.sohu.com，在IE浏览器中打开此主页，浏览有关“NBA图片”的页面，选择一张自己喜欢的图片保存到D盘“考核”文件夹下，命

名为“NBA”。

6. 某网站的主页地址是 http://www.caii.edu.cn，在 IE 浏览器中打开此主页，并将其添加到收藏夹中，命名为“长春汽车工业高专”。

7. 整理 IE 收藏夹，在 IE 收藏夹中新建文件夹“学习网站”“娱乐网站”和“下载网站”。

8. 使用 QQ 邮箱发送一封邮件到教师指定的邮箱，主题为“邮件测试”，内容为“老师，我是×××，邮箱已经申请成功，这是测试邮件！”。

9. 在本地网络中设置 IP 地址为 192.168.1.7，子网掩码为 255.255.255.0，默认网关为 192.168.1.100。

10. 利用百度搜索引擎搜索包含关键字“卡通壁纸”的图片，打开搜索到的网页，将该网页的链接以电子邮件方式发送到教师指定的邮箱。

参考文献

侯冬梅．2012．计算机应用基础教程．北京：中国铁道出版社．

孙淑霞，丁照宇．2012．大学计算机基础．北京：高等教育出版社．

王威杰．2014．计算机应用基础案例教程．北京：科学出版社．

朱凤文．2013．计算机应用基础实训教程．天津：南开大学出版社．